MySQL 数据库应用
(全案例微课版)

张 华 编著

清华大学出版社
北京

内 容 简 介

本书是针对零基础读者研发的MySQL入门教材，内容侧重案例实训，本书分为23章，内容包括数据库与MySQL概述、安装与配置MySQL环境、MySQL的管理工具、数据库的基本操作、数据类型与运算符、数据表的基本操作、插入/更新与删除数据、数据的简单查询、数据的复杂查询、创建和使用视图、创建和使用索引、创建和使用触发器、MySQL系统函数、存储过程与函数、MySQL用户权限管理、MySQL日志文件管理、数据备份与还原、MySQL的性能优化、MySQL的高级特性、PHP操作MySQL数据库、Python操作MySQL数据库、新闻发布系统数据库设计、开发企业会员管理系统。

本书通过精选热点案例，让初学者快速掌握MySQL数据库应用技术。

本书封面贴有清华大学出版社防伪标签，无标签者不得销售。

版权所有，侵权必究。举报：010-62782989，beiqinquan@tup.tsinghua.edu.cn。

图书在版编目(CIP)数据

MySQL数据库应用：全案例微课版 / 张华编著. —北京：清华大学出版社，2021.5
ISBN 978-7-302-57228-2

Ⅰ.①M… Ⅱ.①张… Ⅲ.①SQL语言—程序设计—教材 Ⅳ.①TP311.132.3

中国版本图书馆 CIP 数据核字（2020）第 260277 号

责任编辑：张彦青
封面设计：李　坤
责任校对：王明明
责任印制：杨　艳

出版发行：清华大学出版社
　　　　　网　　址：http://www.tup.com.cn，http://www.wqbook.com
　　　　　地　　址：北京清华大学学研大厦A座　　　邮　　编：100084
　　　　　社 总 机：010-62770175　　　　　　　　邮　　购：010-62786544
　　　　　投稿与读者服务：010-62776969，c-service@tup.tsinghua.edu.cn
　　　　　质 量 反 馈：010-62772015，zhiliang@tup.tsinghua.edu.cn
印 装 者：北京鑫海金澳胶印有限公司
经　　销：全国新华书店
开　　本：185mm×260mm　　　印　　张：28.75　　　字　　数：700千字
版　　次：2021年6月第1版　　印　　次：2021年6月第1次印刷
定　　价：98.00元

产品编号：087770-01

前 言

"网站开发全案例微课"系列图书是专门为网站开发和数据库初学者量身定做的一套学习用书。整套书涵盖网站开发、数据库设计等方面。

本套书具有以下特点

前沿科技

无论是数据库设计还是网站开发,精选的是较为前沿或者用户群最多的领域,帮助大家认识和了解最新动态。

权威的作者团队

组织国家重点实验室和资深应用专家联手编著本套图书,融合了丰富的教学经验与优秀的管理理念。

学习型案例设计

以技术的实际应用过程为主线,全程采用图解和多媒体同步结合的教学方式,生动、直观、全面地剖析使用过程中的各种应用技能,降低难度,提升学习效率。

扫码看视频

通过扫码看视频,可以随时在移动端学习技能对应的视频操作。

为什么要写这样一本书

MySQL被设计为一个可移植的数据库,几乎能在当前所有的操作系统上运行,如Linux、Solaris、FreeBSD、Mac和Windows。开源MySQL数据库发展到今天,已经具有了非常广泛的用户,市场的实践已经证明MySQL具有性价比高、灵活、广为使用和良好支持的特点。通过本书的实训,读者可以很快地上手流行的工具,提高职业化能力,从而帮助解决公司需求问题。

本书特色

零基础、入门级的讲解

无论您是否从事计算机相关行业,无论您是否接触过MySQL数据库设计,都能从本书中找到最佳起点。

实用、专业的范例和项目

本书在编排上紧密结合深入学习 MySQL 数据库设计的过程，从 MySQL 基本操作开始，逐步带领读者学习 MySQL 的各种应用技巧，侧重实战技能，使用简单易懂的实际案例进行分析和操作指导，让读者学起来简单轻松，操作起来有章可循。

超多容量王牌资源

赠送大量王牌资源，包括实例源代码、教学幻灯片、本书精品教学视频、MySQL 常用命令速查手册、数据库工程师职业规划、数据库工程师面试技巧、数据库工程师常见面试题、MySQL 常见错误及解决方案、MySQL 数据库经验及技巧大汇总等。

读者对象

本书是一本完整介绍 MySQL 数据库应用技术的教程，内容丰富、条理清晰、实用性强，适合以下读者学习使用：

- 零基础的数据库自学者
- 希望快速、全面掌握 MySQL 数据库应用技术的人员
- 高等院校或培训机构的老师和学生
- 参加毕业设计的学生

创作团队

本书由张华编著，参加编写的人员还有刘春茂、李艳恩和李佳康。在编写过程中，我们虽竭尽所能希望将最好的讲解呈现给读者，但难免有疏漏和不妥之处，敬请读者不吝指正。

编　者

幻灯片

源代码

王牌赠送资源

目 录
Contents

第 1 章 数据库与 MySQL 概述 001

- 1.1 认识数据库 ························002
  - 1.1.1 什么是数据库 ····················002
  - 1.1.2 数据库的基本概念 ·················002
  - 1.1.3 常见的数据库产品 ·················003
- 1.2 数据库技术构成 ·····················005
  - 1.2.1 数据库系统 ·····················005
  - 1.2.2 SQL 语言概述 ···················006
  - 1.2.3 数据库访问技术 ··················006
- 1.3 MySQL 数据库概述 ·················007
  - 1.3.1 MySQL 数据库特点 ················007
  - 1.3.2 认识数据库中的对象 ···············007
  - 1.3.3 认识 MySQL 系统数据库 ············009
  - 1.3.4 MySQL 数据库的命名机制 ···········009
- 1.4 如何学习数据库 ····················010
- 1.5 疑难问题解析 ·····················010
- 1.6 综合实战训练营 ····················011

第 2 章 安装与配置 MySQL 环境 012

- 2.1 安装与配置 MySQL 8.0 ···············013
  - 2.1.1 下载 MySQL 软件 ················013
  - 2.1.2 安装 MySQL 软件 ················014
  - 2.1.3 配置 MySQL 软件 ················017
- 2.2 启动并登录 MySQL 数据库 ············022
  - 2.2.1 启动 MySQL 服务 ················022
  - 2.2.2 登录 MySQL 数据库 ··············023
  - 2.2.3 配置 Path 变量 ··················025
- 2.3 执行基本语句 ·····················026
  - 2.3.1 查看数据库帮助信息 ···············026
  - 2.3.2 查询系统时间和日期 ···············027
  - 2.3.3 查看当前数据库 ·················027
- 2.4 手动更改 MySQL 的配置 ·············028
- 2.5 卸载 MySQL 数据库 ················029
- 2.6 常见的错误代码 ····················030
- 2.7 疑难问题解析 ·····················032
- 2.8 综合实战训练营 ····················032

第 3 章 MySQL 的管理工具 034

- 3.1 MySQL 自带的命令工具 ··············035
  - 3.1.1 查看自带的命令 ·················035
  - 3.1.2 MySQL 的常用命令 ···············036
- 3.2 图形界面管理工具 ··················037
  - 3.2.1 MySQL Workbench ··············· 037
  - 3.2.2 phpMyAdmin ··················· 038
  - 3.2.3 Navicat for MySQL ··············· 038
  - 3.2.4 SQLyog ······················ 038
- 3.3 MySQL Workbench 的应用 ············039
  - 3.3.1 下载 MySQL Workbench ············ 039
  - 3.3.2 安装 MySQL Workbench ············ 039
  - 3.3.3 创建数据库连接 ·················041
  - 3.3.4 创建与删除数据库 ················ 043
  - 3.3.5 创建和删除新的数据表 ·············· 045
  - 3.3.6 添加与修改数据表记录 ·············· 047
  - 3.3.7 查询表中的数据记录 ··············· 047
  - 3.3.8 修改数据表的数据结构 ·············· 048
- 3.4 Navicat for MySQL 的应用 ············048
  - 3.4.1 安装 Navicat for MySQL ············ 048
  - 3.4.2 连接 MySQL 服务器 ··············· 050
  - 3.4.3 创建与删除数据库 ················ 051
  - 3.4.4 创建与删除数据表 ················ 052
  - 3.4.5 添加与修改数据记录 ··············· 054
  - 3.4.6 查询数据表中的数据 ··············· 054
- 3.5 疑难问题解析 ·····················055
- 3.6 综合实战训练营 ····················055

第 4 章 数据库的基本操作 ... 057

- 4.1 创建数据库 ... 058
  - 4.1.1 使用 create 命令创建 ... 058
  - 4.1.2 使用 mysqladmin 命令创建 ... 059
- 4.2 选择与查看数据库 ... 059
  - 4.2.1 从命令提示符窗口中选择 ... 059
  - 4.2.2 使用命令查看数据库 ... 060
- 4.3 删除数据库 ... 060
  - 4.3.1 使用 DROP 命令删除 ... 060
  - 4.3.2 使用 mysqladmin 命令删除 ... 061
- 4.4 数据库存储引擎 ... 062
  - 4.4.1 MySQL 存储引擎简介 ... 062
  - 4.4.2 InnoDB 存储引擎 ... 064
  - 4.4.3 MyISAM 存储引擎 ... 065
  - 4.4.4 MEMORY 存储引擎 ... 065
  - 4.4.5 存储引擎的选取原则 ... 066
- 4.5 疑难问题解析 ... 066
- 4.6 综合实战训练营 ... 067

第 5 章 数据类型和运算符 ... 068

- 5.1 认识常量与变量 ... 069
  - 5.1.1 认识常量 ... 069
  - 5.1.2 定义变量 ... 070
- 5.2 MySQL 数据类型 ... 073
  - 5.2.1 整数类型 ... 073
  - 5.2.2 浮点数类型 ... 074
  - 5.2.3 日期与时间类型 ... 076
  - 5.2.4 字符串类型 ... 079
  - 5.2.5 二进制类型 ... 081
  - 5.2.6 复合数据类型 ... 083
  - 5.2.7 选择数据类型 ... 085
- 5.3 运算符及优先级 ... 086
  - 5.3.1 算术运算符 ... 086
  - 5.3.2 比较运算符 ... 088
  - 5.3.3 逻辑运算符 ... 094
  - 5.3.4 位运算符 ... 098
  - 5.3.5 运算符的优先级 ... 100
- 5.4 疑难问题解析 ... 100
- 5.5 综合实战训练营 ... 101

第 6 章 数据表的创建与操作 ... 102

- 6.1 创建数据表 ... 103
  - 6.1.1 创建数据表的语法形式 ... 103
  - 6.1.2 使用 CREATE 语句创建数据表 ... 103
- 6.2 查看数据表的结构 ... 105
  - 6.2.1 查看表基本结构 ... 105
  - 6.2.2 查看表详细结构 ... 106
- 6.3 数据表的字段约束 ... 106
  - 6.3.1 添加主键约束 ... 106
  - 6.3.2 添加外键约束 ... 110
  - 6.3.3 添加默认约束 ... 114
  - 6.3.4 添加唯一性约束 ... 115
  - 6.3.5 添加非空约束 ... 117
  - 6.3.6 添加字段的自增属性 ... 118
  - 6.3.7 删除指定名称的字段约束 ... 120
- 6.4 修改数据表 ... 123
  - 6.4.1 修改数据表的名称 ... 123
  - 6.4.2 修改字段数据类型 ... 124
  - 6.4.3 修改数据表的字段名 ... 125
  - 6.4.4 在数据表中添加字段 ... 126
  - 6.4.5 修改字段的排序方式 ... 128
  - 6.4.6 删除不需要的字段 ... 130
- 6.5 删除数据表 ... 131
  - 6.5.1 删除没有被关联的表 ... 131
  - 6.5.2 删除被其他表关联的主表 ... 131
- 6.6 疑难问题解析 ... 133
- 6.7 综合实战训练营 ... 133

第 7 章 插入、更新与删除数据记录 ... 135

- 7.1 向数据表中插入数据 ... 136
  - 7.1.1 给表里的所有字段插入数据 ... 136
  - 7.1.2 向表中添加数据时使用默认值 ... 138
  - 7.1.3 一次插入多条数据 ... 139

7.1.4	通过复制表数据插入数据 …… 140	7.3	删除数据表中的数据 …… 144
7.2	更新数据表中的数据 …… 142	7.3.1	根据条件清除数据 …… 144
7.2.1	更新表中的全部数据 …… 142	7.3.2	清空表中的数据 …… 145
7.2.2	更新表中指定单行数据 …… 143	7.4	疑难问题解析 …… 146
7.2.3	更新表中指定的多行数据 …… 143	7.5	综合实战训练营 …… 146

第 8 章　数据的简单查询 …… 148

8.1	认识 SELECT 语句 …… 149	8.3.6	带 AND 的多条件查询 …… 160
8.2	数据的简单查询 …… 149	8.3.7	带 OR 的多条件查询 …… 161
8.2.1	查询表中所有数据 …… 149	8.4	操作查询的结果 …… 164
8.2.2	查询表中想要的数据 …… 151	8.4.1	对查询结果进行排序 …… 164
8.2.3	对查询结果进行计算 …… 151	8.4.2	对查询结果进行分组 …… 165
8.2.4	为结果列使用别名 …… 152	8.4.3	对分组结果过滤查询 …… 166
8.2.5	在查询时去除重复项 …… 152	8.5	使用聚合函数进行统计查询 …… 167
8.2.6	在查询结果中给表取别名 …… 153	8.5.1	使用 SUM() 求列的和 …… 167
8.2.7	使用 LIMIT 限制查询数据 …… 153	8.5.2	使用 AVG() 求列平均值 …… 168
8.3	使用 WHERE 子句进行条件查询 …… 155	8.5.3	使用 MAX() 求列最大值 …… 169
8.3.1	比较查询条件的数据查询 …… 155	8.5.4	使用 MIN() 求列最小值 …… 169
8.3.2	带 BETWEEN AND 的范围查询 …… 156	8.5.5	使用 COUNT() 统计 …… 170
8.3.3	带 IN 关键字的查询 …… 157	8.6	疑难问题解析 …… 171
8.3.4	带 LIKE 的字符匹配查询 …… 158	8.7	综合实战训练营 …… 171
8.3.5	未知空数据的查询 …… 159		

第 9 章　数据的复杂查询 …… 174

9.1	多表嵌套查询 …… 175	9.3.3	右外连接的查询 …… 186
9.1.1	使用比较运算符的嵌套查询 …… 175	9.4	使用排序函数查询 …… 186
9.1.2	使用 IN 的嵌套查询 …… 177	9.4.1	ROW_NUMBER() 函数 …… 186
9.1.3	使用 ANY 的嵌套查询 …… 178	9.4.2	RANK() 函数 …… 186
9.1.4	使用 ALL 的嵌套查询 …… 179	9.4.3	DENSE_RANK() 函数 …… 187
9.1.5	使用 SOME 的子查询 …… 179	9.4.4	NTILE() 函数 …… 187
9.1.6	使用 EXISTS 的嵌套查询 …… 180	9.5	使用正则表达式查询 …… 188
9.2	多表内连接查询 …… 181	9.5.1	查询以特定字符或字符串开头的记录 …… 188
9.2.1	笛卡儿积查询 …… 181	9.5.2	查询以特定字符或字符串结尾的记录 …… 189
9.2.2	内连接的简单查询 …… 182	9.5.3	用符号 "." 来代替字符串中的任意一个字符 …… 190
9.2.3	相等内连接的查询 …… 182	9.5.4	匹配指定字符中的任意一个 …… 191
9.2.4	不相等内连接的查询 …… 183	9.5.5	匹配指定字符以外的字符 …… 192
9.2.5	特殊的内连接查询 …… 183	9.5.6	匹配指定字符串 …… 192
9.2.6	带条件的内连接查询 …… 184	9.5.7	用 "*" 和 "+" 来匹配多个字符 …… 193
9.3	多表外连接查询 …… 184	9.5.8	使用 {M} 或者 {M,N} 来指定字符串连续出现的次数 …… 194
9.3.1	认识外连接查询 …… 184		
9.3.2	左外连接的查询 …… 185		

| 9.6 疑难问题解析 | 195 | 9.7 综合实战训练营 | 196 |

第 10 章　创建和使用视图 ……………………………………………………………… 197

- 10.1 创建视图 … 198
  - 10.1.1 创建视图的语法规则 … 198
  - 10.1.2 在单表上创建视图 … 198
  - 10.1.3 在多表上创建视图 … 200
- 10.2 修改视图 … 201
  - 10.2.1 修改视图的语法规则 … 201
  - 10.2.2 使用 CREATE OR REPLACE VIEW 语句修改视图 … 202
  - 10.2.3 使用 ALTER 语句修改视图 … 203
- 10.3 通过视图更新数据 … 204
  - 10.3.1 通过视图插入数据 … 204
  - 10.3.2 通过视图修改数据 … 206
- 10.3.3 通过视图删除数据 … 207
- 10.4 查看视图信息 … 207
  - 10.4.1 使用 DESCRIBE 语句查看 … 208
  - 10.4.2 使用 SHOW TABLE STATUS 语句查看 … 209
  - 10.4.3 使用 SHOW CREATE VIEW 语句查看 … 210
  - 10.4.4 在 views 表中查看视图详细信息 … 210
- 10.5 删除视图 … 211
  - 10.5.1 删除视图的语法 … 211
  - 10.5.2 删除不用的视图 … 211
- 10.6 疑难问题解析 … 212
- 10.7 综合实战训练营 … 212

第 11 章　创建和使用索引 ……………………………………………………………… 215

- 11.1 了解索引 … 216
  - 11.1.1 索引的含义和特点 … 216
  - 11.1.2 索引的分类 … 216
  - 11.1.3 索引的设计原则 … 217
- 11.2 创建数据表时创建索引 … 217
  - 11.2.1 创建普通索引 … 218
  - 11.2.2 创建唯一索引 … 219
  - 11.2.3 创建全文索引 … 220
  - 11.2.4 创建单列索引 … 221
  - 11.2.5 创建多列索引 … 222
  - 11.2.6 创建空间索引 … 223
- 11.3 在已经存在的表上创建索引 … 224
  - 11.3.1 创建普通索引 … 225
  - 11.3.2 创建唯一索引 … 225
  - 11.3.3 创建全文索引 … 226
  - 11.3.4 创建单列索引 … 227
  - 11.3.5 创建多列索引 … 227
  - 11.3.6 创建空间索引 … 228
- 11.4 使用 ALTER TABLE 语句创建索引 … 229
  - 11.4.1 创建普通索引 … 229
  - 11.4.2 创建唯一索引 … 231
  - 11.4.3 创建全文索引 … 231
  - 11.4.4 创建单列索引 … 232
  - 11.4.5 创建多列索引 … 232
  - 11.4.6 创建空间索引 … 232
- 11.5 删除索引 … 232
  - 11.5.1 使用 ALTER TABLE 语句删除索引 … 233
  - 11.5.2 使用 DROP INDEX 语句删除索引 … 234
- 11.6 疑难问题解析 … 235
- 11.7 综合实战训练营 … 235

第 12 章　创建和使用触发器 …………………………………………………………… 237

- 12.1 了解触发器 … 238
- 12.2 创建触发器 … 238
  - 12.2.1 创建一条执行语句的触发器 … 238
  - 12.2.2 创建多条执行语句的触发器 … 240
- 12.3 查看触发器 … 242
  - 12.3.1 使用 SHOW TRIGGERS 语句查看 … 242
- 12.3.2 使用 INFORMATION_SCHEMA 查看 … 243
- 12.4 删除触发器 … 244
- 12.5 疑难问题解析 … 245
- 12.6 综合实战训练营 … 245

第 13 章　MySQL 系统函数 247

13.1　数学函数 248
- 13.1.1　求绝对值函数 ABS(x) 248
- 13.1.2　返回圆周率函数 PI() 249
- 13.1.3　求余函数 MOD(x,y) 249
- 13.1.4　求平方根函数 SQRT(x) 249
- 13.1.5　获取四舍五入后的值 249
- 13.1.6　幂运算函数 250
- 13.1.7　对数运算函数 LOG(x) 和 LOG10(x) 251
- 13.1.8　角度与弧度的相互转换 252
- 13.1.9　符号函数 SIGN(x) 252
- 13.1.10　正弦函数和余弦函数 252
- 13.1.11　正切函数与余切函数 253
- 13.1.12　获取随机数函数 254
- 13.1.13　获取整数函数 254

13.2　字符串函数 255
- 13.2.1　计算字符串的字符个数 256
- 13.2.2　计算字符串的长度 256
- 13.2.3　合并字符串函数 256
- 13.2.4　替换字符串函数 257
- 13.2.5　字母大小写转换函数 258
- 13.2.6　获取指定长度的字符串的函数 259
- 13.2.7　填充字符串的函数 259
- 13.2.8　删除字符串空格的函数 260
- 13.2.9　删除指定字符串的函数 260
- 13.2.10　重复生成字符串的函数 261
- 13.2.11　空格函数和替换函数 261
- 13.2.12　比较字符串大小的函数 262
- 13.2.13　获取字符串子串的函数 262
- 13.2.14　匹配字符串子串开始位置的函数 263
- 13.2.15　字符串逆序函数 REVERSE(s) 264
- 13.2.16　返回指定位置字符串的函数 264
- 13.2.17　返回指定字符串位置的函数 264
- 13.2.18　返回字符串子串位置的函数 265
- 13.2.19　选取字符串函数 265

13.3　日期和时间函数 266
- 13.3.1　获取当前日期和当前时间 267
- 13.3.2　获取当前日期和时间 268
- 13.3.3　获取 UNIX 格式的时间 268
- 13.3.4　返回 UTC 日期和返回 UTC 时间 269
- 13.3.5　获取指定日期的月份 269
- 13.3.6　获取指定日期的星期数 270
- 13.3.7　获取指定日期在一年中的星期周数 270
- 13.3.8　时间和秒钟的相互转换 271
- 13.3.9　日期和时间的加减运算 272
- 13.3.10　将日期和时间进行格式化 274

13.4　其他系统函数 276
- 13.4.1　条件判断函数 276
- 13.4.2　系统信息函数 278
- 13.4.3　数据加密函数 282

13.5　疑难问题解析 283
13.6　综合实战训练营 283

第 14 章　存储过程与函数 284

14.1　创建存储过程与函数 285
- 14.1.1　创建存储过程的语法格式 285
- 14.1.2　创建不带参数的存储过程 286
- 14.1.3　创建带有参数的存储过程 286
- 14.1.4　创建存储函数 287

14.2　调用存储过程与函数 288
- 14.2.1　调用不带参数的存储过程 288
- 14.2.2　调用带有参数的存储过程 288
- 14.2.3　调用存储函数 288

14.3　修改存储过程与函数 289
- 14.3.1　修改存储过程 289
- 14.3.2　修改存储函数 290

14.4　查看存储过程与函数 291
- 14.4.1　查看存储过程的状态 292
- 14.4.2　查看存储过程的信息 292
- 14.4.3　通过表查看存储过程 293
- 14.4.4　查看存储函数的信息 294

14.5　删除存储过程 296
14.6　删除存储函数 297
14.7　疑难问题解析 297
14.8　综合实战训练营 298

第 15 章　MySQL 用户权限管理 · 299

- 15.1　认识权限表 · 300
  - 15.1.1　user 表 · 300
  - 15.1.2　db 表和 host 表 · · · · · · · · · · · · · · · · · · 302
  - 15.1.3　tables_priv 表 · 304
  - 15.1.4　columns_priv 表 · · · · · · · · · · · · · · · · · 305
  - 15.1.5　procs_priv 表 · 305
- 15.2　用户账户管理 · 306
  - 15.2.1　登录 MySQL 服务器 · · · · · · · · · · · · · 306
  - 15.2.2　新建普通用户 · · · · · · · · · · · · · · · · · · · 307
  - 15.2.3　删除普通用户 · · · · · · · · · · · · · · · · · · · 310
  - 15.2.4　root 用户修改自己的密码 · · · · · · · · · 312
  - 15.2.5　root 用户修改普通用户密码 · · · · · · · 313
- 15.2.6　普通用户修改密码 · · · · · · · · · · · · · · · 315
- 15.3　用户权限的管理 · 315
  - 15.3.1　认识用户权限 · · · · · · · · · · · · · · · · · · · 315
  - 15.3.2　授予用户权限 · · · · · · · · · · · · · · · · · · · 316
  - 15.3.3　查看用户权限 · · · · · · · · · · · · · · · · · · · 317
  - 15.3.4　收回用户权限 · · · · · · · · · · · · · · · · · · · 318
- 15.4　用户角色的管理 · 319
  - 15.4.1　创建角色 · 319
  - 15.4.2　给角色授权 · 319
  - 15.4.3　删除角色 · 320
- 15.5　疑难问题解析 · 321
- 15.6　综合实战训练营 · 321

第 16 章　MySQL 日志文件管理 · 323

- 16.1　认识日志 · 324
- 16.2　错误日志 · 324
  - 16.2.1　启动错误日志 · · · · · · · · · · · · · · · · · · · 324
  - 16.2.2　查看错误日志 · · · · · · · · · · · · · · · · · · · 324
  - 16.2.3　删除错误日志 · · · · · · · · · · · · · · · · · · · 325
- 16.3　二进制日志 · 326
  - 16.3.1　启动二进制日志 · · · · · · · · · · · · · · · · · 326
  - 16.3.2　查看二进制日志 · · · · · · · · · · · · · · · · · 327
  - 16.3.3　删除二进制日志 · · · · · · · · · · · · · · · · · 329
- 16.4　通用查询日志 · 330
- 16.4.1　启动通用查询日志 · · · · · · · · · · · · · · · 330
- 16.4.2　查看通用查询日志 · · · · · · · · · · · · · · · 331
- 16.4.3　删除通用查询日志 · · · · · · · · · · · · · · · 332
- 16.5　慢查询日志 · 332
  - 16.5.1　启动慢查询日志 · · · · · · · · · · · · · · · · · 332
  - 16.5.2　查看慢查询日志 · · · · · · · · · · · · · · · · · 333
  - 16.5.3　删除慢查询日志 · · · · · · · · · · · · · · · · · 333
- 16.6　疑难问题解析 · 334
- 16.7　综合实战训练营 · 334

第 17 章　数据备份与还原 · 336

- 17.1　数据的备份 · 337
  - 17.1.1　使用 MySQLdump 命令备份 · · · · · · · 337
  - 17.1.2　使用 MySQLhotcopy 工具快速备份 · · · 343
  - 17.1.3　直接复制整个数据库目录 · · · · · · · · · 344
- 17.2　数据的还原 · 344
  - 17.2.1　使用 MySQL 命令还原 · · · · · · · · · · · 344
  - 17.2.2　使用 MySQLhotcopy 快速还原 · · · · · 346
  - 17.2.3　直接复制到数据库目录 · · · · · · · · · · · 346
- 17.3　数据库的迁移 · 347
  - 17.3.1　相同版本之间的迁移 · · · · · · · · · · · · · 347
- 17.3.2　不同版本之间的迁移 · · · · · · · · · · · · · 347
- 17.3.3　不同数据库之间的迁移 · · · · · · · · · · · 347
- 17.4　数据表的导出和导入 · · · · · · · · · · · · · · · · · · 348
  - 17.4.1　使用 MySQL 命令导出 · · · · · · · · · · · 348
  - 17.4.2　使用 MySQLdump 命令导出 · · · · · · · 351
  - 17.4.3　使用 SELECT…INTO OUTFILE 导出 · · · 354
  - 17.4.4　使用 LOAD DATA INFILE 导入 · · · 357
  - 17.4.5　使用 MySQLimport 命令导入 · · · · · · 359
- 17.5　疑难问题解析 · 361
- 17.6　综合实战训练营 · 361

第 18 章　MySQL 的性能优化 · 363

- 18.1　认识 MySQL 性能优化 · · · · · · · · · · · · · · · · 364
- 18.2　查询速度的优化 · 365
- 18.2.1　分析查询语句 · · · · · · · · · · · · · · · · · · · 365
- 18.2.2　使用索引优化查询 · · · · · · · · · · · · · · · 368

18.2.3	优化子查询	369	18.3.5	分析表、检查表和优化表 374
18.3	数据库结构的优化	369	18.4	MySQL 服务器的优化 376
18.3.1	通过分解表来优化	369	18.4.1	服务器硬件的优化 376
18.3.2	通过中间表来优化	371	18.4.2	MySQL 参数的优化 376
18.3.3	通过冗余字段优化	372	18.5	疑难问题解析 377
18.3.4	优化插入记录的速度	373	18.6	综合实战训练营 377

第 19 章 MySQL 的高级特性 379

19.1	MySQL 查询缓存	380	19.2.2	分区表 389
19.1.1	认识查询缓存	380	19.3	MySQL 的事务控制 395
19.1.2	监控和维护查询缓存	384	19.4	MySQL 中的分布式事务 399
19.1.3	检查缓存命中	386	19.4.1	了解分布式事务的原理 399
19.1.4	优化查询缓存	386	19.4.2	分布式事务的语法 399
19.2	合并表和分区表	387	19.5	疑难问题解析 400
19.2.1	合并表	387	19.6	综合实战训练营 401

第 20 章 PHP 操作 MySQL 数据库 402

20.1	PHP 访问 MySQL 数据库的一般步骤 403		20.3.7	获取结果集中的记录作为关联数组 409
20.2	连接数据库前的准备工作 403		20.3.8	获取结果集中的记录作为对象 409
20.3	访问数据库 404		20.3.9	使用 mysqli_fetch_array() 函数获取结果集记录 410
20.3.1	连接 MySQL 服务器 404			
20.3.2	更改默认的数据库 405		20.3.10	使用 mysqli_free_result() 函数释放资源 410
20.3.3	关闭 MySQL 连接 406			
20.3.4	执行 SQL 语句 406		20.4	通过 mysqli 类库访问 MySQL 数据库 411
20.3.5	获取查询结果集中的记录数 407		20.5	使用 insert 语句动态添加用户信息 412
20.3.6	获取结果集中的一条记录作为枚举数组 408		20.6	使用 select 语句查询数据信息 414
			20.7	疑难问题解析 415

第 21 章 Python 操作 MySQL 数据库 417

21.1	安装 PyMySQL	418	21.2.4	查询数据 421
21.2	操作 MySQL 数据库	419	21.2.5	更新数据 422
21.2.1	连接 MySQL 数据库	419	21.2.6	删除数据 422
21.2.2	创建数据表	420	21.3	疑难问题解析 423
21.2.3	插入数据	420		

第 22 章 新闻发布系统数据库设计 424

22.1	系统概述	425	22.3.2	设计索引 430
22.2	系统功能	425	22.3.3	设计视图 431
22.3	数据库设计和实现	426	22.3.4	设计触发器 431
22.3.1	设计表	426	22.4	本章小结 432

第 23 章 开发企业会员管理系统 433

- 23.1 系统功能描述 434
- 23.2 系统功能分析 434
  - 23.2.1 系统功能结构 434
  - 23.2.2 数据流程和数据库 435
- 23.3 代码的具体实现 436
  - 23.3.1 用户的登录界面 437
  - 23.3.2 数据库连接页面 437
  - 23.3.3 登录验证页面 437
  - 23.3.4 系统主界面 438
  - 23.3.5 会员添加页面 439
  - 23.3.6 会员修改页面 441
  - 23.3.7 用户删除页面 444
  - 23.3.8 会员详情页面 444
- 23.4 程序运行 446
- 23.5 本章小结 448

第1章 数据库与MySQL概述

本章导读

数据库是指以一定的方式存储在一起,能为多个用户共享,具有尽可能小的冗余度,并且与应用程序彼此独立的数据集合。目前使用最为广泛的是关系型数据库,它是建立在关系模型基础上的数据库,借助于集合代数等数学概念和方式来处理数据库中的数据。本章就来认识什么是数据库,以及用于管理大量数据的关系型数据库工具——MySQL数据库。

知识导图

1.1 认识数据库

数据库技术主要研究如何科学地组织和存储数据，如何高效地获取和处理数据。数据库技术作为数据管理的最新技术，目前已广泛应用于各个领域。

1.1.1 什么是数据库

数据库的概念诞生于 60 年前，随着信息技术的快速发展，数据库技术层出不穷。随着应用的拓展和深入，数据库的数量和规模越来越大，其诞生和发展给计算机信息管理带来了一场巨大的革命。

数据库的发展大致划分为如下几个阶段：人工管理阶段、文件系统阶段、数据库系统阶段、高级数据库阶段。其种类大概有 3 种：层次式数据库、网络式数据库和关系式数据库。不同种类的数据库按不同的数据结构来联系和组织数据。

对于数据库的概念，没有一个完全固定的定义，随着数据库历史的发展，定义的内容也有很大的差异，其中一种比较普遍的观点认为：数据库（DataBase，DB）是一个长期存储在计算机内的，有组织的、共享的、统一管理的数据集合。它是一个按数据结构来存储和管理数据的计算机软件系统。即数据库包含两层含义：保管数据的"仓库"，以及数据管理的方法和技术。

数据库的特点包括：实现数据共享，减少数据冗余；采用特定的数据类型；具有较高的数据独立性；具有统一的数据控制功能。

1.1.2 数据库的基本概念

数据、数据库、数据库管理系统、数据库系统、数据库系统管理员等都是数据库中的基本概念，了解这些基本概念，有助于我们更深入地学习数据库技术。

1. 数据

数据（Data）是描述客观事物的符号记录，可以是数字、文字、图形、图像等，经过数字化后存入计算机。事物可以是可触及的对象，如一个人、一棵树、一个零件等；也可以是抽象事件，如一次球赛、一次演出等；还可以是事务之间的联系，如一张借书卡、一张订货单等。

2. 数据库

数据库是存放数据的仓库，是长期存储在计算机内的，有组织的、可共享的数据集合。在数据库中，集中存放了一个有组织的、完整的、有价值的数据资源，如学生管理、人事管理、图书管理等。它可以供各种用户共享，有最小冗余度、较高的数据独立性和易扩展性。

3. 数据库管理系统

数据库管理系统（Database Management System，DBMS）是指位于用户与操作系统之间的一层数据管理系统软件。数据库在建立、运行和维护时，由数据库管理系统统一管理、统一控制。实际上，数据库管理系统是一组计算机程序，能够帮助用户方便地定义数据和操作数据，并能够保证数据的安全性和完整性。用户使用数据库是有目的的，而数据库管理系统是帮助用户达到这一目的的工具和手段。

4. 数据库系统

数据库系统（Database System，DBS）是指在计算机系统中引入数据库后的系统构成，一般由数据、数据库管理系统、应用系统、数据库管理员和用户构成。

5. 数据库系统管理员

数据库系统管理员（Database Administrator，DBA）是负责数据库的建立、使用和维护的专门人员。

6. 数据类型

数据类型决定了数据在计算机中的存储格式，代表不同的信息类型。常用的数据类型有：整数数据类型、浮点数数据类型、精确小数类型、二进制数据类型、日期/时间数据类型、字符串数据类型。表中的每一个字段就是某种指定数据类型，比如 student 表中"学号"字段为整数数据，"性别"字段为字符型数据。

1.1.3 常见的数据库产品

目前常见的数据库产品包括 Access、MySQL、Oracle、SQL Server 数据库等，下面分别进行介绍。

1. Access 数据库

Microsoft Office Access 是由微软发布的关联式数据库管理系统。它结合了 Microsoft Jet Database Engine 和图形用户界面两项特点，是 Microsoft Office 的系统程序之一。主要为专业人士用来进行数据分析，目前的开发一般不用。如图 1-1 所示为 Access 数据库工作界面。

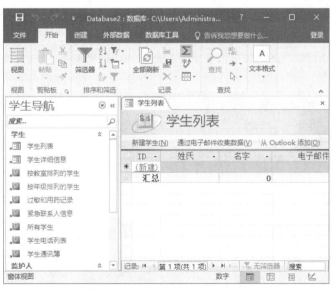

图 1-1　Access 数据库工作界面

2. MySQL 数据库

MySQL 数据库是一个小型关系型数据库管理系统，目前 MySQL 被广泛地应用在 Internet 上的中小型网站中。它具有体积小、速度快、总体拥有成本低、开放源码等特点，许多中小型网站为了降低网站总体拥有成本而选择了 MySQL 作为网站数据库。如图 1-2 所示为 MySQL 8.0.20 数据库的下载界面。

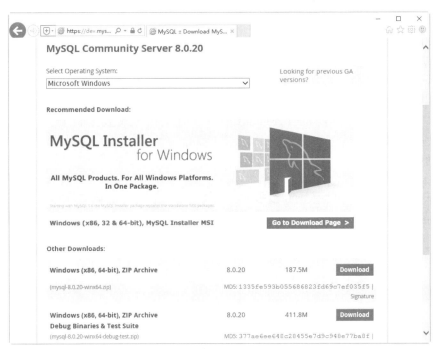

图 1-2　MySQL 数据库的下载界面

另外，MySQL 还是一种关联数据库管理系统，关联数据库将数据保存在不同的表中，而不是将所有数据放在一个大仓库内，这样就增加了速度并提高了数据应用的灵活性。

3. Oracle 数据库

Oracle 前身叫 SDL，由 Larry Ellison 和另外两个编程人员在 1977 年创建。在 1979 年，Oracle 公司引入了第一个商用 SQL 关系数据库管理系统，其产品支持最广泛的操作系统平台，目前 Oracle 关系数据库产品的市场占有率名列前茅。如图 1-3 所示为 Oracle 数据库的安装配置界面。

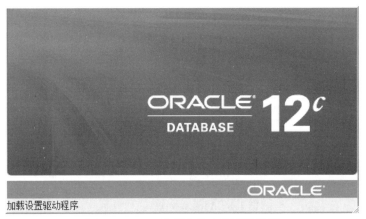

图 1-3　Oracle 数据库的安装配置界面

4. SQL Server 数据库

Microsoft SQL Server 是微软公司开发的大型关系型数据库系统。SQL Server 的功能比较全面，效率高，可以作为中型企业或单位的数据库平台，为用户提供了更安全可靠的存储功能。如图 1-4 所示为 SQL Server 2019 数据库的下载页面。

图 1-4　SQL Server 2019 数据库的下载页面

1.2　数据库技术构成

数据库系统由硬件部分和软件部分共同构成，硬件主要用于存储数据库中的数据，包括计算机、存储设备等。软件部分则主要包括 DBMS、支持 DBMS 运行的操作系统，以及支持多种语言进行应用开发的访问技术等。本节将介绍数据库的技术构成。

1.2.1　数据库系统

数据库系统有 3 个主要的组成部分。

（1）数据库：用于存储数据的地方。

（2）数据库管理系统：用于管理数据库的软件。

（3）数据库应用程序：为了提高数据库系统的处理能力所使用的管理数据库的软件补充。

数据库系统示意图如图 1-5 所示。

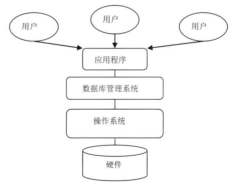

图 1-5　数据库系统示意图

数据库（Database）提供了一个存储空间用以存储各种数据，可以将数据库视为一个存储数据的容器。一个数据库可能包含许多文件，一个数据库系统中通常包含许多数据库。

数据库管理系统（DataBase Management System，DBMS）是用户创建、管理和维护数据库时所使用的软件，位于用户与操作系统之间，对数据库进行统一管理。DBMS 能定义数据存储结构，提供数据的操作机制，维护数据库的安全性、完整性和可靠性。

在很多情况下，DBMS 无法满足对数据管理的要求。数据库应用程序（DataBase Application）的使用可以满足对数据管理的更高要求，还可以使数据管理过程更加直观和友好。数据库应用程序负责与 DBMS 进行通信，访问和管理 DBMS 中存储的数据，允许用户插入、修改、删除 DB 中的数据。

1.2.2 SQL 语言概述

SQL 语言是结构化查询语言（Structured Query Language）的简称。数据库管理系统通过 SQL 语言来管理数据库中的数据

SQL 语言是一种数据库查询和程序设计语言，用于存取数据以及查询、更新和管理关系数据库系统；同时也是数据库脚本文件的扩展名。SQL 语言是 IBM 公司于 1975—1979 年开发出来的，主要用于 IBM 关系数据库原型 System R。在 20 世纪 80 年代，SQL 语言被美国国家标准学会和国际标准化组织认定为关系数据库语言的标准。

SQL 语言主要包含以下 3 个部分。

（1）数据定义语言（DDL）：数据定义语言主要用于定义数据库、表、视图、索引和触发器等，其中包括 CREATE（创建）语句、ALTER（修改）语句和 DROP（删除）语句。CREATE 语句主要用于创建数据库、创建表和创建视图等，ALTER 语句主要用于修改表的定义、修改视图的定义等，DROP 语句主要用于删除数据库、删除表和删除视图等。

（2）数据操作语言（DML）：数据操作语言主要用于插入数据、查询数据、更新数据和删除数据。其中包括 INSERT（插入）语句、UPDATE（修改）语句、SELECT（查询）语句、DELETE（删除）语句。INSERT 语句用于插入数据，UPDATE 语句用于修改数据，SELECT 语句用于查询数据，DELETE 语句用于删除数据。

（3）数据控制语言（DCL）：数据控制语言主要用于控制用户的访问权限。其中包括 GRANT 语句、REVOKE 语句等。GRANT 语句用于给用户增加权限，REVOKE 语句用于收回用户的权限。

数据库管理系统通过这些 SQL 语句可以操作数据库中的数据。在应用程序中，也可以通过 SQL 语句来操作数据。例如，可以在 Java 语言中嵌入 SQL 语句，通过执行 Java 语言来调用 SQL 语句，这样即可在数据库中插入数据、查询数据。另外，SQL 语句也可以嵌入到 C# 语言、PHP 语言等编程语言之中，可见 SQL 语言的应用十分广泛。

1.2.3 数据库访问技术

不同的程序设计语言会有各自不同的数据库访问技术，程序语言通过这些技术，执行 SQL 语句，进行数据库管理。主要的数据库访问技术如下。

1. ODBC

ODBC（Open Database Connectivity，开放数据库互联）技术为访问不同的 SQL 数据库提供了一个共同的接口。ODBC 使用 SQL 作为访问数据的标准。这一接口提供了最大限度的互操作性：一个应用程序可以通过共同的一组代码访问不同的 SQL 数据库管理系统（DBMS）。

一个基于 ODBC 的应用程序对数据库的操作不依赖任何 DBMS，不直接与 DBMS 打交道，所有的数据库操作由对应 DBMS 的 ODBC 驱动程序完成。也就是说，不论是 Access、MySQL 还是 Oracle 数据库，均可用 ODBC API 进行访问。由此可见，ODBC 的最大优点是

能以统一的方式处理所有的数据库。

2. JDBC

JDBC（Java Data base Connectivity，Java 数据库连接）是 Java 应用程序连接数据库的标准方法，是一种用于执行 SQL 语句的 Java API，可以为多种关系数据库提供统一访问，它由一组用 Java 语言编写的类和接口组成。

3. ADO.NET

ADO.NET 是微软在 .NET 框架下开发设计的一组用于和数据源进行交互的面向对象类库。ADO.NET 提供了对关系数据、XML 和应用程序数据的访问，允许和不同类型的数据源以及数据库进行交互。

4. PDO

PDO（PHP Data Object）为 PHP 访问数据库定义了一个轻量级的、一致性的接口，它提供了一个数据访问抽象层，这样，无论使用什么数据库，都可以通过一致的函数执行查询和获取数据。

1.3 MySQL 数据库概述

MySQL 是一个关系型数据库管理系统，由瑞典 MySQL AB 公司开发，目前是 Oracle 旗下产品。MySQL 数据库的体积小、速度快、总体拥有成本低，尤其是开放源码这一特点，使其目前被广泛地应用在 Internet 上的中小型网站中。

1.3.1 MySQL 数据库特点

在 MySQL 中，数据库（Database）是按照数据结构来组织、存储和管理数据的仓库。每个数据库都有一个或多个不同的应用程序接口（Application Program Interface，API），用于创建、访问、管理、搜索和复制所保存的数据。

不过，我们也可以将数据存储在文件中，但是在文件中读写数据速度相对较慢。所以，现在我们使用关系型数据库管理系统（RDBMS）来存储和管理大数据量。而 MySQL 是最流行的关系型数据库管理系统，尤其是在 Web 应用方面，MySQL 可以说是最好的 RDBMS（Relational Database Management System，关系型数据库管理系统）应用软件之一。

所谓的关系型数据库，是建立在关系模型基础上的数据库，借助于集合代数等数学概念和方法来处理数据库中的数据。关系型数据库管理系统的特点有以下几点，这也是 MySQL 数据库具有的特点。

（1）数据以表格的形式出现。
（2）每行为各种记录名称。
（3）每列为记录名称所对应的数据域。
（4）许多的行和列组成一张表单。
（5）若干的表单组成 Database。

1.3.2 认识数据库中的对象

MySQL 数据库中的数据在逻辑上被组织成一系列对象，当一个用户连接到数据库后，所看到的是这些逻辑对象，而不是物理的数据库文件。MySQL 中有以下数据库对象。

（1）数据表：数据库中的数据表与我们日常生活中使用的表格类似，由列和行组成。其中，每一列都代表一个相同类型的数据。每列又称为一个字段，每列的标题称为字段名。每一行包括若干个列信息，一行数据称为一个元组或一条记录，它是有一定意义的信息组合，代表一个实体或联系。一个数据库表由一条或多条记录组成，没有记录的表称为空表。

（2）主键：每个表中通常都有一个主关键字，用于唯一标识一条记录。主键是唯一的，用户可以使用主键来查询数据。

（3）外键：用于关联两个表。

（4）复合键：复合键（组合键）将多个列作为一个索引键，一般用于复合索引。

（5）索引：使用索引可快速访问数据库表中的特定信息。索引是对数据库表中一列或多列的值进行排序的一种结构。

（6）视图：视图看上去同表相似，具有一组命名的字段和数据项，但它其实是一个虚拟的表，在数据库中并不实际存在。视图是由查询数据库表或其他视图产生的，它限制了用户能看到和修改的数据。由此可见，视图可以用来控制用户对数据的访问，并能简化数据的显示，即通过视图只显示那些需要的数据信息。

（7）默认值：默认值是当在表中创建列或插入数据时，为没有指定具体值的列或列数据项赋予事先设定好的值。

（8）约束：指数据库实施数据一致性和数据完整性的方法，或者说是一套机制，包括主键约束、外键约束、唯一性约束、默认值约束和非空约束。

（9）规则：指用来限制数据表中字段的有限范围，以确保列中数据完整性的一种方式。

（10）触发器：一种特殊的存储过程，与表格或某些操作相关联，当用户对数据进行插入、修改、删除或对数据库表进行建立、修改、删除时激活，并自动执行。

（11）存储过程：一组经过编译的可以重复使用的 T-SQL 代码的组合，它是经过编译存储到数据库中的，所以运行速度要比执行相同的 SQL 语句块快。

MySQL 为关系型数据库，这种所谓的"关系型"可以理解为"表格"的概念，一个关系型数据库由一个或数个表格组成，如图 1-6 所示。

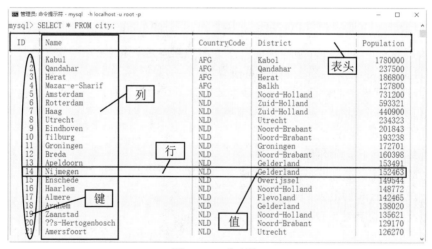

图 1-6 一个表格

（1）表头（header）：每一列的名称；

（2）列（col）：具有相同数据类型的数据的集合；

（3）行（row）：每一行用来描述某条记录的具体信息；
（4）值（value）：行的具体信息，每个值必须与该列的数据类型相同；
（5）键（key）：键的值在当前列中具有唯一性。

1.3.3 认识 MySQL 系统数据库

MySQL 包含了 information_schema、mysql、performance_schema、sakila、sys 和 world 共 6 个系统数据库。在创建任何数据库之前，用户可以使用命令来查看系统数据库，具体的方法为：在命令提示符窗口中登录到 MySQL 数据库，然后执行 SHOW DATABASES; 语句查看系统数据库。输出结果如下：

```
mysql> SHOW DATABASES;
+--------------------+
| Database           |
+--------------------+
| information_schema |
| mysql              |
| performance_schema |
| sakila             |
| sys                |
+--------------------+
6 rows in set (0.11 sec)
```

从输出结果可以看出 MySQL 数据库中存在有 6 个系统数据库，下面进行详细介绍。

（1）information_schema：这个数据库保存了 MySQL 服务器所有数据库的信息，比如数据库的名称、数据库的表、访问权限、数据库表的数据类型、数据库索引的信息等。该数据库是一个虚拟数据库，并非物理存在，在查询数据时，从其他数据库获取相应的信息。

（2）mysql：这个数据库是 MySQL 的核心数据库，类似于 SQL Server 中的 master 表，主要负责存储数据库的用户、权限设置、关键字等，以及 MySQL 自己需要使用的控制和管理信息。例如：可以使用 MySQL 数据库中的 mysql.user 表来修改 root 用户的密码。

（3）performance_schema：这个数据库主要用于收集数据库服务器性能参数。并且数据库里表的存储引擎均为 PERFORMANCE_SCHEMA，而用户是不能创建存储引擎为 PERFORMANCE_SCHEMA 的表的。

（4）sakila：这个数据库最初由 MySQL AB 文档团队的前成员 Mike Hillyer 开发，旨在提供可用于书籍、教程、文章、样本等示例的标准模式。sakila 示例数据库还用于突出 MySQL 的最新功能，如视图、存储过程和触发器。

（5）sys：这个数据库所有的数据源来自 performance_schema 数据库。目标是把 performance_schema 数据库的复杂度降低，让数据库管理员（DBA）能更好地阅读这个库里的内容，从而让数据库管理员（DBA）更快地了解数据库的运行情况。

（6）world：这个数据库是 MySQL 提供的示例数据库，包括三个数据表，分别是 city（城市表）、country（国家表）、countrylanguage（国家语言表）。

1.3.4 MySQL 数据库的命名机制

MySQL 的命名机制是由 3 个数字组成的版本号，例如 mysql-8.0.17。
（1）第一个数字 8 是主版本号，描述了文件格式，所有版本 8 的发行版都有相同的文件格式。

（2）第二个数字 0 是发行级别，主版本号和发行级别组合在一起便构成了发行序列号。

（3）第三个数字 17 是在此发行系列的版本号，随每个新发行版本递增。

每一个次要的更新，版本字符串的最后一个数字递增。当有主要的新功能或有微小的不兼容性，版本字符串的第二个数字递增。当文件格式有变化，第一个数字递增。

1.4 如何学习数据库

数据库已经成为软件系统的一部分，那么学好数据库将是软件开发的一个必要条件。如何才能学好数据库，没有确切的答案，这里笔者分享一下自己学习数据库的经验。

1. 多练习

学好数据库最重要的一点，就是多练习。数据库系统具有极强的操作性，需要多上机操作，这样才能发现问题，并思考解决问题的方法和思路，只有这样才能提高实战的操作能力。

2. 培养兴趣

兴趣是最好的老师，不论学习什么知识，兴趣都可以极大地提高学习效率，当然学习数据库也不例外。

3. 多编写 SQL 语句

计算机领域的技术非常强调基础，刚开始学习时可能还认识不到这一点。随着技术应用的深入，只有具备扎实的基础功底，才能在技术的道路上走得更快、更远。对于数据库的学习者来说，SQL 语句是最基础的部分，很多操作都是通过 SQL 语句来实现的。所以在学习的过程中，读者要多编写 SQL 语句，对于同一个功能使用不同的实现语句来完成，从而深刻理解其不同之处。

4. 及时学习新知识

正确、有效地利用搜索引擎，可以搜索到很多关于数据库的相关知识。同时，参考别人解决问题的思路，也可以吸取别人的经验，及时获取最新的技术资料。

5. 数据库理论知识不能丢

数据库理论知识是学好数据库的基础。理论知识虽然有点枯燥，但它是学好数据库的前提。如果没有理论基础，学习的东西就不扎实。例如，数据库理论中会讲解数据库设计原则、什么是关系数据库等，如果不了解这些知识，就很难设计出一个很好的数据库以及数据表。因此，这里建议可以将数据库理论知识的学习与上机实战相结合，这样效率会提高。

1.5 疑难问题解析

▎疑问 1：如何选择适合自己的数据库？

解答：选择数据库时，需要考虑运行的操作系统和管理系统的实际情况。一般情况下，要遵循以下原则。

（1）如果是开发大的管理系统，可以在 Oracle、SQL Server、DB2 中选择；如果是开发中小型的管理系统，可以在 Access、MySQL、PostgreSQL 中选择。

（2）Access 和 SQL Server 数据库只能运行在 Windows 系列的操作系统上，其与 Windows 系列的操作系统有很好的兼容性。Oracle、DB2、MySQL 和 PostgreSQL 除了在

Windows 平台上运行外,还可以在 Linux 和 UNIX 平台上运行。

(3) Access、MySQL 和 PostgreSQL 都非常容易使用,Oracle 和 DB2 相对比较复杂,但是其性能比较好。

疑问 2:数据库系统与数据库管理系统的主要区别是什么?

答:数据库系统是指在计算机系统中引入数据库后的系统构成,一般由数据库、数据库管理系统、应用系统、数据库管理员和用户构成。数据库管理系统是位于用户与操作系统之间的一层数据管理软件,是数据库系统的一个重要组成部分。

1.6 综合实战训练营

实战 1:了解常用数据库产品的特点

目前常见的数据库产品包括 SQL Server、Oracle、MySQL、Access 数据库,了解它们的应用特点,从而选择出适合自己的数据库。如图 1-7 所示为 SQL Server 2019 数据库的工作界面。

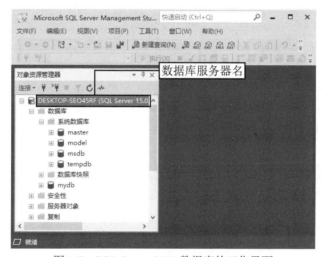

图 1-7 SQL Server 2019 数据库的工作界面

实战 2:认识 MySQL 的系统数据库

在命令提示符窗口中登录到 MySQL 数据库,然后执行 SHOW DATABASES; 语句查看系统数据库。输出结果如下:

```
mysql> SHOW DATABASES;
+--------------------+
| Database           |
+--------------------+
| information_schema |
| mysql              |
| performance_schema |
| sakila             |
| sys                |
+--------------------+
6 rows in set (0.11 sec)
```

第2章　安装与配置MySQL环境

本章导读

在 Windows 操作系统下，MySQL 数据库可以以图形化界面方式安装，图形化界面包中有完整的安装向导，安装和配置都非常方便。本章就来介绍安装与配置 MySQL 的方法，主要内容包括下载与安装 MySQL、启动并登录 MySQL 数据库以及手动更改 MySQL 的配置等。

知识导图

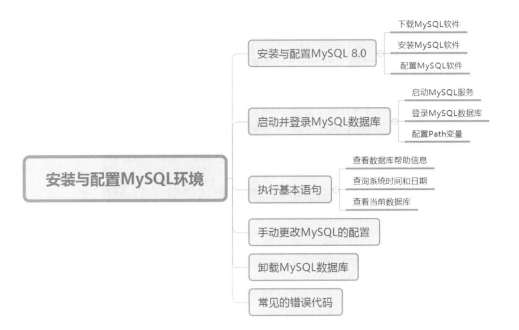

2.1 安装与配置 MySQL 8.0

MySQL 支持多种平台，不同平台下的安装与配置过程也不相同。在 Windows 平台下，我们可以以图形化的方式来安装与配置 MySQL。所谓图形化方式，通常是通过向导一步一步地完成对 MySQL 的安装与配置。本书以 MySQL 8.0 版本为例。

2.1.1 下载 MySQL 软件

在下载 MySQL 数据库之前，首先需要了解操作系统的属性，然后根据系统的位数来下载对应的 MySQL 软件。下面以 32 位 Windows 操作系统为例进行讲解，具体操作步骤如下。

01 打开 IE 浏览器，在地址栏中输入网址：http://dev.mysql.com/downloads/mysql/#downloads，单击【转到】按钮，打开 MySQL Community Server 8.0.17 下载页面，选择 Generally Available（GA）Releases 类型的安装包，如图 2-1 所示。

02 在下拉列表中选择用户的操作系统平台，这里选择 Microsoft Windows 选项，如图 2-2 所示。

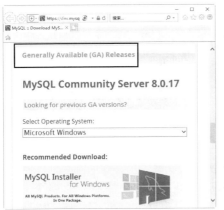

图 2-1 MySQL 下载页面

图 2-2 选择 Windows 平台

03 根据读者的平台选择 32 位或者 64 位安装包，在这里选择 Windows（x86,32&64-bit）选项，然后单击 Go to Download Page 按钮，如图 2-3 所示。

04 进入下载页面中，选择需要的版本后，单击 Download 按钮，如图 2-4 所示。

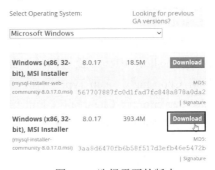

图 2-3 选择需要下载的安装包　　　　图 2-4 选择需要的版本

> **注意**：MySQL 每隔几个月就会发布一个新版本，读者在上述页面中找到的 MySQL 均为最新发布的版本。如果读者希望与本书中使用 MySQL 版本完全一样，可以在官方的历史版本页面中查找。

05 在弹出的页面中提示开始下载，这里单击 Login 按钮，如图 2-5 所示。

06 弹出用户登录页面，输入用户名和密码后，单击【登录】按钮，如图 2-6 所示。

图 2-5　提示下载页面　　　　图 2-6　用户登录页面

07 弹出开始下载页面，单击 Download Now 按钮，即可开始下载，如图 2-7 所示。

图 2-7　开始下载页面

2.1.2　安装 MySQL 软件

MySQL 下载完成后，找到下载文件，双击进行安装，具体操作步骤如下。

01 双击下载的 mysql-installer-community-8.0.17.msi 文件，打开 License Agreement 界面，选中 I accept the license terms 复选框，单击 Next（下一步）按钮，如图 2-8 所示。

02 打开 Choosing a Setup Type 界面，在其中列出了 5 种安装类型，分别是：Developer Default、Server only、Client only、Full 和 Custom。这里选中 Custom 单选按钮，单击 Next（下一步）按钮，如图 2-9 所示。

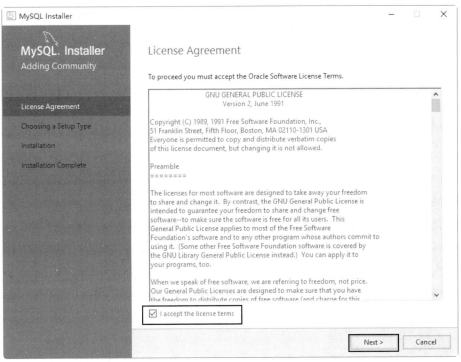

图 2-8　用户许可证协议界面

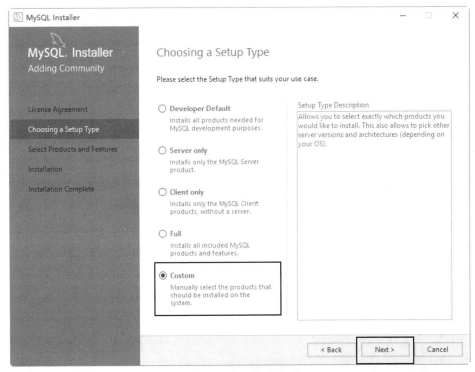

图 2-9　安装类型界面

> 提示：安装类型共有 5 种，各项含义为：Developer Default 是默认安装类型；Server only 是仅作为服务器；Client only 是仅作为客户端；Full 是完全安装；Custom 是自定义安装类型。

03 打开 Select Products and Features 界面，选择 MySQL Server 8.0.17-x64 选项后，单击添加按钮➡，即可选择安装 MySQL 服务器。采用同样的方法，添加 MySQL Documentation 8.0.17-x86 和 Samples and Examples 8.0.17-x86 选项，如图 2-10 所示。

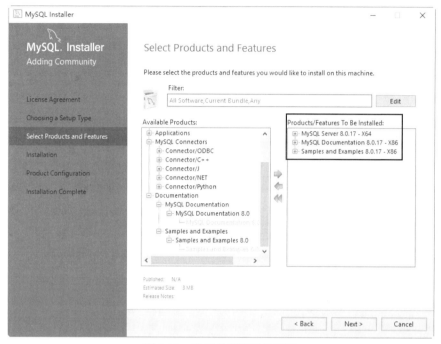

图 2-10　自定义安装组件界面

04 单击 Next（下一步）按钮，进入安装确认界面，单击 Execute（执行）按钮，如图 2-11 所示。

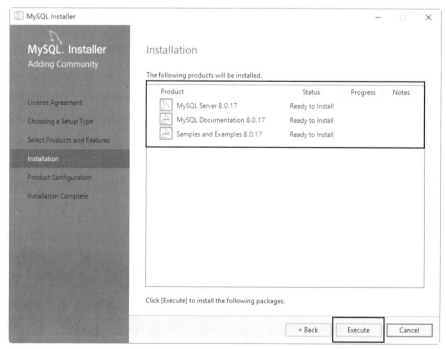

图 2-11　准备安装界面

05 开始安装 MySQL 文件，安装完成后在 Status（状态）列表下将显示 Complete（安装完成），如图 2-12 所示。

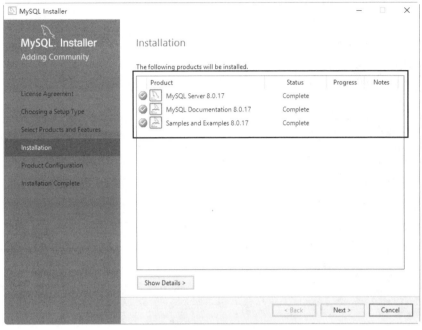

图 2-12　安装完成界面

2.1.3　配置 MySQL 软件

MySQL 安装完毕之后，需要对服务器进行配置，具体的步骤如下。

01 在上一节的最后一步中，单击 Next（下一步）按钮，进入产品信息界面，如图 2-13 所示。

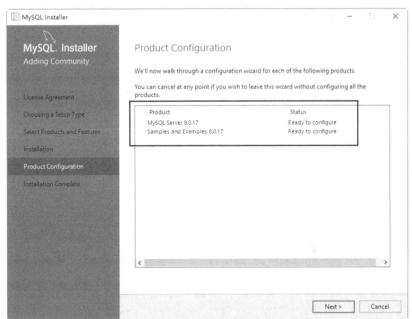

图 2-13　产品信息界面

02 单击 Next（下一步）按钮，进入服务器配置界面，如图 2-14 所示。

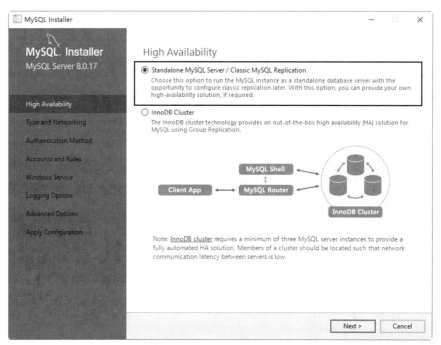

图 2-14　服务器配置界面

03 单击 Next（下一步）按钮，进入 MySQL 服务器配置界面，采用默认设置，如图 2-15 所示。

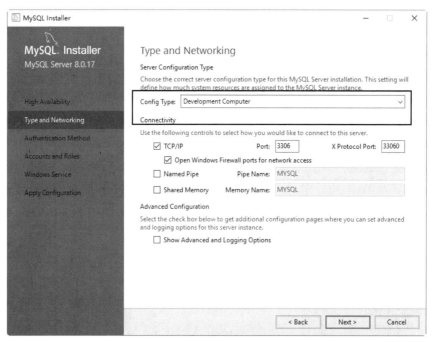

图 2-15　MySQL 服务器配置界面

MySQL 服务器配置界面中 Config Type 参数的含义为：用于设置服务器的类型。单击该选项右侧的向下按钮，即可看到包括 3 个选项，如图 2-16 所示。

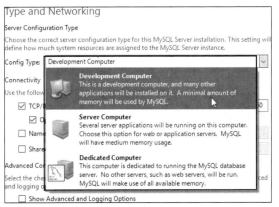

图 2-16　MySQL 服务器的类型

图 2-16 中 3 个选项的具体含义如下。

（1）Development Computer（开发机器）：该选项代表典型个人用桌面工作站。假定机器上运行着多个桌面应用程序，将 MySQL 服务器配置成使用最少的系统资源。

（2）Server Computer（服务器）：该选项代表服务器，MySQL 服务器可以同其他应用程序一起运行，例如 FTP、Email 和 Web 服务器。MySQL 服务器配置成使用适当比例的系统资源。

（3）Dedicated Computer（专用服务器）：该选项代表只运行 MySQL 服务的服务器。假定没有运行其他服务程序，MySQL 服务器配置成使用所有可用系统资源。

> 提示：作为初学者，建议选择 Development Computer（开发机器）选项，这样占用的系统资源比较少。

04 单击 Next（下一步）按钮，打开设置授权方式界面。其中第一个单选项的含义：MySQL 8.0 提供的新的授权方式，采用基于 SHA256 的密码加密方法；第二个单选项的含义：传统授权方法（保留 5.x 版本兼容性）。这里选择第一个单选项，如图 2-17 所示。

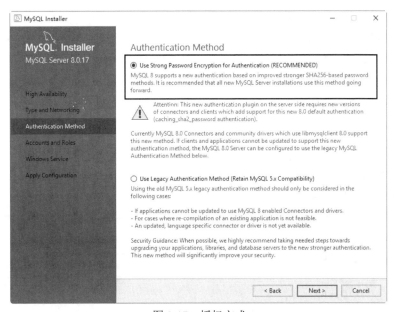

图 2-17　授权方式

05 单击 Next（下一步）按钮，打开设置服务器登录密码界面，重复输入两次同样的登录密码，如图 2-18 所示。

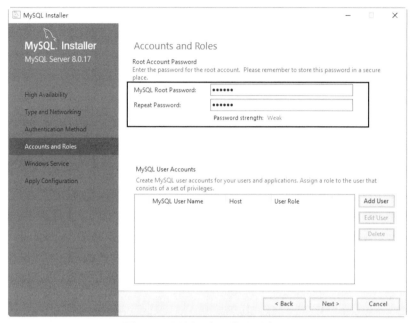

图 2-18　设置服务器的登录密码

> 提示：系统默认的用户名称为 root，如果想添加新用户，可以单击 Add User（添加用户）按钮进行添加。

06 单击 Next（下一步）按钮，打开设置服务器名称界面，本案例设置服务器名称为 MySQL，如图 2-19 所示。

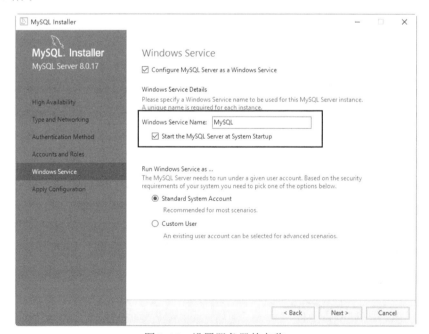

图 2-19　设置服务器的名称

07 单击 Next（下一步）按钮，打开确认设置服务器界面，单击 Execute（执行）按钮，如图 2-20 所示。

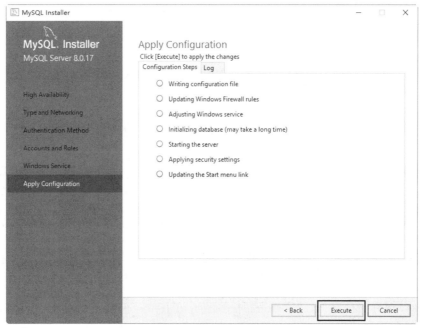

图 2-20　确认设置服务器

08 系统自动配置 MySQL 服务器。配置完成后，单击 Finish（完成）按钮，即可完成服务器的配置，如图 2-21 所示。

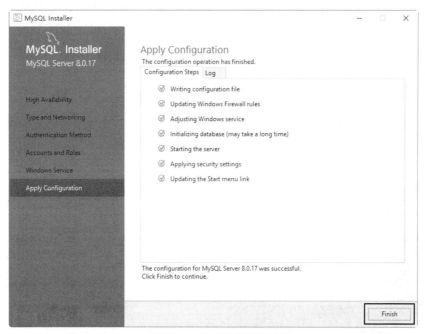

图 2-21　完成设置服务器

09 按键盘上的 Ctrl+Alt+Del 组合键，打开【任务管理器】窗口，可以看到 MySQL 服务进程 mysqld.exe 已经启动了，如图 2-22 所示。

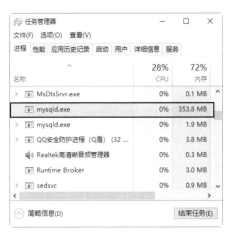

图 2-22 【任务管理器】窗口

至此，就完成了在 Windows 10 操作系统环境下安装 MySQL 的操作。

2.2 启动并登录 MySQL 数据库

MySQL 软件安装完毕后，需要启动 MySQL 服务器进程，然后才能登录 MySQL 数据库，否则客户端无法连接数据库。本节就来介绍启动 MySQL 服务和登录 MySQL 数据库的方法。

2.2.1 启动 MySQL 服务

在安装与配置 MySQL 服务的过程中，已经将 MySQL 安装为 Windows 服务，当 Windows 启动、停止时，MySQL 服务也自动启动、停止。不过，我们还可以使用图形服务工具来启动或停止 MySQL 服务器。

用户可以通过 Windows 的服务管理器查看 MySQL 服务是否已启动，具体的操作步骤如下。

01 单击任务栏中的【搜索】按钮，在搜索框中输入"services.msc"，按 Enter 键确认，如图 2-23 所示。

02 打开 Windows 系统的【服务】窗口，在其中可以看到服务名为 MySQL 的服务项，其右边【状态】为"正在运行"，表明该服务已经启动，如图 2-24 所示。

图 2-23 搜索　　　　　　图 2-24 【服务】窗口

由于设置了 MySQL 为自动启动，在这里可以看到，服务已经启动，而且启动类型为"自动"。如果没有"已启动"字样，说明 MySQL 服务未启动。启动方法为：单击【开始】菜单，在搜索框中输入"cmd"，按 Enter 键确认，弹出命令提示符窗口，然后输入命令 net start MySQL，按 Enter 键，就能启动 MySQL 服务了。停止 MySQL 服务的命令为 net stop MySQL，如图 2-25 所示。

也可以在【服务】窗口中直接双击 MySQL 服务，打开【MySQL 的属性（本地计算机）】对话框，在其中通过单击【启动】或【停止】按钮来更改服务状态，如图 2-26 所示。

> **提示**：输入的"MySQL"是服务的名字。如果读者的 MySQL 服务的名字是 DB 或其他名字，应该输入"net start DB"或其他名称。

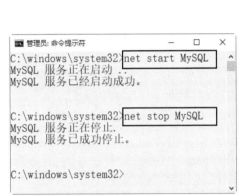

图 2-25　启动和停止 MySQL 命令　　图 2-26　【MySQL 的属性（本地计算机）】对话框

2.2.2　登录 MySQL 数据库

当 MySQL 服务启动完成后，便可以通过客户端来登录 MySQL 数据库。在 Windows 操作系统下，可以通过两种方式登录 MySQL 数据库。

1. 以 Windows 命令行方式登录

具体的操作步骤如下。

01 单击【开始】菜单，在搜索框中输入"cmd"，按 Enter 键确认，如图 2-27 所示。

02 打开命令提示符窗口，输入以下命令并按 Enter 键确认，如图 2-28 所示。

```
cd C:\Program Files\MySQL\MySQL Server 8.0\bin\
```

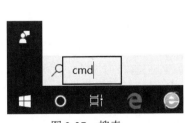

图 2-27　搜索　　　　　　　　　图 2-28　命令提示符窗口

03 在命令提示符窗口中可以通过登录命令连接到 MySQL 数据库，连接 MySQL 的命令格式为：

```
mysql -h hostname -u username -p
```

主要参数介绍如下。
- mysql：为登录命令。
- –h hostname：是服务器的主机地址，在这里客户端和服务器在同一台机器上，所以输入 localhost 或者 IP 地址 127.0.0.1。
- -u username：表示登录数据库的用户名称，在这里为 root。
- -p：后面是用户登录密码。

具体到实例，需要输入如下命令：

```
mysql  -h localhost -u root -p
```

04 按 Enter 键，系统会提示输入密码，这里输入在前面配置向导中自己设置的密码，笔者设置的密码为 Ty0408，验证正确后，即可登录到 MySQL 数据库，如图 2-29 所示。

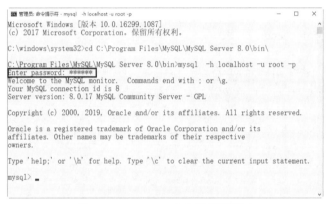

图 2-29　Windows 命令提示符窗口

提示：当窗口中出现如图 2-29 所示的说明信息，命令提示符变为 mysql> 时，表明已经成功登录 MySQL 服务器了。

2. 使用 MySQL Command Line Client 登录

01 选择【开始】→【所有程序】→ MySQL → MySQL 8.0 Command Line Client 菜单命令，进入登录窗口，如图 2-30 所示。

02 输入正确的密码，按 Enter 键，就可以登录到 MySQL 数据库了，如图 2-31 所示。

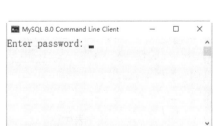
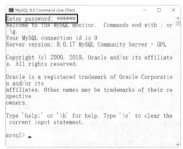

图 2-30　MySQL 登录窗口　　　图 2-31　登录到 MySQL 数据库

2.2.3 配置 Path 变量

如果 MySQL 应用程序没有添加到 Windows 系统的 Path 变量中,则不能直接输入 MySQL 登录命令,这时可以手动将 MySQL 路径添加到 Path 变量中,这样可以使以后的操作更加方便,也便于使用 MySQL 的其他命令工具。

配置 Path 路径很简单,只要将 MySQL 应用程序的路径添加到系统的 Path 变量中就可以了。操作步骤如下。

01 选择桌面上的【此电脑】图标,单击鼠标右键,在弹出的快捷菜单中选择【属性】命令,如图 2-32 所示。

02 打开【系统】窗口,单击【高级系统设置】链接,如图 2-33 所示。

图 2-32　选择【属性】命令　　　　图 2-33　【系统】窗口

03 打开【系统属性】对话框,选择【高级】选项卡,然后单击【环境变量】按钮,如图 2-34 所示。

04 打开【环境变量】对话框,在【系统变量】列表框中选择 Path 变量,如图 2-35 所示。

图 2-34　【系统属性】对话框　　　　图 2-35　【环境变量】对话框

05 单击【编辑】按钮,在弹出的【编辑环境变量】对话框中,将 MySQL 应用程序的 bin 目录(C:\Program Files\MySQL\MySQL Server 8.0\bin)添加到变量列表中,用分号将其与其他路径分隔开,如图 2-36 所示。

06 添加完成之后，单击【确定】按钮，这样就完成了配置 Path 变量的操作，然后就可以直接输入 MySQL 命令来登录数据库了，如图 2-37 所示。

图 2-36 【编辑环境变量】对话框

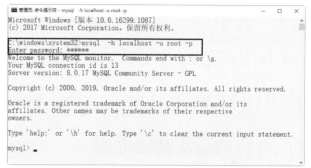

图 2-37 完成 Path 变量的配置

2.3 执行基本语句

登录 MySQL 数据库后，就可以执行一些语句来查看操作结果了，例如查询数据库系统的帮助信息、系统当前时间和当前数据库版本信息等。

2.3.1 查看数据库帮助信息

登录 MySQL 数据库成功后，可以直接输入 help; 或 \h 查看帮助信息，具体执行结果如下：

```
mysql> help;

For information about MySQL products and services, visit:
   http://www.mysql.com/
For developer information, including the MySQL Reference Manual, visit:
   http://dev.mysql.com/
To buy MySQL Enterprise support, training, or other products, visit:
   https://shop.mysql.com/

List of all MySQL commands:
Note that all text commands must be first on line and end with ';'
?         (\?) Synonym for 'help'.
clear     (\c) Clear the current input statement.
connect   (\r) Reconnect to the server. Optional arguments are db and host.
delimiter (\d) Set statement delimiter.
ego       (\G) Send command to mysql server, display result vertically.
exit      (\q) Exit mysql. Same as quit.
go        (\g) Send command to mysql server.
help      (\h) Display this help.
notee     (\t) Don't write into outfile.
print     (\p) Print current command.
prompt    (\R) Change your mysql prompt.
quit      (\q) Quit mysql.
rehash    (\#) Rebuild completion hash.
source    (\.) Execute an SQL script file. Takes a file name as an argument.
status    (\s) Get status information from the server.
```

```
tee         (\T) Set outfile [to_outfile]. Append everything into given outfile.
use         (\u) Use another database. Takes database name as argument.
charset     (\C) Switch to another charset. Might be needed for processing binlog
with multi-byte charsets.
warnings    (\W) Show warnings after every statement.
nowarning   (\w) Don't show warnings after every statement.
resetconnection(\x) Clean session context.

For server side help, type 'help contents'

mysql>
```

2.3.2 查询系统时间和日期

SELECT 语句可以用于查询，MySQL 数据库中经常会用到该语句，使用该语句不仅可以查询数据库中的数据记录，还可以查询系统的当前时间，具体的方法是在控制台中输入"SELECT NOW();"语句，执行结果如下：

```
mysql> SELECT NOW();
+---------------------+
| NOW()               |
+---------------------+
| 2020-05-28 18:04:04 |
+---------------------+
1 row in set (0.03 sec)
```

2.3.3 查看当前数据库

MySQL 数据库安装完成后，我们可以使用 SELECT DATABASE(); 语句来查看当前的数据库，执行结果如下：

```
mysql> SELECT DATABASE();
+------------+
| DATABASE() |
+------------+
| NULL       |
+------------+
1 row in set (0.03 sec)
```

这里给出的结果是 NULL，说明当前并没有使用任何数据库。如果使用 USE school; 语句选择 school 数据库为当前数据库，再次执行 SELECT DATABASE(); 语句，则执行结果如下：

```
mysql> USE school;
Database changed
mysql> SELECT DATABASE();
+------------+
| DATABASE() |
+------------+
| school     |
+------------+
1 row in set (0.00 sec)
```

从执行结果可以看出当前数据库是 school 数据库。

2.4 手动更改 MySQL 的配置

MySQL 数据库安装完成后，可能会根据实际情况更改 MySQL 数据库的某些配置。一般可以通过两种方式进行更改，一种是通过配置向导进行更改，另一种是通过手动方式更改 MySQL 数据库的某些配置。手动更改的方式虽然比较困难，但是这种配置方式更加灵活。

安装 MySQL 数据库时，其默认的安装路径在 C 盘，因此，文件安装在 C:\Program Files\MySQL\MySQL Server 8.0 目录下，如图 2-38 所示。那么数据库文件安装在 C:\ProgramData\MySQL\MySQL Server 8.0 目录下，如图 2-39 所示，该目录下包含 Data 文件夹和 my.ini 文件。

图 2-38　文件安装目录

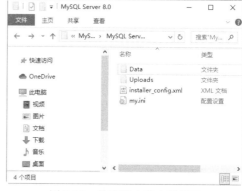

图 2-39　数据库文件安装目录

从图 2-38 中可以看出，安装文件包含多个文件夹，其中，bin 文件夹下都是可执行文件，例如 mysql.exe、mysqld.exe 和 mysqladmin.exe 等；include 文件夹下都是头文件，例如 mysql.h、my_command.h、mysql_com.h 等；lib 文件夹下都是库文件，该文件夹下有 plugin 文件夹以及一些其他库文件；share 文件夹下是字符集、语言等信息。

MySQL 数据库真正的配置文件是数据库安装目录下的 my.ini 文件。因此，只要修改 my.ini 文件中的内容就可以达到更改配置的目的。例如，我们可以在 my.ini 文件中手动配置客户端参数，其中，port 参数表示 MySQL 数据库的端口，默认端口是 3306。default-character-set 参数是客户端的默认字符集，现在设置的参数是 utf8。如果想要更改客户端的设置内容，可以直接在 my.ini 文件中进行更改，my.ini 配置文件的部分内容如下：

```
Other default tuning values
# MySQL Server Instance Configuration File
# ----------------------------------------------------------------------
# Generated by the MySQL Server Instance Configuration Wizard
#
#
# CLIENT SECTION
# ----------------------------------------------------------------------
 [client]
# pipe=
# socket=MYSQL
port=3306
[mysql]
no-beep
# default-character-set=utf8
```

> **提示**：如果读者安装时选择的配置不一样，那么配置文件就会稍有不同。通常情况下，我们经常修改的是默认字符集、默认存储引擎和端口等信息，其他参数修改比较复杂，一般不进行修改。另外，每次修改参数后，必须重新启动 MySQL 服务才会生效。

2.5 卸载 MySQL 数据库

如果不再需要 MySQL 了，我们可以将其卸载。具体操作步骤如下。

01 选择【开始】→【Windows 系统】→【控制面板】菜单命令，打开【所有控制面板项】窗口，单击【程序和功能】图标，如图 2-40 所示。

02 打开【程序和功能】窗口，选择 MySQL Server 8.0 选项，单击鼠标右键，在弹出的快捷菜单中选择【卸载】命令，如图 2-41 所示。

图 2-40 【所有控制面板项】窗口

图 2-41 选择【卸载】命令

03 打开【程序和功能】信息提示对话框，单击【是】按钮，即可卸载 MySQL Server 8.0，如图 2-42 所示。

> **注意**：卸载完成后，还需要删除安装目录下的 MySQL 文件夹及程序数据文件夹，如 C:\Program Files (x86)\MySQL 和 C:\ProgramData\MySQL。

04 在【运行】对话框中输入 regedit，进入注册表编辑器，如图 2-43 所示。将所有的 MySQL 注册表内容完全清除，具体删除内容如下：

```
HKEY_LOCAL_MACHINE\SYSTEM\ControlSet001\Services\Eventlog\Application\MySQL
HKEY_LOCAL_MACHINE\SYSTEM\ControlSet002\Services\Eventlog\Application\MySQL
HKEY_LOCAL_MACHINE\SYSTEM\CurrentControlSet\Services\Eventlog\Application\MySQL
```

图 2-42 信息提示对话框

图 2-43 注册表编辑器

05 上述步骤操作完成后,重新启动计算机,即可完全清除 MySQL。

2.6 常见的错误代码

在使用 MySQL 数据库的过程中,如果在控制台执行的语句不合法或者错误,则会输出有关的错误信息,例如,在命令行中执行 CREATE DATABASE mybase; 语句时出现 1007 的错误,执行结果如下:

```
mysql> CREATE DATABASE mybase;
ERROR 1007 (HY000): Can't create database 'mybase'; database exists
```

上述错误代码为 1007,表示要创建的数据库 mybase 已经存在,创建数据库失败。除了这个错误外,在执行语句时可能还会出现其他的错误。表 2-1 中列出了一些常见的错误代码,并且对这些代码进行了简单说明。

表 2-1 执行语句时的常见错误代码

错误代码	说　明
1005	创建表失败
1006	创建数据库失败
1007	数据库已存在,创建数据库失败
1008	数据库不存在,删除数据库失败
1009	不能删除数据库文件导致删除数据库失败
1010	不能删除数据目录导致删除数据库失败
1011	删除数据库文件失败
1012	不能读取系统表中的记录
1016	文件无法打开,使用后台修复或者使用 phpmyadmin 进行修复
1020	记录已被其他用户修改
1021	硬盘剩余空间不足,请加大硬盘可用空间
1022	关键字重复,更改记录失败
1023	关闭时发生错误
1024	读文件错误
1025	更改名字时发生错误
1026	写文件错误
1032	记录不存在
1036	数据表是只读的,不能对它进行修改
1037	系统内存不足,请重启数据库或重启服务器
1038	用于排序的内存不足,请增大排序缓冲区
1040	已到达数据库的最大连接数,请加大数据库可用连接数
1041	系统内存不足
1042	无效的主机名
1043	无效连接
1044	当前用户没有访问数据库的权限

续表

错误代码	说　明
1045	不能连接数据库，用户名或密码错误
1048	字段不能为空
1049	数据库不存在
1050	数据表已存在
1051	数据表不存在
1054	字段不存在
1065	无效的 SQL 语句，SQL 语句为空
1081	不能建立 Socket 连接
1114	数据表已满，不能容纳任何记录
1116	打开的数据表太多
1129	数据库出现异常，请重启数据库
1130	连接数据库失败，没有连接数据库的权限
1133	数据库用户不存在
1141	当前用户无权访问数据库
1142	当前用户无权访问数据表
1143	当前用户无权访问数据表中的字段
1146	数据表不存在
1147	未定义用户对数据表的访问权限
1149	SQL 语句语法错误
1158	网络错误，出现读错误，请检查网络连接状况
1159	网络错误，读超时，请检查网络连接状况
1160	网络错误，出现写错误，请检查网络连接状况
1161	网络错误，写超时，请检查网络连接状况
1162	字段值重复，入库失败
1169	字段值重复，更新记录失败
1177	打开数据表失败
1180	提交事务失败
1181	回滚事务失败
1203	当前用户和数据库建立的连接已到达数据库的最大连接数，请增大可用的数据库连接数或重启数据库
1205	加锁超时
1211	当前用户没有创建用户的权限
1216	外键约束检查失败，更新子表记录失败
1217	外键约束检查失败，删除或修改主表记录失败
1226	当前用户使用的资源已超过所允许的资源，请重启数据库或重启服务器
1227	权限不足，您无权进行此操作
1235	MySQL 版本过低，不具有本功能

2.7 疑难问题解析

疑问 1: 重新安装 MySQL 到最后一步，不能完成最终的安装，怎么解决?

答：第一次安装完 MySQL，由于各种原因，需要重新安装程序，就会遇到这个问题。具体的解决方案如下：
（1）在注册表里搜索 MySQL 并删除相关记录；
（2）删除 MySQL 安装目录下的 MySQL 文件；
（3）删除 C:\ProgramData 目录下 MySQL 文件夹，然后再重新安装，就能安装成功。

疑问 2: 使用 MySQL Command Line Client 登录时窗口闪一下就消失了，怎么解决?

答：第一次使用 MySQL Command Line Client，有可能会出现闪一下后窗口就消失的情况。具体解决这个问题的方法为：打开路径 C:\Program Files\MySQL\MySQL Server 8.0，复制文件 my-default.ini，然后将副本命名为 my.ini，完成操作后，即可解决窗口闪一下就消失的问题。

2.8 综合实战训练营

实战 1：掌握安装 MySQL 的方法

按照 MySQL 程序的安装步骤以及提示可以一步一步地进行 MySQL 的安装，最终效果如图 2-44 所示。

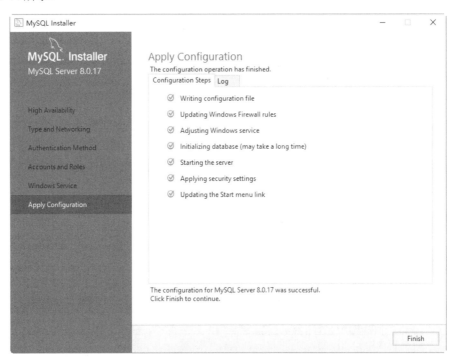

图 2-44　MySQL 安装完成后的效果

实战 2：掌握启动并登录 MySQL 的方法

通过命令提示符窗口与 MySQL Command Line Client 工具可以连接到 MySQL 服务器，运行效果如图 2-45 所示。

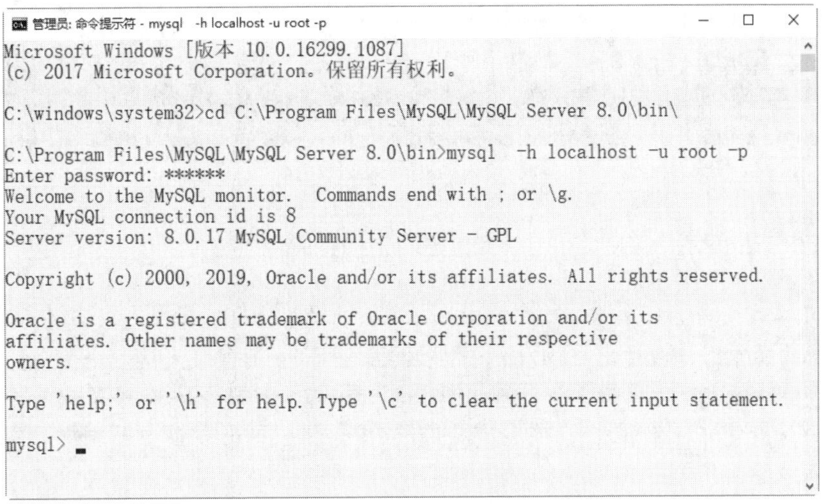

图 2-45　命令提示符窗口

第3章　MySQL的管理工具

📖 本章导读

　　MySQL 安装完毕后，其自带有多个命令工具，通过执行这些命令可以实现不同的操作，而且大多数的操作都是通过 MySQL 命令来实现的。但是，有时候使用这些命令会显得很复杂。这时可以使用 MySQL 数据库图形管理工具，图形管理工具可以在图形界面上操作 MySQL 数据库，只使用鼠标操作就可以了，这使得数据库的操作更加简单。本章就来介绍 MySQL 数据库的管理工具。

📖 知识导图

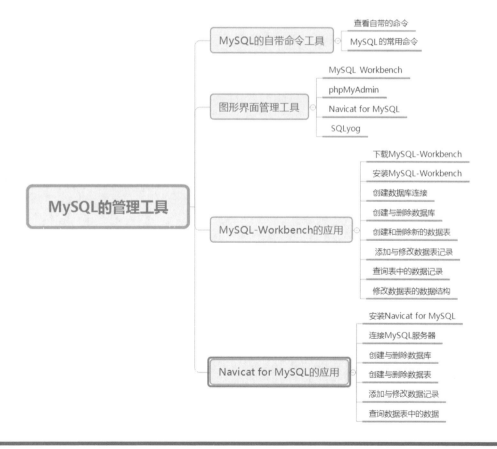

3.1 MySQL 自带的命令工具

安装 MySQL 数据库成功后，可在安装目录中找到 bin 文件夹，该文件夹包含了可执行文件，如 mysql.exe、mysqld.exe、mysqladmin.exe 等。本节介绍一些常见的命令，并使用它们进行简单的操作。

3.1.1 查看自带的命令

查看 MySQL 数据库自带的命令工具很简单，找到 MySQL 数据库的文件安装路径（本台计算机的 MySQL 安装路径为：C:\Program Files\MySQL\MySQL Server 8.0），打开该路径下的 bin 文件夹，如图 3-1 所示。

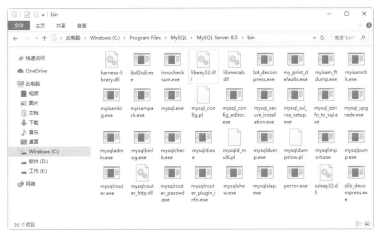

图 3-1　bin 文件夹

从图 3-1 中可以看出，MySQL 数据库中自带了多个命令工具，通过执行这些命令可以实现不同的操作，大多数的操作都是通过 mysql 命令来实现的。另外，mysqladmin 命令主要用来对数据库做一些简单的操作，以及显示服务器状态等。表 3-1 所示为 MySQL 常用命令工具的简单说明。

表 3-1　MySQL 常用命令工具

命令名称（工具名称）	说　明
myisampack	压缩 MyISAM 表以产生更小的只读表的一个工具
mysql	交互式输入 SQL 语句或从文件以批处理模式执行 SQL 语句的命令行工具
mysqlbinlog	从二进制日志读取语句的工具。在二进制日志文件中包含执行过的语句，可用来帮助系统从崩溃中恢复
mysqladmin	执行管理操作的客户程序，例如创建或删除数据库，重载授权表，将表刷新到硬盘上，以及重新打开日志文件。mysqladmin 还可以用来检索版本、进程，以及服务器的状态信息
mysqlcheck	检查、修复、分析以及优化表的表维护客户程序
mysqldump	将 MySQL 数据库转储到一个文件（例如 SQL 语句或 Tab 分隔符文本文件）的客户程序

续表

命令名称（工具名称）	说　明
mysqlimport	使用 LOAD DATA INFILE 语句将文本文件导入相关表的客户程序
mysqlshow	显示数据库、表、列以及索引相关信息的客户程序
perror	显示系统或 MySQL 错误代码含义的工具
mysqld	SQL 后台程序（即 MySQL 服务器进程）。必须在运行该程序之后，客户端才能通过连接服务器来访问数据库

3.1.2　MySQL 的常用命令

（1）MySQL 命令和基本语法格式如下：

```
mysql [options] [database]
```

开发者可以直接在命令提示符窗口中执行 mysql 或 mysql -? 命令查看帮助信息。如果要查看这些命令，在"mysql>"提示符下输入"help"或"\h"语句，就可以进行查看，查询结果如下：

```
mysql> \h
List of all MySQL commands:
Note that all text commands must be first on line and end with ';'
?         (\?) Synonym for 'help'.
clear     (\c) Clear the current input statement.
connect   (\r) Reconnect to the server. Optional arguments are db and host.
delimiter (\d) Set statement delimiter.
ego       (\G) Send command to mysql server, display result vertically.
exit      (\q) Exit mysql. Same as quit.
go        (\g) Send command to mysql server.
help      (\h) Display this help.
notee     (\t) Don't write into outfile.
print     (\p) Print current command.
prompt    (\R) Change your mysql prompt.
quit      (\q) Quit mysql.
rehash    (\#) Rebuild completion hash.
source    (\.) Execute an SQL script file. Takes a file name as an argument.
status    (\s) Get status information from the server.
tee       (\T) Set outfile [to_outfile]. Append everything into given outfile.
use       (\u) Use another database. Takes database name as argument.
charset   (\C) Switch to another charset. Might be needed for processing binlog with multi-byte charsets.
warnings  (\W) Show warnings after every statement.
nowarning (\w) Don't show warnings after every statement.
resetconnection(\x) Clean session context.
For server side help, type 'help contents'
mysql>
```

（2）使用 status 命令可以查询 MySQL 连接和使用的服务器相关部分信息。在控制台中输入 status 语句并执行，输出结果如下：

```
mysql> status
--------------
C:\Program Files\MySQL\MySQL Server 8.0\bin\mysql.exe  Ver 8.0.17 for Win64 on x86_64 (MySQL Community Server - GPL)
```

```
Connection id:          14
Current database:
Current user:           root@localhost
SSL:                    Cipher in use is DHE-RSA-AES128-GCM-SHA256
Using delimiter:        ;
Server version:         8.0.17 MySQL Community Server - GPL
Protocol version:       10
Connection:             localhost via TCP/IP
Server characterset:    utf8mb4
Db     characterset:    utf8mb4
Client characterset:    gbk
Conn.  characterset:    gbk
TCP port:               3306
Uptime:                 2 days 39 min 38 sec

Threads: 2  Questions: 25  Slow queries: 0  Opens: 116  Flush tables: 3  Open
tables: 36  Queries per second avg: 0.000
--------------

mysql>
```

执行上述命令成功后，再执行 quit 和 exit 语句，将退出控制台，执行其他命令。

3.2 图形界面管理工具

在 MySQL 控制台中操作数据库时，需要使用很多命令，但是使用图形界面管理工具可以比命令更加方便地操作数据库，下面就来认识一下 MySQL 常用的图形界面管理工具。

3.2.1 MySQL Workbench

MySQL Workbench 是官方客户端图形管理软件，是一款专为 MySQL 设计的数据库建模工具。用户可以利用它设计和创建新的数据库、建立数据库文档，以及进行复杂的 MySQL 备份和还原等。可以说，MySQL Workbench 是新一代可视化数据库设计和管理工具，它同时有开源和商业化的两个版本，该软件支持 Windows 和 Linux 系统。如图 3-2 所示为 MySQL Workbench 的工作界面。

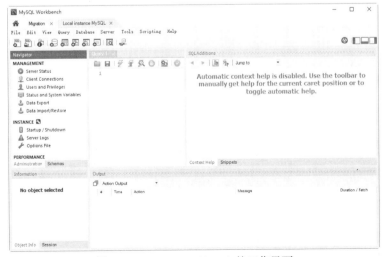

图 3-2 MySQL Workbench 的工作界面

3.2.2 phpMyAdmin

phpMyAdmin 是一个以 PHP 为基础，以 Web-Base 方式架构在网站主机上的 MySQL 数据库管理工具。通过 phpMyAdmin 可以完全对数据库进行操作，例如建立、复制、删除数据等，管理数据库非常方便，并支持中文。如图 3-3 所示为 phpMyAdmin 的工作界面。

图 3-3 phpMyAdmin 的工作界面

3.2.3 Navicat for MySQL

Navicat for MySQL 是一个强大的 MySQL 数据库管理和开发工具。它可以与任何 3.21 或以上版本的 MySQL 一起工作，支持触发器、存储过程、函数、事件、视图、管理用户等，对于新手来说也易学易用。其精心设计的图形用户界面（GUI），可以让用户用一种安全简便的方式来快速方便地创建、组织、访问和共享信息。Navicat 支持中文，有免费版本提供。如图 3-4 所示为 Navicat for MySQL 的工作界面。

图 3-4 Navicat for MySQL 的工作界面

3.2.4 SQLyog

SQLyog 是一款简洁高效、功能强大的图形化 MySQL 数据库管理工具。使用 SQLyog 可以快速直观地让用户从世界的任何角落通过网络来维护远端的 MySQL 数据库。

如图 3-5 所示为 SQLyog 的英文下载页面，下载地址为 http://www.webyog.com/en/index.php。读者也可以搜索中文版的下载地址。

图 3-5　SQLyog 英文下载页面

3.3　MySQL Workbench 的应用

MySQL Workbench 是 MySQL 图形界面管理工具，跟其他数据库图形界面管理工具一样，该工具可以对数据库进行创建数据库表、增加数据库表、删除数据库和修改数据库等操作。

3.3.1　下载 MySQL Workbench

在使用 MySQL Workbench 之前，需要下载该软件，具体操作步骤如下。

01 在 IE 浏览器中输入 MySQL Workbench 的下载地址：http://dev.MySQL.com/downloads/workbench/，打开该软件的下载页面，单击 Go To Download Page 按钮，如图 3-6 所示。

02 进入具体的下载界面，单击 Download Now 按钮，即可开始下载 MySQL Workbench 软件，如图 3-7 所示。

图 3-6　下载页面　　　　　　　　图 3-7　开始下载页面

3.3.2　安装 MySQL Workbench

MySQL Workbench 下载完毕后，就可以安装了，具体的安装步骤如下。

01 双击下载的 MySQL Workbench 软件，即可打开如图 3-8 所示的欢迎安装界面。

02 单击 Next 按钮，进入 Destination Folder（目标文件夹）界面，如图 3-9 所示。

 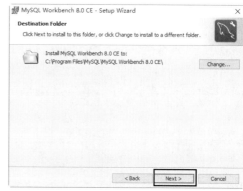

图 3-8　欢迎安装界面　　　　　　　　图 3-9　目标文件夹界面

03 单击 Next 按钮，进入 Setup Type（安装类型）界面，在其中选中 Complete 单选按钮，如图 3-10 所示。

04 单击 Next 按钮，进入 Ready to Install the Program（准备好安装）界面，如图 3-11 所示。

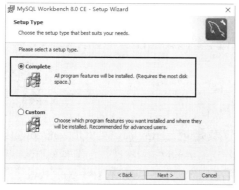 

图 3-10　安装类型界面　　　　　　　　图 3-11　准备好安装界面

05 单击 Install（安装）按钮，即可开始安装 MySQL Workbench 软件，并显示安装进度，如图 3-12 所示。

06 安装完毕后，即可弹出 Wizard Completed（向导完成）界面，如图 3-13 所示。

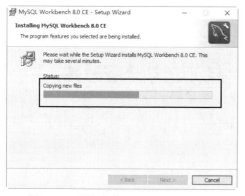 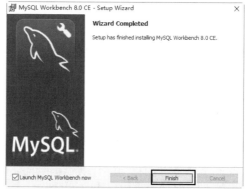

图 3-12　开始安装 MySQL Workbench　　　　图 3-13　向导完成界面

07▶ 单击 Finish（完成）按钮，即可打开 MySQL Workbench 窗口，该窗口是 MySQL Workbench 的首页，如图 3-14 所示。

图 3-14　MySQL Workbench 窗口

3.3.3　创建数据库连接

在 MySQL Workbench 工作空间下对数据库数据进行管理之前，需要先创建数据库连接。建立数据库连接的方法有两种，下面分别进行介绍。

1. 以 root 用户连接数据库

以 root 用户登录数据库是一种常用的方式，具体操作步骤如下。

01▶ 在 MySQL Workbench 的首页中单击 root 链接，如图 3-15 所示。

02▶ 弹出 Connect to MySQL Server 对话框，在 Password 文本框中输入 root 用户密码，如图 3-16 所示。

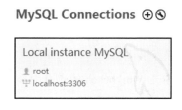

图 3-15　单击 root 链接

图 3-16　输入 root 用户密码

03▶ 单击 OK 按钮，即可进入 MySQL Workbench 的工作界面，如图 3-17 所示。

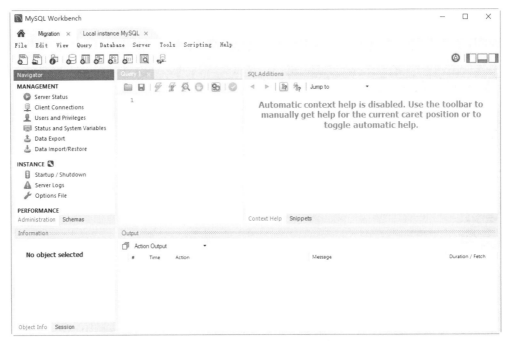

图 3-17　MySQL Workbench 的工作界面

2. 设置新的数据库连接

在创建数据库的同时，也可以设置新的数据库连接，操作步骤如下。

01 在 MySQL Workbench 的首页，单击 MySQL Connections 右侧的 ⊕ 按钮，如图 3-18 所示。

02 在打开对话框的 Connection Name（连接名称）文本框中输入数据库连接的名称，接着需要输入 MySQL 服务器 IP 地址、用户名和密码，如图 3-19 所示。

图 3-18　单击 ⊕ 按钮　　　　图 3-19　输入相应内容

03 单击 OK 按钮，即可连接到 MySQL 服务器，并在 MySQL Workbench 的首页中添加相应的标志，如图 3-20 所示。

04 单击 Localhost_MySQL 图标，即可打开 Connect to MySQL Server 对话框，在 Password 文本框中输入 root 用户密码，如图 3-21 所示。

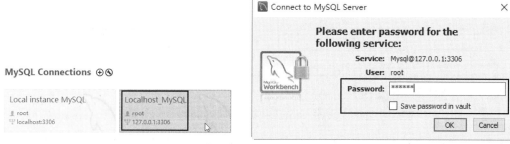

图 3-20　单击 Localhost_MySQL 图标　　　　图 3-21　输入用户密码

05 单击 OK 按钮，即可进入 MySQL Workbench 的工作界面，其中，左侧窗格显示当前数据库服务器中的数据库及其数据库下的数据表等，Query1 窗格用来执行 SQL 语句，右侧的 SQL Additions 窗格用来帮助用户写 SQL 语句的提示，如图 3-22 所示。

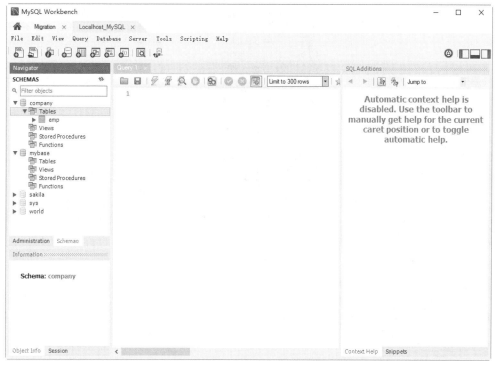

图 3-22　MySQL Workbench 的工作界面

3.3.4　创建与删除数据库

成功创建数据库连接后，在左侧的 SCHEMAS 下面可以看到当前存在的数据库。用户可以创建新的数据库，具体操作步骤如下。

01 单击工具栏上的【创建数据库】按钮，如图 3-23 所示。

02 展现如图 3-24 所示的界面，此时需要输入新的数据库名字，在这里输入的是"Mydbase"，然后单击 Apply（确认）按钮。

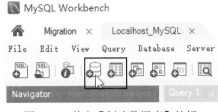
图 3-23　单击【创建数据库】按钮

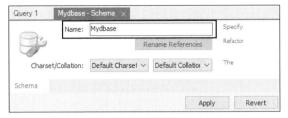
图 3-24　输入新的数据库名称

03▶弹出一个信息提示对话框，提示用户是否确认更改对象，如图 3-25 所示。

04▶单击 OK 按钮，弹出一个新的界面，即可看到创建数据库的语句，如图 3-26 所示。

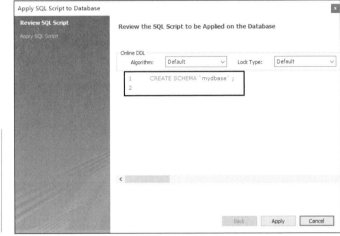

图 3-25　信息提示对话框　　　　　　　图 3-26　显示创建数据库语句

05▶单击 Apply（确认）按钮，弹出一个新的界面，然后单击 Finish（完成）按钮，完成创建数据库的操作，如图 3-27 所示。

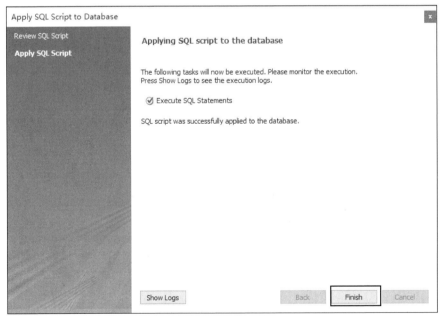

图 3-27　单击 Finish 按钮

06 在 SCHEMAS 下面即可看到刚才创建的 mydbase 数据库，如图 3-28 所示。
07 如果需要删除数据库，可以在选择需要删除的数据库后（如 mydbase 数据库），单击鼠标右键，在弹出的快捷菜单中选择 Drop Schema 命令，如图 3-29 所示。

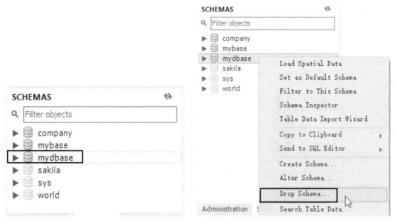

图 3-28　查看新数据库　　　　图 3-29　选择 Drop Schema 命令

3.3.5　创建和删除新的数据表

成功创建 mydbase 数据库后，就可以在该数据库下创建、编辑和删除数据表了。具体操作步骤如下。

01 在左侧的 SCHEMAS 列表中展开 mydbase 节点，选择 Tables 选项，单击鼠标右键，并在弹出的快捷菜单中选择 Create Table 命令，如图 3-30 所示。

02 在弹出的 Fruits–Table 窗格中可以添加表的信息，比如表的名称和表中各列的相关信息，如图 3-31 所示。

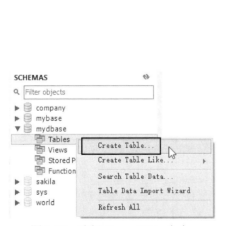
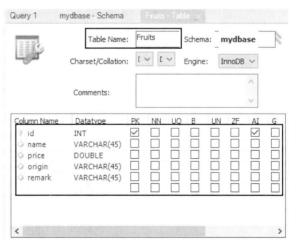

图 3-30　选择 Create Table 命令　　　　图 3-31　添加表信息

03 设置完数据表的基本信息后，单击 Apply（确认）按钮，弹出一个确定的对话框，该对话框上有自动生成的 SQL 语句，如图 3-32 所示。

04 确定无误后单击 Apply（确认）按钮，然后在弹出的对话框中单击 Finish（完成）按钮，即可完成创建数据表的操作，如图 3-33 所示。

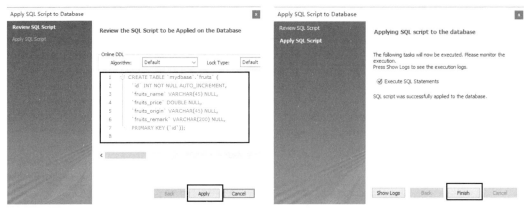

图 3-32　添加数据表的 SQL 语句　　　　　　　图 3-33　完成数据表的创建

05 创建完表 fruits 之后，会在 Tables 节点下面展现出来，如图 3-34 所示。

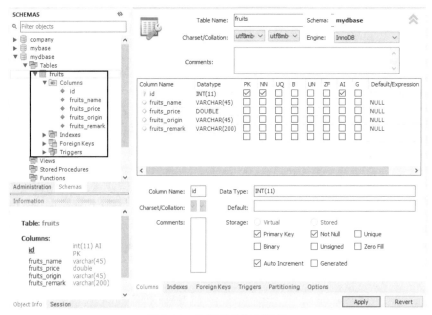

图 3-34　数据表的数据结构

06 如果需要删除数据表，可以在选择需要删除的数据表后（如 fruits 数据表），单击鼠标右键，在弹出的快捷菜单中选择 Drop Table 命令即可，如图 3-35 所示。

图 3-35　删除数据表

3.3.6 添加与修改数据表记录

用户可以通过执行添加数据表记录的 SQL 语句来添加数据，也可以在 Query1 的窗口执行 SQL 语句。还可以在 MySQL Workbench 的图形界面下对数据库表进行维护，这种操作方式非常简单，具体操作步骤如下。

01 选择数据表节点 Tables 下面的 fruits 表，单击鼠标右键，在弹出的快捷菜单中选择 Select Rows – Limit 300 命令，如图 3-36 所示。

02 用户即可在右侧弹出的窗格中添加或修改数据表中的数据。这里添加一行数据记录，其 id 号为"1003"，如图 3-37 所示。

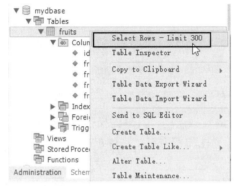

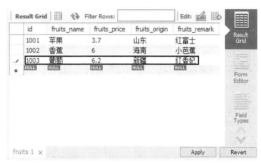

图 3-36　选择 Select Rows – Limit 300 命令　　　图 3-37　添加数据记录

03 编辑完成后，单击 Apply（确认）按钮，即可弹出添加数据记录的 SQL 语句界面，如图 3-38 所示。

04 单击 Apply（确认）按钮，即可完成数据的添加操作，如图 3-39 所示。

图 3-38　添加数据记录的 SQL 语句　　　图 3-39　完成数据记录的添加

3.3.7 查询表中的数据记录

添加了若干条数据记录到数据表 fruits 中，我们还可以根据需要查询数据记录，如查询数据表中的所有记录，具体操作步骤如下。

01 展开数据表 Tables 节点，选择下面的 fruits 表，单击鼠标右键，在弹出的快捷菜单中选择 Select Rows – Limit 300 命令，如图 3-40 所示。

02 即可在右侧打开的窗格中查询数据表中的所有数据，如图 3-41 所示。

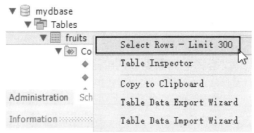

图 3-40　选择 Select Rows – Limit 300 命令　　　图 3-41　查询数据表中的数据记录

3.3.8　修改数据表的数据结构

根据工作的实际需求，我们还可以修改数据表的数据结构，具体的操作步骤如下。

01 展开数据表 Tables 节点，选择下面的 fruits 表，单击鼠标右键，在弹出的快捷菜单中选择 Alter Table 命令，如图 3-42 所示。

02 即可在右侧打开的窗格中修改数据表中的数据结构。例如需要将 fruits 数据表中 fruits_name 字段的数据类型由 VARCHAR(45) 改成 VARCHAR(20)，可以在下面的表格中直接修改，如图 3-43 所示。

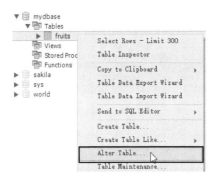
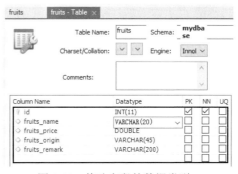

图 3-42　选择 Alter Table 命令　　　　　图 3-43　修改字段的数据类型

3.4　Navicat for MySQL 的应用

Navicat for MySQL 是一款强大的 MySQL 数据库管理和开发工具，它为专业开发者提供了一套强大的足够尖端的工具，而且易于初学者学习和使用。

3.4.1　安装 Navicat for MySQL

Navicat for MySQL 是一套专为 MySQL 设计的高性能数据库管理及开发工具。它可以用于任何版本 3.21 或以上的 MySQL 数据库服务器，并支持大部分 MySQL 最新版本的功能，包括触发器、存储过程、函数、事件、视图、管理用户等。

下载并安装 Navicat for MySQL 的操作步骤如下。

01 在 IE 浏览器的地址栏中输入 Navicat for MySQL 的官方下载地址：http://www.navicat.com.cn/download/navicat-for-mysql，即可进入其下载页面，如图 3-44 所示。

02 双击安装程序，打开欢迎安装对话框，单击【下一步】按钮，如图 3-45 所示。

图 3-44　软件下载界面　　　　图 3-45　欢迎安装对话框

03 进入【许可证】对话框，选中【我同意】单选按钮，单击【下一步】按钮，如图 3-46 所示。

04 进入【选择安装文件夹】对话框，如果需要更改安装路径，可以单击【浏览】按钮，然后选择新的安装路径。这里采用默认的安装路径，直接单击【下一步】按钮，如图 3-47 所示。

 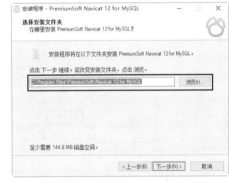

图 3-46　【许可证】对话框　　　　图 3-47　【选择安装文件夹】对话框

05 进入【选择 开始 目录】对话框，选择在哪里创建快捷方式。这里采用默认的路径，单击【下一步】按钮，如图 3-48 所示。

06 进入【选择额外任务】对话框，选中 Create a desktop icon 复选框，单击【下一步】按钮，如图 3-49 所示。

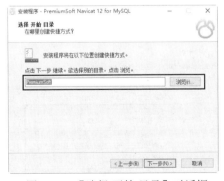 

图 3-48　【选择 开始 目录】对话框　　　　图 3-49　【选择额外任务】对话框

07 进入【准备安装】对话框，这里显示了安装文件夹、开始菜单、额外任务等，如图 3-50 所示。

08 单击【安装】按钮，即可开始安装，并显示安装的进度，如图 3-51 所示。

图 3-50 【准备安装】窗口

图 3-51 【正在安装】窗口

09 安装完成后，弹出完成安装向导窗口，单击【完成】按钮即可退出安装向导，如图 3-52 所示。

10 双击桌面上的 Navicat for MySQL 图标，即可打开 Navicat for MySQL 工作界面，如图 3-53 所示。

图 3-52 安装向导完成

图 3-53 Navicat for MySQL 工作界面

3.4.2 连接 MySQL 服务器

Navicat for MySQL 安装成功后，在使用 Navicat for MySQL 操作数据库之前，还需要连接 MySQL 服务器，具体操作步骤如下。

01 在 Navicat for MySQL 工作界面中，选择【文件】→【新建连接】→ MySQL 菜单命令，如图 3-54 所示。

02 打开【MySQL-新建连接】对话框，输入连接名，然后使用 root 用户名连接到本机的 MySQL，即可执行相关数据库的操作，如图 3-55 所示。

图 3-54 新建连接

图 3-55 【MySQL-新建连接】对话框

03 单击【确定】按钮，即可连接到 MySQL 服务器。连接成功后，左边的树型目录中会出现此连接，如图 3-56 所示。

图 3-56　连接到 MySQL 服务器

> **注意**：在 Navicat for MySQL 中，每个数据库的信息是单独获取的，没有获取的数据库的图标会显示为灰色。而一旦 Navicat for MySQL 执行了某些操作，获取了数据库信息后，相应的图标就会显示成彩色。

3.4.3　创建与删除数据库

Navicat for MySQL 使用了极好的图形用户界面（GUI），可以用一种安全和更为容易的方式快速和方便地创建、组织、存取和共享信息，当连接到 MySQL 服务器后，即可创建数据库。具体操作步骤如下。

01 选择 Navicat for MySQL 工作界面左侧窗格中的 mysql 选项，单击鼠标右键，在弹出的快捷菜单中选择【打开连接】命令，如图 3-57 所示。

02 这样即可连接到 mysql 数据库下的数据库，并在左侧窗格中显示出来。选择需要操作的数据库，例如这里选择 mydbase 数据库，该数据库的图标显示为彩色，而没有选中的数据库则显示为灰色，这样可以提高 Navicat 的运行速度，如图 3-58 所示。

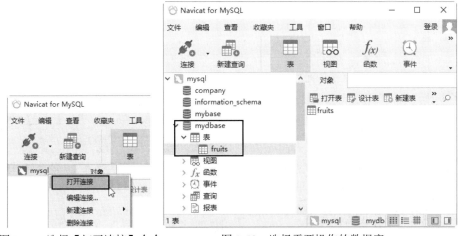

图 3-57　选择【打开连接】命令　　　　图 3-58　选择需要操作的数据库

> 提示：Navicat 的界面与 SQL Server 的数据库管理工具非常相似：左边是树型目录，用于查看数据库中的对象；每一个数据库的树型目录下都有表、视图、存储过程、查询、报表、备份和计划任务等节点，单击节点可以对该对象进行管理。

03 在左边列表的空白处单击鼠标右键，在弹出的快捷菜单中选择【新建数据库】命令，如图 3-59 所示。

04 打开【新建数据库】对话框，输入数据库的名称"mytest"，单击【确定】按钮，如图 3-60 所示。

图 3-59　选择【新建数据库】命令　　　图 3-60　输入数据库的名称

05 成功创建一个数据库，接下来可以在该数据库中创建表、视图等，如图 3-61 所示。

06 如果需要删除某个数据库，可以在选中该数据库后，单击鼠标右键，在弹出的快捷菜单中选择【删除数据库】命令，如图 3-62 所示。

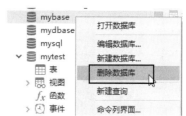

图 3-61　成功创建数据库　　　图 3-62　选择【删除数据库】命令

3.4.4　创建与删除数据表

数据库创建完成后，即可在该数据库下创建数据表。具体操作步骤如下。

01 在 Navicat for MySQL 窗口上方单击【表】图标，然后单击【新建表】按钮；或者在左侧列表中选择【表】选项，单击鼠标右键，在弹出的快捷菜单中选择【新建表】命令，如图 3-63 所示。

02 随即进入创建数据表的页面，在其中设置数据表的字段结构，通过单击【添加字段】按钮来添加多个字段信息，如图 3-64 所示。

图 3-63 选择【新建表】命令

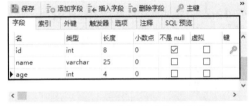

图 3-64 设置数据表的字段结构

03 单击【保存】按钮，打开【表名】对话框，输入数据表的名称"student"，单击【确定】按钮，即可完成数据表的创建，如图 3-65 所示。

04 如果数据表比较复杂，我们还可以根据需求继续对数据表进行设置，如给数据表添加索引、外键、触发器等，如图 3-66 所示。

图 3-65 输入数据表的名称

图 3-66 【索引】的工作界面

05 如果需要对表结构进行修改，可以在工具栏中单击【表】按钮，然后选中要修改的表，单击【设计表】按钮；或者在左侧窗格中选择要修改的表，单击鼠标右键，在弹出的快捷菜单中选择【设计表】命令，如图 3-67 所示。

06 随即进入表设计界面,在其中可以对表字段、索引、外键、触发器等参数进行设置,如图 3-68 所示。

图 3-67 选择【设计表】命令

图 3-68 设计数据表的字段类型

3.4.5 添加与修改数据记录

在左边结构树中单击"表"节点，找到要添加数据的表，如 mydbas，双击；或者在工具栏中单击【表】按钮，选中要插入数据的表，单击【打开表】按钮。在窗口右边打开添加数据的页面，可以直接输入相关数据并修改数据记录，如图 3-69 所示。

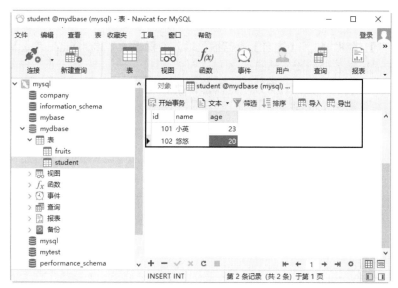
图 3-69 添加数据记录

3.4.6 查询数据表中的数据

在 Navicat for MySQL 中，查询数据表中数据的操作非常简单，具体操作步骤如下。

01 选择 Navicat for MySQL 窗口左侧结构树中的【查询】选项，进入查询工作界面，如图 3-70 所示。

02 单击【新建查询】按钮，在查询编辑器中输入要执行的 SQL 语句，单击【运行】按钮，在窗口下方会显示结果、信息、状态等，如图 3-71 所示。

图 3-70　查询工作界面　　　　　　　　图 3-71　显示查询的信息

3.5　疑难问题解析

疑问 1：如何获取 Navicat for MySQL 安装程序？

答：获取 Navicat for MySQL 安装程序的方法是，在 IE 浏览器的地址栏中输入 Navicat for MySQL 的官方下载地址 http://www.navicat.com.cn/download/navicat-for-mysql，即可进入其下载页面，然后下载即可。

疑问 2：在删除数据库时，需要注意哪些事项？

答：使用 MySQL Workbench 删除数据库时，会有确认删除的提示对话框，这时我们就可以再次确认是否要删除数据库，如果使用 DROP 语句删除数据库，它不会出现确认信息，所以使用 DROP 语句删除数据库时要小心谨慎。另外要注意，千万不能删除系统数据库，否则会导致 MySQL 服务器无法使用。

3.6　综合实战训练营

实战 1：使用 MySQL Workbench 执行简单查询

MySQL Workbench 是为 MySQL 特别设计的管理集成环境，与早期版本相比，MySQL Workbench 为用户提供了更多功能，并具有更大的灵活性。使用 MySQL Workbench 工具完成登录 MySQL 服务器并选择数据库后，就可以执行数据插入、查询、删除等操作了。如图 3-72 所示为 MySQL Workbench 执行 SQL 查询后的反馈结果。

图 3-72　执行 SQL 查询

实战 2：使用 Navicat for MySQL 查询数据信息

在 Navicat for MySQL 中，查询数据表中数据的操作非常简单，单击工具栏中的【查询】按钮，进入查询工作界面，单击【新建查询】按钮，在查询编辑器中输入要执行的 SQL 语句，单击【运行】按钮，在窗口下方会显示查询结果，如图 3-73 所示。

图 3-73　显示查询结果

第4章 数据库的基本操作

本章导读

数据库是指长期存储在计算机内,有组织的、可共享的数据集合,其存储方式有特定的规律,这样可以方便处理数据。本章介绍数据库的基本操作,包括创建数据库、选择与查看数据库、删除数据库以及数据库的存储引擎等。

知识导图

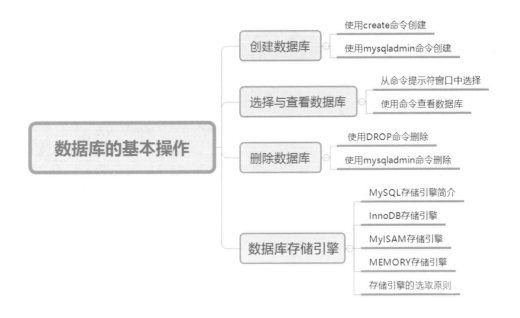

4.1 创建数据库

默认情况下，只有系统管理员和具有创建数据库角色的登录账户的拥有者，才可以创建数据库。在 MySQL 中，root 用户拥有最高权限，因此使用 root 用户登录 MySQL 数据库后，就可以创建数据库了。

4.1.1 使用 create 命令创建

在 MySQL 中，SQL 提供了创建数据库的语句 CREATE DATABASE，其基本语法格式如下：

```
CREATE DATABASE database_name;
```

主要参数介绍如下。

- database_name：要创建的数据库的名称，该名称不能与已经存在的数据库重名。

实例 1：创建数据库 mybase

使用 CREATE DATABASE 语句，在数据库系统中创建名为 mybase 的数据库。执行语句如下：

```
CREATE DATABASE mybase;
```

执行结果显示如下：

```
mysql> CREATE DATABASE mybase;
Query OK, 1 row affected (0.08 sec)
```

结果显示，数据库创建成功。为了检验数据库系统中是否已经存在名为 mybase 的数据库，使用 SHOW 语句来查看一下数据库。执行结果如下：

```
mysql> SHOW DATABASES;
+--------------------+
| Database           |
+--------------------+
| information_schema |
| mybase             |
| mysql              |
| performance_schema |
| sys                |
+--------------------+
5 rows in set (0.00 sec)
```

查询结果显示，已经存在 mybase 数据库，说明数据库创建成功。

> **说明**：信息显示"Query OK, 1 row affected (0.08 sec)"表示创建成功，1 行受到影响，处理时间为 0.08 秒。"Query OK"表示创建、修改和删除成功。信息为"5 rows in set (0.00 sec)"表示集合中有 5 行信息，处理时间为 0.00 秒。时间为 0.00 秒并不代表没有花费时间，而是时间非常短，小于 0.01 秒。

4.1.2 使用 mysqladmin 命令创建

使用 root 用户登录 MySQL 数据库后，除使用 create 命令创建数据库外，还可以使用 mysqladmin 命令来创建数据库。

实例 2：创建数据库 mybook

使用 mysqladmin 命令，在数据库系统中创建名为 mybook 的数据库。执行语句如下：

```
mysqladmin -u root -p create mybook
```

执行结果显示如下：

```
Enter password:******
```

输入登录 MySQL 数据库的密码，即可完成创建数据库 mybook 的操作。使用 SHOW 语句来查看一下数据库，执行结果如下：

```
mysql> SHOW DATABASES;
+--------------------+
| Database           |
+--------------------+
| information_schema |
| mybase             |
| mybook             |
| mysql              |
| performance_schema |
| sys                |
+--------------------+
6 rows in set (0.00 sec)
```

查询结果显示，已经存在 mybook 数据库，说明数据库创建成功。

4.2 选择与查看数据库

当连接到 MySQL 数据库后，可能有多个可以操作的数据库，这时就需要选择要操作的数据库了。当选择完成后，我们还可以查看数据库的相关信息。

4.2.1 从命令提示符窗口中选择

在 mysql> 命令提示符窗口中可以很简单地选择特定的数据库。使用 SQL 命令中的 USE 语句可以选择指定的数据库，语法格式如下：

```
USE database_name;
```

其中，database_name 为要选择的数据库名称。

实例 3：选择数据库 mybase

在 MySQL 中，可以使用 USE 命令选择数据库。执行语句如下：

```
USE mybase;
```

执行结果显示如下：

```
mysql> USE mybase;
Database changed
```

从执行结果可以看出，数据库 mybase 被成功选择。

4.2.2 使用命令查看数据库

在 MySQL 中，可以使用 SHOW CREATE DATABASE 命令查看指定的数据库。

实例 4：查看数据库 mybase

使用 SHOW CREATE DATABASE 语句，可以查看数据库的创建信息。执行语句如下：

```
SHOW CREATE DATABASE mybase;
```

执行结果显示如下：

```
mysql> SHOW CREATE DATABASE mybase;
+----------+------------------------------------------------------------------+
|Database  | Create Database                                                  |
+----------+------------------------------------------------------------------+
| mybase   | CREATE DATABASE 'mybase' /*!40100 DEFAULT CHARACTER SET utf8mb4
COLLATE    | utf8mb4_0900_ai_ci */ /*!80016 DEFAULT ENCRYPTION='N' */ |
+----------+------------------------------------------------------------------+
1 row in set (0.00 sec)
```

从执行结果中可以查看数据库相应的创建信息。

4.3 删除数据库

删除数据库是将已经存在的数据库从磁盘空间中清除，在执行删除命令后，所有数据库中的数据也将消失。因此，在删除数据库过程中，务必要谨慎。

4.3.1 使用 DROP 命令删除

在 MySQL 数据库中，可以使用 DROP 命令删除数据库，其基本语法格式如下：

```
DROP DATABASE database_name;
```

主要参数介绍如下。

- database_name：要删除的数据库名称，如果指定数据库名不存在，则删除出错。

实例 5：删除数据库 mybase

使用 DROP DATABASE 语句，删除数据库系统中名为 mybase 的数据库。执行语句如下：

```
DROP DATABASE mybase;
```

执行结果如下：

```
mysql> DROP DATABASE mybase;
Query OK, 0 rows affected (0.36 sec)
```

这样数据库 mybase 被成功删除。然后使用 "SHOW CREATE DATABASE mybase;" 语句查看数据库，执行结果如下：

```
mysql> SHOW CREATE DATABASE mybase;
ERROR 1049 (42000): Unknown database 'mybase'
```

这里显示一条错误信息 ERROR 1049，表示数据库 mybase 不存在，说明之前的删除语句已经成功删除数据库 mybase。

4.3.2 使用 mysqladmin 命令删除

除了使用 DROP 语句删除数据库外，我们还可以使用 mysqladmin 命令在终端来执行删除命令。

实例 6：删除数据库 mybook

使用 mysqladmin 命令删除数据库 mybook，在 DOS 窗口中执行语句如下：

```
mysqladmin -u root -p drop mybook
Enter password:******
```

输入登录 MySQL 数据库的密码，会出现一段信息提示语句，来确认是否真的删除数据库，语句如下：

```
Dropping the database is potentially a very bad thing to do.
Any data stored in the database will be destroyed.
Do you really want to drop the 'mybook' database [y/N] y
```

输入 y，表示确定要删除数据库，然后按 Enter 键，执行删除操作。执行完成后，会给出如下提示语句。

```
Database "mybook" dropped
```

该语句说明数据库 mybook 已经被删除，使用 SHOW 语句来查看数据库，执行结果如下：

```
mysql> SHOW DATABASES;
+--------------------+
| Database           |
+--------------------+
| information_schema |
| mysql              |
| performance_schema |
| sys                |
+--------------------+
4 rows in set (0.00 sec)
```

查询结果显示，mybook 数据库已经不存在了，说明数据库删除成功。

4.4 数据库存储引擎

MySQL 中的存储引擎是指表的类型，数据库的存储引擎决定了表在计算机中的存储方式。不同的存储引擎提供不同的存储机制、索引技巧、锁定水平等功能，使用不同的存储引擎，还可以获得特定的功能，MySQL 的核心就是存储引擎。

4.4.1 MySQL 存储引擎简介

存储引擎的概念是 MySQL 的特点，而且是一种插入式的存储引擎概念。这决定了 MySQL 数据库中的表可以用不同的方式存储数据。用户可以根据自己的需求，选择不同的存储方式、是否进行数据处理等。

实例 7：查看 MySQL 存储引擎

使用 SHOW ENGINES 语句可以查看 MySQL 数据库系统所支持的引擎类型，执行语句如下：

```
SHOW ENGINES;
```

SHOW ENGINES 语句可以用"；"结束，也可以用"\g"或者"\G"结束。"\g"与"；"的作用相同，"\G"可以让结果显得更加美观。SHOW ENGINES 语句查询的结果显示如下：

```
mysql> SHOW ENGINES \G;
*************************** 1. row ***************************
      Engine: MEMORY
     Support: YES
     Comment: Hash based, stored in memory, useful for temporary tables
Transactions: NO
          XA: NO
  Savepoints: NO
*************************** 2. row ***************************
      Engine: MRG_MYISAM
     Support: YES
     Comment: Collection of identical MyISAM tables
Transactions: NO
          XA: NO
  Savepoints: NO
*************************** 3. row ***************************
      Engine: CSV
     Support: YES
     Comment: CSV storage engine
Transactions: NO
          XA: NO
  Savepoints: NO
*************************** 4. row ***************************
      Engine: FEDERATED
     Support: NO
     Comment: Federated MySQL storage engine
Transactions: NULL
          XA: NULL
  Savepoints: NULL
*************************** 5. row ***************************
      Engine: PERFORMANCE_SCHEMA
```

```
      Support: YES
      Comment: Performance Schema
 Transactions: NO
           XA: NO
   Savepoints: NO
*************************** 6. row ***************************
       Engine: MyISAM
      Support: YES
      Comment: MyISAM storage engine
 Transactions: NO
           XA: NO
   Savepoints: NO
*************************** 7. row ***************************
       Engine: InnoDB
      Support: DEFAULT
      Comment: Supports transactions, row-level locking, and foreign keys
 Transactions: YES
           XA: YES
   Savepoints: YES
*************************** 8. row ***************************
       Engine: BLACKHOLE
      Support: YES
      Comment: /dev/null storage engine (anything you write to it disappears)
 Transactions: NO
           XA: NO
   Savepoints: NO
*************************** 9. row ***************************
       Engine: ARCHIVE
      Support: YES
      Comment: Archive storage engine
 Transactions: NO
           XA: NO
   Savepoints: NO
9 rows in set (0.04 sec)
```

结果中主要参数介绍如下。

- Engine 参数：指存储引擎的名称；
- Support 参数：说明 MySQL 是够支持该类引擎；
- Comment 参数：指对该引擎的评论；
- Transactions 参数：表示是否支持事务处理，YES 表示可以使用，NO 表示不能使用；
- XA 参数：表示是否支持分布式交易处理的 XA 规范，YES 表示支持；
- Savepoints 参数：表示是否支持保存点，以便事务回滚到保存点，YES 表示支持。

由查询结果可以得出，MySQl 支持的存储引擎 InnoDB、MRG_MYISAM、MEMORY、PERFORMANCE_SCHEMA、ARCHIVE、FEDERATED、CSV、BLACKHOLE、MyISAM 等，其中 InnoDB 为默认存储引擎，该引擎的 Support 参数值为 DEFAULT。

MySQL 中的 SHOW 语句也可以显示支持的存储引擎的信息。

实例 8：查询 MySQL 支持的存储引擎

使用 SHOW 语句可以查询 MySQL 支持的存储引擎，执行语句如下：

```
mysql> SHOW VARIABLES LIKE 'have%';
```

查询结果如下：

```
mysql> SHOW VARIABLES LIKE 'have%';
+------------------------+----------+
| Variable_name          | Value    |
+------------------------+----------+
| have_compress          | YES      |
| have_dynamic_loading   | YES      |
| have_geometry          | YES      |
| have_openssl           | YES      |
| have_profiling         | YES      |
| have_query_cache       | NO       |
| have_rtree_keys        | YES      |
| have_ssl               | YES      |
| have_statement_timeout | YES      |
| have_symlink           | DISABLED |
+------------------------+----------+
10 rows in set, 1 warning (0.39 sec)
```

从查询结果中可以得出，第一列 Variable_name 表示存储引擎的名称，第二列 Value 表示 MySQL 的支持情况。YES 表示支持，NO 表示不支持；DISABLED 表示支持但还没有开启。

> 提示：创建数据表时，如果没有指定存储引擎，表的存储引擎将为默认的存储引擎。本书 MySQL 的默认存储引擎为 InnoDB。

4.4.2 InnoDB 存储引擎

InnoDB 是 MySQL 数据库的一种存储引擎，InnoDB 给 MySQL 数据表提供了事务、回归、崩溃修复和多版本并发控制的事务安全，支持行锁定和外键等。MySQL 的默认存储引擎为 InnoDB，其主要特性如下。

（1）InnoDB 给 MySQL 提供了具有提交、回滚和崩溃恢复能力的事务安全（ACID 兼容）存储引擎。这些功能增加了多用户部署和性能。在 SQL 查询中，可以自由地将 InnoDB 类型的表与其他 MySQL 表的类型混合起来，甚至在同一个查询中也可以混合使用。

（2）InnoDB 是处理巨大数据量的最大性能设计。它的 CPU 效率可能是任何其他基于磁盘的关系数据库引擎所不能匹敌的。

（3）InnoDB 存储引擎完全与 MySQL 服务器整合，为了在主内存中缓存数据和索引，会维持它自己的缓冲池。InnoDB 的表和索引在一个逻辑表空间中，表空间可以包含数个文件（或原始磁盘分区）。这与 MyISAM 表不同，比如在 MyISAM 表中每个表被存在分离的文件中。InnoDB 表可以是任何尺寸，即使在文件尺寸被限制为 2GB 的操作系统上。

（4）InnoDB 支持外键完整性约束 (FOREIGN KEY)。存储表中的数据时，每张表的存储都按主键顺序存放，如果没有显式地在表定义时指定主键，InnoDB 会为每一行生成一个 6 字节的 ROWID，并以此作为主键。

（5）InnoDB 被用来在众多需要高性能的大型数据库站点上。InnoDB 不创建目录，使用 InnoDB 时，MySQL 将在 MySQL 数据目录下创建一个名为 ibdata1 的 10MB 大小的自动扩展数据文件，以及两个名为 ib_logfile0 和 ib_logfile1 的 5MB 大小的日志文件。

4.4.3　MyISAM 存储引擎

MyISAM 存储引擎是 MySQL 中常见的存储引擎，曾是 MySQL 的默认存储引擎。MyISAM 存储引擎是基于 ISAM 存储引擎发展起来的，而且增加了很多有用的扩展，如拥有较高的插入、查询速度等，但是它不支持事务，主要特性如下。

（1）支持大文件（达 63 位文件长度），在支持大文件的文件系统和操作系统上被支持。

（2）当把删除和更新及插入混合的时候，动态尺寸的行碎片更少。这要通过合并相邻被删除的块，以及若下一个块被删除，就扩展到下一块来自动完成。

（3）每个 MyISAM 表最大索引数是 64。这可以通过重新编译来改变。每个索引最大的列数是 16 个。

（4）最大的键长度是 1000 字节，键长度超过 250 字节时使用一个超过 1024 字节的键块。

（5）BLOB 和 TEXT 列可以被索引。

（6）NULL 值被允许在索引的列中。这个占每个键的 0~1 个字节。

（7）所有数字键值以高字节位先被存储以允许一个更高的索引压缩。

（8）每表一个 AUTO_INCREMEN 列的内部处理。MyISAM 为 INSERT 和 UPDATE 操作自动更新这一列。这使得 AUTO_INCREMENT 列更快（至少 10%）。在序列顶的值被删除之后就不能再利用。

（9）可以把数据文件和索引文件放在不同目录。

（10）每个字符列可以有不同的字符集。

（11）有 VARCHAR 的表可以有固定或动态记录长度。

（12）VARCHAR 和 CHAR 列可以多达 64KB。

使用 MyISAM 引擎创建数据库，将产生 3 个文件。文件的名字以表的名字开始，扩展名指出文件类型：frm 文件存储表定义，数据文件的扩展名为 .MYD (MYData)，索引文件的扩展名是 .MYI (MYIndex)。

4.4.4　MEMORY 存储引擎

MEMORY 存储引擎是 MySQL 中的一类特殊的存储引擎，其使用存储在内存中的内容来创建，而且所有数据也放在内存中，这些特性都与 InnoDB 存储引擎、MySAM 的存储引擎不同。MEMORY 主要特性如下。

（1）MEMORY 表可以有多达每个表 32 个索引，每个索引 16 列，以及 500 字节的最大键长度。

（2）MEMORY 存储引擎执行 HASH 和 BTREE 索引。

（3）可以在一个 MEMORY 表中有非唯一键。

（4）MEMORY 表使用一个固定的记录长度格式。

（5）MEMORY 不支持 BLOB 或 TEXT 列。

（6）MEMORY 支持 AUTO_INCREMENT 列和对可包含 NULL 值的列的索引。

（7）MEMORY 表在所有客户端之间共享（就像其他任何非 TEMPORARY 表）。

（8）MEMORY 表内容被存在内存中，内存是 MEMORY 表和服务器在查询处理之时的空闲中创建的内部表共享。

（9）当不再需要 MEMORY 表的内容之时，要释放被 MEMORY 表使用的内存，应该执行 DELETE FROM 或 TRUNCATE TABLE，或者整个地删除表（使用 DROP TABLE）。

4.4.5 存储引擎的选取原则

不同存储引擎都有各自的特点，适应于不同的需求。为了做出选择，首先需要考虑每一个存储引擎提供了哪些不同的功能。如表 4-1 所示为常用存储引擎的功能比较。

表 4-1　存储引擎比较

功能	MyISAM	Memory	InnoDB	Archive
存储限制	256TB	RAM	64TB	None
支持事务	No	No	Yes	No
支持全文索引	Yes	No	No	No
支持数索引	Yes	Yes	Yes	No
支持哈希索引	No	Yes	No	No
支持数据缓存	No	N/A	Yes	No
对外键的支持	No	No	Yes	No

下面给出存储引擎的选择建议。

（1）InnoDB 存储引擎：如果要提供提交，回滚和崩溃恢复能力的事务安全（ACID 兼容）能力，并要求实现并发控制，InnoDB 存储引擎是很好的选择。

（2）MyISAM 存储引擎：如果数据表主要用来插入和查询记录，则 MyISAM 引擎能提供较高的处理效率，因此，MyISAM 存储引擎是首选。

（3）Memory 存储引擎：如果只是临时存放数据，数据量不大，并且不需要较高的数据安全性，可以选择将数据保存在内存中 Memory 引擎，MySQL 中使用 Memory 存储引擎作为临时表存放查询的中间结果。

（4）Archive 存储引擎：如果只有 INSERT 和 SELECT 操作，可以选择 Archive 引擎，Archive 存储引擎支持高并发的插入操作，但是本身并不是事务安全的。Archive 存储引擎非常适合存储归档数据，如记录日志信息可以使用 Archive 引擎。

总之，使用哪一种引擎要根据需要灵活使用，一个数据库中多个表可以使用不同引擎以满足各种性能和实际需求，使用合适的存储引擎，将会提高整个数据库的性能。

4.5 疑难问题解析

疑问 1：当删除数据库时，该数据库中的表和所有数据也被删除吗？

答：是的。在删除数据库时，会删除该数据库中所有的表和所有数据，因此，删除数据库一定要慎重。如果确定要删除某个数据库，可以先将其备份，然后再进行删除。

疑问 2：如何查看当前 MySQL 服务器的存储引擎？

答：使用 SHOW ENGINES 语句可以查看系统中所有的存储引擎，其中包括默认的存储引擎；还可以使用一种直接的方法查看默认存储引擎，就是使用 "SHOW VARIABLES LIKE 'storage_engine';" 语句。

4.6 综合实战训练营

实战 1：创建数据库 Myflower，并对数据库进行管理

（1）创建数据库之前，使用"SHOW DATABASES;"语句查看数据库系统中已经存在的数据库。

（2）使用语句"CREATE DATABASE Myflower;"创建数据库 Myflower。

（3）执行"USE Myflower;"语句来选择 Myflower 数据库作为当前需要操作的数据库。

（4）执行"SHOW CREATE DATABASE Myflower;"语句来查看数据库具体的创建信息。

实战 2：删除数据库 Myflower，并查看删除后的数据库列表

（1）删除数据库 Myflower。

（2）查看删除数据库 Myflower 后的数据库列表。

第5章 数据类型和运算符

本章导读

数据库表由多列字段构成,每一个字段指定了不同的数据类型。指定字段的数据类型之后,也就决定了向字段插入的数据内容,不同的数据类型也决定了 MySQL 在存储它们的时候使用的方式,以及在使用它们的时候选择什么运算符号进行运算。本章将介绍 MySQL 中的数据类型和常见的运算符。

知识导图

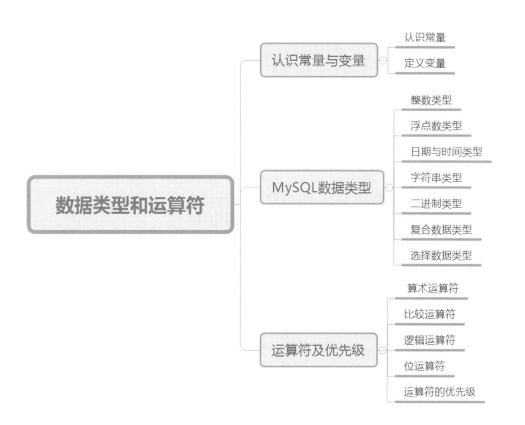

5.1 认识常量与变量

在存储过程和自定义函数中，都可以定义和使用变量。变量的定义使用 DECLARE 关键字，定义后可以为变量赋值。变量的作用域为 BEGIN…END 程序段。本节主要介绍如何定义变量及如何为变量赋值。

5.1.1 认识常量

常量是指在程序运行过程中，其值不可改变的量，一个数字，一个字母，一个字符串等都可以是一个常量。常量相当于数学中的常数，其作用也和数学中的常数类似。常量作为一个不变的量，可以参与程序的执行。

根据数据类型来划分，可以将常用的常量分为 6 种，分别是字符串常量、数值常量、十六进制常量、日期时间常量、布尔值、NULL 值。常量的数据类型相当于常量的取值类型。

1. 字符串常量

字符串常量括在单引号内，包含字母和数字字符（a~z、A~Z 和 0~9）以及特殊字符，如感叹号（!）、at 符（@）和数字号（#）。

如果单引号中的字符串包含一个嵌入的引号，可以使用两个单引号表示嵌入的单引号。如下列出了常见字符串常量示例：

```
'Time'
'L'  'Ting!'
'I Love MySQL!'
```

2. 数值常量

在 SQL 语言中，数值常量包括整数也包括小数，不过，小数或整数都不需要使用单引号将其括上，例如：

```
2019.41  3.0  2018  5  -8
```

> **注意：** 在使用数值常量的过程中，若要指明一个数是正数还是负数，对数值型常量应用"+"或"-"一元运算符，如果没有应用"+"或"-"一元运算符，数值常量将使用正数。另外，在数字常量的各个位之间不要加逗号，例如，123456 这个数字不能表示为：123,456。

3. 十六进制常量

MySQL 支持十六进制值。一个十六进制值通常指定为一个字符串常量，每对十六进制数字被转换为一个字符，其最前面有一个大写字母"X"或小写字母"x"。在引导中只可以使用数字 0～9 及字母 a 到 f～A～F。例如 MySQL 字符串的十六进制值为"x'4D7953514C'"。

十六进制数值不区分大小写，其前缀"X"或"x"可以被"0x"取代而且不用引号。即"X'41'"可以替换为 0x41。而"0x"中 x 一定要小写。

十六进制值的默认类型为字符串，如果想要确保该值作为数字处理，可以使用

cast(ASUNSIGNED) 函数来转换；如果要将一个字符串或数字转换为十六进制格式的字符串，可以使用 hex() 函数来转换。

4. 日期时间常量

在 SQL 语言中，日期和时间常量使用特定格式的字符值来表示，并用单引号括起来。表达日期的字符串，用符号字段的日期时间数据类型表示方法，在 MySQL 中，日期是按照"年-月-日"的顺序来表示的，中间的间隔符"-"也可以使用"\""@""%"等特殊符号。日期时间常量的值必须符合日期和时间的标准，如 1 月份没有 32 号，2 月没有 30 号等。例如：

'2020-12-5' '2020/12/5'

5. 布尔值

MySQL 中的布尔值包含两个可能的值，分别为 TRUE 和 FALSE。

（1）TRUE 表示真，通常表示一个表达式或条件成立，其数字值为"1"。

（2）FALSE 表示假，通常表示一个表达式或条件不成立，其数字值为"0"。

6. NULL 值

NULL 值通常用来表示"没有值""无数据"等意义，并且不同于数字类型的"0"或字符串类型的空字符串。

5.1.2 定义变量

变量可以保存查询之后的结果，在查询语句中可以使用变量，也可以将变量中的值插入到数据表中。在 SQL 中，变量的使用非常灵活方便，可以在任何 SQL 语句集合中声明使用，根据其定义的环境，可以分为用户变量和系统变量。

1. 用户变量

用户变量是用户可自定义的变量，它是一个能够拥有特定数据类型的对象，其作用范围仅限制在程序内部。MySQL 中使用 DECLARE 关键字来定义变量。定义变量的基本语法如下：

```
DECLARE var_name[,...]  type  [DEFAULT value]
```

下面对定义变量的各个部分语法进行详细说明。

（1）DECLARE 关键字用来声明变量。

（2）var_name 参数是变量的名称，可以同时定义多个变量。

（3）type 参数用来指定变量的类型。

（4）DEFAULT value 子句为变量提供一个默认值。默认值可以是一个常数，也可以是一个表达式。如果没有给变量指定默认值，初始值为 NULL。

实例 1：在 MySQl 数据库中定义变量

首先创建一个 mybase 数据库，然后再创建一个 student 表，执行语句如下：

```
CREATE DATABASE mybase;
USE mybase;
CREATE TABLE student
(
sid          INT,
studentid    varchar(20),
```

```
sname      varchar(20)
);
```

最后，定义名称为 studentid 的变量，类型为 char，默认值为'一年级'，执行语句如下：

```
DECLARE studentid char(10) default '一年级';
```

在 MySQL 中，如果想要设置局部变量的值，可以使用 SET 语句为变量赋值，语法格式为：

```
SET var_name = expr [, var_name = expr] ...
```

主要参数介绍如下。
- SET 关键字：用来给变量赋值。
- var_name：变量的名称。
- expr：赋值表达式。

> 提示：一个 SET 语句可以同时为多个变量赋值，各个变量的赋值语句之间用逗号隔开。@ 符号必须放在用户变量的前面，以便将它和列名区分开。

实例 2：使用 SET 语句为变量赋值

声明 3 个变量 v1、v2、v3，其中 v1 和 v2：数据类型为 int，v3 的数据类型为 char，使用 SET 语句为 3 个变量赋值，执行语句如下：

```
Declare v1,v2 int;
Declare v3 char(50);
Set @v1=10,@v2=12,@v3='自定义变量';
```

另外，MySQL 中还可以使用 SELECT…INTO 语句为变量赋值。基本语法格式如下：

```
SELECT col_name[,…] INTO var_name[,…]
 FROM table_name WEHRE condition
```

主要参数介绍如下。
- col_name：查询的字段名称。
- var_name：变量的名称。
- table_name：查询的表的名称。
- condition：查询条件。

上述语句可以将 SELECT 选定的列值直接存储在对应位置的变量中。

实例 3：使用 SELECT…INTO 语句为变量赋值

声明一个变量 student_name，将学生编号为 10 的学生姓名赋值给该变量。执行语句如下：

```
Declare student_name char(50);
Select sname into student_name
 From student
Where sid=10;
```

2. 系统变量

系统变量是 MySQL 系统提供的内部使用的变量，不需用户定义，就可以直接使用。对用户而言，其作用范围并不仅仅局限于某一程序，而是任何程序均可以随时调用。在 MySQL 中引用系统变量时，一般以标记符"@@"开头，对于某些特定的系统变量可以省略这两个 @ 符号。常用的系统变量及其含义如表 5-1 所示。

表 5-1 常用的系统变量

全局系统名称	含 义
@@ERROR	返回执行的上一个 SQL 语句的错误号
@@FETCH_STATUS	返回被 FETCH 语句执行的最后游标状态，而不是任何当前被连接打开的游标的状态
@@IDENTITY	返回插入到表的 IDENTITY 列的最后一个值
@@LANGUAGE	返回当前所用语言的名称
@@NESTLEVEL	返回在本地服务器上执行的当前存储过程的嵌套级别（初始值为 0）
@@OPTIONS	返回有关当前 SET 选项的信息
@@PACK_RECEIVED	返回 MySQL 自上次启动后从网络读取的输入数据包个数
@@PACK_SENT	返回 MySQL 自上次启动后写入网络的输出数据包个数
@@PACKET_ERRORS	返回自上次启动 MySQL 后，在 MySQL 连接上发生的网络数据包错误数
@@ROWCOUNT	返回上一次语句影响的数据行的行数
@@SPID	返回当前用户进程的会话 ID
@@TIMETICKS	返回每个时钟周期的微秒数
@@VERSION	返回当前系统安装的日期、版本和处理器类型
@@TRANCOUNT	返回当前连接的活动事务数

下面给出一个实例，来介绍系统变量的使用方法。

实例 4：使用系统变量查看 MySQL 版本信息

使用系统变量 @@VERSION 查看当前 MySQL 的版本信息，执行语句如下：

```
SELECT @@VERSION AS 'MySQL版本';
```

执行结果如图 5-1 所示。这样就完成了通过系统变量查询当前 MySQL 版本信息的操作。

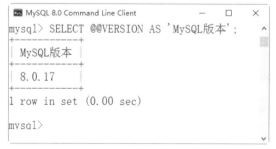

图 5-1 查看 MySQL 版本信息

5.2 MySQL 数据类型

MySQL 支持多种数据类型，包括数值类型、浮点型、日期/时间类型和字符串（字符）类型等。

5.2.1 整数类型

MySQL 提供多种整数类型，不同的数据类型的取值范围不同，可以存储的值的范围越大，其所需要的存储空间也就越大，因此要根据实际需求选择适合的数据类型。如表 5-2 所示显示了每个整数类型的存储和范围。

表 5-2 MySQL 中的整数型数据类型

类型名称	说 明	存储需求	有符号数取值范围	无符号数取值范围
TINYINT	很小的整数	1 字节	-128~127	0~255
SMALLINT	小的整数	2 字节	-32768~32767	0~65535
MEDIUMINT	中等大小的整数	3 字节	-8388608~8388607	0~16777215
INT（INTEGER）	普通大小的整数	4 字节	-2147483648~2147483647	0~4294967295
BIGINT	大整数	8 字节	-9223372036854775808~9223372036854775807	0~18446744073709551615

MSQL 支持在类型关键字后面的括号内指定整数值的显示宽度，如 INT(4))。INT(M) 中的 M 指示最大显示宽度，INT(4) 表示最大有效显示宽度是 4。需要注意的是：显示宽度与存储大小或类型包含的值的范围无关。

例如，假设声明一个 INT 类型的字段：

```
id INT(4)
```

该声明指出，在 id 字段中的数据一般只显示 4 位数字的宽度。假如向 id 字段中插入数值 10000，当使用 SELECT 语句查询该列值的时候，MySQL 显示的是完整的带有 5 位数字的 10000，而不是 4 位数字。

其他整型数据类型也可以在定义表结构时指定所需要的显示宽度，如果不指定，则系统为每一种类型指定默认的宽度值。

实例 5：将数据表的字段定义为整数类型

创建表 tmp1，定义字段 a、b、c、d、e，数据类型依次为 TINYINT、SMALLINT、MEDIUMINT、INT、BIGINT，执行语句如下：

```
USE mybase;
CREATE TABLE tmp1
(
a    TINYINT,
b    SMALLINT,
c    MEDIUMINT,
d    INT,
e    BIGINT
);
```

执行成功之后，使用 DESC 语句查看表结构，执行结果如图 5-2 所示。

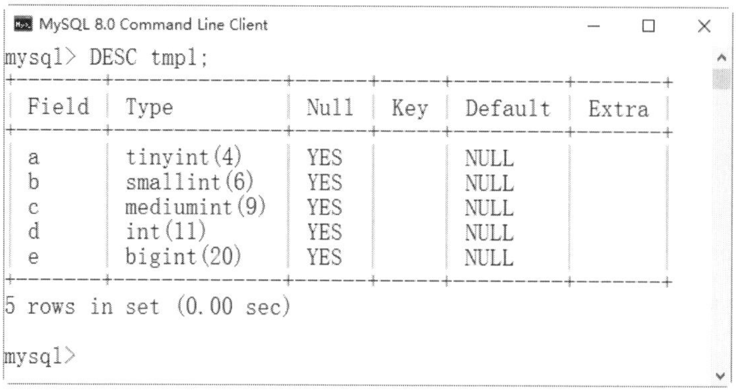

```
mysql> DESC tmp1;
+-------+--------------+------+-----+---------+-------+
| Field | Type         | Null | Key | Default | Extra |
+-------+--------------+------+-----+---------+-------+
| a     | tinyint(4)   | YES  |     | NULL    |       |
| b     | smallint(6)  | YES  |     | NULL    |       |
| c     | mediumint(9) | YES  |     | NULL    |       |
| d     | int(11)      | YES  |     | NULL    |       |
| e     | bigint(20)   | YES  |     | NULL    |       |
+-------+--------------+------+-----+---------+-------+
5 rows in set (0.00 sec)

mysql>
```

图 5-2 使用 DESC 语句查看表结构

从执行结果可以看到，系统将添加不同的默认显示宽度。这些显示宽度能够保证每一种数据类型可以取到取值范围内的所有值。例如 TINYINT 有符号数和无符号数的取值范围分别为 -128~127 和 0~255，由于负号占了一个数字位，因此 TINYINT 默认的显示宽度为 4。同理，其他整数类型的默认显示宽度与其有符号数的最小值的宽度相同。

> **注意**：不同的整数类型的取值范围不同，所需的存储空间也不同，因此，在定义数据表的时候，要根据实际需求选择最合适的类型，这样做有利于节约存储空间，还有利于提高查询效率。

5.2.2 浮点数类型

现实生活中很多情况需要存储带有小数部分的数值，这就需要浮点数类型，如 FLOAT 和 DOUBLE。其中，FLOAT 为单精度浮点类型，DOUBLE 为双精度浮点类型。浮点数类型可以用（M，D）来表示，其中 M 称为精度，表示总共的位数；D 称为标度，表示小数的位数。如表 5-3 所示显示了每个浮点数类型的存储和范围。

表 5-3 MySQL 中的浮点数类型

类型名称	存储需求	有符号的取值范围	无符号的取值范围
FLOAT	4 字节	-3.402823466E+38 ~ -1.175494351E-38	0 和 1.175494351E-38 ~ 3.402823466E+38
DOUBLE	8 字节	-1.7976931348623157E+308 ~ -2.2250738585072014E-308	0 和 2.2250738585072014E-308 ~ 1.7976931348623157E+308

> **注意**：M 和 D 在 FLOAT 和 DOUBLE 中是可选的，FLOAT 和 DOUBLE 类型将被保存为硬件所支持的最大精度。

MySQL 中，除使用浮点数类型表示小数外，还可以使用定点数表示小数，定点数类型只有一种：DECIMAL。定点数类型也可以用（M，D）来表示，其中 M 称为精度，表示总共的位数；D 称为标度，表示小数的位数。DECIMAL 的默认 D 值为 0，M 值为 10。如表 5-4 所示显示了定点数类型的存储和范围。

表 5-4　MySQL 中的定点数类型

类型名称	说明	存储需求
DECIMAL（M, D），DEC	压缩的"严格"定点数	M+2 个字节

DECIMAL 类型不同于 FLOAT 和 DECIMAL，DECIMAL 实际是以字符串存储的。DECIMAL 有效的取值范围由 M 和 D 的值决定。如果改变 M 而固定 D，则其取值范围将随 M 的变大而变大。如果固定 M 而改变 D，则其取值范围将随 D 的变大而变小（但精度增加）。由此可见，DECIMAL 的存储空间并不是固定的，而是由其精度值 M 决定，占用 M+2 个字节。

实例 6：将数据表的字段定义为浮点型

创建表 tmp2，其中字段 x、y、z 数据类型依次为 FLOAT(5,1)、DOUBLE(5,1) 和 DECIMAL(5,1)，向表中插入数据 3.14、7.15 和 3.1415，执行语句如下：

```
CREATE TABLE tmp2
(
x FLOAT(5,1),
y DOUBLE(5,1),
z DECIMAL(5,1)
);
```

接着向表中插入数据：

```
mysql>INSERT INTO tmp2 VALUES(3.14, 7.15, 3.1415);
Query OK, 1 row affected, 1 warning (0.29 sec)
```

可以看到在插入数据时，MySQL 给出了一个警告信息，使用 "SHOW WARNINGS;" 语句查看警告信息，执行结果如下：

```
mysql> SHOW WARNINGS;
+-------+------+-----------------------------------------+
| Level | Code | Message                                 |
+-------+------+-----------------------------------------+
| Error | 1265 | Data truncated for column 'z' at row 1  |
+-------+------+-----------------------------------------+
1 row in set (0.00 sec)
```

从执行结果中可以看到 FLOAT 和 DOUBLE 在进行四舍五入时没有给出警告，而给出 z 字段数值被截断的警告。查看数据记录如下：

```
mysql> SELECT * FROM tmp2;
+------+------+------+
| x    | y    | z    |
+------+------+------+
| 3.1  | 7.2  | 3.1  |
+------+------+------+
1 row in set (0.00 sec)
```

因此，FLOAT 和 DOUBLE 在不指定精度时，默认会按照实际的精度（由计算机硬件和操作系统决定），DECIMAL 如不指定精度默认为 (10,0)。

> 提示：浮点数相对于定点数的优点，是在长度一定的情况下，浮点数能够表示更大的数据范围；它的缺点是会引起精度问题。

5.2.3 日期与时间类型

MySQL 中，表示时间值的日期和时间类型有 DATETIME、DATE、TIMESTAMP、TIME 和 YEAR，如只需记录年份信息时，可以用 YEAR 类型，而没有必要使用 DATE。每一个类型都有合法的取值范围，当插入不合法的值时，系统会将"零"值插入到字段中。表 5-5 列出了 MySQL 中的日期与时间数据类型。

表 5-5　日期与时间数据类型

类型名称	日期格式	日期范围	存储需求
YEAR	YYYY	1901~2155	1 字节
TIME	HH:MM:SS	-838:59:59 ~ 838:59:59	3 字节
DATE	YYYY-MM-DD	1000-01-01 ~ 9999-12-31	3 字节
DATETIME	YYYY-MM-DD HH:MM:SS	1000-01-01 00:00:00 ~ 9999-12-31 23:59:59	8 字节
TIMESTAMP	YYYY-MM-DD HH:MM:SS	1970-01-01 00:00:001 ~ 2038-01-19 03:14:07	4 字节

1. YEAR

YEAR 类型是一个单字节类型，用于表示年，在存储时只需要 1 个字节。可以使用各种格式指定 YEAR 值，如下所示：

（1）以 4 位字符串或者 4 位数字格式表示的 YEAR，范围为 1901 ~ 2155。输入格式为 'YYYY' 或者 YYYY，例如，输入 '2010' 或 2010，插入到数据库的值均为 2010。

（2）以 2 位字符串格式表示的 YEAR，范围为 00 ~ 99。00 ~ 69 和 70 ~ 99 范围的值分别被转换为 2000 ~ 2069 和 1970 ~ 1999 范围的 YEAR 值。'0' 与 '00' 的作用相同。插入超过取值范围的值将被转换为 2000。

（3）以 2 位数字表示的 YEAR，范围为 1 ~ 99。1 ~ 69 和 70 ~ 99 范围的值分别被转换为 2001 ~ 2069 和 1970 ~ 1999 范围的 YEAR 值。注意：在这里 0 值将被转换为 0000，而不是 2000。

> 提示：两位整数范围与两位字符串范围稍有不同，例如：插入 2000 年，读者可能会使用数字格式的 0 表示 YEAR，实际上，插入数据库的值为 0000，而不是所希望的 2000。只有使用字符串格式的 '0' 或 '00'，才可以被正确地解释为 2000。非法 YEAR 值将被转换为 0000。

2. TIME

TIME 类型用在只需要时间信息的值，在存储时需要 3 个字节。格式为 HH:MM:SS，其中 HH 表示小时；MM 表示分钟；SS 表示秒。TIME 类型的取值范围为 -838:59:59 ~ 838:59:59，小时部分会如此大的原因是 TIME 类型不仅可以用于表示一天的时间（必须小于 24 小时），还可能是某个事件过去的时间或两个事件之间的时间间隔（可以大于 24 小时，或者甚至为负）。可以使用各种格式指定 TIME 值，如下所示：

（1）D HH:MM:SS 格式的字符串。还可以使用下面任何一种"非严格"的语法：HH:MM:SS、HH:MM、D HH:MM、D HH 或 SS。这里的 D 表示日，可以取 0～31 之间的值。在插入数据库时，D 被转换为小时保存，格式为"D*24 + HH"。

（2）HHMMSS 格式的、没有间隔符的字符串或者 HHMMSS 格式的数值，假定是有意义的时间。例如：101112 被理解为 10:11:12，但 109712 是不合法的（它有一个没有意义的分钟部分），存储时将变为 00:00:00。

> **注意**：为 TIME 分配简写值时应注意，如果没有冒号，MySQL 解释值时，假定最右边的两位表示秒（MySQL 解释 TIME 值为过去的时间而不是当天的时间）。例如，读者可能认为'1112'和 1112 表示 11:12:00（即 11 点过 12 分），但 MySQL 将它们解释为 00:11:12（即 11 分 12 秒）。同样'12'和 12 被解释为 00:00:12。相反，TIME 值中如果使用冒号则肯定被看作当天的时间。也就是说，'11:12'表示 11:12:00，而不是 00:11:12。

3. DATE 类型

DATE 类型用在仅需要日期值时，没有时间部分，在存储时需要 3 个字节。日期格式为 YYYY-MM-DD，其中 YYYY 表示年；MM 表示月；DD 表示日。在给 DATE 类型的字段赋值时，可以使用字符串类型或者数字类型的数据，只要符合 DATE 的日期格式即可，如下所示。

（1）以 YYYY-MM-DD 或者 YYYYMMDD 字符串格式表示的日期，取值范围为 1000-01-01～9999-12-3。例如，输入 2012-12-31 或者 20121231，插入数据库的日期都为 2012-12-31。

（2）以 YY-MM-DD 或者 YYMMDD 字符串格式表示的日期，在这里 YY 表示两位的年值。包含两位年值的日期会令人模糊，因为不知道世纪。MySQL 使用以下规则解释两位年值：00～69 范围的年值转换为 2000～2069；70～99 范围的年值转换为 1970～1999。例如，输入 12-12-31，插入数据库的日期为 2012-12-31；输入 981231，插入数据的日期为 1998-12-31。

（3）以 YY-MM-DD 或者 YYMMDD 数字格式表示的日期，与前面相似，00～69 范围的年值转换为 2000～2069；70～99 范围的年值转换为 1970～1999。例如，输入 12-12-31，插入数据库的日期为 2012-12-31；输入 981231，插入数据的日期为 1998-12-31。

（4）使用 CURRENT_DATE 或者 NOW()，插入当前系统日期。

> **注意**：MySQL 允许"不严格"语法：任何标点符号都可以用作日期部分之间的间隔符。例如，98-11-31、98.11.31、98/11/31 和 98@11@31 是等价的，这些值也可以正确地插入到数据库。

4. DATETIME

DATETIME 类型用在需要同时包含日期和时间信息的值，在存储时需要 8 个字节。日期格式为 YYYY-MM-DD HH:MM:SS，其中 YYYY 表示年；MM 表示月；DD 表示日；HH 表示小时；MM 表示分钟；SS 表示秒。在给 DATETIME 类型的字段赋值时，可以使用字符串类型或者数字类型的数据插入，只要符合 DATETIME 的日期格式即可，如下所示。

（1）以 YYYY-MM-DD HH:MM:SS 或者 YYYYMMDDHHMMSS 字符串格式表示的值，取值范围为 1000-01-01 00:00:00～9999-12-3 23:59:59。例如输入 2012-12-31 05:05:05 或者 20121231050505，插入数据库的 DATETIME 值都为 2012-12-31 05:05:05。

（2）以 YY-MM-DD HH:MM:SS 或者 YYMMDDHHMMSS 字符串格式表示的日期，在这里 YY 表示两位的年值。与前面相同，00～69 范围的年值转换为 2000～2069；70～99 范围的年值转换为 1970～1999。例如输入 12-12-31 05:05:05，插入数据库的 DATETIME 为 2012-12-31 05:05:05；输入 980505050505，插入数据库的 DATETIME 为 1998-05-05 05:05:05。

（3）以 YYYYMMDDHHMMSS 或者 YYMMDDHHMMSS 数字格式表示的日期和时间，例如输入 20121231050505，插入数据库的 DATETIME 为 2012-12-31 05:05:05；输入 980505050505，插入数据的 DATETIME 为 1998-12-31 05:05:05。

5. TIMESTAMP

TIMESTAMP 的显示格式与 DATETIME 相同，显示宽度固定为 19 个字符，日期格式为 YYYY-MM-DD HH:MM:SS，在存储时需要 4 个字节。但是 TIMESTAMP 的取值范围小于 DATETIME 的取值范围，为 1970-01-01 00:00:01 UTC～2038-01-19 03:14:07 UTC，其中，UTC（Coordinated Universal Time）为世界标准时间，因此在插入数据时，要保证在合法的取值范围内。

如果为一个 DATETIME 或 TIMESTAMP 对象分配一个 DATE 值，结果值的时间部分被设置为 00:00:00，因为 DATE 值未包含时间信息。如果为一个 DATE 对象分配一个 DATETIME 或 TIMESTAMP 值，结果值的时间部分被删除，因为 DATE 值未包含时间信息。

> **注意**：TIMESTAMP 与 DATETIME 除了存储字节和支持的范围不同外，还有一个最大的区别就是：DATETIME 在存储日期数据时，按实际输入的格式存储，即输入什么就存储什么，与时区无关；而 TIMESTAMP 值的存储是以 UTC（世界标准时间）格式保存，存储时对当前时区进行转换，检索时再转换回当前时区，即查询时，根据当前时区的不同，显示的时间值是不同的。

实例 7：向数据表中插入日期和时间

创建数据表 tmp3，定义数据类型为 DATETIME 的字段 dt，向表中插入"YYYY-MM-DD HH:MM:SS"和"YYYYMMDDHHMMSS"字符串格式日期和时间值，执行语句如下：

首先创建表 tmp3：

```
CREATE TABLE tmp3( dt DATETIME );
```

向表中插入"YYYY-MM-DD HH:MM:SS"和"YYYYMMDDHHMMSS"格式日期：

```
mysql> INSERT INTO tmp3 values('2020-08-08 08:08:08'),('20200808080808'),
('20111010101010');
```

查看插入结果：

```
mysql> SELECT * FROM tmp3;
+---------------------+
| dt                  |
+---------------------+
| 2020-08-08 08:08:08 |
```

```
| 2020-08-08 08:08:08 |
| 2011-10-10 10:10:10 |
+---------------------+
3 rows in set (0.00 sec)
```

可以看到，各个不同类型的日期值都正确地插入到了数据表中。

5.2.4 字符串类型

字符串类型用于存储字符串数据，MySQL 支持两类字符串数据：文本字符串和二进制字符串。文本字符串可以进行区分或不区分大小写的串比较，也可以进行模式匹配查找。MySQL 中字符串类型指的是 CHAR、VARCHAR、TINYTEXT、TEXT、MEDIUMTEXT、LONGTEXT、ENUM 和 SET。表 5-6 列出了 MySQL 中的字符串数据类型。

表 5-6　MySQL 中字符串数据类型

类型名称	说　明	存储需求
CHAR(M)	固定长度非二进制字符串	M 字节，1 ≤ M ≤ 255
VARCHAR(M)	变长非二进制字符串	L+1 字节，在此 L ≤ M 和 1 ≤ M ≤ 255
TINYTEXT	非常小的非二进制字符串	L+1 字节，在此 L<2^8
TEXT	小的非二进制字符串	L+2 字节，在此 L<2^{16}
MEDIUMTEXT	中等大小的非二进制字符串	L+3 字节，在此 L<2^{24}
LONGTEXT	大的非二进制字符串	L+4 字节，在此 L<2^{32}
ENUM	枚举类型，只能有一个枚举字符串值	1 或 2 个字节，取决于枚举值的数目（最大值 65535）
SET	一个集合，字符串对象可以有零个或多个 SET 成员	1、2、3、4 或 8 个字节，取决于集合成员的数量（最多 64 个成员）

> **注意**：VARCHAR 和 TEXT 类型是变长类型，它们的存储需求取决于值的实际长度（表格中用 L 表示），而不是取决于类型的最大可能长度。例如，一个 VARCHAR(10) 字段能保存最大长度为 10 个字符的一个字符串，实际的存储需求是字符串的长度 L 加上 1 个字节以记录字符串的长度。例如，字符串 "teacher"，L 是 7，而存储需求是 8 个字节。

1. CHAR 和 VARCHAR 类型

CHAR(M) 为固定长度字符串，在定义时指定字符串列长。当保存时，在右侧填充空格以达到指定的长度。M 表示列长度，M 的范围是 0 ～ 255 个字符。例如，CHAR(4) 定义了一个固定长度的字符串列，其包含的字符个数最大为 4。当检索到 CHAR 值时，尾部的空格将被删除。

VARCHAR(M) 是长度可变的字符串，M 表示最大列长度。M 的范围是 0 ～ 65 535。VARCHAR 的最大实际长度由最长的行的大小和使用的字符集确定，而其实际占用的空间为字符串的实际长度加 1。例如，VARCHAR(50) 定义了一个最大长度为 50 的字符串，如果插入的字符串只有 10 个字符，则实际存储的字符串为 10 个字符和一个字符串结束字符。VARCHAR 在值保存和检索时，尾部的空格仍保留。

实例 8：举例说明 CHAR 和 VARCHAR 类型区别

下面将不同字符串保存到 CHAR(4) 和 VARCHAR(4) 列，说明 CHAR 和 VARCHAR 之间的差别，如表 5-7 所示。

表 5-7 CHAR(4) 与 VARCHAR(4) 存储区别

插入值	CHAR(4)	存储需求	VARCHAR(4)	存储需求
' '	' '	4 字节	' '	1 字节
'ab'	'ab '	4 字节	'ab'	3 字节
'abc'	'abc '	4 字节	'abc'	4 字节
'abcd'	'abcd'	4 字节	'abcd'	5 字节
'abcdef'	'abcd'	4 字节	'abcd'	5 字节

对比结果可以看到，CHAR(4) 定义了固定长度为 4 的列，不管存入的数据长度为多少，所占用的空间均为 4 个字节。VARCHAR(4) 定义的列所占的字节数为实际长度加 1。

当查询时，CHAR(4) 和 VARCHAR(4) 的值并不一定相同。创建 tmp4 表，定义字段 ch 和 vch，数据类型依次为 CHAR(4)、VARCHAR(4)，向表中插入数据"ab "，执行语句如下：

创建表 tmp4：

```
CREATE TABLE tmp4
(
ch   CHAR(4),
vch  VARCHAR(4)
);
```

插入数据：

```
INSERT INTO tmp4 VALUES('ab  ', 'ab  ');
```

查询结果：

```
mysql> SELECT concat('(', ch, ')'), concat('(',vch,')') FROM tmp4;
+----------------------+---------------------+
| concat('(', ch, ')') | concat('(',vch,')') |
+----------------------+---------------------+
| (ab)                 | (ab  )              |
+----------------------+---------------------+
1 row in set (0.00 sec)
```

从查询结果可以看到，ch 在保存"ab "时将末尾的两个空格删除了，而 vch 字段保留了末尾的两个空格。

2. TEXT 类型

TEXT 列保存非二进制字符串，如文章内容、评论等。当保存或查询 TEXT 列的值时，不删除尾部空格。Text 类型分为 4 种：TINYTEXT、TEXT、MEDIUMTEXT 和 LONGTEXT。不同 TEXT 类型的存储空间和数据长度不同。

（1）TINYTEXT 最大长度为 255(2^8–1) 字符的 TEXT 列。

（2）TEXT 最大长度为 65 535(2^{16}–1) 字符的 TEXT 列。

（3）MEDIUMTEXT 最大长度为 16 777 215(2^{24}–1) 字符的 TEXT 列。

（4）LONGTEXT 最大长度为 4 294 967 295 或 4GB($2^{32}-1$) 字符的 TEXT 列。

另外，MySQL 提供了大量的数据类型，为了优化存储，提高数据库性能，在不同情况下应使用最精确的类型。当需要选择数据类型时，在可以表示该字段值的所有类型中，应当使用占用存储空间最少的数据类型。因为这样不仅可以减少存储（内存、磁盘）空间，还可以在数据计算时减轻 CPU 的负载。

5.2.5 二进制类型

MySQL 中的二进制数据类型有：BIT、BINARY、VARBINARY、TINYBLOB、BLOB、MEDIUMBLOB 和 LONGBLOB，表 5-8 列出了 MySQL 中的二进制数据类型。

表 5-8　MySQL 中的二进制数据类型

类型名称	说　明	存储需求
BIT(M)	位字段类型	大约 (M+7)/8 个字节
BINARY(M)	固定长度二进制字符串	M 个字节
VARBINARY(M)	可变长度二进制字符串	M+1 个字节
TINYBLOB(M)	非常小的 BLOB	L+1 字节，在此 L<2^8
BLOB(M)	小 BLOB	L+2 字节，在此 L<2^16
MEDIUMBLOB(M)	中等大小的 BLOB	L+3 字节，在此 L<2^24
LONGBLOB(M)	非常大的 BLOB	L+4 字节，在此 L<2^32

1. BIT 类型

位字段类型。M 表示每个值的位数，范围为 1~64。如果 M 被省略，默认为 1。如果为 BIT(M) 列分配的值的长度小于 M 位，在值的左边用 0 填充。例如，为 BIT(6) 列分配一个值 b'101'，其效果与分配 b'000101' 相同。BIT 数据类型用来保存位字段值，例如：以二进制的形式保存数据 13，13 的二进制形式为 1101，在这里需要位数至少为 4 位的 BIT 类型，即可以定义列类型为 BIT(4)。大于二进制 1111 的数据是不能插入 BIT(4) 类型的字段中的。

> **注意**：默认情况下，MySQL 不可以插入超出该列允许范围的值，因而插入的数据要确保插入的值在指定的范围内。

2. BINARY 和 VARBINARY 类型

BINARY 和 VARBINARY 类型类似于 CHAR 和 VARCHAR，不同的是它们包含二进制字节字符串。其使用的语法格式如下：

```
列名称 BINARY(M)或者VARBINARY(M)
```

BINARY 类型的长度是固定的，指定长度之后，不足最大长度的，将在它们右边填充 '\0' 补齐以达到指定长度。例如：指定列数据类型为 BINARY(3)，当插入 "a" 时，存储的内容实际为 "a\0\0"，当插入 "ab" 时，实际存储的内容为 "ab\0"，不管存储的内容是否达到指定的长度，其存储空间均为指定的值 M。

VARBINARY 类型的长度是可变的，指定好长度之后，其长度可以在 0 到最大值之间。例如：指定列数据类型为 VARBINARY(20)，如果插入的值的长度只有 10，则实际存储空间为 10 加 1，即其实际占用的空间为字符串的实际长度加 1。

实例 9：举例说明 BINARY 和 VARBINARY 类型的区别

创建表 tmp5，定义 BINARY(3) 类型的字段 b 和 VARBINARY(3) 类型的字段 vb，并向表中插入数据 '5'，比较两个字段的存储空间。

首先创建表 tmp5，执行语句如下：

```
CREATE TABLE tmp5
(
b binary(3),
vb varbinary(30)
);
```

插入数据：

```
INSERT INTO tmp5 VALUES(5,5);
```

查看两个字段存储数据的长度：

```
mysql> SELECT length(b), length(vb) FROM tmp5;
+-----------+------------+
| length(b) | length(vb) |
+-----------+------------+
|         3 |          1 |
+-----------+------------+
1 row in set (0.00 sec)
```

可以看到，b 字段的值数据长度为 3，而 vb 字段的数据长度仅为插入的一个字符的长度 1。如果想要进一步确认 '5' 在两个字段中不同的存储方式，执行如下语句：

```
mysql> SELECT b,vb,b = '5', b='5\0\0',vb='5',vb = '5\0\0' FROM tmp5;
```

执行结果如下：

```
+------+------+---------+-----------+--------+-------------+
| b    | vb   | b = '5' | b='5\0\0' | vb='5' | vb = '5\0\0'|
+------+------+---------+-----------+--------+-------------+
| 5    | 5    |    0    |     1     |    1   |      0      |
+------+------+---------+-----------+--------+-------------+
1 row in set (0.00 sec)
```

由执行结果可以看出，b 字段和 vb 字段的长度是截然不同的，因为 b 字段不足的空间填充了 '\0'，而 vb 字段则没有填充。

3. BLOB 类型

BLOB 是一个二进制大对象，用来存储可变数量的数据。BLOB 类型分为 4 种：TINYBLOB、BLOB、MEDIUMBLOB 和 LONGBLOB，它们可容纳值的最大长度不同，如表 5-9 所示。

表 5-9　BLOB 类型的存储范围

数据类型	存储范围
TINYBLOB	最大长度为 $255(2^8-1)$ 字节
BLOB	最大长度为 $65\ 535(2^{16}-1)$ 字节

数据类型	存储范围
MEDIUMBLOB	最大长度为 16 777 215(2^{24}–1) 字节
LONGBLOB	最大长度为 4 294 967 295 或 4GB(2^{32}–1) 字节

BLOB 列存储的是二进制字符串（字节字符串）；TEXT 列存储的是非二进制字符串（字符字符串）。BLOB 列没有字符集，并且排序和比较时是基于列值字节的数值；TEXT 列有一个字符集，并且根据字符集对值进行排序和比较。

5.2.6 复合数据类型

MySQL 数据库执行两种复合数据类型，分别是 ENUM 类型和 SET 数据类型，它们扩展了 SQL 规范。虽然这些类型在技术上是字符串类型，但是可以被视为不同的数据类型。

一个 ENUM 类型只允许从一个集合中取得一个值，而 SET 类型允许从一个集合中取得任意多个值。

1. ENUM 类型

ENUM 是一个字符串对象，其值为表创建时在列规定中枚举的一列值。语法格式如下：

字段名 ENUM('值1','值2',...'值n')

"字段名"指将要定义的字段，"值 n"指枚举列表中的第 n 个值。ENUM 类型的字段在取值时，只能在指定的枚举列表中取，而且一次只能取一个。如果创建的成员中有空格，其尾部的空格将自动被删除。ENUM 值在内部用整数表示，每个枚举值均有一个索引值：列表值所允许的成员值从 1 开始编号，MySQL 存储的就是这个索引编号。枚举最多可以有 65 535 个元素。

例如定义 ENUM 类型的列（'first', 'second', 'third'），该列可以取的值和每个值的索引如表 5-10 所示。

表 5-10 ENUM 类型的取值范围

值	索　引	值	索　引
NULL	NULL	second	2
''	0	third	3
first	1		

ENUM 值依照列索引顺序排列，并且空字符串排在非空字符串前，NULL 值排在其他所有的枚举值前。

实例 10：ENUM 数据类型的应用

创建表 tmp6，定义 ENUM 类型的列 enm('first', 'second', 'third')，查看列成员的索引值。

首先，创建 tmp6 表：

```
CREATE TABLE tmp6
(
```

```
    enm  ENUM('first','second','third')
);
```

插入各个列值:

```
INSERT INTO tmp6 values('first'),('second'),('third'),(NULL);
```

查看索引值:

```
mysql> SELECT enm, enm+0 FROM tmp6;
+--------+-------+
| enm    | enm+0 |
+--------+-------+
| first  |     1 |
| second |     2 |
| third  |     3 |
| NULL   |  NULL |
+--------+-------+
4 rows in set (0.04 sec)
```

可以看到，这里的索引值和表 5-10 所述的相同。

2. SET 类型

SET 是一个字符串对象，可以有零或多个值，SET 列最多可以有 64 个成员，其值为表创建时规定的一列值。指定包括多个 SET 成员的 SET 列值时，各成员之间用逗号(,)间隔开。语法格式如下:

```
SET('值1','值2',... '值n')
```

与 ENUM 类型相同，SET 值在内部用整数表示，列表中每一个值都有一个索引编号。当创建表时，SET 成员值的尾部空格将自动被删除。但与 ENUM 类型不同的是，ENUM 类型的字段只能从定义的列值中选择一个值插入，而 SET 类型的列可从定义的列值中选择多个字符的联合。

如果插入 SET 字段中的列值有重复，则 MySQL 自动删除重复的值；插入 SET 字段的值的顺序并不重要，MySQL 会在存入数据库时，按照定义的顺序显示；如果插入了不正确的值，默认情况下，MySQL 将忽视这些值，并给出警告。

实例 11: SET 数据类型的应用

创建表 tmp7，定义 SET 类型的字段 s，取值列表为('a','b','c','d')，插入数据('a'), ('a,b,a'), ('c,a,d'), ('a,x,b,y')。

首先创建表 tmp7:

```
CREATE TABLE tmp7 ( s SET('a','b','c','d'));
```

插入数据:

```
INSERT INTO tmp7 values('a'),('a,b,a'),('c,a,d');
```

再次插入数据:

```
INSERT INTO tmp7 values ('a,x,b,y');
ERROR 1265 (01000): Data truncated for column 's' at row 1
```

由于插入了 SET 列不支持的值,因此 MySQL 给出错误提示。

查看结果:

```
mysql> SELECT * FROM tmp7;
+-------+
| s     |
+-------+
| a     |
| a,b   |
| a,c,d |
+-------+
```

从结果可以看到,对于 SET 来说,如果插入的值为重复的,则只取一个,例如 "a,b,a",则结果为 "a,b";如果插入了不按顺序排列的值,则自动按顺序插入,例如 "c,a,d",结果为 "a,c,d";如果插入了不正确的值,该值将被阻止插入,例如插入值 "a,x,b,y" 失败。

5.2.7 选择数据类型

MySQL 提供了大量的数据类型。为了优化存储,提高数据库性能,在任何情况下均应使用最精确的类型:即在所有可以表示该列值的类型中,该类型使用的存储最少。

1. 整数和浮点数

如果不需要小数部分,则使用整数来保存数据;如果需要表示小数部分,则使用浮点数类型。对于浮点数据列,存入的数值会对该列定义的小数位进行四舍五入。例如,如果列的值的范围为 1 ~ 99999,若使用整数,则 MEDIUMINT UNSIGNED 是最好的类型;若需要存储小数,则使用 FLOAT 类型。

浮点类型包括 FLOAT 和 DOUBLE 类型。DOUBLE 类型精度比 FLOAT 类型高,因此,如要求存储精度较高时,应选择 DOUBLE 类型。

2. 浮点数和定点数

浮点数 FLOAT、DOUBLE 相对于定点数 DECIMAL 的优势是:在长度一定的情况下,浮点数能表示更大的数据范围。但是由于浮点数容易产生误差,因此对精确度要求比较高时,建议使用 DECIMAL 来存储。DECIMAL 在 MySQL 中是以字符串存储的,用于定义货币等对精确度要求较高的数据。在数据迁移中,float(M,D) 是非标准 SQL 定义,数据库迁移时可能会出现问题,最好不要这样使用。另外,两个浮点数进行减法和比较运算时也容易出问题,因此在进行计算的时候,一定要小心。如果进行数值比较,最好使用 DECIMAL 类型。

3. 日期与时间类型

MySQL 对于不同种类的日期和时间,有很多的数据类型,比如 YEAR 和 TIME。如果只需要记录年份,则使用 YEAR 类型即可;如果只记录时间,只须使用 TIME 类型。

如果同时需要记录日期和时间,则可以使用 TIMESTAMP 或者 DATETIME 类型。由于 TIMESTAMP 列的取值范围小于 DATETIME 的取值范围,因此存储范围较大的日期最好使用 DATETIME。

TIMESTAMP 也有一个 DATETIME 不具备的属性。默认的情况下,当插入一条记录但并没有指定 TIMESTAMP 这个列值时，MySQL 会把 TIMESTAMP 列设为当前的时间。因此当需要插入记录同时插入当前时间时，使用 TIMESTAMP 是方便的。另外，TIMESTAMP 在空间上比 DATETIME 更高效。

4. CHAR 与 VARCHAR

CHAR 和 VARCHAR 的区别如下。

（1）CHAR 是固定长度字符，VARCHAR 是可变长度字符。

（2）CHAR 会自动删除数据的尾部空格，VARCHAR 不会删除尾部空格。

（3）CHAR 是固定长度，所以它的处理速度比 VARCHAR 的速度要快，但是它的缺点就是浪费存储空间。所以对存储空间不大，但在速度上有要求的可以使用 CHAR 类型，反之可以使用 VARCHAR 类型来实现。

存储引擎对于选择 CHAR 和 VARCHAR 的影响如下。

（1）对于 MyISAM 存储引擎：最好使用固定长度的数据列代替可变长度的数据列，这样可以使整个表静态化，从而使数据检索更快，用空间换时间。

（2）对于 InnoDB 存储引擎：使用可变长度的数据列。因为 InnoDB 数据表的存储格式不分固定长度和可变长度，因此使用 CHAR 不一定比使用 VARCHAR 更好，但由于 VARCHAR 是按照实际的长度存储，比较节省空间，所以有利于磁盘 I/O 和数据存储总量。

5. ENUM 和 SET

ENUM 只能取单值，它的数据列表是一个枚举集合。它的合法取值列表最多允许有 65 535 个成员。因此，在需要从多个值中选取一个值时，可以使用 ENUM。比如，性别字段适合定义为 ENUM 类型，每次只能从"男"或"女"中取一个值。

SET 可取多值。它的合法取值列表最多允许有 64 个成员。空字符串也是一个合法的 SET 值。在需要取多个值的时候，适合使用 SET 类型，比如，要存储一个人兴趣爱好，最好使用 SET 类型。

ENUM 和 SET 的值是以字符串形式出现的，但在内部，MySQL 以数值的形式存储它们。

6. BLOB 和 TEXT

BLOB 是二进制字符串，TEXT 是非二进制字符串，两者均可存放大容量的信息。BLOB 主要存储图片、音频信息等，而 TEXT 只能存储纯文本文件。应分清两者的用途。

5.3 运算符及优先级

在 MySQL 中，运算符的作用是告诉 MySQL 执行特定算术或逻辑操作的符号。常用的运算符有算术运算符、比较运算符、逻辑运算符、位运算符等，使用运算符可以灵活地计算数据表中的数据。

5.3.1 算术运算符

在 MySQL 中，算术运算符主要用于各类数值的运算，包括加（+）、减（-）、乘（*）、除（/）、求余（或称取模运算，%），它们是 SQL 中最基本的运算符。MySQL 中的算术运算符如表 5-11 所示。

表 5-11　MySQL 中的算术运算符

运算符	作　用	运算符	作　用
+	加法运算	/	除法运算，返回商
-	减法运算	%	求余运算，返回余数
*	乘法运算		

下面分别讨论不同算术运算符的使用方法。

实例 12：使用加法运算符

创建数据表 tmp，定义数据类型为 INT 的字段 num，插入值 100，对 num 值进行算术运算。首先创建表 tmp，执行语句如下：

```
CREATE TABLE tmp( num INT);
```

向字段 num 插入数据 100：

```
INSERT INTO tmp value(100);
```

接下来，对 num 值进行加法和减法运算：

```
SELECT num, num+10, num-10+5, num+10-5, num+20 FROM tmp;
```

执行结果如图 5-3 所示。

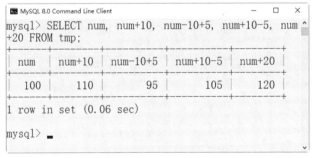

图 5-3　数值的加减运算

由计算结果可以看到，可以对 num 字段的值进行加法和减法的运算，而且由于"+"和"-"的优先级相同，因此先加后减，或者先减后加之后的结果是相同的。

实例 13：使用乘除运算符

对 tmp 表中的 num 进行乘法、除法运算。执行语句如下

```
SELECT num, num *2, num /2, num/3, num%3 FROM tmp;
```

执行结果如图 5-4 所示。

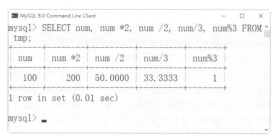

图 5-4 数据的乘除运算

由计算结果可以看到，对 num 进行除法运算时候，由于 100 无法被 3 整除，因此 MySQL 对 num/3 求商的结果保存到了小数点后面四位，结果为 33.3333；100 除以 3 的余数为 1，因此取余运算 num%3 的结果为 1。

在数学运算时，除数为 0 的除法是没有意义的，因此除法运算中的除数不能为 0。如果被 0 除，则返回结果为 NULL。

实例 14：将除法运算中的除数设置为 0

用 0 除 num，执行语句如下：

SELECT num, num / 0, num %0 FROM tmp;

执行结果如图 5-5 所示。

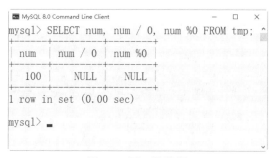

图 5-5 用 0 除数据

由计算结果可以看到，对 0 进行除法求商或者求余运算的结果均为 NULL。

5.3.2 比较运算符

一个比较运算符的结果总是 1、0 或者 NULL。比较运算符经常在 SELECT 查询条件子句中使用，用来查询满足指定条件的记录。MySQL 中的比较运算符如表 5-12 所示。

表 5-12 MySQL 中的比较运算符

运算符	作用
=	等于
<=>	安全等于（可以比较 NULL）
<>（!=）	不等于
<=	小于等于
>=	大于等于

续表

运算符	作用
<	小于
>	大于
IS NULL	判断一个值是否为 NULL
IS NOT NULL	判断一个值是否不为 NULL
LEAST	在有两个或多个参数时，返回最小值
GREATEST	当有两个或多个参数时，返回最大值
BETWEEN AND	判断一个值是否落在两个值之间
ISNULL	与 IS NULL 相同
IN	判断一个值是 IN 列表中的任意一值
NOT IN	判断一个值不是 IN 列表中的任意一个值
LIKE	通配符匹配
REGEXP	正则表达式匹配

下面给出几个实例，来介绍常用比较运算符的使用方法。

实例 15：等于运算符"="的应用实例

等号"="用来判断数字、字符串和表达式是否相等。如果相等，返回值为 1，否则返回值为 0。使用"="进行相等判断，执行语句如下：

```
SELECT 5=6,'9'=9,888=888,'0.02'=0,'keke'='keke',(2+80)=(60+22),NULL=NULL;
```

执行结果如图 5-6 所示。

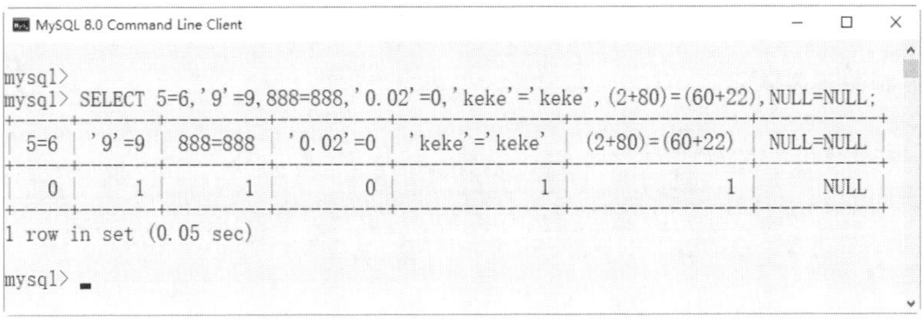

图 5-6 使用"="进行相等判断

由结果可以看到，在进行判断时，'9'=9 和 888=888 的返回值相同，都是 1。因为在进行比较判断时，MySQL 自动进行了转换，把字符'8'转换成数字 8；'keke'='keke'为相同的字符比较，因此返回值为 1；表达式 2+80 和 60+22 的结果都为 82，结果相等，因此返回值为 1；由于"="不能用于空值 NULL 的判断，因此返回值为 NULL。

> 提示：数值比较时有如下规则：
> （1）若有一个或两个参数为 NULL，则比较运算的结果为 NULL。
> （2）若同一个比较运算中的两个参数都是字符串，则按照字符串进行比较。
> （3）若两个参数均为正数，则按照整数进行比较。
> （4）若一个字符串和一个数字进行相等判断，则 MySQL 可以自动将字符串转换为数字。

实例16：安全等于运算符"<=>"的应用实例

这个操作符具备"="操作符的所有功能，唯一不同的是"<=>"可以用来判断NULL值。在两个操作数均为NULL时，其返回值为1而不为NULL；当其中一个操作数为NULL时，其返回值为0而不为NULL。使用"<=>"进行相等的判断，执行语句如下：

```
SELECT 5<=>6,'8'<=>8,8<=>8,'0.08'<=>0,'k'<=>'k',(2+4)<=>(3+3),NULL<=>NULL;
```

执行结果如图5-7所示。

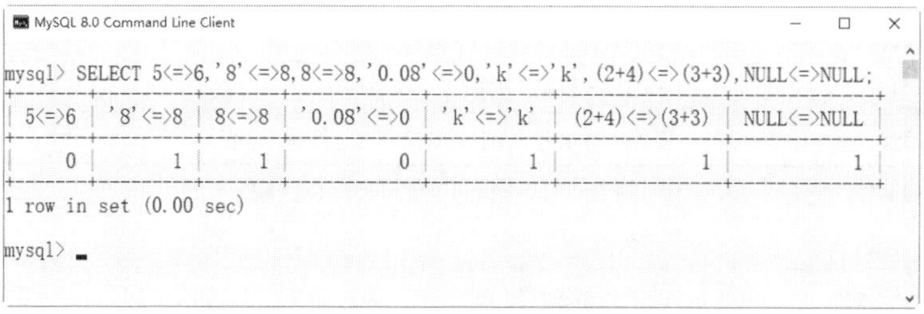

图5-7 使用"<=>"进行相等的判断

由结果可以看到，"<=>"在执行比较操作时和"="的作用是相似的，唯一的区别是"<=>"可以用来对NULL进行判断，两者都为NULL时返回值为1。

实例17：不等于运算符"<>"或者"!="的应用实例

"<>"或者"!="用于进行数字、字符串、表达式不相等的判断。如果不相等，返回值为1，否则返回值为0。这两个运算符不能用于判断空值NULL。使用"<>"和"!="进行不相等的判断，执行语句如下：

```
SELECT 're'<>'ra',3<>4,1!=1,2.2!=2,(2+0)!=(2+1),NULL<>NULL;
```

执行结果如图5-8所示。

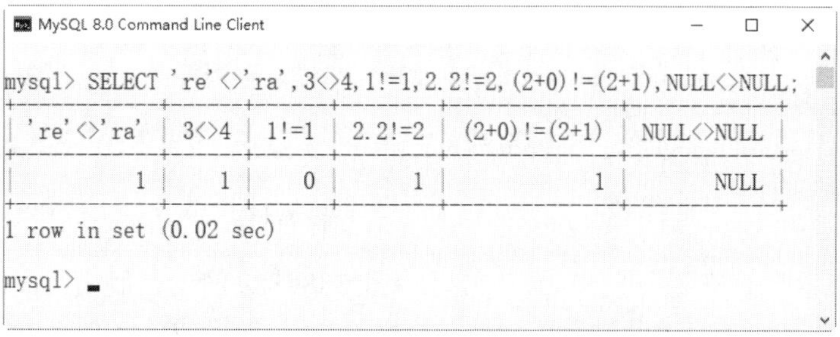

图5-8 用"<>"和"!="进行不相等的判断

实例18：小于或等于运算符"<="的应用实例

"<="用来判断左边的操作数是否小于等于右边的操作数。如果小于或等于，返回值为1，否则返回值为0。"<="不能用于判断空值NULL。使用"<="进行比较判断，执行语句如下：

```
SELECT 're'<='ra',5<=6,8<=8,8.8<=8,(1+10)<=(20+2),NULL<=NULL;
```

执行结果如图 5-9 所示。

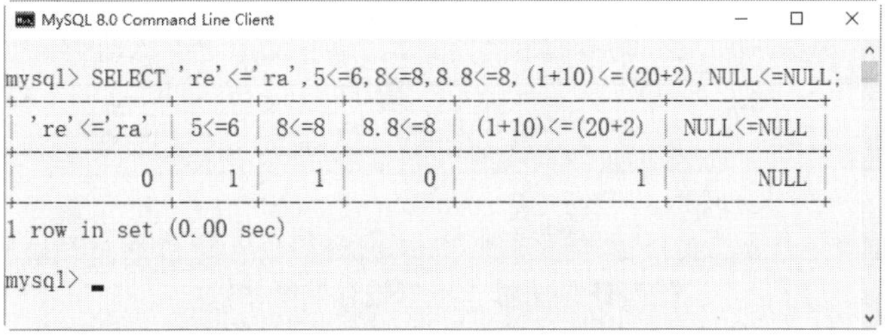

图 5-9 使用"<="进行比较判断

由结果可以看出，左边操作数小于或等于右边时，返回值为1，例如：'re' <= 'ra'，re 第二位字符 e 在字母表中的顺序小于 ra 第二位字符 a，因此返回值为 0；左边操作数大于右边操作数时，返回值为 0，例如：8.8<=8，返回值为 0；同样，比较 NULL 值时，返回 NULL。

实例 19：小于运算符"<"的应用实例

"<"运算符用来判断左边的操作数是否小于右边的操作数，如果小于，返回值为1，否则返回值为 0。"<"不能用于判断空值 NULL。使用"<"进行比较判断，执行语句如下：

```
SELECT 'ra'<'re',5<6,8<8,8.8<8,(1+10)<(20+2),NULL<NULL;
```

执行结果如图 5-10 所示。

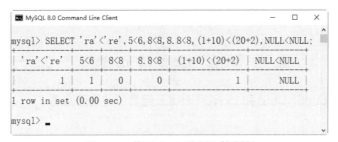

图 5-10 使用"<"进行比较判断

实例 20：大于或等于运算符">="的应用实例

">="运算符用来判断左边的操作数是否大于或者等于右边的操作数，如果大于或者等于，返回值为1，否则返回值为 0。">="不能用于判断空值 NULL。使用">="进行判断比较，执行语句如下：

```
SELECT 'ra'>='re',5>=6,8>=8,8.8>=8,(10+1)>=(20+2),NULL>=NULL;
```

执行结果如图 5-11 所示。由结果可以看到，左边操作数大于或者等于右边操作数时，返回值为1，例如 8>=8；当左边操作数小于右边时，返回值为 0，例如 5>=6；同样，比较 NULL 值时返回 NULL。

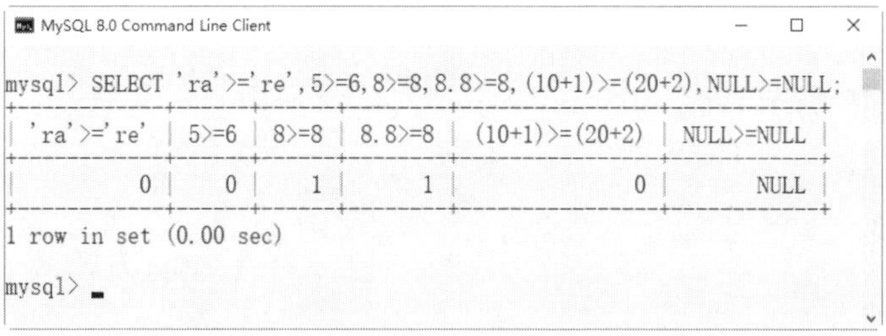

```
MySQL 8.0 Command Line Client
mysql> SELECT 'ra'>='re',5>=6,8>=8,8.8>=8,(10+1)>=(20+2),NULL>=NULL;
+-------------+------+------+--------+----------------+------------+
| 'ra'>='re'  | 5>=6 | 8>=8 | 8.8>=8 | (10+1)>=(20+2) | NULL>=NULL |
+-------------+------+------+--------+----------------+------------+
|           0 |    0 |    1 |      1 |              0 |       NULL |
+-------------+------+------+--------+----------------+------------+
1 row in set (0.00 sec)

mysql>
```

图 5-11　使用“>=”进行判断比较

实例 21：大于运算符“>”的应用实例

“>”运算符用来判断左边的操作数是否大于右边的操作数，如果大于，返回值 1，否则返回值 0。“>”不能用于判断空值 NULL。使用“>”进行比较，执行语句如下：

```
SELECT 'ra' > 're' ,5>6,8>8,8.8>8,(10+1)>(20+2),NULL>NULL;
```

执行结果如图 5-12 所示。由结果可以看到，左边操作数大于右边时，返回值为 1，例如 8.8>8；当左边操作数小于右边时，返回 0，例如 5>6；同样，比较 NULL 值时返回 NULL。

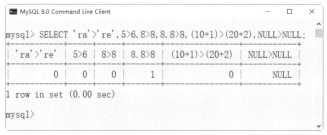

```
MySQL 8.0 Command Line Client
mysql> SELECT 'ra'>'re',5>6,8>8,8.8>8,(10+1)>(20+2),NULL>NULL;
+-----------+-----+-----+-------+---------------+-----------+
| 'ra'>'re' | 5>6 | 8>8 | 8.8>8 | (10+1)>(20+2) | NULL>NULL |
+-----------+-----+-----+-------+---------------+-----------+
|         0 |   0 |   0 |     1 |             0 |      NULL |
+-----------+-----+-----+-------+---------------+-----------+
1 row in set (0.00 sec)

mysql>
```

图 5-12　使用“>”进行比较

实例 22：IS NULL(ISNULL) 和 IS NOT NULL 运算符的应用实例

IS NULL 和 ISNULL 用于检验一个值是否为 NULL，如果为 NULL，返回值为 1，否则返回值为 0。IS NOT NULL 用于检验一个值是否非 NULL，如果非 NULL，返回值 1，否则返回值为 0。使用 IS NULL、ISNULL 和 IS NOT NULL 判断 NULL 值和非 NULL 值，执行语句如下：

```
SELECT NULL IS NULL,ISNULL(NULL),ISNULL(66),66 IS NOT NULL;
```

执行结果如图 5-13 所示。由结果可以看出，IS NULL 和 ISNULL 的作用相同，使用格式不同。ISNULL 和 IS NOT NULL 的返回值正好相反。

```
MySQL 8.0 Command Line Client
mysql> SELECT NULL IS NULL,ISNULL(NULL),ISNULL(66),66 IS NOT NULL;
+--------------+--------------+------------+----------------+
| NULL IS NULL | ISNULL(NULL) | ISNULL(66) | 66 IS NOT NULL |
+--------------+--------------+------------+----------------+
|            1 |            1 |          0 |              1 |
+--------------+--------------+------------+----------------+
1 row in set (0.07 sec)

mysql>
```

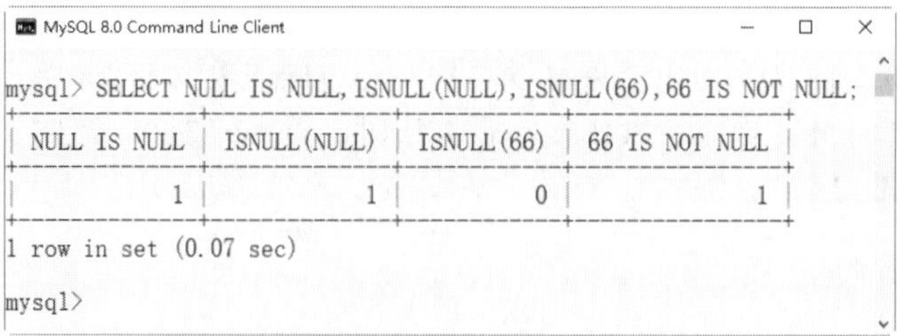

图 5-13　检验一个值是否为 NULL

实例 23：BETWEEN AND 运算符的应用实例

语法格式为 "expr BETWEEN min AND max"，假如 expr 大于或等于 min 且小于或等于 max，则 BETWEEN 的返回值为 1，否则返回值为 0。

使用 BETWEEN AND 进行值区间判断，执行语句如下：

SELECT 66 BETWEEN 0 AND 100,6 BETWEEN 0 AND 10,10 BETWEEN 0 AND 5;

执行结果如图 5-14 所示。

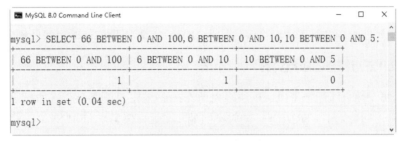

图 5-14　使用 BETWEEN AND 进行值区间判断

实例 24：IN 和 NOT IN 运算符的应用实例

IN 运算符用来判断操作数是否为 IN 列表中的一个值，如果是，返回值为 1，否则返回值为 0。NOT IN 运算符用来判断操作数是否为 IN 列表中的一个值，如果不是，返回值为 1，否则返回值为 0。

使用 IN 运算符的执行语句如下：

SELECT 6 IN (5,6,'ke'), 'bb' IN (9,10,'ke');

执行结果如图 5-15 所示。

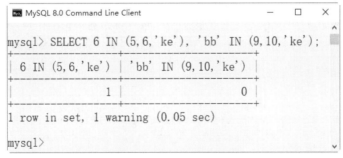

图 5-15　IN 运算符的应用

使用 NOT IN 运算符的执行语句如下：

SELECT 6 NOT IN (5,6,'ke'), 'bb' NOT IN (9,10,'ke');

执行结果如图 5-16 所示。

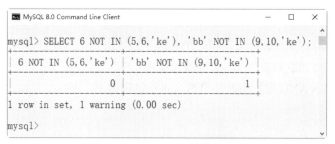

图 5-16　NOT IN 运算符的应用

由结果可以看到，IN 和 NOT IN 的返回值正好相反。在左侧表达式为 NULL 的情况下，或是表中找不到匹配项并且表中一个表达式为 NULL 的情况下，IN 的返回值均为 NULL。

实例 25：LIKE 运算符的应用实例

LIKE 运算符用来匹配字符串，语法格式为"expr LIKE 匹配条件"，如果 expr 满足"匹配条件"，则返回值为 1（TRUE）；如果不匹配，则返回值为 0（FALSE）。若 expr 或"匹配条件"中任何一个为 NULL，则结果为 NULL。

LIKE 运算符在进行匹配时，可以使用下面两种通配符。

（1）"%"匹配任何数目字符，甚至包括零字符。

（2）"_"只能匹配一个字符。

使用运算符 LIKE 进行字符串匹配运算，执行语句如下：

```
SELECT 'keke' LIKE 'keke','keke' LIKE 'kek_','keke' LIKE '%e','keke' LIKE 'k_ _ _','k' LIKE NULL;
```

执行结果如图 5-17 所示。由结果可以看出，指定匹配字符串为 keke。第一组 keke 直接匹配 keke 字符串，满足匹配条件，返回值为 1；第二组"kek_"表示匹配以"kek"开头的长度为 4 位的字符串，keke 正好 4 个字符，满足匹配条件，因此匹配成功，返回值为 1；"%e"表示匹配以字母 e 结尾的字符串，keke 满足匹配条件，匹配成功，返回值为 1；"k_ _ _"表示匹配开头以 k 开头长度为 4 的字符串，keke 满足匹配条件，返回值为 1；当字符"k"与 NULL 匹配时，结果为 NULL。

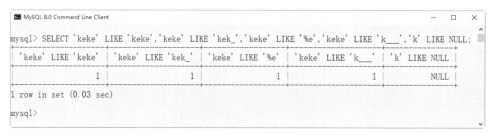

图 5-17　LIKE 运算符的应用

5.3.3　逻辑运算符

在 SQL 中，所有逻辑运算符的求值结果均为 TRUE、FALSE 或 NULL。在 MySQL 中，它们分别显示为 1（TRUE）、0（FALSE）和 NULL。MySQL 中的逻辑运算符如表 5-13 所示。

表 5-13　MySQL 中的逻辑运算符

运算符	作　用	运算符	作　用
NOT 或者 !	逻辑非	OR 或者 ||	逻辑或
AND 或者 &&	逻辑与	XOR	逻辑异或

下面给出几个实例，来介绍常用逻辑运算符的使用方法。

实例 26：NOT 或者 "!" 运算符的应用实例

逻辑非运算符 NOT 或者 "!" 表示当操作数为 0 时，返回值为 1；当操作数为 1 时，返回值为 0；当操作数为 NULL 时，返回值为 NULL。

分别使用逻辑非运算符 NOT 和 "!" 进行逻辑判断。NOT 的语句如下：

```
SELECT NOT 7,NOT (7-7),NOT -7,NOT NULL,NOT 7+7;
```

执行结果如图 5-18 所示。

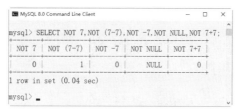

图 5-18　NOT 运算符的应用

"!" 的语句如下：

```
SELECT !7,!(7-7),!-7,!NULL,!7+7;
```

执行结果如图 5-19 所示。

图 5-19　"!" 运算符的应用

有结果可以看到，前 4 列 NOT 和 "!" 的返回值都相同。但是最后 1 列结果不同。出现这种结果的原因是 NOT 与 "!" 的优先级不同。NOT 的优先级低于 "+"，因此 "NOT 7+7" 先计算 "7+7"，然后再进行逻辑非运算，因为操作数不为 0，因此 "NOT 7+7" 最终返回值为 0；另一个逻辑非运算符 "!" 的优先级高于 "+" 运算符，因此 "!7+7" 先进行逻辑非运算 "!7"，结果为 0，然后再进行加法运算 "0+7"，因此，最终返回值为 7。

> 提示：在使用运算符时，一定要注意不同运算符的优先级。如果不能确定优先级顺序，最好使用括号，以保证运算结果的正确。

实例 27：AND 或者 "&&" 运算符的应用实例

逻辑与运算符 AND 或者 "&&" 表示当所有操作数均为非零值、并且不为 NULL 时，返回值为 1；当一个或多个操作数为 0 时，返回值为 0；其余情况返回值为 NULL。

分别使用逻辑与运算符 AND 和 "&&" 进行逻辑判断。

运算符 AND 的语句如下：

```
SELECT 8 AND -8, 8 AND 0, 8 AND NULL, 0 AND NULL;
```

执行结果如图 5-20 所示。

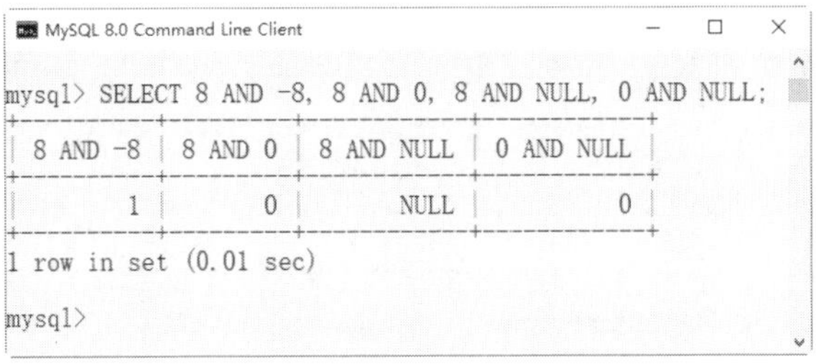

图 5-20　运算符 AND 的应用

运算符 "&&" 的语句如下：

```
SELECT 8 && -8, 8 && 0, 8 && NULL, 0 && NULL;
```

执行结果如图 5-21 所示。

图 5-21　运算符 "&&" 的应用

由结果可以看到，AND 和 "&&" 的作用相同。"8 AND -8" 中没有 0 或 NULL，因此返回值为 1；"8 AND 0" 中有操作数 0，因此返回值为 0；"8 AND NULL" 中虽然有 NULL，但是没有操作数 0，返回结果为 NULL。

实例 28：OR 或者 "||" 运算符的应用实例

逻辑或运算符 OR 或者 "||" 表示当两个操作数均为非 NULL 值，且任意一个操作数为非零值时，结果为 1，否则结果为 0；当有一个操作数为 NULL，且另一个操作数为非零值时，则结果为 1，否则结果为 NULL；当两个操作数均为 NULL 时，则所得结果为 NULL。

分别使用逻辑或运算符 OR 和 "||" 进行逻辑判断。

运算符 OR 的语句如下：

```
SELECT 8 OR -8 OR 0,8 OR 4,8 OR NULL,0 OR NULL,NULL OR NULL;
```

执行结果如图 5-22 所示。

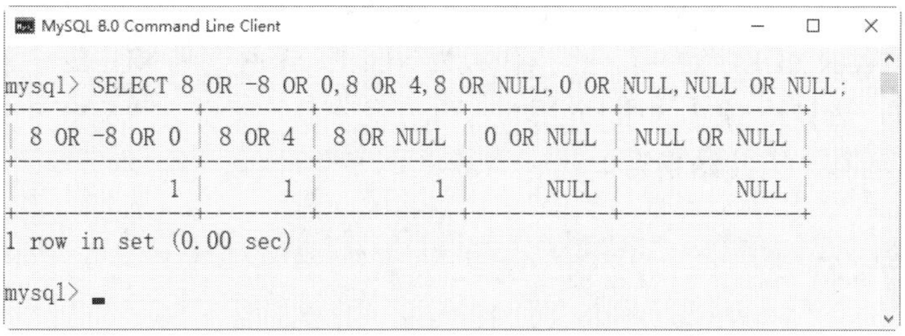

图 5-22　运算符 OR 的应用

运算符"||"的语句如下：

```
SELECT 8 || -8 || 0,8 || 4,8 || NULL,0 || NULL,NULL || NULL;
```

执行结果如图 5-23 所示。

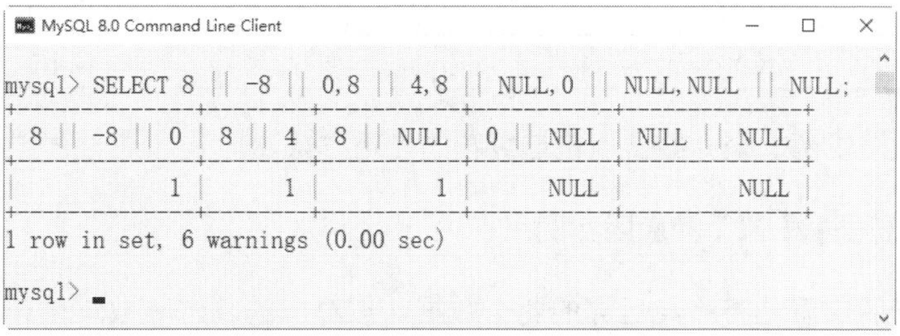

图 5-23　运算符"||"的应用

由结果可以看出，OR 和"||"的作用相同。"8 OR -8 OR 0"中有 0，但同时包含有非 0 的值 8 和 -8，返回值结果为 1；"8 OR 4"中没有操作数 0，返回值结果为 1；"8 || NULL"中虽然有 NULL，但是有操作数 8，返回值结果为 1；"0 OR NULL"中没有非 0 值，并且有 NULL，返回结果为 NULL；"NULL OR NULL"中只有 NULL，返回值结果为 NULL。

实例 29：XOR 运算符的应用实例

逻辑异或运算符 XOR，当任意一个操作数为 NULL 时，返回值为 NULL。对于非 NULL 的操作数，如果两个操作数都是非 0 值或者都是 0 值，则返回值结果为 0；如果一个为 0 值，另一个为非 0 值，返回值结果 1。

使用异或运算符 XOR 进行逻辑判断，执行语句如下：

```
SELECT 8 XOR 8,0 XOR 0,8 XOR 0,8 XOR NULL,8 XOR 8 XOR 8;
```

执行结果如图 5-24 所示。

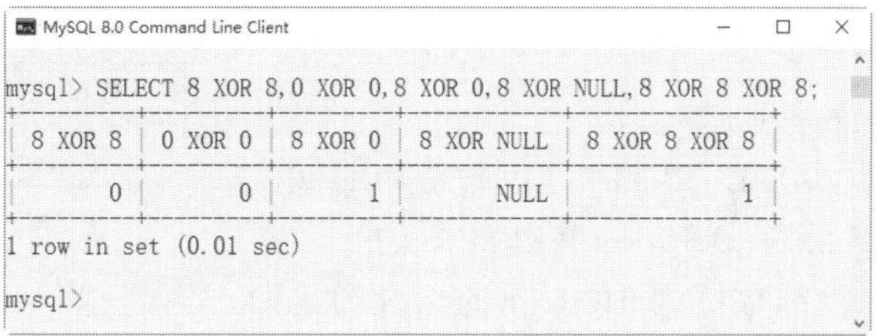

图 5-24　运算符 XOR 的应用

由结果可以看到,"8 XOR 8"和"0 XOR 0"中运算符两边的操作数都为非零值,或者都是零值,因此返回 0;"8 XOR 0"中两边的操作数,一个为 0 值,另一个为非 0 值,返回结果为 1;"8 XOR NULL"中有一个操作数为 NULL,返回值为 NULL;"8 XOR 8 XOR 8"中有多个操作数,运算符相同,因此运算顺序从左到右依次运算,"8 XOR 8"的结果为 0,再与 8 进行异或运算,因此结果为 1。

5.3.4 位运算符

位运算符是用来对二进制字节中的位进行操作。MySQL 中提供的位运算符如表 5-14 所示。

表 5-14 MySQL 中的位运算符

运算符	作 用	运算符	作 用
|	位或	<<	位左移
&	位与	>>	位右移
^	位异或	~	位取反,反转所有比特

下面给出几个实例,来介绍常用位运算符的使用方法。

实例 30:位或运算符"|"的应用实例

为或运算符的实质是将参与运算的两个数据,按对应的二进制数逐位进行逻辑或运算。对应的二进制位有一个或两个为 1,则该位的运算结果为 1,否则为 0。

使用位或运算符进行运算,执行语句如下:

SELECT 8|12,6|4|1;

执行结果如图 5-25 所示。

8 的二进制数值为 1000,12 的二进制数值为 1100,按位或运算之后,结果为 1100,即整数 12;6 的二进制数值为 0110,4 的二进制数值为 0100,1 的二进制数为 0001,按位或运算之后,结果为 0111,也是整数 7。

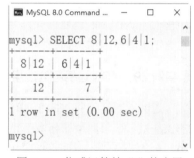

图 5-25 位或运算符"|"的应用

实例 31:位与运算符"&"的应用实例

位与运算的实质是将参与运算的两个操作数,按对应的二进制数逐位进行逻辑与运算,对应的二进制位都为 1,则该位的运算结果为 1,否则为 0。

使用位与运算符进行运算,执行语句如下:

SELECT 8 & 12, 6 & 4 & 1;

执行结果如图 5-26 所示。

8 的二进制数值为 1000,12 的二进制数值为 1100,按位与运算之后,结果为 1000,即整数 8;6 的二进制数值为 0110,4 的二进制数值为 0100,1 的二进制数为 0001,按位与运算之后,结果为 0000,也是整数 0。

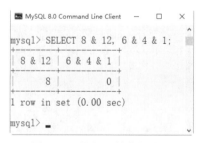

图 5-26 位与运算符的应用

实例 32：位异或运算符 "^" 的应用实例

位异或运算的实质是将参与运算的两个数据，按对应的二进制数逐位进行逻辑异或运算。对应的二进制数不同时，对应位的结果才为 1；如果两个对应位数都为 0 或都为 1，则对应位的运算结果为 0。

使用位异或运算符进行运算，执行语句如下：

```
SELECT 8^12,4^2,4^1;
```

执行结果如图 5-27 所示。8 的二进制数为 1000，12 的二进制数为 1100，按位异或运算之后，结果为 0100，即十进制数 4；4 的二进制数为 0100，2 的二进制数为 0010，按位异或运算之后，结果为 0110，即十进制数 6；1 的二进制数为 0001，按位异或运算之后，结果为 0101，即十进制数 5。

图 5-27　位异或运算符的应用

实例 33：位左移运算符 "<<" 的应用实例

位左移运算符 "<<" 的功能是让指定二进制值的所有位都左移指定的位数。左移指定位数之后，左边高位的数值将被移出并丢弃，右边低位空出的位置用 0 补齐。语法格式为 "a<<n"，这里的 n 指定值 a 要移动的位置。

使用位左移运算符进行运算，执行语句如下：

```
SELECT 6<<2,8<<1;
```

执行结果如图 5-28 所示。6 的二进制值为 0000 0110，左移两位之后变成 0001 1000，即十进制整数 24；十进制 8 左移两位之后变成 0001 0000，即十进制数 16。

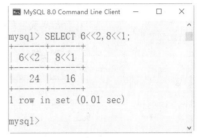

图 5-28　位左移运算符的应用

实例 34：位右移运算符 ">>" 的应用实例

位右移运算符 ">>" 的功能是让指定的二进制值的所有位都右移指定的位数。右移指定位数之后，右边低位的数值将被移出并丢弃，左边高位空出的位置用 0 补齐。语法格式为 "a>>n"，这里的 n 指定值 a 要移动的位置。

使用位右移运算符进行运算，执行语句如下：

```
SELECT 6>>1,8>>2;
```

执行结果如图 5-29 所示。6 的二进制值为 0000 0110，右移 1 位之后变成 0000 0011，即十进制整数 3；8 的二进制值为 0000 1000，右移两位之后变成 0000 0010，即十进制数 2。

图 5-29　位右移运算符的应用

实例 35：位取反运算符 "~" 的应用实例

位取反运算符的实质是将参与运算的数据，按对应的二进制数逐位反转，即 1 取反后变为 0，0 取反后变为 1。

使用位取反运算符进行运算，执行语句如下：

SELECT 6&~2;

执行结果如图 5-30 所示。逻辑运算 5&~1，由于位取反运算符"～"的级别高于位与运算符"&"，因此先对 2 取反操作，取反的结果为 1101。然后再与十进制数值 6 进行运算，结果为 0100，即整数 4。

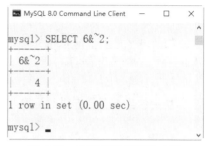

图 5-30　位取反运算符的应用

5.3.5　运算符的优先级

运算符的优先级决定了不同的运算符在表达式中计算的先后顺序，表 5-15 列出了 MySQL 中的各类运算符及其优先级。

表 5-15　运算符按优先级由低到高排列

优先级	运算符
最低	=（赋值运算），:=
	||，OR
	XOR
	&&，AND
	NOT
	BETWEEN，CASE，WHEN，THEN，ELSE
	=（比较运算），<=>，>=，>，<=，<，<>，!=，IS，LIKE，REGEXP，IN
	|
	&
	<<，>>
	-，+
	*，/（DIV），%（MOD）
	^
	-（符号），～（位反转）
最高	!

可以看到，不同运算符的优先级是不同的。一般情况下，级别高的运算符先进行计算，如果级别相同，MySQL 按表达式的顺序从左到右依次计算。当然，在无法确定优先级的情况下，可以使用圆括号"（）"来改变优先级，并且这样会使计算过程更加清晰。

5.4　疑难问题解析

疑问 1：MySQL 中可以存储文件吗？

答：MySQL 中的 BLOB 和 TEXT 字段类型可以存储数据量较大的文件，可以使用这些数据类型存储图像、声音或者是大容量的文本内容，例如网页或者文档。虽然使用 BLOB 或者 TEXT 可以存储大容量的数据，但是对这些字段的处理会降低数据库的性能。如果并非必要，可以选择只储存文件的路径。

疑问 2：MySQL 中如何区分字符的大小写？

答：在 Windows 平台下，MySQL 是不区分大小的，因此字符串比较函数也不区分大小写。但是如果需要区分字符串的大小写，这时可以在字符串前面添加 BINARY 关键字。例如默认情况下，'a' = 'A' 返回结果为 1，如果使用 BINARY 关键字，BINARY 'a' = 'A' 结果为 0。在区分大小写的情况下，'a' 与 'A' 并不相同。

5.5 综合实战训练营

实战 1：创建数据表，并在数据表中插入一条数据记录

（1）创建表 flower，包含 VARCHAR 类型的字段 name 和 INT 类型的字段 price。

（2）向表 flower 中插入一条记录，name 值为"Red Roses"，price 值为 10。

实战 2：对表中的数据进行运算操作，掌握各种运算符的使用方法

（1）对表 flower 中的整型数值字段 price 进行算术运算。

（2）对表 flower 中的整型数值字段 price 进行比较运算。

（3）判断 price 值是否落在 5～20 区间；返回与 5 相比最大的值，判断 price 是否为列表（5, 10, 20, 25）中的某个值。

（4）对 flower 中的字符串数值字段 name 进行比较运算，判断表 flower 中的 name 字段是否为空；使用 LIKE 判断是否以字母"R"开头；使用 REGEXP 判断是否以字母"y"结尾；判断是否包含字母"g"或者"m"。

（5）将 price 字段值与 NULL、0 进行逻辑运算。

（6）将 price 字段值与 2、4 进行按位与、按位或操作，并对 price 进行按位操作。

（7）将 price 字段值分别左移和右移两位。

第6章 数据表的创建与操作

本章导读

数据表是数据库的实体，数据的容器。如果说数据库是一个仓库，那么数据表就是存放物品的货架。物品的分类管理是离不开货架的，本章就来介绍数据表的基本操作，包括创建数据表、修改数据表、给数据表字段添加约束、查看数据表结构与删除数据表等。

知识导图

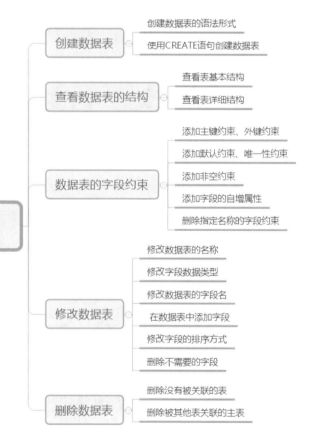

6.1 创建数据表

在创建完数据库之后,接下来就要在数据库中创建数据表了。所谓创建数据表,指的是在已经创建好的数据库中建立新表。

6.1.1 创建数据表的语法形式

数据表属于数据库,在创建数据表之前,应该使用语句"USE <数据库名>"指定操作是在哪个数据库中进行,如果没有选择数据库而直接创建数据表,系统会显示"No database selected"的错误。

创建数据表的语句为 CREATE TABLE,语法规则如下:

```
CREATE   TABLE <表名>
(
    字段名1  数据类型 [完整性约束条件],
    字段名2  数据类型 [完整性约束条件],
    ……
    字段名3  数据类型
);
```

主要参数介绍如下。
- 表名:要创建数据表的表名。
- 字段名:规定数据表中列的名称。
- 数据类型:规定数据表中列的数据类型,如 varchar、integer、decimal、date 等。
- 完整性约束条件:指定字段的某些特殊约束条件。

> **注意**:在使用 CREATE TABLE 创建表时,必须指定要创建的表的名称,名称不区分大小写,但是不能使用 SQL 语言中的关键字,如 DROP、ALTER、INSERT 等。另外,必须指定数据表中每一个列(字段)的名称和数据类型,如果创建多个列,要用逗号隔离开。

6.1.2 使用 CREATE 语句创建数据表

在了解了创建数据表的语法形式后,就可以使用 CREATE 语句创建数据表了。不过,在创建数据表之前,需要弄清楚表中的字段名和数据类型。

实例 1:在 school 数据库中创建数据表 student

假如,要在学校管理系统的数据库 school 中创建一个数据表,名称为 student,用于保存学生信息,表的字段名和数据类型如表 6-1 所示。

表 6-1　student 数据表的结构

字段名称	数据类型	备　注
sid	INT	学号
sname	VARCHAR(20)	名称
sex	VARCHAR(4)	性别
smajor	VARCHAR(30)	专业
sbirthday	VARCHAR(30)	出生日期

首先创建数据库并选择数据库，执行语句如下：

```
CREATE DATABASE school;
USE school;
```

然后开始创建数据表 student，执行语句如下：

```
CREATE TABLE student
(
  sid          INT(10),
  sname        VARCHAR(20),
  sex          VARCHAR(4),
  smajor       VARCHAR(30),
  sbirthday    VARCHAR(30)
);
```

执行结果如图 6-1 所示，这里已经创建了一个名称为 student 的数据表。

图 6-1　创建数据表 student

注意：在给字段定义数值类型时，如果是 INT 数据类型，不建议设置整数的显示宽度，如 INT(10) 这样的表达方式，因为这种表达方式会在未来的版本中删除。如果设置整数的显示宽度，这会给出警告信息，如图 6-2 所示。

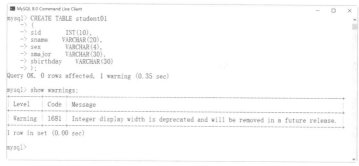

图 6-2　警告信息

使用"SHOW TABLES;"语句查看数据表是否创建成功，执行结果如图 6-3 所示，可以看到，数据表 student 创建成功，school 数据库中已经有了数据表 student。

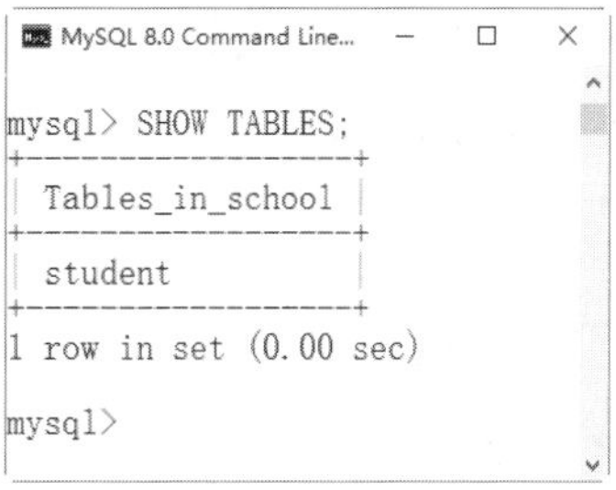

图 6-3　查看数据表

6.2　查看数据表的结构

数据表创建完成后，我们可以查看数据表的结构，以确认表的定义是否正确。本节介绍查看数据表结构的方法。

6.2.1　查看表基本结构

使用 DESCRIBE/DESC 语句可以查看表字段信息，其中包括字段名、字段数据类型、是否为主键、是否有默认值等。语法规则如下：

```
DESCRIBE 表名;
```

或者简写为：

```
DESC 表名;
```

其中，表名为需要查看结构的数据表名。

实例 2：查看数据表 student 的结构

使用 DESCRIBE 或 DESC 查看表 student 表的结构。执行语句如下：

```
DESCRIBE student;
```

执行结果如图 6-4 所示。

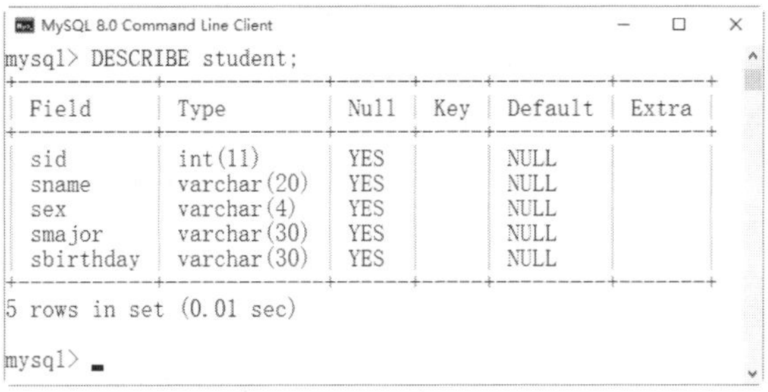

图 6-4　查看表结构

其中，各个字段的含义分别解释如下。
- NULL：表示该列是否可以存储 NULL 值。
- Key：表示该列是否已编制索引。PRI 表示该列是表主键的一部分；UNI 表示该列是 UNIQUE 索引的一部分；MUL 表示某个给定值在列中允许出现多次。
- Default：表示该列是否有默认值，如果有的话值是多少。
- Extra：表示可以获取的与给定列有关的附加信息，例如 AUTO_INCREMENT 等。

6.2.2 查看表详细结构

SHOW CREATE TABLE 语句可以用来显示创建表时的 CREATE TABLE 语句，语法格式如下：

```
SHOW CREATE TABLE <表名\G>;
```

主要参数介绍如下
- 表名：需要查看详细结构的数据表名。

实例 3：查看数据表 student 的详细信息

使用 SHOW CREATE TABLE 查看表 student 的详细信息，执行语句如下：

```
SHOW CREATE TABLE student\G
```

执行结果如图 6-5 所示。

图 6-5 查看表详细信息

6.3 数据表的字段约束

在数据表中添加字段约束可以确保数据的准确性和一致性，即表内的数据不相互矛盾，表之间的数据不互相矛盾，关联性不被破坏。为此，我们可以为数据表的字段添加以下约束条件。

（1）对列的控制，添加主键约束（PRIMARY KEY）、唯一性约束（UNIQUE）。
（2）对列数据的控制，添加默认约束（DEFAULT）、非空约束（NOT NULL）。
（3）对表之间及列之间关系的控制，添加外键约束（FOREIGN KEY）。

6.3.1 添加主键约束

主键，又称主码，是表中一列或多列的组合。主键约束（Primary Key Constraint）要求主键列的数据唯一，并且不允许为空。主键和记录之间的关系如同身份证和人之间的关系，它们之间是一一对应的。主键分为两种类型：单字段主键和多字段联合主键。

1. 单字段主键约束

如果主键包含一个字段，则所有记录的该字段值不能相同或为空值；如果主键包含多个字段，则所有记录的该字段值的组合不能相同，而单个字段值可以相同。一个表中只能有一个主键，也就是说只能有一个 PRIMARY KEY 约束。

> 注意：数据类型为 IMAGE 和 TEXT 的字段列不能定义为主键。

创建表时，创建主键的方法是在数据列的后面直接添加关键字 PRIMARY KEY，其语法格式如下：

字段名 数据类型 PRIMARY KEY

主要参数介绍如下。
- 字段名：表示要添加主键约束的字段。
- 数据类型：表示字段的数据类型。
- PRIMARY KEY：表示所添加约束的类型为主键约束。

实例 4：给数据表添加单字段主键约束

假如，要在酒店客户管理系统的数据库 Hotel 中创建一个数据表，用于保存房间信息，并给房间编号添加主键约束，表的字段名和数据类型如表 6-2 所示。

表 6-2　房间信息表

编号	字段名	数据类型	说明
1	Roomid	INT	房间编号
2	Roomtype	varchar(20)	房间类型
3	Roomprice	float	房间价格
4	Roomfloor	int	所在楼层
5	Roomface	varchar(10)	房间朝向

在 Hotel 数据库中定义数据表 Roominfo，为 Roomid 创建主键约束。执行语句如下：

```
CREATE DATABASE Hotel;
USE Hotel;
CREATE TABLE Roominfo
(
    Roomid          INT   PRIMARY KEY,
    Roomtype        varchar(20),
    Roomprice       float,
    Roomfloor       int,
    Roomface        varchar(10)
);
```

执行结果如图 6-6 所示，即可完成创建数据表时添加单字段主键约束的操作。

执行完成之后，使用 "DESC Roominfo;" 语句查看表结构，执行结果如图 6-7 所示。从结果可以看出 Roominfo 数据表中 Roomid 的 Key 属性的值为 PRI，这就说明 Roomid 字段为当前数据表的主键，添加主键成功。

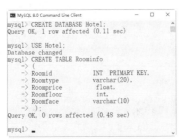

图 6-6　执行 SQL 语句

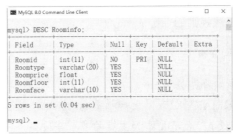

图 6-7　表设计结构

除了在定义字段列时添加主键外，我们还可以在定义完所有字段列之后添加主键，语法格式如下：

```
[CONSTRAINT<约束名>] PRIMARY KEY [字段名]
```

主要参数介绍如下。
- CONSTRAINT：创建约束的关键字。
- 约束名：设置主键约束的名称。
- PRIMARY KEY：表示所添加约束的类型为主键约束。
- 字段名：表示要添加主键约束的字段。

例如，在 Hotel 数据库中定义数据表 Roominfo_01，为 Roomid 添加单字段主键约束。执行语句如下：

```
USE Hotel;
CREATE TABLE Roominfo_01
(
    Roomid          INT,
    Roomtype        varchar(20),
    Roomprice       float,
    Roomfloor       int,
    Roomface        varchar(10),
    PRIMARY KEY(Roomid)
);
```

执行结果如图 6-8 所示，即可完成创建数据表并在定义完所有字段列之后添加单字段主键约束的操作。

执行完成之后，使用"DESC Roominfo_01;"语句查看表结构，执行结果如图 6-9 所示。从结果可以看出这两种添加主键的方式结果一样，都会在 Roomid 字段上设置主键约束。

图 6-8　创建表时添加主键

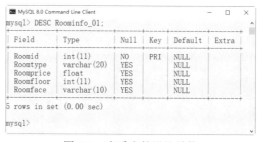

图 6-9　查看表的设计结构

2. 多字段联合主键约束

在数据表中，可以定义多个字段为联合主键约束。如果对多字段定义了 PRIMARY KEY 约束，则一列中的值可能会重复，但来自 PRIMARY KEY 约束定义中所有列的任何值组合必须唯一。语法规则如下：

```
PRIMARY KEY[字段1，字段2，…，字段n]
```

主要参数介绍如下。
- PRIMARY KEY：表示所添加约束的类型为主键约束。
- 字段 n：表示要添加主键的多个字段。

实例 5：给数据表添加多字段联合主键约束

在 Hotel 数据库中，定义客户信息数据表 userinfo，假设表中没有主键 id，为了唯一确定一个客户信息，可以把 name、tel 联合起来作为主键。执行语句如下：

```
USE Hotel;
CREATE TABLE userinfo
(
    name            varchar(20),
    sex             tinyint,
    age             int,
    tel             varchar(10),
    Roomid          int
CONSTRAINT 姓名联系方式 PRIMARY KEY(name,tel)
);
```

执行结果如图 6-10 所示，即可完成数据表的创建以及联合主键约束的添加操作。执行完成之后，使用"DESC userinfo;"语句查看表结构，执行结果如图 6-11 所示，从结果可以看出 name 字段和 tel 字段组合在一起成为 userinfo 的多字段联合主键。

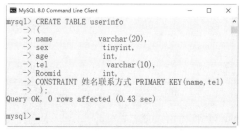

图 6-10　执行 SQL 语句　　　　图 6-11　为表添加联合主键约束

3. 修改表时添加主键

数据表创建完成后，如果还需要为数据表创建主键约束，此时不需要再重新创建数据表，我们可以使用 ALTER 语句为现有表添加主键。使用 ALTER 语句在现有数据表中创建主键，语法格式如下：

```
ALTER TABLE table_name
ADD CONSTRAINT 约束名 PRIMARY KEY (column_name1, column_name2,…)
```

主要参数介绍如下。

- CONSTRAINT：创建约束的关键字。
- 约束名：设置主键约束的名称。
- PRIMARY KEY：表示所添加约束的类型为主键约束。

实例 6：给现有数据表添加主键约束

在 Hotel 数据库中定义数据表 Roominfo_02，创建完成之后，在该表中的 Roomid 字段上创建主键约束。执行语句如下：

```
USE Hotel;
CREATE TABLE Roominfo_02
(
    Roomid              int NOT NULL,
```

```
    Roomtype            varchar(20),
    Roomprice           float,
    Roomfloor           int,
    Roomface            varchar(10)
);
```

执行结果如图 6-12 所示，即可完成创建数据表操作。执行完成之后，使用"DESC Roominfo_02;"语句查看表结构，执行结果如图 6-13 所示。从结果可以看出 Roomid 字段上并未设置主键约束。

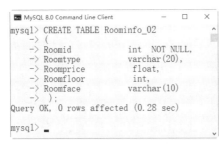

图 6-12　创建数据表 Roominfo_02

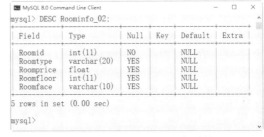

图 6-13　Roominfo_02 表结构

下面给 Roomid 字段添加主键，执行语句如下：

```
ALTER TABLE Roominfo_02
ADD
CONSTRAINT 编号
PRIMARY KEY(Roomid);
```

执行结果如图 6-14 所示，即可完成创建主键的操作。执行完成之后，使用"DESC Roominfo_02;"语句查看表结构，执行结果如图 6-15 所示。从结果可以看出 Roomid 字段上设置了主键约束。

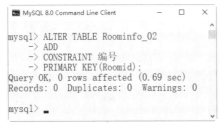

图 6-14　修改表时添加主键

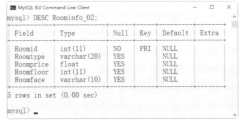

图 6-15　为 Roomid 列添加主键约束

注意：数据表创建完成后，如果需要给某个字段创建主键约束，该字段必须不允许为空，如果为空的话，在创建主键约束时会报错。

6.3.2　添加外键约束

外键用来在两个表的数据之间建立链接，它可以是一列或者多列。首先，被引用表的关联字段上应该创建 PRIMARY KEY 约束或 UNIQUE 约束，然后，在应用表的字段上创建 FOREIGN KEY 约束，从而创建外键。

1. 创建表时添加外键约束

外键约束的主要作用是保证数据引用的完整性，定义外键后，不允许删除在另一个表中具有关联的行。例如，部门表 tb_dept 的主键 id，在员工表 emp 中有一个键 deptId 与这个 id 关联。外键约束中涉及的数据表有主表与从表之分，具体介绍如下。

- 主表（父表）：对于两个具有关联关系的表而言，相关联字段中主键所在的那个表即是主表。
- 从表（自表）：对于两个具有关联关系的表而言，相关联字段中外键所在的那个表即是从表。

创建外键约束的语法规则如下：

```
CREATE TABLE table_name
(
col_name1   datatype,
col_name2   datatype,
col_name3   datatype
……
CONSTRAINT <外键名> FOREIGN KEY字段名1[,字段名2,…字段名n] REFERENCES
<主表名>主键列1[,主键列2,…]
);
```

主要参数介绍如下。

- 外键名：定义的外键约束的名称，一个表中不能有相同名称的外键。
- 字段名：表示从表需要创建外键约束的字段列，可以由多个列组成。
- 主表名：即被从表外键所依赖的表的名称。
- 主键列：被应用的表中的列名，也可以由多个列组成。

实例 7：给数据表添加外键约束

这里以图书信息表（如表 6-3 所示）Bookinfo 与图书分类表（如表 6-4 所示）Booktype 为例，介绍创建外键约束的过程。要求：在 test 数据库中，定义数据表 Bookinfo，并在 Bookinfo 表上创建外键约束。

表 6-3 图书信息表结构

字段名称	数据类型	备注
id	INT	编号
ISBN	VARCHAR(20)	书号
Bookname	VARCHAR(100)	图书名称
Typeid	INT	图书所属类型
Author	VARCHAR(20)	作者名称
Price	Float	图书价格
Pubdate	Datatime	图书出版日期

表 6-4 图书分类表结构

字段名称	数据类型	备注
id	INT	自动编号
Typename	VARCHAR(50)	名称

首先创建 test 数据库，然后指定数据库，并创建图书分类表 Booktype，执行语句如下：

```
CREATE DATABASE test;
USE test;
CREATE TABLE Booktype
(
id          INT             PRIMARY KEY,
Typename    VARCHAR(50)     NOT NULL
);
```

执行结果如图 6-16 所示，即可完成创建数据表的操作。执行完成之后，使用"DESC Booktype;"语句即可看到该数据表的结构，如图 6-17 所示。

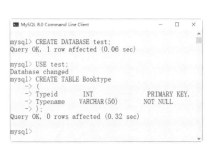
图 6-16　创建表 Booktype

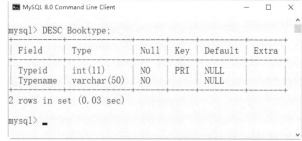
图 6-17　Booktype 表结构

下面定义数据表 Bookinfo，让它的 Typeid 字段作为外键关联到 Booktype 数据表中的主键 id，执行语句如下：

```
USE test;
CREATE TABLE Bookinfo
(
id          INT             PRIMARY KEY,
ISBN        VARCHAR(20),
Bookname    VARCHAR(100),
Typeid      INT             NOT NULL,
Author      VARCHAR(20),
Price       FLOAT,
Pubdate     Datetime,
CONSTRAINT fk_图书分类编号 FOREIGN KEY(Typeid) REFERENCES Booktype(id)
);
```

执行结果如图 6-18 所示，即可完成在创建数据表时创建外键约束的操作。

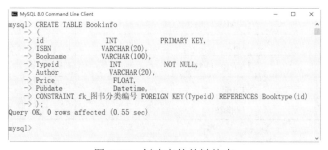
图 6-18　创建表的外键约束

执行完成后，使用"DESC Bookinfo;"语句即可看到该数据表的结构。这样就在表 Bookinfo 上添加了名称为"fk_图书分类编号"的外键约束，其依赖于表 Booktype 的主键

id，如图 6-19 所示。

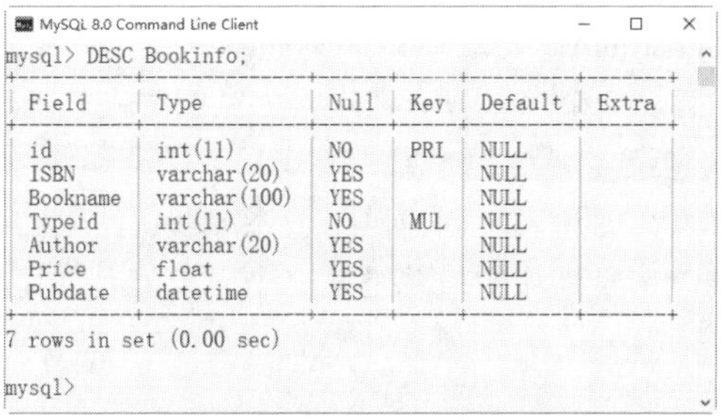

图 6-19 Bookinfo 表的结构

> **提示**：外键一般不需要与相应的主键名称相同，但是，为了便于识别，当外键与相应主键在不同的数据表中时，通常使用相同的名称。另外，外键不一定要与相应的主键在不同的数据表中，也可以是同一个数据表。

2. 修改表时添加外键约束

如果创建数据表时没有创建外键，我们可以使用 ALTER 语句对现有表创建外键。使用 ALTER 语句可以将 FOREIGN KEY 约束添加到数据表中。添加外键约束的语法格式如下：

```
ALTER TABLE table_name
ADD CONSTRAINT fk_name FOREIGN KEY(col_name1, col_name2,…) REFERENCES referenced_table_name(ref_col_name1, ref_col_name1,…);
```

主要参数含义如下。
- CONSTRAINT：创建约束的关键字。
- fk_name：设置外键约束的名称。
- FOREIGN KEY：表示所创建约束的类型为外键约束。

实例 8：给现有数据表添加外键约束

在 test 数据库中，假设创建 Bookinfo 数据表时没有设置外键约束，如果想要添加外键约束，执行语句如下：

```
USE test;
ALTER TABLE Bookinfo
ADD
CONSTRAINT fk_图书分类
FOREIGN KEY(Typeid) REFERENCES Booktype(id);
```

执行结果如图 6-20 所示，即可完成在创建数据表后添加外键约束的操作，该语句执行之后的结果与创建数据表时创建外键约束的结果是一样的。

图 6-20 执行 SQL 语句

> **注意**：在为数据表创建外键时，主键表与外键表必须创建相应的主键约束，否则在创建外键的过程中，会给出警告信息。

6.3.3 添加默认约束

默认约束（Default Constraint）用于指定某列的默认值，这就需要为数据表中的某个字段添加一个默认约束。注意，一个字段只有在不可为空的时候才能设置默认约束。

1. 创建表时添加默认约束

数据表的默认约束可以在创建表时创建，一般添加默认约束的字段有两种情况，一种是该字段不能为空，一种是该字段添加的值总是某一个固定值。创建表时添加默认约束的语法格式如下：

```
CREATE TABLE table_name
(
COLUMN_NAME1   DATATYPE DEFAULT constant_expression,
COLUMN_NAME2   DATATYPE,
COLUMN_NAME3   DATATYPE
……
);
```

主要参数介绍如下：
- DEFAULT：默认约束的关键字，它通常放在字段的数据类型之后。
- constant_expression：常量表达式，该表达式可以是一个具体的值，也可以是通过表达式得到一个值，但这个值必须与该字段的数据类型相匹配。

> 提示：除了可以为表中的一个字段设置默认约束，还可以为表中的多个字段同时设置默认约束，不过，每一个字段只能设置一个默认约束。

实例 9：给数据表添加默认值约束

在数据库 test 中，创建一个数据表 person，为 city 字段添加一个默认值"北京"，执行语句如下：

```
CREATE TABLE person
(
id       INT           PRIMARY KEY,
name     VARCHAR(25)   NOT NULL,
city     VARCHAR(20)   DEFAULT '北京'
);
```

执行结果如图 6-21 所示，即可完成默认约束的添加操作。执行完成后，使用"DESC person;"语句即可看到该数据表的结构。如图 6-22 所示，可以看到数据表的默认值为"北京"。

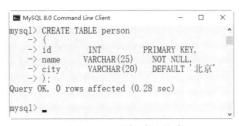

图 6-21　添加默认约束

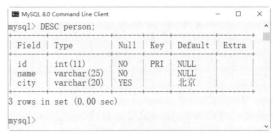

图 6-22　查看表结构

2. 修改表时添加默认约束

如果创建数据表时没有添加默认约束，我们可以使用 ALTER 语句对现有表添加默认约束。使用 ALTER 语句添加默认约束的语法格式如下：

```
ALTER TABLE table_name
ALTER col_name SET DEFAULT constant_expression;
```

主要参数介绍如下。
- table_name：表名，它是要添加默认约束列所在的表名。
- DEFAULT：默认约束的关键字。
- constant_expression：常量表达式，该表达式可以是一个具体的值，也可以是通过表达式得到一个值，但这个值必须与该字段的数据类型相匹配。
- col_name：设置默认约束的列名。

实例 10：给现有数据表添加默认值约束

person 表创建完成后，如果没有为 city 字段添加默认约束值"北京"，则可以输入以下语句来添加默认约束：

```
ALTER TABLE person ALTER city
SET DEFAULT "北京";
```

执行结果如图 6-23 所示，即可完成 DEFAULT 约束的添加操作。执行完成后，使用"DESC person;"语句即可看到该数据表的结构。如图 6-24 所示，可以看到数据表的默认值为"北京"，这与创建表时添加默认约束是一样的。

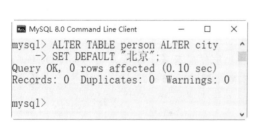

图 6-23　修改表时添加默认约束　　　图 6-24　查看表 person 的结构

6.3.4　添加唯一性约束

当表中除主键列外，还有其他字段需要保证取值不重复时，可以使用唯一性约束。尽管唯一性约束与主键约束都具有强制唯一性，但对于非主键字段应使用唯一性约束，而非主键约束。唯一性约束也被称为 UNIQUE 约束。

1. 创建表时添加唯一性约束

在 MySQL 中，创建唯一性约束比较简单，只需要在列的数据类型后面加上 UNIQUE 关键字就可以了。创建表时添加唯一性约束的语法格式如下：

```
CREATE TABLE table_name
(
COLUMN_NAME1  DATATYPE  UNIQUE,
```

```
COLUMN_NAME2   DATATYPE,
COLUMN_NAME3   DATATYPE
……
);
```

其中，UNIQUE 为约束的关键字。

实例 11：给数据表添加唯一性约束

在 test 数据库中，定义数据表 empinfo，将员工名称列设置为 UNIQUE 约束。执行语句如下：

```
CREATE TABLE empinfo
(
id         INT         PRIMARY KEY,
name       VARCHAR(20)  UNIQUE,
tel        VARCHAR(20) ,
remark     VARCHAR(200)
);
```

执行结果如图 6-25 所示，即可完成添加唯一性约束的操作。执行完成后，使用 "DESC empinfo;"语句即可看到该数据表的结构，在其中可以查看创建的唯一性约束，如图 6-26 所示。

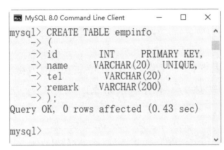

图 6-25　添加 UNIQUE 约束　　　　图 6-26　查看添加的 UNIQUE 约束

> **注意**：UNIQUE 和 PRIMARY KEY 的区别：一个表中可以有多个字段声明为 UNIQUE，但只能有一个 PRIMARY KEY 声明；声明为 PRIMAY KEY 的列不允许有空值，但是声明为 UNIQUE 的字段允许空值（NULL）的存在。

2. 修改表时添加唯一性约束

修改表时添加唯一性约束的方法只有一种，而且在添加唯一性约束时，需要保证添加唯一性约束的列中存放的值没有重复的。修改表时添加唯一性约束的语法格式如下：

```
ALTER TABLE table_name
ADD CONSTRAINT uq_name UNIQUE(col_name);
```

主要参数介绍如下。

- table_name：表名，它是要添加唯一性约束列所在的表名。
- CONSTRAINT uq_name：添加名为 uq_name 的约束。该语句可以省略，省略后系统会为添加的约束自动生成一个名字。
- UNIQUE(col_name)：唯一性约束的定义，UNIQUE 是唯一性约束的关键字，col_name 是唯一性约束的列名。如果想要同时为多个列设置唯一性约束，就要省略掉唯一性约束的名字，名字由系统自动生成。

实例 12：给现有数据表添加唯一性约束

如果在创建 empinfo 时没有添加唯一性约束，现在需要给 empinfo 表中的名称列添加唯一性约束。执行语句如下：

```
ALTER TABLE empinfo
ADD CONSTRAINT uq_empinfo_name UNIQUE(name);
```

执行结果如图 6-27 所示，即可完成添加唯一性约束的操作。执行完成后，使用"DESC empinfo;"语句即可看到该数据表的结构，在其中可以查看添加的唯一性约束，如图 6-28 所示。

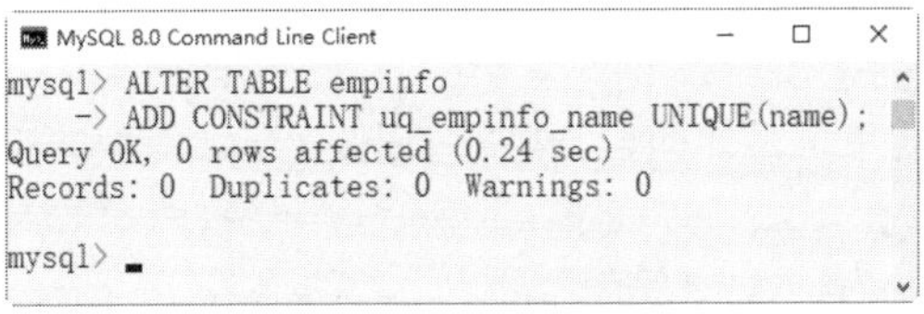

图 6-27　添加 UNIQUE 约束

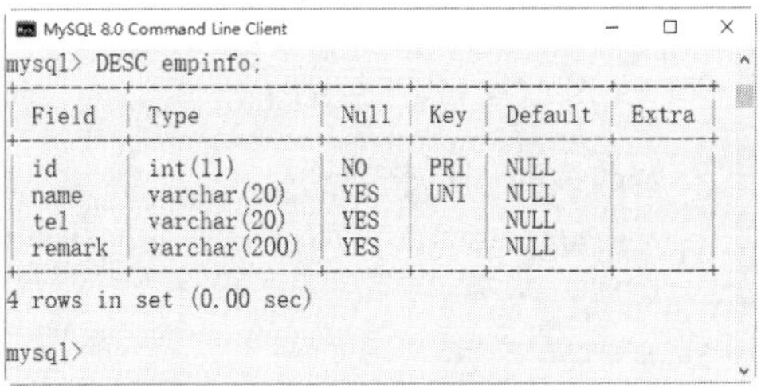

图 6-28　查看添加的 UNIQUE 约束

6.3.5　添加非空约束

非空性是指字段的值不能为空值（NULL）。在 MySQL 数据库中，定义为主键的列，系统强制为非空约束。一张表中可以设置多个非空约束，它主要用来规定某一列必须输入值。有了非空约束，就可以避免表中出现空值了。

1. 创建表时添加非空约束

非空约束通常都是在创建数据表时就创建了，创建非空约束的操作很简单，只需要在列后添加 NOT NULL。对于设置了主键约束的列，就没有必要设置非空约束了，添加非空约束的语法格式如下：

```
CREATE TABLE table_name
(
COLUMN_NAME1   DATATYPE NOT NULL,
COLUMN_NAME2   DATATYPE NOT NULL,
COLUMN_NAME3   DATATYPE
……
);
```

实例 13：给数据表添加非空约束

在 test 数据库中，定义数据表 person_01，将名称和出生年月列设置为非空约束。执行语句如下：

```
CREATE TABLE person_01
(
id          INT           PRIMARY KEY,
name        VARCHAR(25)   NOT NULL,
birthday    DATETIME      NOT NULL,
remark      VARCHAR(200)
);
```

执行结果如图 6-29 所示，即可完成创建非空约束的操作。执行完成后，使用 "DESC person_01;" 语句即可看到该数据表的结构，在其中可以查看添加的非空约束，如图 6-30 所示。

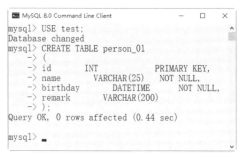

图 6-29　执行 SQL 语句

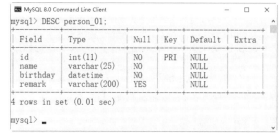

图 6-30　查看添加的非空约束

2. 修改表时创建非空约束

当创建好数据表后，也可以为其创建非空约束，具体的语法格式如下：

```
ALTER TABLE table_name
MODIFY col_name datatype NOT NULL;
```

主要参数介绍如下。
- table_name：表名。
- col_name：列名，要为其添加非空约束的列名。
- datatype：数据类型。列的数据类型如果不修改，还使用原来的数据类型。
- NOT NULL：非空约束的关键字。

实例 14：给现有数据表添加非空约束

在现有数据表 person_01 中，为 remark 字段添加非空约束。执行语句如下：

```
ALTER TABLE person_01
MODIFY remark VARCHAR(200) NOT NULL;
```

执行结果如图 6-31 所示，即可完成添加非空约束的操作。执行完成后，使用 "DESC person_01;" 语句即可看到该数据表的结构。如图 6-32 所示，可以看到字段 remark 添加了非空约束。

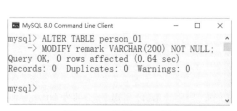

图 6-31　执行 SQL 语句

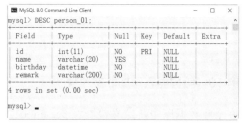

图 6-32　查看添加的非空约束

6.3.6　添加字段的自增属性

在 MySQL 数据库设计中，会遇到需要系统自动生成字段的主键值的情况。例如用户表中需要 id 字段自增，这就需要使用 AUTO_INCREMENT 关键字来实现。

1. 创建表时添加自增属性

在创建表时添加自增属性的操作很简单，只需要在字段后添加 AUTO_INCREMENT 关键字就可以实现。具体的语法格式如下：

```
CREATE TABLE table_name
(
COLUMN_NAME1   DATATYPE AUTO_INCREMENT,
COLUMN_NAME2   DATATYPE,
COLUMN_NAME3   DATATYPE
……
);
```

▌实例 15：给数据表添加字段的自增属性

在 test 数据库中，定义数据表 person_02，指定员工编号 id 字段自动增加，执行语句如下：

```
CREATE TABLE person_02
(
id       INT   PRIMARY KEY   AUTO_INCREMENT,
name     VARCHAR(25)   NOT NULL,
city     VARCHAR(20)
);
```

执行结果如图 6-33 所示，即可完成字段自增属性的添加操作。这样数据表中的 id 字段值在添加记录的时候会自动增加，id 字段默认值从 1 开始，每次添加一条新记录，该值自动加 1。

执行完成后，使用 "DESC person_02;" 语句即可查看该数据表的结构，从中可以看到字段 id 的自增属性已经添加完成，如图 6-34 所示。

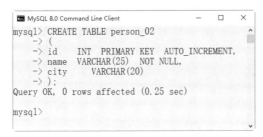
图 6-33　添加自增约束

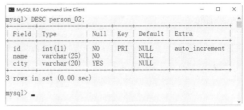
图 6-34　查看表 person_02 的结构

2. 修改表时添加自增属性

当创建好数据表后，可以使用 ALTER 语句为其添加自增属性，具体的语法格式如下：

```
ALTER TABLE table_name
CHANGE col_name datatype UNSIGNED AUTO_INCREMENT;
```

▌实例 16：给现有数据表添加字段自增属性

在 test 数据库中，已经创建好数据表 person_02，然后再指定员工编号 id 字段自动增加，执行语句如下：

```
ALTER TABLE person_02
CHANGE id id INT UNSIGNED AUTO_
INCREMENT;
```

执行结果如图 6-35 所示，即可完成字段自增属性的添加操作。

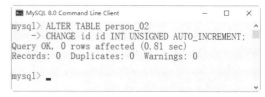

图 6-35　修改表时添加自增约束

6.3.7　删除指定名称的字段约束

在 MySQL 数据库中，字段的所有约束都可以被删除，本节介绍删除字段约束的方法。

1. 删除表中的主键

当表中不需要指定 PRIMARY KEY 约束时，可以使用 DROP 语句将其删除。通过 DROP 语句删除 PRIMARY KEY 约束的语法格式如下：

```
ALTER TABLE table_name
DROP PRIMARY KEY
```

主要参数介绍如下。
- table_name：要删除主键约束的表名。
- PRIMARY KEY：主键约束关键字。

实例 17：删除 Roominfo 表中定义的主键

在 Hotel 数据库中，删除 Roominfo 表中定义的主键，执行语句如下：

```
ALTER TABLE Roominfo
DROP
PRIMARY KEY;
```

执行结果如图 6-36 所示，即可完成删除主键的操作。执行完成之后，使用 "DESC Roominfo;" 语句查看表结构，执行结果如图 6-37 所示，从结果可以看出该数据表中的主键已经被删除。

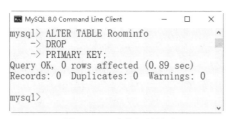

图 6-36　删除主键约束

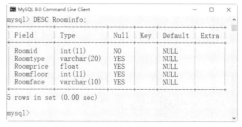

图 6-37　主键约束被删除

2. 删除表中的外键约束

当数据表中不需要使用外键时，可以将其删除。删除外键约束的方法和删除主键约束的方法相同，删除时指定外键名称。

通过 DROP 语句删除 FOREIGN KEY 约束的语法格式如下：

```
ALTER TABLE table_name
DROP FOREIGN KEY fk_name
```

主要参数介绍如下。
- table_name：要删除外键约束的表名。
- fk_name：外键约束的名字。

实例 18：删除 Bookinfo 表中添加的"fk_图书分类"外键

在 test 数据库中，删除 Bookinfo 表中添加的"fk_图书分类"外键，执行语句如下：

```
ALTER TABLE Bookinfo
DROP FOREIGN KEY fk_图书分类;
```

执行结果如图 6-38 所示，即可完成删除外键约束的操作。

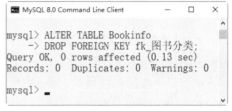

图 6-38　删除外键约束

3. 删除表中的默认约束

当表中的某个字段不再需要默认值时，可以将默认约束删除，这个操作非常简单。使用 Drop 语句删除默认约束的语法格式如下：

```
ALTER TABLE table_name
ALTER col_name DROP DEFAULT;
```

参数介绍如下。
- table_name：表名，它是要删除默认约束列所在的表名。
- col_name：设置默认约束的列名。

实例 19：删除 person 表中的默认约束

将 person 表中添加默认约束删除，执行语句如下：

```
ALTER TABLE person ALTER city
DROP DEFAULT;
```

执行结果如图 6-39 所示，即可完成在默认约束的删除操作。执行完成后，使用"DESC person;"语句即可查看该数据表的结构，可以看到数据表的默认值被删除，如图 6-40 所示。

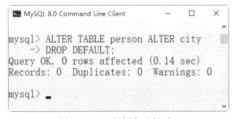

图 6-39　删除默认约束

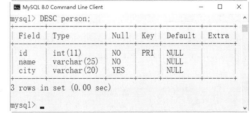

图 6-40　删除默认约束后的表结构

4. 删除表中的唯一性约束

任何一个约束都是可以被删除的，删除唯一性约束的方法很简单，具体的语法格式如下：

```
ALTER TABLE table_name
DROP [INDEX|KEY] index_name;
```

主要参数介绍如下。
- table_name：表名。
- index_name：唯一约束的名称。

实例 20：删除 empinfo 表中的唯一性约束

删除 empinfo 表中名称列的唯一性约束，执行语句如下：

```
ALTER TABLE empinfo
DROP INDEX name;
```

执行结果如图 6-41 所示，即可完成删除 UNIQUE 约束的操作。执行完成后，使用"DESC empinfo;"语句即可看到该数据表的结构，在其中可以查看添加的唯一性约束被删除，如图 6-42 所示。

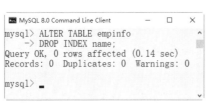
图 6-41　删除唯一约束

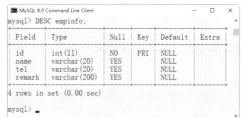
图 6-42　删除用户名称列的唯一约束

5. 删除表中的非空约束

NOT NULL 约束的删除操作很简单，具体的语法格式如下：

```
ALTER TABLE table_name
MODIFY col_name datatype;
```

实例 21：删除 person_01 表中的非空约束

在现有数据表 person_01 中，删除员工姓名 name 列的非空约束。执行语句如下：

```
ALTER TABLE person_01 MODIFY name VARCHAR(20);
```

执行结果如图 6-43 所示，即可完成删除 NOT NULL 约束的操作。

执行完成后，使用"DESC person_01;"语句即可看到该数据表的结构，在其中可以查看员工姓名 name 列的非空约束被删除，也就说该列允许为空值，如图 6-44 所示。

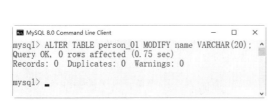
图 6-43　删除非空约束

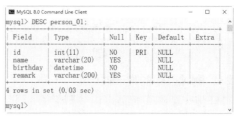
图 6-44　查看删除非空约束后的效果

6. 删除表中的自增属性

字段自增属性的删除操作很简单，具体的语法格式如下：

```
ALTER TABLE table_name
CHANGE col_name datatype UNSIGNED NOT NULL;
```

实例 22：删除 person_02 表中的字段自增属性

在 test 数据库中，删除数据表 person_02 中员工编号 id 字段的自动增加，执行语句如下：

```
ALTER TABLE person_02
CHANGE id id INT UNSIGNED NOT NULL;
```

执行结果如图 6-45 所示，即可完成字段自增属性的删除操作。执行完成后，使用"DESC person_02;"语句即可查看该数据表的结构，从中可以看到字段 id 的自增属性已经被删除。如图 6-46 所示。

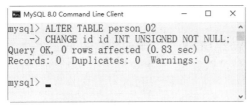
图 6-45　删除表的自增约束

图 6-46　查看删除自增约束的表结构

6.4 修改数据表

数据表创建完成后，还可以根据实际需要对数据表进行修改，例如修改表名、修改字段数据类型、修改字段名等。

6.4.1 修改数据表的名称

表名可以在一个数据库中唯一确定一张表，数据库系统通过表名来区分不同的表，例如在公司管理系统数据库 company 中，员工信息表 emp 是唯一的。在 MySQL 中，修改表名是通过 SQL 语句 ALTER TABLE 来实现的，具体语法规则如下：

```
ALTER TABLE <旧表名> RENAME [TO] <新表名>;
```

主要参数介绍如下。
- 旧表名：表示修改前的数据表名称。
- 新表名：表示修改后的数据表名称。
- TO：可选参数，其是否在语句中出现，不会影响执行结果。

实例 23：修改数据表 student 的名称

在 school 数据库中，修改数据表 student 的名称为 student_01。首先选择 school 数据库，执行语句如下：

```
USE school;
```

执行修改数据表名称操作之前，使用 SHOW TABLES 查看数据库中所有的表。

```
SHOW TABLES;
```

查询结果如图 6-47 所示。

使用 ALTER TABLE 将表 student 改名为 student_01，执行语句如下：

```
ALTER TABLE student RENAME student_01;
```

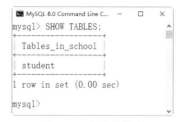

图 6-47　查看数据表

执行结果如图 6-48 所示。

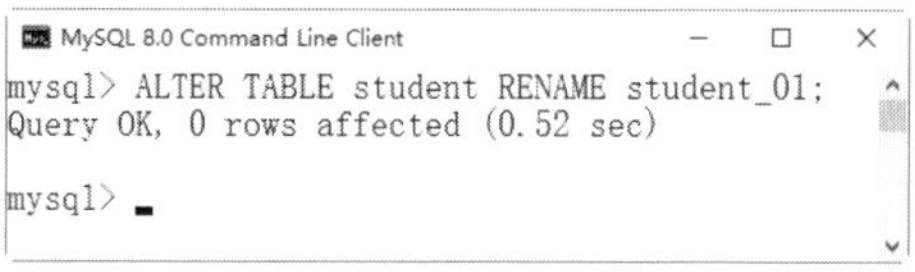

图 6-48　修改数据表的名称

检验表 student 是否改名成功。使用 "SHOW TABLES;" 查看数据库中的表，结果如图 6-49 所示。经比较可以看到，数据表已经显示改名为 student_01。

6.4.2　修改字段数据类型

修改字段的数据类型，就是把字段的数据类型转换成另一种数据类型。在 MySQL 中修改字段数据类型的语法规则如下：

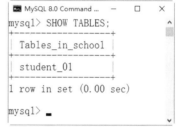

图 6-49　查看数据表

```
ALTER TABLE <表名>MODIFY<字段名> <数据类型>
```

主要参数介绍如下。
- 表名：指要修改数据类型的字段所在表的名称。
- 字段名：指需要修改的字段。
- 数据类型：指修改后字段的新数据类型。

实例 24：修改 student 表中的名称字段数据类型

将数据表 student 中 sname 字段的数据类型由 VARCHAR(25) 修改成 VARCHAR(28)。
执行修改字段数据类型操作之前，使用 DESC 命令查看 student 表结构，执行语句如下：

```
DESC student;
```

执行结果如图 6-50 所示。

可以看到现在 sname 字段的数据类型为 VARCHAR(25)，下面修改其数据类型。执行语句如下：

```
ALTER TABLE student MODIFY sname VARCHAR(28);
```

执行结果如图 6-51 所示。

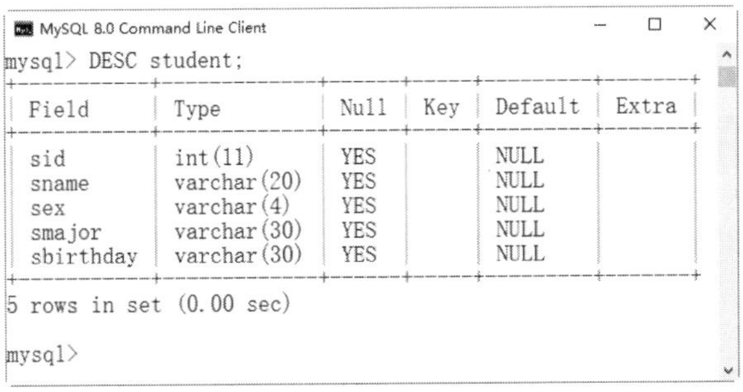

```
mysql> DESC student;
+----------+-------------+------+-----+---------+-------+
| Field    | Type        | Null | Key | Default | Extra |
+----------+-------------+------+-----+---------+-------+
| sid      | int(11)     | YES  |     | NULL    |       |
| sname    | varchar(20) | YES  |     | NULL    |       |
| sex      | varchar(4)  | YES  |     | NULL    |       |
| smajor   | varchar(30) | YES  |     | NULL    |       |
| sbirthday| varchar(30) | YES  |     | NULL    |       |
+----------+-------------+------+-----+---------+-------+
5 rows in set (0.00 sec)

mysql>
```

图 6-50　查看数据表的结构

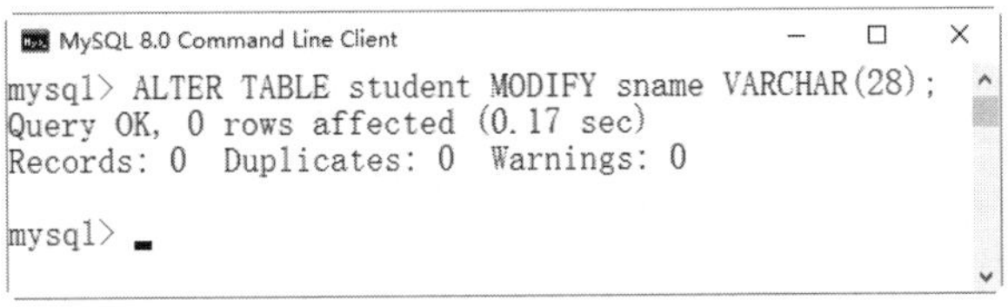

```
mysql> ALTER TABLE student MODIFY sname VARCHAR(28);
Query OK, 0 rows affected (0.17 sec)
Records: 0  Duplicates: 0  Warnings: 0

mysql>
```

图 6-51　修改字段的数据类型

再次使用 DESC 命令查看表，结果如图 6-52 所示。

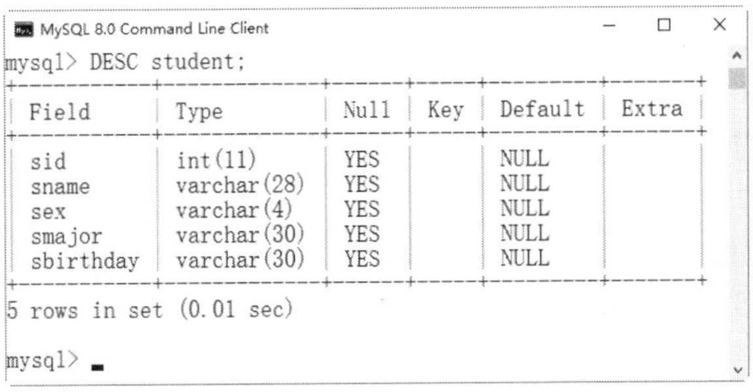

```
mysql> DESC student;
+----------+-------------+------+-----+---------+-------+
| Field    | Type        | Null | Key | Default | Extra |
+----------+-------------+------+-----+---------+-------+
| sid      | int(11)     | YES  |     | NULL    |       |
| sname    | varchar(28) | YES  |     | NULL    |       |
| sex      | varchar(4)  | YES  |     | NULL    |       |
| smajor   | varchar(30) | YES  |     | NULL    |       |
| sbirthday| varchar(30) | YES  |     | NULL    |       |
+----------+-------------+------+-----+---------+-------+
5 rows in set (0.01 sec)

mysql>
```

图 6-52　查看修改后的字段数据类型

语句执行后，会发现表 student 中 sname 字段的数据类型已经修改成 VARCHAR(28)，sname 字段的数据类型修改成功。

6.4.3　修改数据表的字段名

数据表中的字段名称定义好之后，它不是一成不变的，我们可以根据需要对字段名称进行修改。MySQL 中修改表字段名的语法格式如下：

ALTER TABLE <表名> CHANGE <旧字段名> <新字段名> <新数据类型>;

主要参数介绍如下。
- 表名：要修改的字段名所在的数据表。
- 旧字段名：指修改前的字段名。
- 新字段名：指修改后的字段名。
- 新数据类型：指修改后的数据类型，如果不需要修改字段的数据类型，可以将新数据类型设置成与原来相同，但数据类型不能为空。

实例 25：修改 student 表中的名称字段的名称

将数据表 student 中的 sname 字段名称改为 new_sname，执行语句如下：

```
ALTER TABLE student CHANGE sname new_sname VARCHAR(28);
```

执行结果如图 6-53 所示。

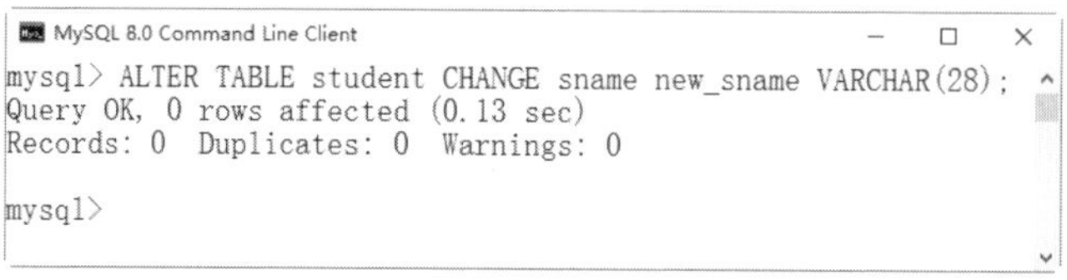

图 6-53　修改数据表字段的名称

使用 DESC 查看表 student，会发现字段名称已经修改成功，结果如图 6-54 所示。从结果可以看出，sname 字段的名称已经修改为 new_sname。

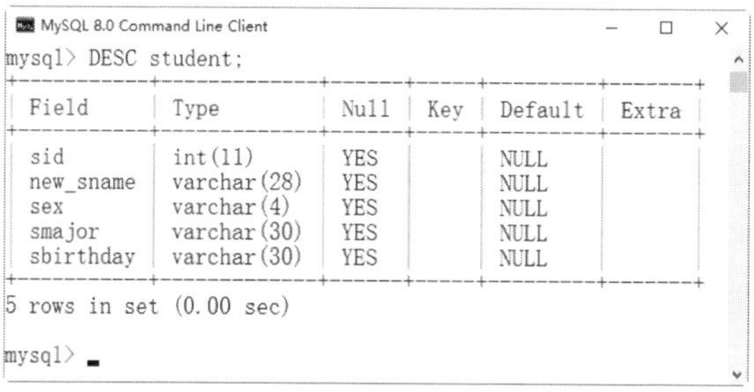

图 6-54　查看修改后的字段名称

注意：由于不同类型的数据在机器中存储的方式及长度并不相同，修改数据类型可能会影响到数据表中已有的数据记录。因此，当数据库中已经有数据时，不要轻易修改数据类型。

6.4.4 在数据表中添加字段

当数据表创建完成后，如果字段信息不能满足需要，我们可以根据需要在数据表中添加新的字段。在 MySQL 中，添加新字段的语法格式如下：

```
ALTER TABLE <表名> ADD <新字段名> <数据类型>
[约束条件][FIRST|AFTER 已经存在的字段名];
```

主要参数介绍如下。

- 表名：要添加新字段的数据表名称。
- 新字段名：需要添加的字段名称。
- 约束条件：设置新字段的完整约束条件。
- FIRST：可选参数，其作用是将新添加的字段设置为表的第一个字段。
- AFTER：可选参数，其作用是将新添加的字段添加到指定的"已经存在的字段名"的后面。

实例 26：在 student 表字段的最后添加一个新字段

在数据表 student 中添加一个字段 city，执行语句如下：

```
ALTER TABLE student ADD city VARCHAR(20);
```

执行结果如图 6-55 所示。

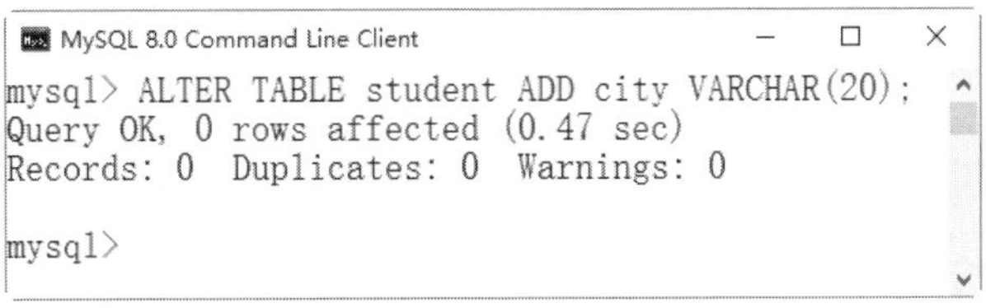

图 6-55　添加字段 city

使用 DESC 查看表 student，会发现在数据表的最后添加了一个名为 city 的字段，结果如图 6-56 所示。默认情况下，该字段放在最后一列。

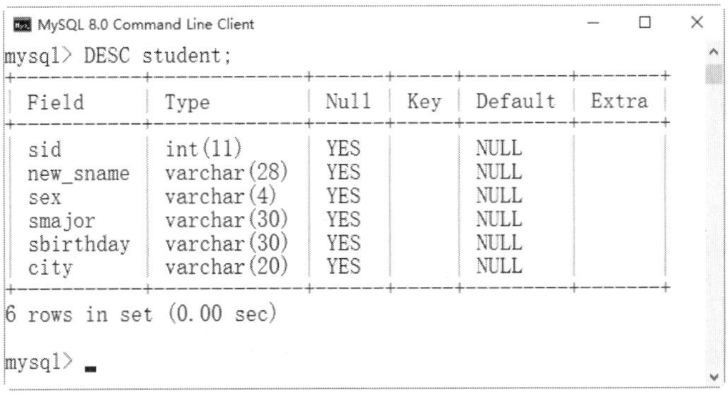

图 6-56　查看添加的字段 city

实例 27：在 student 表中添加一个新字段，将其放置在第一行

在数据表 student 中添加一个 INT 类型的字段 new_sid，执行语句如下：

```
ALTER TABLE student ADD new_sid INT FIRST;
```

执行结果如图 6-57 所示。

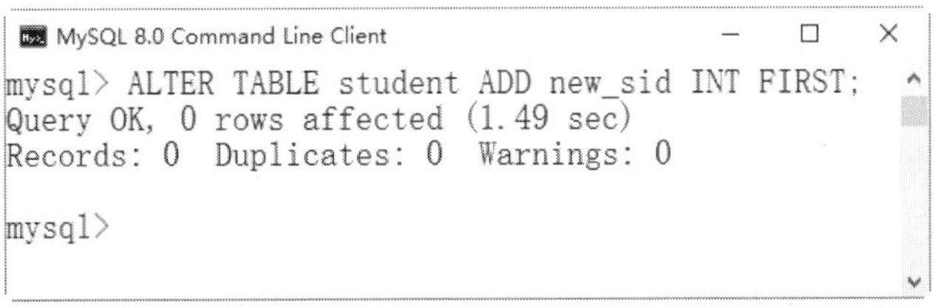

图 6-57　添加字段 new_sid

使用 DESC 命令查看表 student，会发现在表第一列添加了一个名为 new_sid 的 INT(11) 类型字段，结果如图 6-58 所示。

```
MySQL 8.0 Command Line Client
mysql> DESC student;
+-----------+-------------+------+-----+---------+-------+
| Field     | Type        | Null | Key | Default | Extra |
+-----------+-------------+------+-----+---------+-------+
| new_sid   | int(11)     | YES  |     | NULL    |       |
| sid       | int(11)     | YES  |     | NULL    |       |
| new_sname | varchar(28) | YES  |     | NULL    |       |
| sex       | varchar(4)  | YES  |     | NULL    |       |
| smajor    | varchar(30) | YES  |     | NULL    |       |
| sbirthday | varchar(30) | YES  |     | NULL    |       |
| city      | varchar(20) | YES  |     | NULL    |       |
+-----------+-------------+------+-----+---------+-------+
7 rows in set (0.04 sec)

mysql>
```

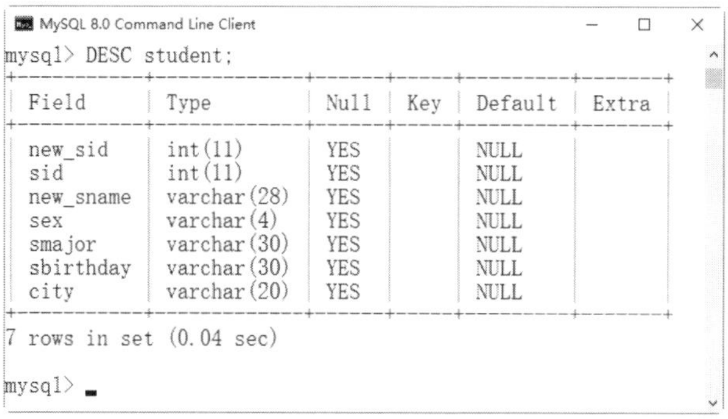

图 6-58　查看添加的字段 new_sid

除了在数据表最后或第一行添加字段外，还可以在表的指定列之后添加一个字段。

实例 28：在 student 表中的指定行之后添加一个新字段

在数据表 student 中 sex 列后添加一个 INT 类型的字段 age，执行语句如下：

```
ALTER TABLE student ADD age INT AFTER sex;
```

执行结果如图 6-59 所示。

```
MySQL 8.0 Command Line Client
mysql> ALTER TABLE student ADD age INT AFTER sex;
Query OK, 0 rows affected (1.01 sec)
Records: 0  Duplicates: 0  Warnings: 0

mysql>
```

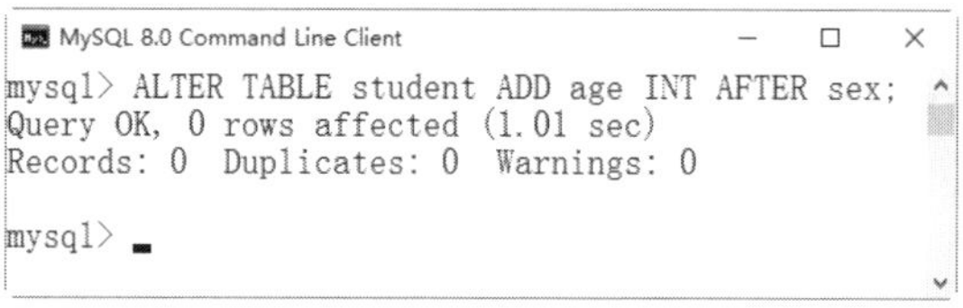

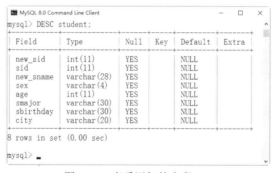

图 6-59　添加字段 age

使用 DESC 命令查看表 student，结果如图 6-60 所示。从结果可以看出，student 表中增加了一个名称为 age 的字段，其位置在指定的 sex 字段后面，添加字段成功。

```
MySQL 8.0 Command Line Client
mysql> DESC student;
+-----------+-------------+------+-----+---------+-------+
| Field     | Type        | Null | Key | Default | Extra |
+-----------+-------------+------+-----+---------+-------+
| new_sid   | int(11)     | YES  |     | NULL    |       |
| sid       | int(11)     | YES  |     | NULL    |       |
| new_sname | varchar(28) | YES  |     | NULL    |       |
| sex       | varchar(4)  | YES  |     | NULL    |       |
| age       | int(11)     | YES  |     | NULL    |       |
| smajor    | varchar(30) | YES  |     | NULL    |       |
| sbirthday | varchar(30) | YES  |     | NULL    |       |
| city      | varchar(20) | YES  |     | NULL    |       |
+-----------+-------------+------+-----+---------+-------+
8 rows in set (0.00 sec)

mysql>
```

图 6-60　查看添加的字段 age

6.4.5　修改字段的排序方式

对于已经创建好的数据表，用户可以根据实际需要，来修改字段的排列顺序。在 MySQL 中，可以通过 ALTER TABLE 来改变表中字段的相对位置。语法格式如下：

```
ALTER TABLE <表名> MODIFY <字段1> <数据类型> FIRST|AFTER <字段2>;
```

主要参数介绍如下。

- 字段 1：要修改位置的字段。
- 数据类型："字段 1"的数据类型。
- FIRST：为可选参数，指将"字段 1"修改为表的第一个字段。
- AFTER 字段 2：指将"字段 1"插入到"字段 2"后面。

实例 29：修改 student 表中字段的排序方式

将数据表 student 中的 sid 字段修改为表的第一个字段，执行语句如下：

```
ALTER TABLE student MODIFY sid int FIRST;
```

执行结果如图 6-61 所示。

```
MySQL 8.0 Command Line Client
mysql> ALTER TABLE student MODIFY sid int FIRST;
Query OK, 0 rows affected (0.77 sec)
Records: 0  Duplicates: 0  Warnings: 0

mysql>
```

图 6-61　修改字段 sid 的位置

使用 DESC 命令查看表 student，发现字段 sid 已经被移至表的第一列，结果如图 6-62 所示。

```
MySQL 8.0 Command Line Client
mysql> DESC student;
+-----------+-------------+------+-----+---------+-------+
| Field     | Type        | Null | Key | Default | Extra |
+-----------+-------------+------+-----+---------+-------+
| sid       | int(11)     | YES  |     | NULL    |       |
| new_sid   | int(11)     | YES  |     | NULL    |       |
| new_sname | varchar(28) | YES  |     | NULL    |       |
| sex       | varchar(4)  | YES  |     | NULL    |       |
| age       | int(11)     | YES  |     | NULL    |       |
| smajor    | varchar(30) | YES  |     | NULL    |       |
| sbirthday | varchar(30) | YES  |     | NULL    |       |
| city      | varchar(20) | YES  |     | NULL    |       |
+-----------+-------------+------+-----+---------+-------+
8 rows in set (0.00 sec)

mysql>
```

图 6-62　查看字段 sid 的顺序

实例 30：修改 student 表字段到指定字段之后

我们可以根据需要修改字段到数据表的指定字段之后。例如：将数据表 student 中的 new_sname 字段插入到 smajor 字段后面，执行语句如下：

```
ALTER TABLE student MODIFY new_sname VARCHAR(28) AFTER smajor;
```

执行结果如图 6-63 所示。

```
MySQL 8.0 Command Line Client

mysql> ALTER TABLE student MODIFY new_sname VARCHAR(28) AFTER smajor;
Query OK, 0 rows affected (1.08 sec)
Records: 0  Duplicates: 0  Warnings: 0

mysql>
```

图 6-63　修改 new_sname 字段的位置

使用 DESC 命令查看表 student，执行结果如图 6-64 所示。从结果可以看到，student 表中的字段 new_sname 已经被移至 smajor 字段之后。

```
MySQL 8.0 Command Line Client
mysql> DESC student;
+-----------+-------------+------+-----+---------+-------+
| Field     | Type        | Null | Key | Default | Extra |
+-----------+-------------+------+-----+---------+-------+
| sid       | int(11)     | YES  |     | NULL    |       |
| new_sid   | int(11)     | YES  |     | NULL    |       |
| sex       | varchar(4)  | YES  |     | NULL    |       |
| age       | int(11)     | YES  |     | NULL    |       |
| smajor    | varchar(30) | YES  |     | NULL    |       |
| new_sname | varchar(28) | YES  |     | NULL    |       |
| sbirthday | varchar(30) | YES  |     | NULL    |       |
| city      | varchar(20) | YES  |     | NULL    |       |
+-----------+-------------+------+-----+---------+-------+
8 rows in set (0.00 sec)

mysql>
```

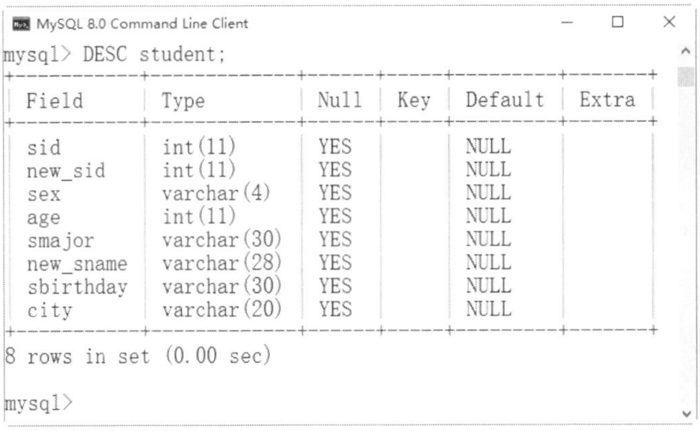

图 6-64　移动了字段 new_sname 的位置

6.4.6　删除不需要的字段

当数据表中的字段不需要时，可以将其从数据表中删除。在 MySQL 中，删除字段是将数据表中的某一个字段从表中移除，语法格式如下：

```
ALTER TABLE <表名> DROP <字段名>;
```

主要参数介绍如下。

- 表名：需要删除的字段所在的数据表。
- 字段名：指需要从表中删除的字段的名称。

实例 31：删除 student 表中的 new_sid 字段

删除数据表 student 表中的 new_sid 字段，执行语句如下：

```
ALTER TABLE student DROP new_sid;
```

执行结果如图 6-65 所示。使用 DESC 命令查看表 student，结果如图 6-66 所示。从结果可以看出，student 表中已经不存在名称为 new_sid 的字段，删除字段成功。

```
MySQL 8.0 Command Line Client
mysql> ALTER TABLE student DROP new_sid;
Query OK, 0 rows affected (0.83 sec)
Records: 0  Duplicates: 0  Warnings: 0

mysql>
```

图 6-65　删除字段 new_sid

```
MySQL 8.0 Command Line Client
mysql> DESC student;
+-----------+-------------+------+-----+---------+-------+
| Field     | Type        | Null | Key | Default | Extra |
+-----------+-------------+------+-----+---------+-------+
| sid       | int(11)     | YES  |     | NULL    |       |
| sex       | varchar(4)  | YES  |     | NULL    |       |
| age       | int(11)     | YES  |     | NULL    |       |
| smajor    | varchar(30) | YES  |     | NULL    |       |
| new_sname | varchar(28) | YES  |     | NULL    |       |
| sbirthday | varchar(30) | YES  |     | NULL    |       |
| city      | varchar(20) | YES  |     | NULL    |       |
+-----------+-------------+------+-----+---------+-------+
7 rows in set (0.00 sec)

mysql>
```

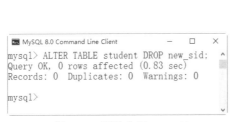

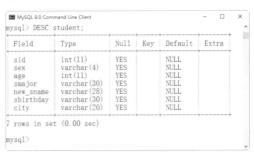

图 6-66　查看删除字段后的表结构

6.5 删除数据表

对于不再需要的数据表，可以将其从数据库中删除。本节将详细讲解数据库中数据表的删除方法。

6.5.1 删除没有被关联的表

在 MySQL 中，使用 DROP TABLE 可以一次删除一个或多个没有被其他表关联的数据表，语法格式如下：

```
DROP TABLE [IF EXISTS]表1,表2,…表n;
```

主要参数介绍如下。
- 表n：指要删除的表的名称。可以同时删除多个表，只需将删除的表名依次写在后面，相互之间用逗号隔开。

实例 32：删除数据表 student

删除数据表 student，执行语句如下：

```
DROP TABLE student;
```

执行结果如图 6-67 所示。使用"SHOW TABLES;"命令查看当前数据库中所有的数据表，查看结果如图 6-68 所示。从执行结果可以看出，数据库中已经没有了数据表 student，说明数据表删除成功。

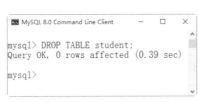

图 6-67　删除表 emp_01

图 6-68　数据表删除成功

6.5.2 删除被其他表关联的主表

数据表之间存在外键关联的情况下，如果直接删除父表，结果会显示失败，原因是直接删除将破坏表的参照完整性。如果必须要删除，可以先删除与它关联的子表，再删除父表，只是这样会同时删除两个表中的数据。如果想要单独删除父表，只需将关联的表的外键约束条件取消，然后再删除父表。

实例 33：删除存在关联关系的数据表

在数据库 mydbase 中创建两个关联表。首先，创建表 tb_1，执行语句如下：

```
CREATE DATABASE mydbase;
USE mydbase;
CREATE TABLE tb_1
(
```

```
id       INT  PRIMARY KEY,
name     VARCHAR(22)
);
```

执行结果如图 6-69 所示。

接下来创建表 tb_2，执行语句如下：

```
CREATE TABLE tb_2
(
id       INT    PRIMARY KEY,
name     VARCHAR(25),
age      INT,
CONSTRAINT fk_tb_dt FOREIGN KEY (id) REFERENCES tb_1(id)
);
```

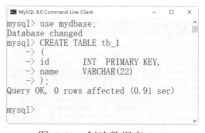

图 6-69 创建数据表 tb_1

执行结果如图 6-70 所示。

使用"SHOW CREATE TABLE"命令查看表 tb_2 的外键约束，执行语句如下：

```
SHOW CREATE TABLE tb_2\G
```

执行结果如图 6-71 所示，从结果可以看到，在数据表 tb_2 上创建了一个名称为 fk_tb_dt 的外键约束。

图 6-70 创建数据表 tb_2

图 6-71 查看数据表的结构

下面直接删除父表 tb_1，输入删除语句如下：

```
DROP TABLE tb_1;
```

执行结果如图 6-72 所示，可以看到，如前面所述，在存在外键约束时，主表不能被直接删除。

接下来，解除关联子表 tb_2 的外键约束，执行语句如下：

```
ALTER TABLE tb_2 DROP FOREIGN KEY fk_tb_dt;
```

执行结果如图 6-73 所示，取消表 tb_1 和 tb_2 之间的关联。

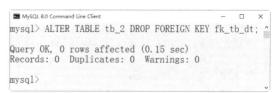

图 6-72 直接删除父表　　　　　　　　图 6-73 取消表的关联关系

此时，再次输入删除语句，将原来的父表 tb_1 删除，执行语句如下：

DROP TABLE tb_1;

执行结果如图6-74所示。最后通过"SHOW TABLES;"语句查看数据表列表，结果如图6-75所示，可以看到，数据表列表中已经不存在名称为 tb_1 的表。

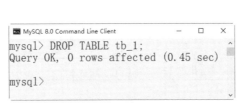

图 6-74 删除父表 tb_1

图 6-75 查看数据表列表

6.6 疑难问题解析

疑问1：为什么在执行 SQL 语句时，会给出提示或错误信息，而无法运行？

答：首先，需要保证输入的 SQL 语句是正确的。确认正确后，再查看当前数据库是否是我们需要的数据库，如果不是，请选择需要操作的数据库对象。或者在当前命令窗口中开头加入相应的语句，例如要操作 School 数据库，输入的语句为"USE School"，完成数据库的切换。

疑问2：每一个表中都要有一个主键吗？

答：并不是每一个表中都需要主键，一般多个表之间进行连接操作时需要用到主键。因此，并不需要为每个表都建立主键，而且有些情况下最好不使用主键。

6.7 综合实战训练营

实战1：在数据库 company 中创建数据表。

创建数据库 company，按照表 6-5 和表 6-6 给出的表结构在 company 数据库中创建两个数据表 offices 和 employees。

表 6-5 offices 表结构

字段名	数据类型	主键	外键	非空	唯一	自增
officeCode	INT(10)	是	否	是	是	否
city	INT(11)	否	否	是	否	否
address	VARCHAR(50)	否	否	否	否	否
country	VARCHAR(50)	否	否	是	否	否
postalCode	VARCHAR(25)	否	否	是	是	否

表 6-6　employees 表结构

字段名	数据类型	主键	外键	非空	唯一	自增
employeeNumber	INT(11)	是	否	是	是	是
lastName	VARCHAR(50)	否	否	是	否	否
firstName	VARCHAR(50)	否	否	是	否	否
mobile	VARCHAR(25)	否	否	否	是	否
officeCode	VARCHAR(10)	否	是	是	否	否
jobTitle	VARCHAR(50)	否	否	是	否	否
birth	DATETIME	否	否	是	否	否
note	VARCHAR(255)	否	否	否	否	否
sex	VARCHAR(5)	否	否	否	否	否

（1）创建数据库 company。
（2）若在 company 数据库中创建表，必须先选择该数据库。
（3）创建表 offices，并为 officeCode 字段添加主键约束。
（4）使用"SHOW TABLES;"语句查看数据库中的表。
（5）创建表 employees，并为 officeCode 字段添加外键约束。
（6）使用"SHOW TABLES;"语句查看数据库中的表。
（7）检查表的结构是否按照要求创建，使用 DESC 命令分别查看 offices 表和 employees 表的结构。

实战 2：修改数据库 company 中的数据表。

（1）将表 employees 的 mobile 字段修改到 officeCode 字段后面。
（2）使用 DESC 命令查看数据表修改后的结果。
（3）将表 employees 的 birth 字段改名为 employee_birth。
（4）使用 DESC 命令查看数据表修改后的结果。
（5）将 employees 表中的 sex 字段数据类型修改为 CHAR(1)，非空约束。
（6）使用 DESC 命令查看数据表修改后的结果。
（7）删除字段 employees 表中的字段 note。
（8）使用"DESC employees;"语句查看数据表字段删除后的结果。
（9）在表 employees 中增加字段名 favoriate_activity，数据类型为 VARCHAR(100)。
（10）使用"DESC employees;"语句查看增加字段后的数据表。
（11）删除表 offices。
（12）修改表 employees 存储引擎为 MyISAM。
（13）使用"SHOW CREATE TABLE"语句查看表结构。
（14）将表 employees 名称修改为 employees_info。
（15）使用"SHOW TABLES;"语句查看数据表列表，可以看到数据库中已经没有名称为 employees 的数据表。

第7章 插入、更新与删除数据记录

本章导读

存储在系统中的数据是数据库管理系统（DBMS）的核心，数据库被设计用来管理数据的存储、访问和维护数据的完整性。MySQL 中提供了功能丰富的数据库管理语句，包括插入数据的 INSERT 语句、更新数据的 UPDATE 语句以及当数据不再使用时删除数据的 DELETE 语句，本章介绍数据的插入、更新与删除操作。

知识导图

- 插入、更新与删除数据记录
  - 向数据表中插入数据
    - 给表里的所有字段插入数据
    - 向表中添加数据时使用默认值
    - 一次插入多条数据
    - 通过复制表数据插入数据
  - 更新数据表中的数据
    - 更新表中的全部数据
    - 更新表中指定单行数据
    - 更新表中指定的多行数据
  - 删除数据表中的数据
    - 根据条件清除数据
    - 清空表中的数据

7.1 向数据表中插入数据

数据库与数据表创建完毕后,就可以向数据表中添加数据了,也只有数据表中有了数据,数据库才有意义。在 MySQL 中,可以使用 SQL 语句向数据表中插入数据。

7.1.1 给表里的所有字段插入数据

使用 SQL 语句中的 INSERT 语句可以向数据表中添加数据,INSERT 语句的基本语法格式如下:

```
INSERT INTO table_name (column_name1, column_name2,…)
VALUES (value1, value2,…);
```

主要参数介绍如下。
- table_name:指定要插入数据的表名。
- column_name:可选参数,列名。用来指定在记录中插入数据的字段,如果不指定字段列表,则后面的 column_name 中的每一个值都必须与表中对应位置处的值相匹配。
- value:值。指定每个列对应插入的数据。字段列和数据值的数量必须相同,多个值之间使用逗号隔开。

向表中所有的字段同时插入数据,是一个比较常见的应用,也是 INSERT 语句形式中最简单的应用。在演示插入数据操作之前,需要准备一张数据表,这里创建一个 person 表,数据表的结构如表 7-1 所示。

表 7-1 person 表结构

字段名称	数据类型	备注
id	INT	编号
name	VARCHAR(40)	姓名
age	INT	年龄
info	VARCHAR(50)	备注信息

根据表 7-1 的结构,创建数据库 mydb,并在数据库中创建 person 数据表,执行语句如下:

```
CREATE DATABASE mydb;
USE mydb;
CREATE TABLE person
(
id      INT,
name    CHAR(40),
age     INT,
info    CHAR(50),
PRIMARY KEY (id)
);
```

执行结果如图 7-1 所示,即可完成数据表的创建操作。执行完成后,使用 "DESC

person;"语句可以查看数据表的结构，如图 7-2 所示。

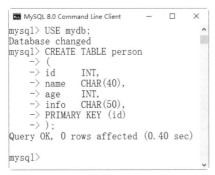

图 7-1 创建 person 数据表 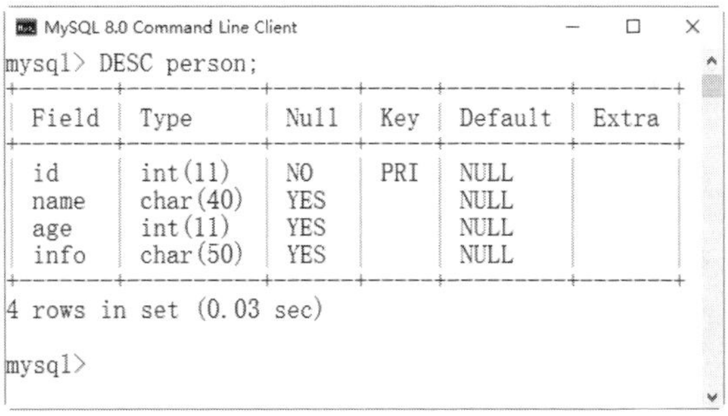　　图 7-2 查看数据表 person 的结构

实例 1：在 person 表中插入第 1 条记录

在 person 表中，插入一条新记录，id 值为 1，name 值为"李天艺"，age 值为 21，info 值为"上海市"。

执行插入操作之前，使用 SELECT 语句查看表中的数据，执行语句如下：

```
mysql> SELECT * FROM person;
Empty set (0.00 sec)
```

执行结果如图 7-3 所示，显示当前表为空，没有数据。

接下来执行插入数据操作，执行语句如下：

```
mysql> INSERT INTO person (id ,name, age , info)
VALUES (1, '李天艺', 21, '上海市');
Query OK, 1 row affected (0.18 sec)
```

执行结果如图 7-4 所示。

图 7-3 查询数据表为空

图 7-4 插入一条数据记录

语句执行完毕，查看插入数据的执行结果，执行语句如下：

```
mysql> SELECT * FROM person;
```

执行结果如图 7-5 所示。可以看到插入记录成功，在插入数据时，指定了 person 表的所有字段，因此将为每一个字段插入新的值。

图 7-5 查询插入的数据记录

实例 2：在 person 表中插入第 2 条记录

INSERT 语句后面的列名称可以不按照数据表定义时的顺序排列，只需要保证值的顺序与列字段的顺序相同即可。在 person 表中，插入第 2 条新记录，执行语句如下：

```
mysql>INSERT INTO person (name, id, age , info)
VALUES ('赵子涵',2,19, '上海市');
```

执行结果如图7-6所示,即可完成数据的插入操作。

查询person表中添加的数据,执行语句如下:

```
Select *from person;
```

执行结果如图7-7所示,即可完成数据的查看操作,并显示查看结果。

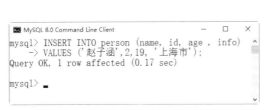

图7-6 插入第2条数据记录

图7-7 查询插入的数据记录

实例3:在person表中插入第3条记录

使用INSERT语句插入数据时,允许插入的字段列表为空,此时,值列表中需要为表的每一个字段指定值,并且值的顺序必须和数据表中字段定义时的顺序相同。在person表中,插入第3条新记录,执行语句如下。

```
mysql>INSERT INTO person
VALUES (3,'郭怡辰',19, '上海市');
```

执行结果如图7-8所示,即可完成数据的插入操作。

查询person表中添加的数据,执行语句如下:

```
Select *from person;
```

执行结果如图7-9所示,即可完成数据的查看操作,并显示查看结果,可以看到INSERT语句成功地插入了3条记录。

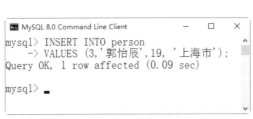

图7-8 插入第3条数据记录

图7-9 查询插入的数据记录

7.1.2 向表中添加数据时使用默认值

为表的指定字段插入数据,就是在INSERT语句中只向部分字段中插入值,而其他字段的值为表定义时的默认值。

实例 4：向 person 表中添加数据时使用默认值

向 person 表中添加数据并使用默认值，执行语句如下：

```
mysql>INSERT INTO person (id,name,age)
VALUES (4,'张龙轩',20);
```

执行结果如图 7-10 所示，即可完成数据的插入操作。

查询 person 表中添加的数据，执行语句如下：

```
Select *from person;
```

执行结果如图 7-11 所示，即可完成数据的查看操作，显示查看结果，可以看到 INSERT 语句成功地插入了 4 条记录。

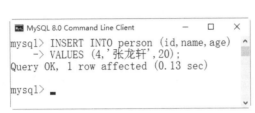 

图 7-10　插入第 4 条数据记录　　　　图 7-11　查询插入的数据记录

从执行结果可以看到，虽然没有指定插入的字段和字段值，INSERT 语句仍可以正常执行，MySQL 自动向相应字段插入了默认值，这里的默认值为 NULL。

7.1.3　一次插入多条数据

使用 INSERT 语句可以同时向数据表中插入多条记录，插入时指定多个值列表，每个值列表之间用逗号分隔开。具体的语法格式如下：

```
INSERT INTO table_name (column_name1, column_name2,…)
VALUES (value1, value2,…),
(value1, value2,…),
……
```

实例 5：向 person 表中一次插入多条数据

向 person 表中添加多条数据记录，执行语句如下：

```
INSERT INTO person
    VALUES (5,'中宇',19,'北京市'),
           (6,'明玉',18,'北京市'),
           (7,'张欣',19,'北京市');
```

执行结果如图 7-12 所示，即可完成数据的插入操作。

查询 person 表中添加的数据，执行语句如下：

```
Select *from person;
```

执行结果如图 7-13 所示。即可完成数据的查看操作，并显示查看结果，可以看到 INSERT 语句一次成功地插入了 3 条记录。

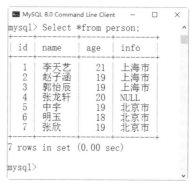

图 7-12　插入多条数据记录　　　　　图 7-13　查询数据表数据记录

7.1.4　通过复制表数据插入数据

INSERT 还可以将 SELECT 语句查询的结果插入到表中，而不需要把多条记录的值一个一个地输入，只需要使用一条 INSERT 语句和一条 SELECT 语句组成的组合语句即可快速地从一个或多个表中向另一个表中插入多个行。

具体的语法格式如下：

```
INSERT INTO table_name1(column_name1, column_name2,…)
SELECT column_name_1, column_name_2,…
FROM table_name2
```

主要参数介绍如下。
- table_name1：插入数据的表。
- column_name1：表中要插入值的列名。
- column_name_1：table_name2 中的列名。
- table_name2：取数据的表。

| 实例 6：通过复制表数据插入数据

从 person_old 表中查询所有的记录，并将其插入到 person 表中。

首先，创建一个名为 person_old 的数据表，其表结构与 person 表结构相同，执行语句如下：

```
CREATE TABLE person_old
(
id      INT,
name    CHAR(40),
age     INT,
info    CHAR(50),
PRIMARY KEY (id)
);
```

执行结果如图 7-14 所示，即可完成数据表的创建操作。

接着向 person_old 表中添加两条数据记录，执行语句如下：

```
INSERT INTO person_old
VALUES(8,'马尚宇',21,'广州市'),
      (9,'刘玉倩',20,'广州市');
```

执行结果如图 7-15 所示，即可完成数据的插入操作。

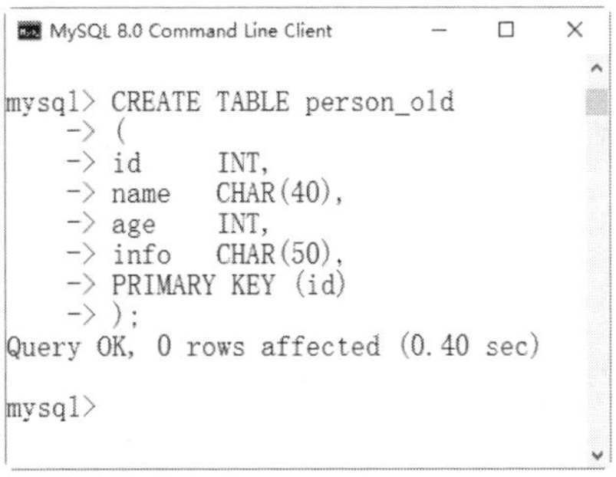

图 7-14　创建 person_old 表 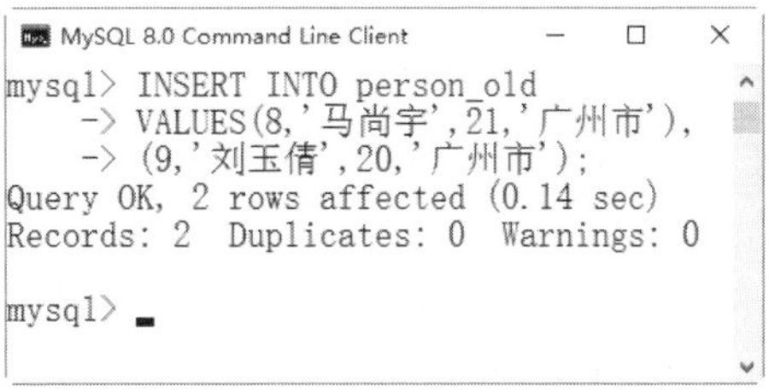　　图 7-15　插入 2 条数据记录

查询数据表 person_old 中添加的数据，执行语句如下：

```
Select *from person_old;
```

执行结果如图 7-16 所示，即可完成数据的查看操作，显示查看结果，可以看到 INSERT 语句一次成功地插入了 2 条记录。

person_old 表中现在有两条记录。接下来将 person_old 表中所有的记录插入到 person 表中，执行语句如下：

```
INSERT INTO person(id ,name, age , info)
SELECT id ,name, age , info FROM person_old;
```

执行结果如图 7-17 所示，即可完成数据的插入操作。

图 7-16　person_old 表 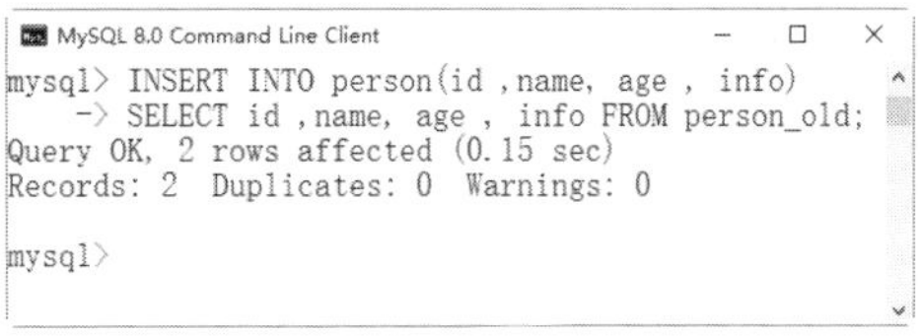　　图 7-17　插入 2 条数据记录到 person 表中

查询 person 表中添加的数据，执行语句如下：

```
Select *from person;
```

执行结果如图 7-18 所示，即可完成数据的查看操作，显示查看结果。由结果可以看到，INSERT 语句执行后，课程信息表中多了两条记录，这两条记录和 person_old 表中的记录完全相同，数据插入成功。

图 7-18　将查询结果插入到表中

7.2 更新数据表中的数据

如果发现数据表中的数据不符合要求，用户可以对其进行更新。更新数据的方法有多种，比较常用的是使用 UPDATA 语句进行更新。该语句可以更新特定的数据，也可以同时更新所有的数据行。UPDATE 语句的基本语法格式如下：

```
UPDATE table_name
SET column_name1 = value1,column_name2=value2,……,column_nameN=valueN
WHERE search_condition
```

主要参数介绍如下。

- table_name：要更新的数据表名称。
- SET 子句：指定要更新的字段名和字段值，可以是常量或者表达式。
- column_name1,column_name2,……,column_nameN：需要更新的字段的名称。
- value1,value2,……valueN：相对应的指定字段的更新值。更新多个列时，每个"列=值"对之间用逗号隔开，最后一列之后不需要逗号。
- WHERE 子句：指定待更新的记录需要满足的条件，具体的条件在 search_condition 中指定。如果不指定 WHERE 子句，则对表中所有的数据行进行更新。

7.2.1 更新表中的全部数据

更新表中某列所有数据记录的操作比较简单，只要在 SET 关键字后设置更新条件即可。

实例 7：一次性更新 person 表中的全部数据

在 person 表中，将 info 全部更新为"上海市"，执行语句如下：

```
UPDATE person
SET info='上海市';
```

执行结果如图 7-19 所示，即可完成数据的更新操作。

查询 person 表中更新的数据，执行语句如下：

```
Select *from person;
```

执行结果如图 7-20 所示，即可完成数据的查看操作，显示查看结果。由结果可以看到，update 语句执行后，person 表中 info 列的数据全部更新为"上海市"。

图 7-19 更新表中某列所有数据记录

图 7-20 查询更新后的数据表

7.2.2 更新表中指定单行数据

通过设置条件，可以更新表中指定的单行数据记录，下面给出一个实例。

实例8：更新person表中的单行数据

在person表中，更新id值为4的记录，将info字段值改为"北京市"，将age字段值改为22，执行语句如下：

```
UPDATE person
SET info='北京市',age='22'
WHERE id=4;
```

执行结果如图7-21所示，即可完成数据的更新操作。

查询person表中更新的数据，执行语句如下：

```
SELECT * FROM person WHERE id=4;
```

执行结果如图7-22所示，即可完成数据的查看操作。由结果可以看到，UPDATE语句执行后，课程信息表中id为4的数据记录已经被更新。

图7-21 更新表中指定数据记录

图7-22 查询更新后的数据记录

7.2.3 更新表中指定的多行数据

通过指定条件，可以同时更新表中指定的多行数据记录，下面给出一个实例。

实例9：更新person表中的指定多行数据

在person表中，更新id字段值为2～6的记录，将info字段值都更新为"北京市"，执行语句如下：

```
UPDATE person
SET info='北京市'
WHERE id BETWEEN 2 AND 6;
```

执行结果如图7-23所示，即可完成数据的更新操作。

查询person表中更新的数据，执行语句如下：

```
SELECT * FROM person WHERE id BETWEEN 2 AND 6;
```

执行结果如图7-24所示，即可完成数据的查看操作，并显示查看结果，由结果可以看到，UPDATE语句执行后，person表中符合条件的数据记录已全部被更新。

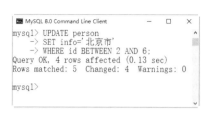

```
MySQL 8.0 Command Line Client
mysql> UPDATE person
    -> SET info='北京市'
    -> WHERE id BETWEEN 2 AND 6;
Query OK, 4 rows affected (0.13 sec)
Rows matched: 5  Changed: 4  Warnings: 0

mysql>
```

图 7-23　更新表中多行数据记录

```
MySQL 8.0 Command Line Client
mysql> SELECT * FROM person WHERE id BETWEEN 2 AND 6;
+----+--------+-----+--------+
| id | name   | age | info   |
+----+--------+-----+--------+
|  2 | 赵子涵 |  19 | 北京市 |
|  3 | 郭怡辰 |  19 | 北京市 |
|  4 | 张龙轩 |  22 | 北京市 |
|  5 | 中宇   |  19 | 北京市 |
|  6 | 明玉   |  18 | 北京市 |
+----+--------+-----+--------+
5 rows in set (0.00 sec)

mysql>
```

图 7-24　查询更新后的多行数据记录

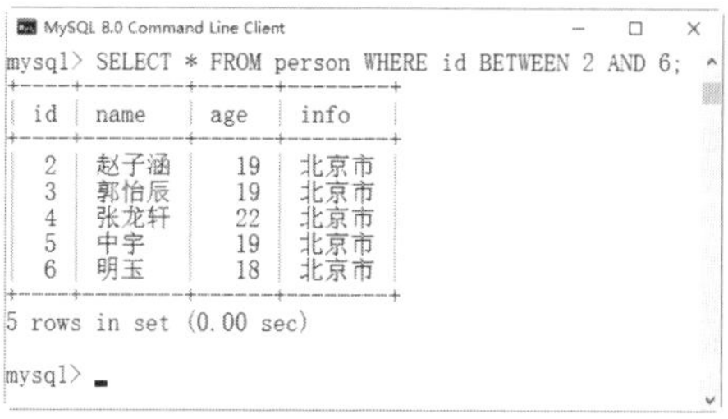

7.3　删除数据表中的数据

如果数据表中的数据没用了，用户可以将其删除。需要注意的是，删除数据操作不容易恢复，因此需要谨慎操作。在删除数据表中的数据之前，如果不能确定这些数据以后是否还会有用，最好对其进行备份。

删除数据表中的数据使用 DELETE 语句，DELETE 语句允许使用 WHERE 子句指定删除条件。具体的语法格式如下：

```
DELETE FROM table_name
WHERE <condition>;
```

主要参数介绍如下。

- table_name：指定要执行删除操作的表。
- WHERE <condition>：为可选参数，指定删除条件。如果没有 WHERE 子句，DELETE 语句将删除表中的所有记录。

7.3.1　根据条件清除数据

当要删除数据表中部分数据时，需要指定删除记录的满足条件，即在 WHERE 子句后设置删除条件，下面给出一个实例。

实例 10：删除 person 表中的指定数据记录

在 person 表中，删除 info 为“上海市”的记录。

删除之前首先查询一下 info 为“上海市”的记录，执行语句如下：

```
SELECT * FROM person
WHERE info='上海市';
```

执行结果如图 7-25 所示，即可完成数据的查看操作。

```
MySQL 8.0 Command Line Client
mysql> SELECT * FROM person
    -> WHERE info='上海市';
+----+--------+-----+--------+
| id | name   | age | info   |
+----+--------+-----+--------+
|  1 | 李天艺 |  21 | 上海市 |
|  7 | 张欣   |  19 | 上海市 |
|  8 | 马尚宇 |  21 | 上海市 |
|  9 | 刘玉倩 |  20 | 上海市 |
+----+--------+-----+--------+
4 rows in set (0.03 sec)

mysql>
```

图 7-25　查询删除前的数据记录

下面执行删除操作，输入如下 SQL 语句：

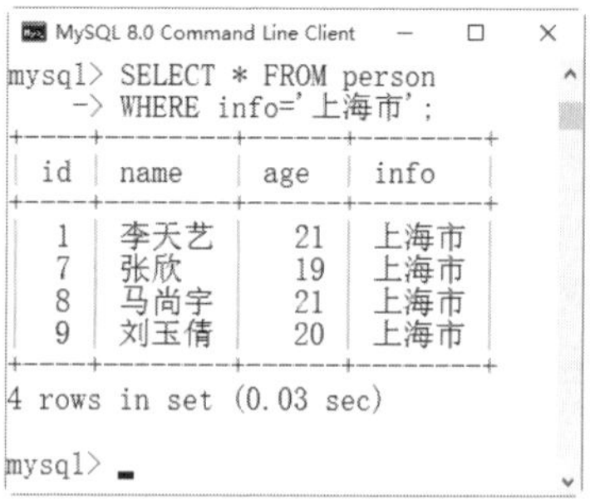

```
DELETE FROM person
WHERE info='上海市';
```

执行结果如图 7-26 所示，即可完成数据的删除操作。

再次查询一下 info 为“上海市”的记录，执行语句如下：

```
SELECT * FROM person
WHERE info='上海市';
```

执行结果如图7-27所示,即可完成数据的查看操作,显示查看结果。该结果表示为空记录,说明数据已经被删除。

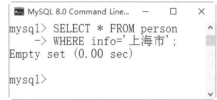

图 7-26 删除符合条件的数据记录　　图 7-27 查询删除后的数据记录

7.3.2 清空表中的数据

删除表中的所有数据记录也就是清空表中所有数据,该操作非常简单,只需要抛掉WHERE 子句就可以了。

实例 11:清空 person 表中所有记录

删除之前,首先查询一下数据记录,执行语句如下:

```
SELECT * FROM person;
```

执行结果如图7-28所示,即可完成数据的查看操作。
下面执行删除操作,执行语句如下:

```
DELETE FROM person;
```

执行结果如图7-29所示,即可完成数据的删除操作。

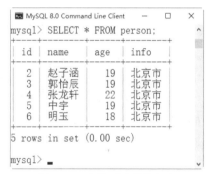

图 7-28 查询删除前数据表

再次查询数据记录,执行语句如下:

```
SELECT * FROM person;
```

执行结果如图7-30所示,即可完成数据的查看操作,并显示查看结果。通过对比两次查询结果,可以得知数据表已经清空,删除表中所有记录成功,现在 person 表中已经没有任何数据记录。

图 7-29 删除表中所有记录　　图 7-30 清除数据表后的查询结果

> **知识扩展**：使用 TRUNCATE 语句也可以删除数据，具体的方法为：TRUNCATE TABLE table_name，其中 table_name 为要删除数据记录的数据表的名称，如图 7-31 所示。
>
>
>
> 图 7-31 删除数据记录

7.4 疑难问题解析

疑问 1：插入记录时可以不指定字段名称吗？

答：可以，但是不管使用哪种 INSERT 语法，都必须给出 VALUES 的正确数目。如果不提供字段名，则必须给每个字段提供一个值，否则将产生一条错误消息。如果要在 INSERT 操作中省略某些字段，这些字段需要满足一定条件：该列定义为允许空值；或者表定义时给出默认值，如果不给出值，将使用默认值。

疑问 2：更新或者删除表时必须指定 WHERE 子句吗？

答：不必须。一般情况下，所有的 UPDATE 和 DELETE 语句全都在 WHERE 子句指定了条件。如果省略 WHERE 子句，则 UPDATE 或 DELETE 将被应用到表中所有的行。因此，除非确实打算更新或者删除所有记录，否则绝对别轻易使用不带 WHERE 子句的 UPDATE 或 DELETE 语句。建议在对表进行更新和删除操作之前，使用 SELECT 语句确认需要删除的记录，以免造成无法挽回的结果。

7.5 综合实战训练营

实战 1：创建数据表并在数据表中插入数据

（1）创建数据表 books，并按表 7-2 结构定义各个字段。

表 7-2 books 表结构

字段名	字段说明	数据类型	主键	外键	非空	唯一	自增
b_id	书编号	INT(11)	是	否	是	是	否
b_name	书名	VARCHAR(50)	否	否	是	否	否
authors	作者	VARCHAR(100)	否	否	是	否	否
price	价格	FLOAT	否	否	是	否	否
pubdate	出版日期	YEAR	否	否	是	否	否
note	说明	VARCHAR(100)	否	否	否	否	否
num	库存	INT(11)	否	否	是	否	否

（2）books 表创建好之后，使用 SELECT 语句查看表中的数据。

（3）将表 7-3 中的数据记录插入 books 表中，分别使用不同的方法插入记录。

表 7-3 books 表中的记录

b_id	b_name	authors	price	pubdate	discount	note	num
1	Tale of AAA	Dickes	23	1995	0.85	novel	11
2	EmmaT	Jane lura	35	1993	0.70	joke	22
3	Story of Jane	Jane Tim	40	2001	0.80	novel	0
4	Lovey Day	George Byron	20	2005	0.85	novel	30
5	Old Land	Honore Blade	30	2010	0.60	law	0
6	The Battle	Upton Sara	30	1999	0.65	medicine	40
7	Rose Hood	Richard Haggard	28	2008	0.90	cartoon	28

- 指定所有字段名称插入记录。
- 不指定字段名称插入记录。
- 使用 SELECT 语句查看当前表中的数据。
- 同时插入多条记录，使用 INSERT 语句将剩下的多条记录插入表中。
- 总共插入 7 条记录，使用 SELECT 语句查看表中所有的记录。

实战 2：对数据表中的数据记录进行管理

（1）将 books 表中小说类型（novel）的书的价格（price）都增加 5。

（2）将 books 表名称为 EmmaT 的书的价格改为 40，并将说明（note）改为 drama。

（3）删除 books 表中库存（num）为 0 的记录。

第8章　数据的简单查询

📖 本章导读

将数据录入数据库的目的是为了查询方便，在 MySQL 中，查询数据可以通过 SELECT 语句来实现，通过设置不同的查询条件，可以根据需要对查询数据进行筛选，从而返回需要的数据信息。本章就来介绍数据的简单查询，主要内容包括简单查询、使用 WHERE 子句进行条件查询、使用聚合函数进行统计查询等。

🗺 知识导图

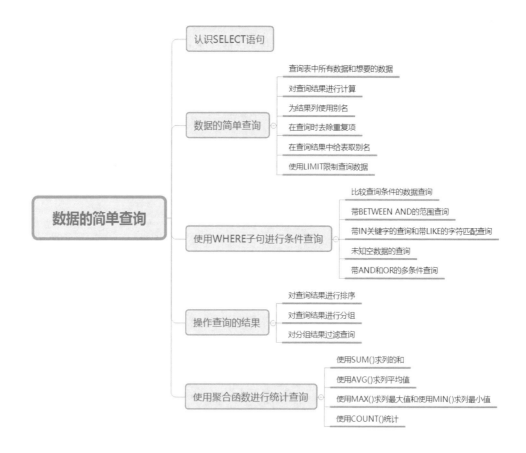

8.1 认识 SELECT 语句

MySQL 从数据表中查询数据的基本语句为 SELECT。SELECT 语句的基本格式是：

```
SELECT 属性列表
FROM 表名和视图列表
{WHERE 条件表达式1}
{GROUP BY 属性名1}
{HAVING 条件表达式2}
{ORDER BY 属性名2 ASC|DESC }
```

主要参数介绍如下。
- 属性列表：表示需要查询的字段名。
- 表名和视图列表：表示从此处指定的表或视图中查询数据，表和视图可以有多个。
- 条件表达式 1：表示指定查询条件。
- 属性名 1：指按该字段中的数据进行分组。
- 条件表达式 2：表示满足该表达式的数据才能输出。
- 属性名 2：指按该字段中的数据进行排序，排序方式由 ASC 和 DESC 两个参数指出，其中 ASC 参数表示按升序的顺序进行排序，这是默认参数；DESC 参数表示按降序的顺序进行排序。
- WHERE 字句：如果有 WHERE 字句，就按照"条件表达式 1"执行的条件进行查询，如果没有 WHERE 字句，就查询所有记录。
- GROUP BY 字句：如果有 GROUP BY 字句，就按照"属性名 1"指定的字段进行分组，如果 GROUP BY 字句后存在 HAVING 关键字，那么只有满足"条件表达式 2"中指定的条件才能够输出。通常情况下，GROUP BY 字句会与 COUNT()、SUM() 等聚合函数一起使用。
- ORDER BY 字句：如果有 ORDER BY 字句，就按照"属性名 2"执行的字段进行排序。排序方式由升序（ASC）和降序（DESC）两种方式，默认情况下是升序（ASC）。

8.2 数据的简单查询

一般来讲，简单查询是指对一张表的查询操作，使用的关键字是 SELECT。相信读者对该关键字并不陌生，但是要想真正使用好查询语句，并不是一件很容易的事情。本节就来介绍简单查询数据的方法。

8.2.1 查询表中所有数据

SELECT 查询记录最简单的形式是从一个表中检索所有记录。查询表中所有数据的方法有两种，一种是列出表的所有字段，一种是使用"*"号查询所有字段。

1. 列出所有字段

MySQL 中，可以在 SELECT 语句的"属性列表"中列出查询表中的所有字段，从而查询表中所有数据。

为演示数据的查询操作，下面创建数据库 school，并使用 school 数据库，如图 8-1 所示。在数据库 school 中创建学生信息表（students 表），具体的表结构如图 8-2 所示。

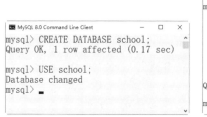

```
mysql> CREATE DATABASE school;
Query OK, 1 row affected (0.17 sec)

mysql> USE school;
Database changed
mysql>
```

图 8-1　创建数据库 school

```
mysql> CREATE TABLE students
    -> (
    -> id          INT    PRIMARY KEY,
    -> name       VARCHAR(20),
    -> age          INT,
    -> birthplace       VARCHAR(20),
    -> tel           VARCHAR(20) ,
    -> remark        VARCHAR(200)
    -> );
Query OK, 0 rows affected (0.47 sec)

mysql>
```

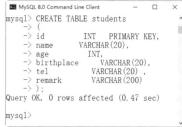

图 8-2　students 表结构

创建好数据表后，向 students 表中输入表数据，如图 8-3 所示为 students 表数据记录。

```
mysql> INSERT INTO students (id, name,age, birthplace,tel,remark)
    -> VALUES (101,'王向阳',18, '山东', '123456', '山东济南');
Query OK, 1 row affected (0.28 sec)

mysql> INSERT INTO students(name,age,id, birthplace,tel,remark)
    -> VALUES ('李玉',19,102, '河南', '123457', '河南郑州');
Query OK, 1 row affected (0.12 sec)

mysql> INSERT INTO students
    -> VALUES (103,'张棵',20, '河南', '123458', '河南洛阳');
Query OK, 1 row affected (0.10 sec)

mysql> INSERT INTO students(id, name,age, birthplace)
    -> VALUES (104,'王旭',18, '湖南');
Query OK, 1 row affected (0.13 sec)

mysql> INSERT INTO students
    -> VALUES (105,'李夏',17, '河南', '123459', '河南开封'),
    ->        (106,'刘建立',19, '福建', '123455', '福建福州'),
    ->        (107,'张丽莉',18, '湖北', '123454', '湖北武汉');
Query OK, 3 rows affected (0.07 sec)
Records: 3  Duplicates: 0  Warnings: 0

mysql>
```

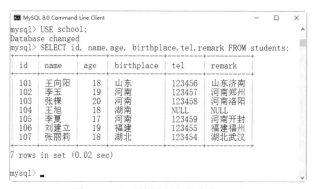

图 8-3　students 表数据记录

实例 1：查询数据表 students 中的全部数据

使用 SELECT 语句查询 students 表中的所有字段的数据，执行语句如下：

```
USE school;
SELECT id, name,age, birthplace,tel,remark FROM students;
```

执行结果如图 8-4 所示，即可完成数据的查询，并显示查询结果。

```
mysql> USE school;
Database changed
mysql> SELECT id, name,age, birthplace,tel,remark FROM students;
+-----+--------+-----+------------+--------+----------+
| id  | name   | age | birthplace | tel    | remark   |
+-----+--------+-----+------------+--------+----------+
| 101 | 王向阳 |  18 | 山东       | 123456 | 山东济南 |
| 102 | 李玉   |  19 | 河南       | 123457 | 河南郑州 |
| 103 | 张棵   |  20 | 河南       | 123458 | 河南洛阳 |
| 104 | 王旭   |  18 | 湖南       | NULL   | NULL     |
| 105 | 李夏   |  17 | 河南       | 123459 | 河南开封 |
| 106 | 刘建立 |  19 | 福建       | 123455 | 福建福州 |
| 107 | 张丽莉 |  18 | 湖北       | 123454 | 湖北武汉 |
+-----+--------+-----+------------+--------+----------+
7 rows in set (0.02 sec)

mysql>
```

图 8-4　显示数据表中的全部记录

2. 使用 * 查询所有字段

在 MySQL 中，SELECT 语句的“属性列表”可以为“*”。语法格式如下：

```
SELECT * FROM 表名;
```

实例 2：使用 * 查询 students 表中的全部数据

从 students 表中查询所有字段数据记录，执行语句如下：

```
SELECT * FROM students;
```

执行结果如图 8-5 所示，即可完成数据的查询，并显示查询结果。从结果中可以看到，使用星号（*）通配符时，将返回所有数据记录，数据记录按照定义表时的顺序显示。

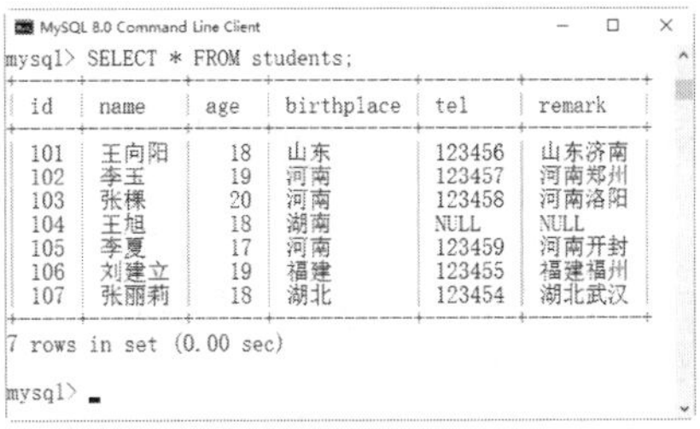
MySQL 8.0 Command Line Client

mysql> SELECT * FROM students;

id	name	age	birthplace	tel	remark
101	王向阳	18	山东	123456	山东济南
102	李玉	19	河南	123457	河南郑州
103	张棵	20	河南	123458	河南洛阳
104	王旭	18	湖南	NULL	NULL
105	李夏	17	河南	123459	河南开封
106	刘建立	19	福建	123455	福建福州
107	张丽莉	18	湖北	123454	湖北武汉

7 rows in set (0.00 sec)

mysql>

图 8-5　查询表中所有数据记录

8.2.2　查询表中想要的数据

使用 SELECT 语句，可以获取多个字段下的数据，只需要在关键字 SELECT 后面指定要查找的字段的名称，不同字段名称之间用逗号（，）分隔开，最后一个字段后面不需要加逗号。使用这种查询方式可以获得有针对性的查询结果，语法格式如下：

```
SELECT 字段名1,字段名2,…,字段名n  FROM 表名;
```

实例 3：查询数据表 students 中的学生学号、姓名与年龄

从 students 表中获取学号、姓名和性别，执行语句如下：

```
SELECT id, name, age FROM students;
```

执行结果如图 8-6 所示，即可完成指定数据的查询，并显示查询结果。

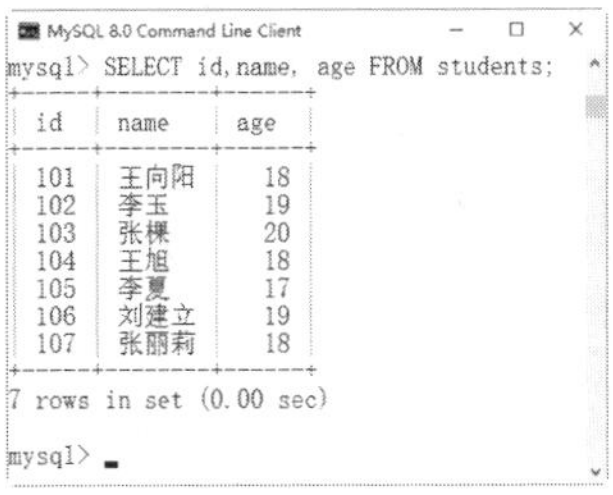
MySQL 8.0 Command Line Client

mysql> SELECT id,name, age FROM students;

id	name	age
101	王向阳	18
102	李玉	19
103	张棵	20
104	王旭	18
105	李夏	17
106	刘建立	19
107	张丽莉	18

7 rows in set (0.00 sec)

mysql>

图 8-6　查询数据表中的指定字段

> **提示**：MySQL 中的 SQL 语句是不区分大小写的，因此 SELECT 和 select 作用是相同的，但是，许多开发人员习惯将关键字使用大写，而数据列和表名使用小写。读者也应该养成一个良好的编程习惯，这样写出来的语句更容易阅读和维护。

8.2.3　对查询结果进行计算

在 SELECT 查询结果中，可以根据需要使用算术运算符或者逻辑运算符对查询的结果进行处理。

实例 4：设置查询列的表达式，从而返回查询结果

查询 students 表中所有学生的名称和年龄，并对年龄加 1 之后输出查询结果。执行语句如下：

```
SELECT name, age 原来的年龄,age+1 加1后的年龄值
FROM students;
```

执行结果如图 8-7 所示。

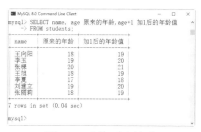

图 8-7　查询列表达式

8.2.4　为结果列使用别名

当显示查询结果时，选择的列通常是以原表中的列名作为标题。这些列名在建表时，出于节省空间的考虑，通常比较短，含义也模糊。为了改变查询结果中显示的列名，可以在 SELECT 语句的列名后使用"AS 标题名"，这样，在显示时便以该"标题名"来显示新的列名。

MySQL 中为字段取别名的语法格式如下：

```
属性名 [AS] 别名
```

主要参数介绍如下。
- 属性名：字段原来的名称；
- 别名：字段新的名称；
- AS：关键字可有可无，实现的作用是一样的，通过这种方式，在显示结果中"别名"就代替了"属性名"。

实例 5：使用 AS 关键字给列取别名

查询 students 表中所有的记录，并重命名列名，执行语句如下。

```
SELECT id AS 学号, name AS 姓名, age AS 年龄
FROM students;
```

执行结果如图 8-8 所示，即可完成指定数据的查询，并显示查询结果。

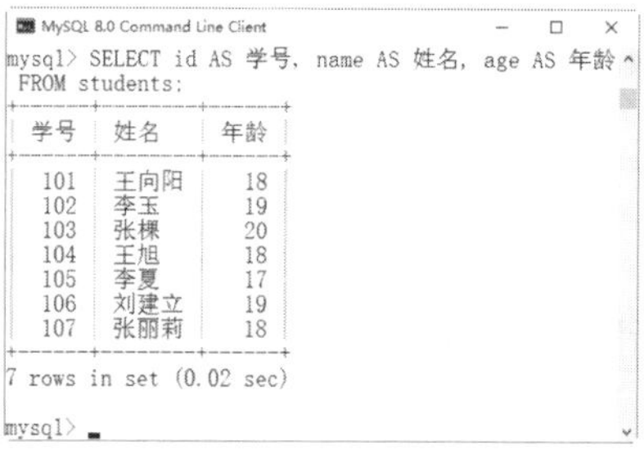

图 8-8　查询表中所有记录并重命名列名

8.2.5　在查询时去除重复项

使用 DISTINCT 选项可以在查询结果中避免重复项。

实例 6：使用 DISTINCT 避免重复项

查询 students 表中学生的出生地信息，并去除重复项，执行语句如下：

```
SELECT DISTINCT birthplace FROM students;
```

执行结果如图 8-9 所示，即可完成指定数据的查询，并显示查询结果。

图 8-9　在查询中避免重复项

8.2.6 在查询结果中给表取别名

要查询的数据表，其名称如果比较长，在查询中直接使用表名很不方便。这时可以为表取一个别名，来代替数据表的名称。MySQL 中为表取别名的基本形式如下：

```
表名  表的别名
```

通过这种方式，“表的别名”就能在此次查询中代替“表名”了。

实例 7：为表取别名

查询 students 表中所有的记录，并为 students 表取别名为“学生表”，执行语句如下：

```
SELECT * FROM students 学生表;
```

执行结果如图 8-10 所示，即可完成为数据表取别名的操作，并显示查询结果。

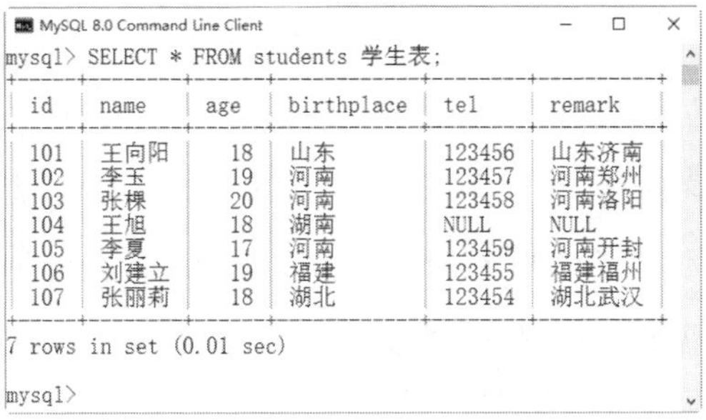
MySQL 8.0 Command Line Client

```
mysql> SELECT * FROM students 学生表;
+-----+--------+-----+------------+--------+----------+
| id  | name   | age | birthplace | tel    | remark   |
+-----+--------+-----+------------+--------+----------+
| 101 | 王向阳 |  18 | 山东       | 123456 | 山东济南 |
| 102 | 李玉   |  19 | 河南       | 123457 | 河南郑州 |
| 103 | 张棵   |  20 | 河南       | 123458 | 河南洛阳 |
| 104 | 王旭   |  18 | 湖南       | NULL   | NULL     |
| 105 | 李夏   |  17 | 河南       | 123459 | 河南开封 |
| 106 | 刘建立 |  19 | 福建       | 123455 | 福建福州 |
| 107 | 张丽莉 |  18 | 湖北       | 123454 | 湖北武汉 |
+-----+--------+-----+------------+--------+----------+
7 rows in set (0.01 sec)

mysql>
```

图 8-10 在查询结果中给表取别名

8.2.7 使用 LIMIT 限制查询数据

当数据表中包含大量的数据时，可以通过指定显示记录数限制返回的结果集中的行数。LIMIT 是 MySQL 中的一个特殊关键字，可以用来指定查询结果从哪条记录开始显示，还可以指定一共显示多少条记录。LIMIT 关键字有两种使用方式，分别是不指定初始位置和指定初始位置。

1. 不指定初始位置

LIMIT 关键字不指定初始位置时，记录从第一条记录开始显示，显示记录的条数由 LIMIT 关键字指定。其语法规则如下：

```
LIMIT 记录数
```

其中，“记录数”参数表示显示记录的条数。如果“记录数”的值小于查询结果的总记录数，将会从第一条记录开始，显示指定条数的记录。如果“记录数”的值大于查询结果的总记录数，数据库系统会直接显示查询出来的所有记录。

实例 8：使用 LIMIT 关键字限制查询数据

查询 students 表中所有的数据记录，但只显示前 3 条，执行语句如下：

```
SELECT * FROM students LIMIT 3;
```

执行结果如图 8-11 所示，即可完成指定数据的查询。结果中只显示了三条记录，该实例说明了"LIMIT 3"限制了显示条数为 3。

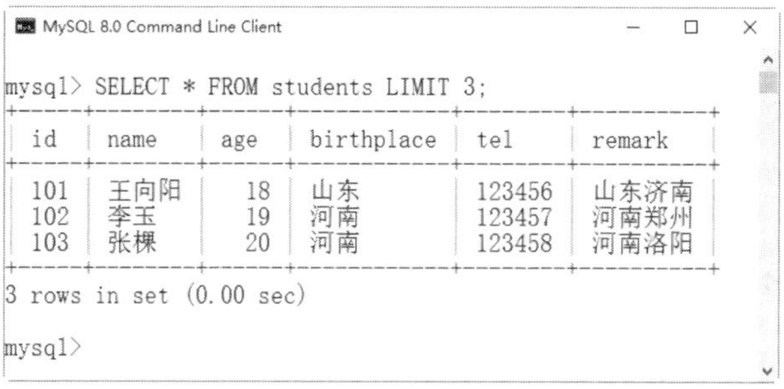

图 8-11　指定显示查询结果

2. 指定初始位置

LIMIT 关键字可以指定从哪条记录开始显示，并且可以指定显示多少条记录。其语法规则如下：

```
LIMIT 初始位置,记录数
```

其中，"初始位置"参数指定从哪条记录开始显示，"记录数"参数表示显示记录的条数。第一条记录的位置是 0，第二条记录的位置是 1，后面的记录依次类推。

实例 9：通过指定初始位置来限制查询数据

查询 students 表中所有的数据记录，从第二条记录开始显示，共显示三条数据记录，执行语句如下。

```
SELECT * FROM students LIMIT 1,3;
```

执行结果如图 8-12 所示，即可完成指定数据的查询，结果中只显示了第 2、第 3 和第 4 条数据记录。从结果可以看出，LIMIT 关键字可以指定从哪条记录开始显示，也可以指定显示多少条记录。

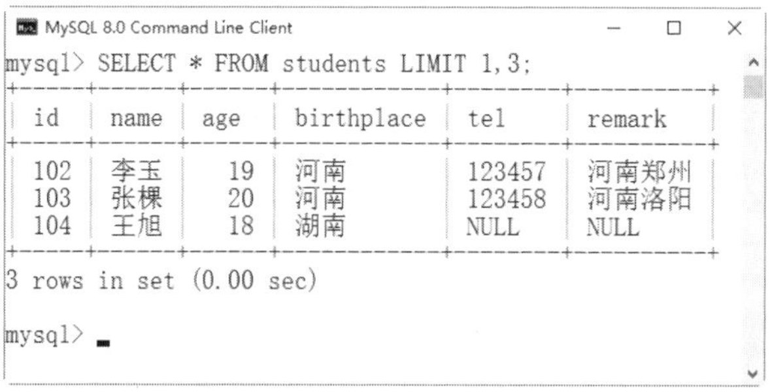

图 8-12　显示查询记录

> **知识扩展**：LIMIT 关键字是 MySQL 中所特有的。LIMIT 关键字可以指定需要显示的记录的初始位置，0 表示第一条记录。例如，如果需要查询成绩表中前 10 名的学生信息，可以使用 ORDER BY 关键字将记录按照分数的降序排序，然后使用 LIMIT 关键字指定只查询前 10 记录。

8.3 使用 WHERE 子句进行条件查询

WHERE 子句用于给定源表和视图中记录的筛选条件，只有符合筛选条件的记录才能为结果集提供数据，否则将不入选结果集。WHERE 字句中的筛选条件由一个或多个条件表达式组成。WHERE 字句常用的查询条件有多种，如表 8-1 所示。

表 8-1 查询条件

查询条件	符号或关键字
比较	=、<>、<、<=、>、>=、!=、!>、!<
指定范围	BETWEEN AND、NOT BETWEEN AND
指定集合	IN、NOT IN
匹配字符	LIKE、NOT LIKE
是否为空值	IS NULL、IS NOT NULL
多个查询条件	AND、OR

8.3.1 比较查询条件的数据查询

MySQL 在比较查询条件中的关键字或符号如表 8-2 所示。比较字符串数据时，字符的逻辑顺序由字符数据的排序规则来定义。系统将从两个字符串的第一个字符自左至右进行对比，直到对比出两个字符串的大小。

表 8-2 比较运算符

操作符	说　明	操作符	说　明
=	相等	>=	大于或者等于
<>	不相等	!=	不等于，与<>作用相等
<	小于	!>	不大于
<=	小于或者等于	!<	不小于
>	大于		

▎实例 10：使用关系表达式查询数据记录

在 students 数据表中查询年龄为 18 的学生信息，使用 "="操作符，执行语句如下：

```
SELECT id,name, age,birthplace
FROM students
WHERE age =18;
```

执行结果如图 8-13 所示。该实例采用了简单的相等过滤，查询指定列 age 的值为 18 的记录。另外，相等判断还可以用来比较字符串。

查找 name 为"李夏"的学生信息，执行语句如下：

```
SELECT id,name, age,birthplace
FROM students
WHERE name = '李夏';
```

执行结果如图 8-14 所示。

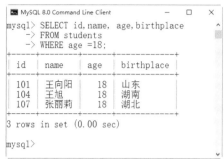
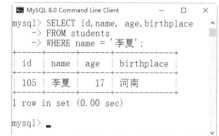

图 8-13　使用相等运算符对数值判断　　图 8-14　使用相等运算符进行字符串值判断

查询 age 小于 19 的学生信息，使用 "<" 操作符，执行语句如下：

```
SELECT id,name, age,birthplace
FROM students
WHERE age < 19;
```

执行结果如图 8-15 所示，可以看到在查询结果中，所有记录的 age 字段的值均小于 19，而大于或等于 19 的记录没有被显示。

图 8-15　使用小于运算符进行查询

8.3.2　带 BETWEEN AND 的范围查询

使用 BETWEEN AND 可以进行范围查询，该运算符需要两个参数，即范围的开始值和结束值，如果记录的字段值满足指定的范围查询条件，则这些记录被返回。

实例 11：使用 BETWEEN AND 查询数据记录

查询学生 age 在 17～19 之间的学生信息，执行语句如下：

```
SELECT id,name, age,birthplace
FROM students
WHERE age BETWEEN 17 AND 19;
```

执行结果如图 8-16 所示，可以看到，返回结果包含了年龄从 17～19 之间的字段值，并且端点值 19 也包括在返回结果中，即 BETWEEN 匹配范围中所有值，包括开始值和结束值。

如果在 BETWEEN AND 运算符前加关键字 NOT，表示指定范围之外的值，即字段值不满足指定范围内的值，则这些记录被返回。

例如，查询年龄在 18～19 之外的学生信息，执行语句如下：

```
SELECT id,name, age,birthplace
FROM students
WHERE age NOT BETWEEN 18 AND 19;
```

执行结果如图 8-17 所示，由结果可以看到，返回的记录包括 age 字段大于 19 和 age 字段小于 18 的记录，但不包括开始值和结束值。

```
mysql> SELECT id,name, age,birthplace
    -> FROM students
    -> WHERE age BETWEEN 17 AND 19;
+------+--------+------+------------+
| id   | name   | age  | birthplace |
+------+--------+------+------------+
| 101  | 王向阳 |   18 | 山东       |
| 102  | 李玉   |   19 | 河南       |
| 104  | 王旭   |   18 | 湖南       |
| 105  | 李夏   |   17 | 河南       |
| 106  | 刘建立 |   19 | 福建       |
| 107  | 张丽莉 |   18 | 湖北       |
+------+--------+------+------------+
6 rows in set (0.01 sec)

mysql>
```

图 8-16　使用 BETWEEN AND 运算符

```
mysql> SELECT id,name, age,birthplace
    -> FROM students
    -> WHERE age NOT BETWEEN 18 AND 19;
+------+------+------+------------+
| id   | name | age  | birthplace |
+------+------+------+------------+
| 103  | 张棵 |   20 | 河南       |
| 105  | 李夏 |   17 | 河南       |
+------+------+------+------------+
2 rows in set (0.00 sec)

mysql>
```

图 8-17　使用 NOT BETWEEN AND 运算符

8.3.3　带 IN 关键字的查询

IN 关键字用来查询满足指定条件范围内的记录。使用 IN 关键字时，将所有检索条件用括号括起来，检索条件用逗号分隔开，只要满足条件范围内的一个值即为匹配项。

实例 12：使用 IN 关键字查询数据记录

查询 id 为 101 和 102 的学生数据记录，执行语句如下：

```
SELECT id,name, age,birthplace
FROM students
WHERE id IN (101,102);
```

执行结果如图 8-18 所示。

相反的，可以使用关键字 NOT 来检索不在条件范围内的记录。

例如，查询所有 id 不等于 101 也不等于 102 的学生数据记录，执行语句如下：

```
SELECT id,name, age,birthplace
FROM students
WHERE id NOT IN (101,102);
```

执行结果如图 8-19 所示。从查询结果可以看到，该语句在 IN 关键字前面加上了 NOT 关键字，使得查询的结果与上述实例的结果正好相反。前面检索了 id 等于 101 和 102 的记录，而这里所要求查询的记录中的 id 字段值不等于这两个值中的任何一个。

```
mysql> SELECT id,name, age,birthplace
    -> FROM students
    -> WHERE id IN (101,102);
+------+--------+------+------------+
| id   | name   | age  | birthplace |
+------+--------+------+------------+
| 101  | 王向阳 |   18 | 山东       |
| 102  | 李玉   |   19 | 河南       |
+------+--------+------+------------+
2 rows in set (0.03 sec)

mysql>
```

图 8-18　使用 IN 关键字查询

```
mysql> SELECT id,name, age,birthplace
    -> FROM students
    -> WHERE id NOT IN (101,102);
+------+--------+------+------------+
| id   | name   | age  | birthplace |
+------+--------+------+------------+
| 103  | 张棵   |   20 | 河南       |
| 104  | 王旭   |   18 | 湖南       |
| 105  | 李夏   |   17 | 河南       |
| 106  | 刘建立 |   19 | 福建       |
| 107  | 张丽莉 |   18 | 湖北       |
+------+--------+------+------------+
5 rows in set (0.00 sec)

mysql>
```

图 8-19　使用 NOT IN 运算符查询

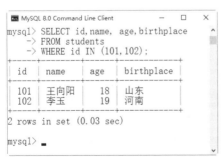

8.3.4 带 LIKE 的字符匹配查询

LIKE 关键字可以匹配字符串是否相等。如果字段的值与指定的字符串相匹配，则满足查询条件，该记录将被查询出来。如果与指定的字符串不匹配，则不满足查询条件。语法格式如下：

```
[NOT] LIKE '字符串'
```

主要参数介绍如下。
- NOT：是可选参数，加上 NOT 表示与指定的字符串不匹配时满足条件。
- 字符串：表示指定用来匹配的字符串，该字符串必须加上单引号或双引号。字符串参数的值可以是一个完整的字符串，也可以是包含百分号（%）或者下划线（_）的通配符。

> **知识扩展**：百分号（%）或者下划线（_）在应用时有很大的区别。
> - 百分号（%）：可以代表任意长度的字符串，长度可以是 0。例如，b%k 表示以字母 b 开头，以字母 k 结尾的任意长度的字符串，该字符串可以是 bk、book、break 等。
> - 下划线（_）：只能表示单个字符。例如，b_k 表示以字母 b 开头，以字母 k 结尾的 3 个字符。中间的下划线（_）可以代表任意一个字符，如 bok、buk 和 bak 等字符串。

实例 13：使用 LIKE 关键字查询数据记录

1. 百分号通配符"%"匹配任意长度的字符，甚至包括零字符

例如，查找所有籍贯以'河'开头的学生信息，执行语句如下：

```
SELECT id,name, age,birthplace
FROM students
WHERE birthplace LIKE '河%';
```

执行结果如图 8-20 所示。该语句查询的结果返回所有以'河'开头的学生信息，'%'告诉 SQL Server，返回所有 birthplace 字段以'河'开头的记录，不管'河'后面有多少个字符。

另外，在搜索匹配时，通配符"%"可以放在不同位置。

例如：在 students 表中，查询学生描述信息 remark 中包含字符'南'的记录，执行语句如下：

```
SELECT name, age,remark
FROM students
WHERE remark LIKE '%南%';
```

执行结果如图 8-21 所示。该语句查询 remark 字段描述中包含'南'的学生信息，只要描述中有字符'南'，其前面或后面不管有多少个字符，都满足查询的条件。

图 8-20 查询以'河'开头的学生名称

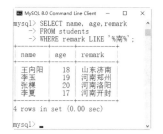

图 8-21 描述信息包含字符'南'的学生

2. 下划线通配符"_"，一次只能匹配任意一个字符

下划线通配符"_"，一次只能匹配任意一个字符。该通配符的用法和"%"相同，区别是"%"匹配多个字符，而"_"只匹配任意单个字符；如果要匹配多个字符，则需要使用相同个数的"_"。

例如，在 students 表中，查询学生籍贯以字符'南'结尾，且'南'前面只有1个字符的记录，执行语句如下：

```
SELECT name, age, birthplace
FROM students
WHERE birthplace LIKE '_南';
```

执行结果如图8-22所示。从结果可以看到，以'南'结尾且前面只有1个字符的记录有4条。

3. NOT LIKE 关键字

NOT LIKE 关键字表示字符串不匹配的情况下满足条件。

查找 student 表中所有不是姓'李'的学生信息，执行语句如下：

```
SELECT *FROM students
WHERE name NOT LIKE '李%';
```

执行结果如图8-23所示，即可完成数据的条件查询，并显示查询结果。该语句查询的结果返回不是姓李的学生信息。

图 8-22　查询结果　　　　图 8-23　显示不是姓'李'的学生信息

8.3.5　未知空数据的查询

数据表创建的时候，设计者可以指定某列中是否可以包含空值（NULL）。空值不同于0，也不同于空字符串，空值一般表示数据未知、不使用或将在以后添加。在 SELECT 语句中使用 IS NULL 子句，可以查询某字段内容为空的记录。

实例14：使用 IS NULL 查询空值

例如，查询学生表中 tel 字段为空的数据记录，执行语句如下：

```
SELECT * FROM students
WHERE tel IS NULL;
```

执行结果如图8-24所示。

与 IS NULL 相反的是 IS NOT NULL，该子句查找字段不为空的记录。

例如，查询学生表中 tel 不为空的数据记录，执行语句如下：

```
SELECT * FROM students
WHERE tel IS NOT NULL;
```

执行结果如图 8-25 所示。可以看到，查询出来的记录的 tel 字段都不为空值。

```
mysql> SELECT * FROM students
    -> WHERE tel IS NULL;
+-----+------+-----+------------+------+--------+
| id  | name | age | birthplace | tel  | remark |
+-----+------+-----+------------+------+--------+
| 104 | 王旭 |  18 | 湖南       | NULL | NULL   |
+-----+------+-----+------------+------+--------+
1 row in set (0.00 sec)

mysql>
```

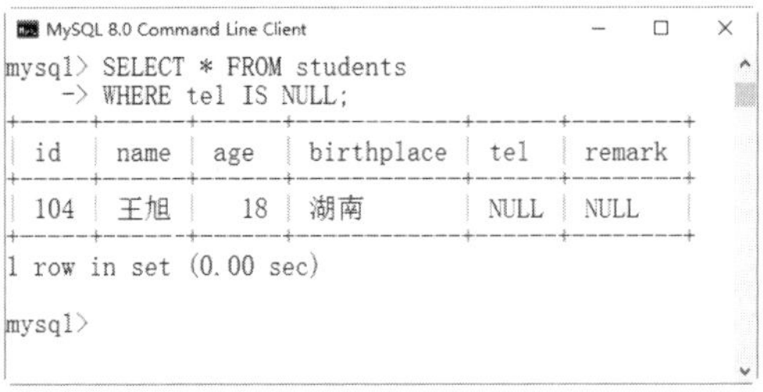

图 8-24　查询 tel 字段为空的记录

```
mysql> SELECT * FROM students
    -> WHERE tel IS NOT NULL;
+-----+--------+-----+------------+--------+----------+
| id  | name   | age | birthplace | tel    | remark   |
+-----+--------+-----+------------+--------+----------+
| 101 | 王向阳 |  18 | 山东       | 123456 | 山东济南 |
| 102 | 李玉   |  19 | 河南       | 123457 | 河南郑州 |
| 103 | 张棵   |  20 | 河南       | 123458 | 河南洛阳 |
| 105 | 李夏   |  17 | 河南       | 123459 | 河南开封 |
| 106 | 刘建立 |  19 | 福建       | 123455 | 福建福州 |
| 107 | 张丽莉 |  18 | 湖北       | 123454 | 湖北武汉 |
+-----+--------+-----+------------+--------+----------+
6 rows in set (0.00 sec)

mysql>
```

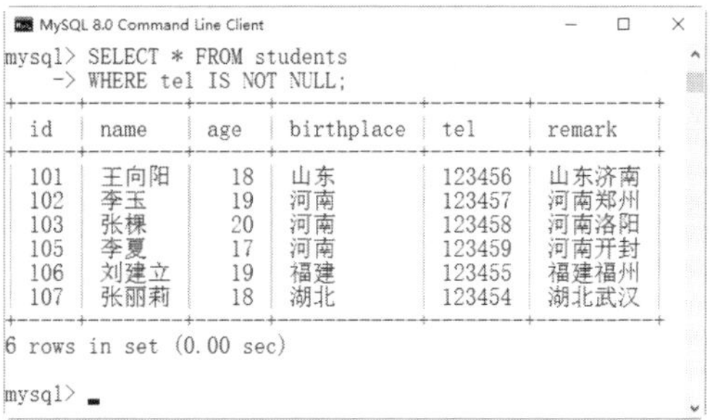

图 8-25　查询 tel 字段不为空的记录

8.3.6　带 AND 的多条件查询

AND 关键字可以用来联合多个条件进行查询。使用 AND 关键字时，只有同时满足所有查询条件的记录会被查询出来。如果不满足这些查询条件的其中一个，这样的记录将被排除掉。AND 关键字的语法规则如下：

```
条件表达式1 AND 条件表达式2 …AND 条件表达式n
```

主要参数介绍如下。

- AND：用于连接两个条件表达式。而且，可以同时使用多个 AND 关键字，这样可以连接更多的条件表达式。
- 条件表达式 n：用于查询的条件。

实例 15：使用 AND 关键字查询数据

使用 AND 关键字来查询 students 表中学号为 101，而且 birthplace 为“山东”的记录。执行语句如下：

```
SELECT *FROM students
WHERE id=101 AND birthplace LIKE '山东';
```

执行结果如图 8-26 所示，即可完成数据的条件查询，并显示查询结果。可以看到，查询出来的记录其学号为 101，且 birthplace 为“山东”。

```
mysql> SELECT *FROM students
    -> WHERE id=101 AND birthplace LIKE '山东';
+-----+--------+-----+------------+--------+----------+
| id  | name   | age | birthplace | tel    | remark   |
+-----+--------+-----+------------+--------+----------+
| 101 | 王向阳 |  18 | 山东       | 123456 | 山东济南 |
+-----+--------+-----+------------+--------+----------+
1 row in set (0.00 sec)

mysql>
```

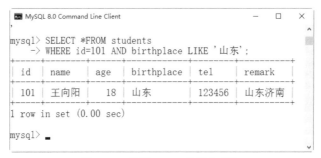

图 8-26　使用 AND 关键字查询

使用 AND 关键字来查询 students 表中学号为 103，birthplace 为“河南”，而且年龄小于 25 的记录。执行语句如下：

```
SELECT *FROM students
WHERE id=103 AND birthplace= '河南'  AND age<25;
```

执行结果如图 8-27 所示，即可完成数据的条件查询，并显示查询结果。可以看到，查询出来的记录满足 3 个条件。本实例中使用了“<”和“=”这两个运算符，其中，“=”可以用 LIKE 替换。

```
MySQL 8.0 Command Line Client
mysql> SELECT *FROM students
    -> WHERE id=103 AND birthplace='河南' AND age<25;
+-----+------+-----+------------+--------+----------+
| id  | name | age | birthplace | tel    | remark   |
+-----+------+-----+------------+--------+----------+
| 103 | 张棵 |  20 | 河南       | 123458 | 河南洛阳 |
+-----+------+-----+------------+--------+----------+
1 row in set (0.00 sec)

mysql>
```

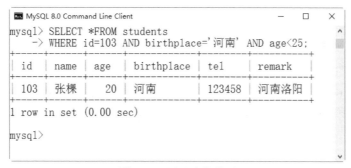

图 8-27　显示查询结果

使用 AND 关键字来查询 student 表，查询条件为学号取值在 {101,102,103} 这个集合之中，年龄范围为 17 ～ 21，而且 birthplace 为“河南”。执行语句如下：

```
SELECT *FROM students
WHERE id IN (101,102,103) AND age BETWEEN 17 AND 21 AND birthplace LIKE  '河南' ;
```

执行结果如图 8-28 所示，即可完成数据的条件查询，并显示查询结果。本实例中使用了 IN、BETWEEN AND 和 LIKE 关键字，还使用了通配符“%”。因此，结果中显示的记录同时满足了这 3 个条件。

```
MySQL 8.0 Command Line Client
mysql> SELECT *FROM students
    -> WHERE id IN (101,102,103) AND age BETWEEN 17 AND 21 AND
birthplace LIKE '河南';
+-----+------+-----+------------+--------+----------+
| id  | name | age | birthplace | tel    | remark   |
+-----+------+-----+------------+--------+----------+
| 102 | 李玉 |  19 | 河南       | 123457 | 河南郑州 |
| 103 | 张棵 |  20 | 河南       | 123458 | 河南洛阳 |
+-----+------+-----+------------+--------+----------+
2 rows in set (0.01 sec)

mysql>
```

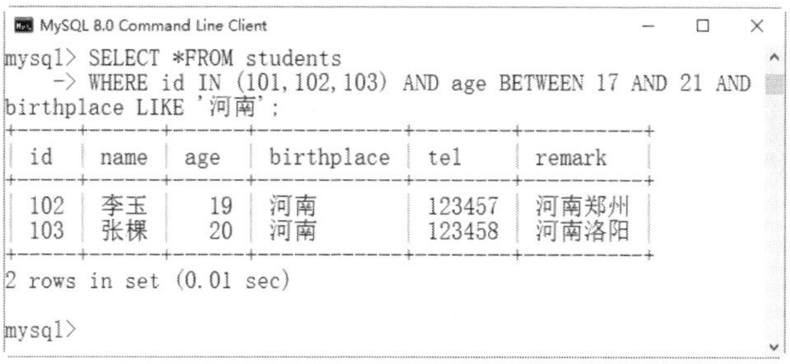

图 8-28　显示满足条件的记录

8.3.7　带 OR 的多条件查询

OR 关键字也可以用来联合多个条件进行查询，但是与 AND 关键字不同，使用 OR 关键字时，只要满足这几个查询条件的其中一个，这样的记录就会被查询出来。如果不满足这些查询条件中的任何一个，这样的记录将被排除掉。OR 关键字的语法规则如下：

```
条件表达式1 OR 条件表达式2 [⋯OR 条件表达式n]
```

主要参数介绍如下。

- OR：用于连接两个条件表达式。而且，可以同时使用多个 OR 关键字，这样可以连接更多的条件表达式。
- 条件表达式 n：用于查询的条件。

实例 16：使用 OR 关键字查询数据

使用 OR 关键字来查询 students 表中学号为 101，或者 birthplace 为“河南”的记录。执行语句如下：

```
SELECT *FROM students
WHERE id=101 OR birthplace LIKE ‘河南’;
```

执行结果如图 8-29 所示，即可完成数据的条件查询，并显示查询结果。可以看到，查询出的学号为 102、103 和 104 的记录学号都不等于 101。但是，这两条记录的 birthplace 字段为“河南”，这就说明使用 OR 关键字时，只要满足多个条件中的其中一个，就可以被查询出来。

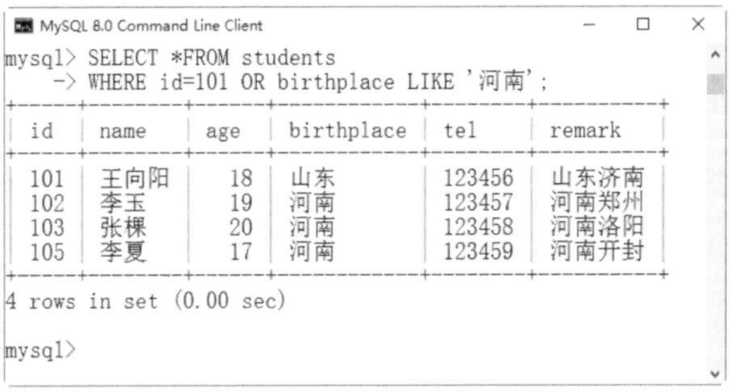

```
MySQL 8.0 Command Line Client
mysql> SELECT *FROM students
    -> WHERE id=101 OR birthplace LIKE '河南';
+-----+--------+-----+------------+--------+----------+
| id  | name   | age | birthplace | tel    | remark   |
+-----+--------+-----+------------+--------+----------+
| 101 | 王向阳 |  18 | 山东       | 123456 | 山东济南 |
| 102 | 李玉   |  19 | 河南       | 123457 | 河南郑州 |
| 103 | 张棵   |  20 | 河南       | 123458 | 河南洛阳 |
| 105 | 李夏   |  17 | 河南       | 123459 | 河南开封 |
+-----+--------+-----+------------+--------+----------+
4 rows in set (0.00 sec)

mysql>
```

图 8-29　带 OR 关键字的查询

使用 OR 关键字来查询 student 表，查询条件为学号取值在 {101,102,103} 集合之中，或者年龄范围从 17~21，或者 birthplace 为“河南”。执行语句如下：

```
SELECT *FROM students
WHERE id IN (101,102,103) OR age BETWEEN 17 AND 21 OR birthplace LIKE ‘河南’;
```

执行结果如图 8-30 所示，即可完成数据的条件查询，并显示查询结果。本实例中使用了 IN、BETWEEN AND 和 LIKE 关键字，还使用了通配符“%”。因此，结果中显示的记录只要满足这 3 个条件表达式中的任何一个，就会被查询出来。

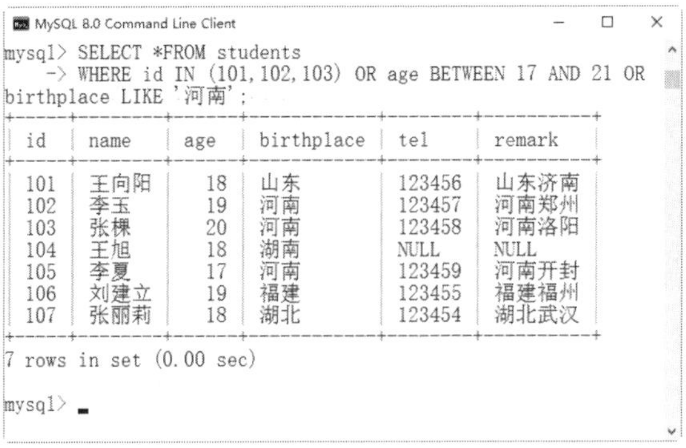

```
MySQL 8.0 Command Line Client
mysql> SELECT *FROM students
    -> WHERE id IN (101,102,103) OR age BETWEEN 17 AND 21 OR
birthplace LIKE '河南';
+-----+--------+-----+------------+--------+----------+
| id  | name   | age | birthplace | tel    | remark   |
+-----+--------+-----+------------+--------+----------+
| 101 | 王向阳 |  18 | 山东       | 123456 | 山东济南 |
| 102 | 李玉   |  19 | 河南       | 123457 | 河南郑州 |
| 103 | 张棵   |  20 | 河南       | 123458 | 河南洛阳 |
| 104 | 王旭   |  18 | 湖南       | NULL   | NULL     |
| 105 | 李夏   |  17 | 河南       | 123459 | 河南开封 |
| 106 | 刘建立 |  19 | 福建       | 123455 | 福建福州 |
| 107 | 张丽莉 |  18 | 湖北       | 123454 | 湖北武汉 |
+-----+--------+-----+------------+--------+----------+
7 rows in set (0.00 sec)

mysql>
```

图 8-30　带多个条件的 OR 关键字查询

另外，OR 关键字还可以与 AND 关键字一起使用。当两者一起使用时，AND 的优先级要比 OR 高。例如，同时使用 OR 关键字和 AND 关键字来查询 students 表，执行语句如下：

```
SELECT *FROM students
WHERE id IN (101,102,103) AND age=18 OR birthplace LIKE '河南';
```

执行结果如图 8-31 所示，即可完成数据的条件查询，并显示查询结果。从查询结果中可以得出，条件"id IN (101,102,103) AND age=18"确定了学号为 101 的记录。条件"birthplace LIKE '河南'"确定了学号为 102、103 和 105 的记录。

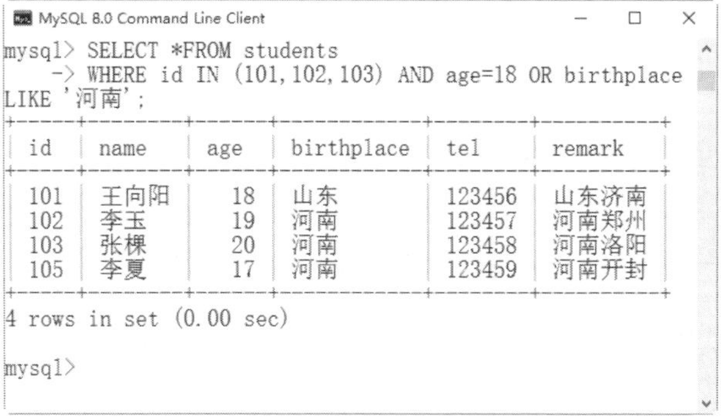

图 8-31　OR 关键字和 AND 关键字的查询

如果将条件"id IN (101,102,103) AND age=18"与"birthplace LIKE '河南'"的顺序调换一下，再来看看执行结果。执行语句如下：

```
SELECT *FROM students
WHERE birthplace LIKE '河南' OR id IN (101,102,103) AND age=18;
```

执行结果如图 8-32 所示，即可完成数据的条件查询，并显示查询结果。结果是一样的。这就说明 AND 关键字前后的条件先结合，然后再与 OR 关键字的条件结合，代表 AND 要比 OR 优先计算。

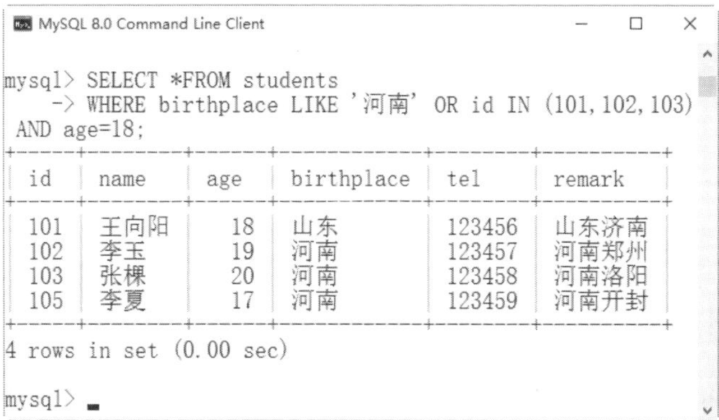

图 8-32　显示查询结果

> **知识扩展**：AND 和 OR 关键字可以连接条件表达式，这些条件表达式中可以使用"="">"等操作符，也可以使用 IN、BETWEEN AND 和 LIKE 等关键字，而且，LIKE 关键字匹配字符串时可以使用"%"和"_"等通配符。

8.4 操作查询的结果

从表中查询出来的数据可能是无序的,或者其排列顺序不是用户所期望的。这时,我们可以对查询结果进行排序,还可以对查询结果分组显示或分组过滤显示。

8.4.1 对查询结果进行排序

为了使查询结果的顺序满足用户的要求,我们可以使用 ORDER BY 关键字对记录进行排序,其语法格式如下:

```
ORDER BY 属性名[ASC|DESC]
```

主要参数介绍如下。
- 属性名:表示按照该字段进行排序。
- ASC:表示按升序的顺序进行排序。
- DESC:表示按降序的顺序进行排序。默认的情况下,按照 ASC 方式进行排序。

实例17:使用默认排序方式

查询学生表 students 中的所有记录,按照 age 字段进行排序,执行语句如下:

```
SELECT * FROM students ORDER BY age;
```

执行结果如图 8-33 所示,即可完成数据的排序查询,并显示查询结果。从查询结果可以看出,students 表中的记录是按照 age 字段的值进行升序排序的。这就说明 ORDER BY 关键字可以设置查询结果按某个字段进行排序,而且默认情况下,是按升序进行排序的。

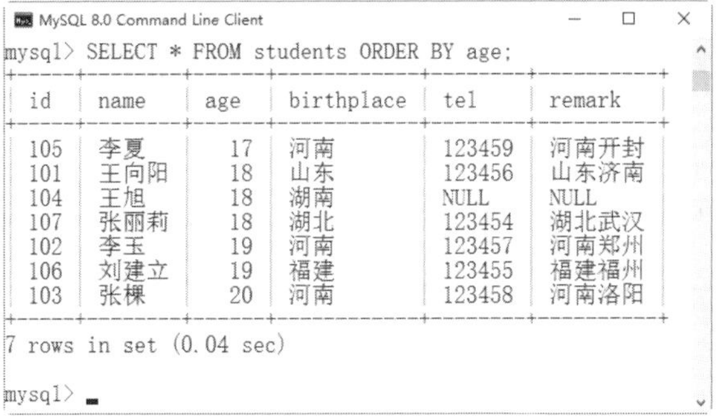

图 8-33 默认排序方式

实例18:使用升序排序方式

查询学生表 students 中的所有记录,按照 age 字段的升序方式进行排序,执行语句如下:

```
SELECT * FROM students ORDER BY age ASC;
```

执行结果如图 8-34 所示,即可完成数据的排序查询,并显示查询结果。从查询结果可以看出,students 表中的记录是按照 age 字段的值进行升序排序的。这就说明,加上 ASC 参数,记录是按照升序进行排序的,这与不加 ASC 参数返回的结果相同。

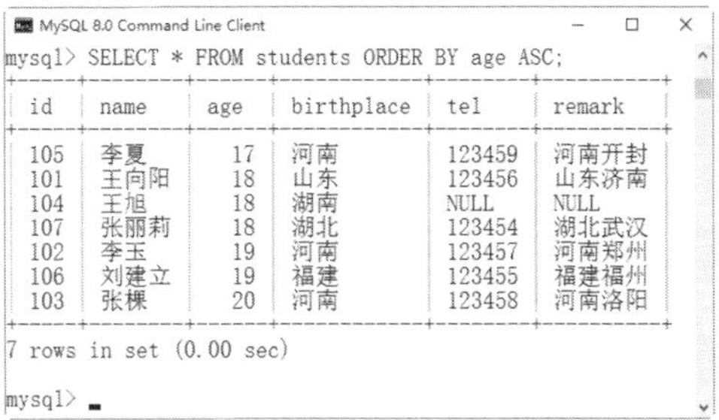

```
MySQL 8.0 Command Line Client
mysql> SELECT * FROM students ORDER BY age ASC;
+-----+--------+-----+------------+--------+----------+
| id  | name   | age | birthplace | tel    | remark   |
+-----+--------+-----+------------+--------+----------+
| 105 | 李夏   |  17 | 河南       | 123459 | 河南开封 |
| 101 | 王向阳 |  18 | 山东       | 123456 | 山东济南 |
| 104 | 王旭   |  18 | 湖南       | NULL   | NULL     |
| 107 | 张丽莉 |  18 | 湖北       | 123454 | 湖北武汉 |
| 102 | 李玉   |  19 | 河南       | 123457 | 河南郑州 |
| 106 | 刘建立 |  19 | 福建       | 123455 | 福建福州 |
| 103 | 张棵   |  20 | 河南       | 123458 | 河南洛阳 |
+-----+--------+-----+------------+--------+----------+
7 rows in set (0.00 sec)

mysql>
```

图 8-34　对查询结果升序排序

实例 19：使用降序排序方式

查询学生表 students 中的所有记录，按照 age 字段的降序方式进行排序，执行语句如下：

```
SELECT * FROM students ORDER BY age DESC;
```

执行结果如图 8-35 所示，即可完成数据的排序查询，并显示查询结果。从查询结果可以看出，student 表中的记录是按照 age 字段的值进行降序排序的。这就说明，加上 DESC 参数，记录是按照降序进行排序的。

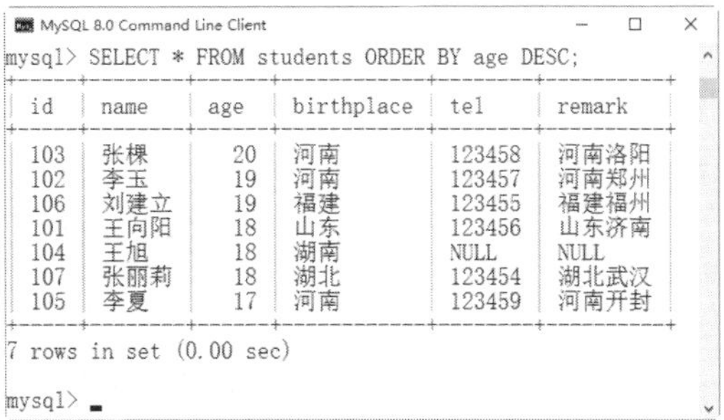

```
MySQL 8.0 Command Line Client
mysql> SELECT * FROM students ORDER BY age DESC;
+-----+--------+-----+------------+--------+----------+
| id  | name   | age | birthplace | tel    | remark   |
+-----+--------+-----+------------+--------+----------+
| 103 | 张棵   |  20 | 河南       | 123458 | 河南洛阳 |
| 102 | 李玉   |  19 | 河南       | 123457 | 河南郑州 |
| 106 | 刘建立 |  19 | 福建       | 123455 | 福建福州 |
| 101 | 王向阳 |  18 | 山东       | 123456 | 山东济南 |
| 104 | 王旭   |  18 | 湖南       | NULL   | NULL     |
| 107 | 张丽莉 |  18 | 湖北       | 123454 | 湖北武汉 |
| 105 | 李夏   |  17 | 河南       | 123459 | 河南开封 |
+-----+--------+-----+------------+--------+----------+
7 rows in set (0.00 sec)

mysql>
```

图 8-35　对查询结果降序排序

> **注意：** 在查询时，如果数据表中要排序的字段值为空值（NULL），这条记录将显示为第一条记录。因此，按升序排序时，含空值的记录将最先显示。可以理解为空值是该字段的最小值，所以按降序排序时，该字段为空值的记录将最后显示。

8.4.2 对查询结果进行分组

分组查询是对数据按照某个或多个字段进行分组，MySQL 中使用 GROUP BY 子句对数据进行分组，基本语法形式为：

```
[GROUP BY  字段] [HAVING <条件表达式>]
```

主要参数介绍如下。

- 字段：表示进行分组时所依据的列名称。
- HAVING <条件表达式>：指定 GROUP BY 分组显示时需要满足的限定条件。

GROUP BY 子句通常和集合函数一起使用，例如 MAX()、MIN()、COUNT()、SUM()、AVG()。

实例 20：对查询结果进行分组显示

例如，根据学生籍贯对 students 表中的数据进行分组，执行语句如下：

```
SELECT birthplace, COUNT(*) AS Total FROM students
GROUP BY birthplace;
```

执行结果如图 8-36 所示。从查询结果显示，birthplace 表示学生籍贯，Total 字段是用 COUNT() 函数计算得出，GROUP BY 子句按照籍贯 birthplace 字段并分组数据。

另外使用 GROUP BY 可以对多个字段进行分组，GROUP BY 子句后面跟需要分组的字段，SQL Server 根据多字段的值来进行层次分组，分组层次从左到右，即先按第 1 个字段分组，然后在第 1 个字段值相同的记录中再根据第 2 个字段的值进行分组……以此类推。

例如，根据学生籍贯 birthplace 和学生姓名 name 字段对 students 表中的数据进行分组，执行语句如下：

```
SELECT birthplace,name FROM students
GROUP BY birthplace,name;
```

执行结果如图 8-37 所示。由结果可以看到，查询记录先按照籍贯 birthplace 进行分组，再对学生姓名 name 字段按不同的取值进行分组。

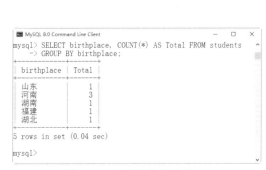

图 8-36　对查询结果分组

图 8-37　根据多列对查询结果分组

8.4.3　对分组结果过滤查询

GROUP BY 可以和 HAVING 一起限定显示记录所需满足的条件，只有满足条件的分组才会被显示。

实例 21：对查询结果进行分组并过滤显示

根据学生籍贯 birthplace 字段对 students 表中的数据进行分组，并显示学生数量大于 1 的分组信息，执行语句如下：

```
SELECT birthplace, COUNT(*) AS Total FROM students
GROUP BY birthplace HAVING COUNT(*) > 1;
```

执行结果如图 8-38 所示。由结果可以看到，birthplace 为"河南"的学生数量大于 1，满足 HAVING 子句条件，因此出现在返回结果中；而其他籍贯的学生数量等于 1，不满足这里的限定条件，因此不在返回结果中。

图 8-38 使用 HAVING 子句对分组查询结果过滤

8.5 使用聚合函数进行统计查询

有时候并不需要返回实际表中的数据，而只是对数据进行总结，MySQL 提供了一些查询功能，可以对获取的数据进行分析和报告，这就是聚合函数，具体的名称和作用如表 8-3 所示。

表 8-3 聚合函数

函　　数	作　　用	函　　数	作　　用
AVG()	返回某列的平均值	MIN()	返回某列的最小值
COUNT()	返回某列的行数	SUM()	返回某列值的和
MAX()	返回某列的最大值		

8.5.1 使用 SUM() 求列的和

SUM() 是一个求总和的函数，返回指定列值的总和。

实例 22：使用 SUM() 函数统计列的和

使用 SUM() 函数统计 students 表中学生年龄的总和，执行语句如下：

```
SELECT SUM(age) AS 总年龄 FROM students;
```

执行结果如图 8-39 所示，即可完成数据的计算操作，并显示计算结果。

图 8-39 sum() 函数统计列的和

另外，SUM() 可以与 GROUP BY 一起使用，来统计不同籍贯的学生总年龄。例如：使用 SUM() 函数统计 students 表中不同籍贯学生的年龄和，SUM 函数与 GROUP BY 关键字一起使用，输入 SQL 语句如下：

```
SELECT birthplace, SUM(age) FROM students GROUP BY birthplace;
```

执行结果如图 8-40 所示，即可完成数据的计算操作，并显示计算结果。

```
MySQL 8.0 Command Line Client
mysql> SELECT birthplace, SUM(age) FROM students GROUP BY
BY birthplace;
+------------+----------+
| birthplace | SUM(age) |
+------------+----------+
| 山东       |       18 |
| 河南       |       56 |
| 湖北       |       18 |
| 湖南       |       18 |
| 福建       |       19 |
+------------+----------+
5 rows in set (0.00 sec)

mysql>
```

图 8-40　SUM() 与 GROUP BY 查询数据

> **注意**：SUM() 函数在计算时，忽略列值为 NULL 的行。

8.5.2　使用 AVG () 求列平均值

AVG() 函数通过计算返回的行数和每一行数据的和，求得指定列数据的平均值。

实例 23：使用 AVG() 函数统计列的平均值

例如，在 students 表中，查询籍贯为“河南”的学生的年龄平均值，执行语句如下：

```
SELECT AVG(age) AS avg_age
FROM students
WHERE birthplace= '河南' ;
```

执行结果如图 8-41 所示。该例中通过添加查询过滤条件，计算出指定籍贯学生的年龄平均值，而不是所有学生的年龄平均值。

另外，AVG() 可以与 GROUP BY 一起使用，来计算每个分组的平均值。

例如，在 students 表中，查询每一个籍贯的学生年龄的平均值，执行语句如下：

```
SELECT birthplace,AVG(age) AS avg_age
FROM students
GROUP BY birthplace;
```

执行结果如图 8-42 所示。

```
MySQL 8.0 Command Line Client
mysql> SELECT AVG(age) AS avg_age
    -> FROM students
    -> WHERE birthplace='河南';
+---------+
| avg_age |
+---------+
| 18.6667 |
+---------+
1 row in set (0.02 sec)

mysql>
```

图 8-41　使用 AVG 函数对列求平均值

```
MySQL 8.0 Command Line Client
mysql> SELECT birthplace, AVG(age) AS avg_age
    -> FROM students
    -> GROUP BY birthplace;
+------------+---------+
| birthplace | avg_age |
+------------+---------+
| 山东       | 18.0000 |
| 河南       | 18.6667 |
| 湖南       | 18.0000 |
| 福建       | 19.0000 |
| 湖北       | 18.0000 |
+------------+---------+
5 rows in set (0.01 sec)

mysql>
```

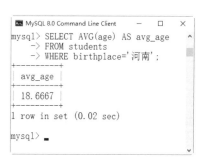

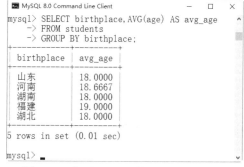

图 8-42　使用 AVG 函数对分组求平均值

> 提示：GROUP BY 子句根据籍贯字段对记录进行分组，然后计算出每个分组的平均值。这种分组求平均值的方法非常有用，如求不同班级学生成绩的平均值，求不同部门工人的平均工资，求各地的年平均气温等。

8.5.3 使用 MAX() 求列最大值

MAX() 返回指定列中的最大值。

实例 24：使用 MAX() 函数查找列的最大值

例如，在 students 表中查找年龄最大值，执行语句如下：

```
SELECT MAX(age) AS max_age
FROM students;
```

执行结果如图 8-43 所示，由结果可以看到，MAX() 函数查询出了 age 字段的最大值 20。

MAX() 也可以和 GROUP BY 子句一起使用，求每个分组中的最大值。

例如，在 students 表中查找不同籍贯的年龄最高的学生，执行语句如下：

```
SELECT birthplace, MAX(age) AS max_age
FROM students
GROUP BY birthplace;
```

执行结果如图 8-44 所示。由结果可以看到，GROUP BY 子句根据 birthplace 字段对记录进行分组，然后计算出每个分组中的最大值。

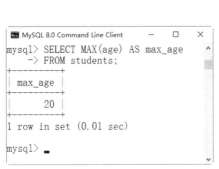

图 8-43　使用 MAX 函数求最大值

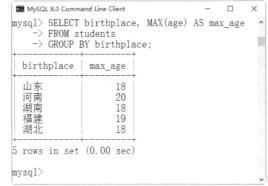

图 8-44　使用 MAX 函数求每个分组中的最大值

8.5.4 使用 MIN() 求列最小值

MIN() 返回查询列中的最小值。

实例 25：使用 MIN() 函数查找列的最小值

例如，在 students 表中查找学生的最低年龄值，执行语句如下：

```
SELECT MIN(age) AS min_age
FROM students;
```

执行结果如图 8-45 所示。由结果可以看到，MIN() 函数查询出了 age 字段的最小值 17。
另外，MIN() 也可以和 GROUP BY 子句一起使用，求每个分组中的最小值。
例如，在 students 表中查找不同籍贯的年龄最低值，执行语句如下：

```
SELECT birthplace, MIN(age) AS min_age
FROM students
GROUP BY birthplace;
```

执行结果如图 8-46 所示。由结果可以看到，GROUP BY 子句根据 birthplace 字段对记录进行分组，然后计算出每个分组中的最小值。

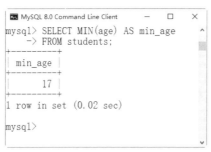
图 8-45　使用 MIN 函数求列最小值

图 8-46　使用 MIN 函数求分组中的最小值

> **提示**：MIN() 函数与 MAX() 函数类似，不仅适用于查找数值类型，也可用于字符类型。

8.5.5　使用 COUNT() 统计

COUNT() 函数统计数据表中包含的记录行的总数，或者根据查询结果返回列中包含的数据行数。其使用方法有两种。
- COUNT(*)：计算表中总的行数，不管某列是否有数值或者为空值。
- COUNT(字段名)：计算指定列下总的行数，此时将忽略字段值为空值的行。

实例 26：使用 COUNT() 统计数据表的行数

例如，查询学生表 students 表中总的行数，执行语句如下：

```
SELECT COUNT(*) AS 学生总数
FROM students;
```

执行查询结果如图 8-47 所示，由查询结果可以看到，COUNT(*) 返回 students 表中记录的总行数，不管其值是什么，返回的总数的名称为"学生总数"。
当要查询的信息为空值 NULL 时，COUNT() 函数不计算该行记录。
例如，查询学生表 students 中有联系电话信息的学生记录总数，执行语句如下：

```
SELECT COUNT(tel) AS tel_num
FROM students;
```

执行查询结果如图 8-48 所示。由查询结果可以看到，表中 7 个学生记录只有 1 个没有联系电话信息，因此返回数值为 6。

图 8-47　使用 COUNT 函数计算总记录数

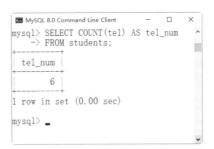
图 8-48　返回有具体列值的记录总数

注意：实例 26 中的两个不同的数值，说明了两种方式在计算总数的时候对待 NULL 值的方式不同：指定列的值为空的行被 COUNT() 函数忽略；如果不指定列，而是在 COUNT() 函数中使用星号"*"，则所有记录都不会被忽略。

另外，COUNT() 函数与 GROUP BY 子句可以一起使用，用来计算不同分组中的记录总数。例如，在 students 表中，使用 COUNT() 函数统计不同籍贯的学生数量，执行语句如下：

```
SELECT birthplace     '籍贯', COUNT(name)
    '学生数量'
FROM students
GROUP BY birthplace;
```

执行结果如图 8-49 所示。由查询结果可以看到，GROUP BY 子句先按照籍贯进行分组，然后计算每个分组中的总记录数。

图 8-49　使用 COUNT 函数求分组记录和

8.6　疑难问题解析

疑问 1：在 MySQL 数据库中查询出的中文数据是乱码，怎么解决？

答：安装好数据库后，导入数据，由于之前数据采用 gbk 编码，而 MySQL 使用 utf8 编码，所以查询出来的数据是乱码。解决方法为，登录 MySQL，执行 set names gbk 命令，再次查询中文显示正常。

疑问 2：在 SELECT 语句中，何时使用分组字句，何时不必使用分组字句？

答：SELECT 语句中使用分组字句的先决条件是要有聚合函数。当聚合函数值与其他属性的值无关时，不必使用分组字句；当聚合函数值与其他属性的值有关时，必须使用分组字句。

8.7　综合实战训练营

实战 1：创建数据表并在数据表中插入数据。

创建数据表 employee 和 dept，表结构以及表中的数据记录，如表 8-4 ～表 8-7 所示。

表 8-4 employee 表结构

字段名	字段说明	数据类型	主键	外键	非空	唯一	自增
e_no	员工编号	INT(11)	是	否	是	是	否
e_name	员工姓名	VARCHAR(50)	否	否	是	否	否
e_gender	员工性别	CHAR(2)	否	否	否	否	否
dept_no	部门编号	INT(11)	否	是	是	否	否
e_job	职位	VARCHAR(50)	否	否	是	否	否
e_salary	薪水	INT(11)	否	否	是	否	否
hireDate	入职日期	DATE	否	否	是	否	否

表 8-5 dept 表结构

字段名	字段说明	数据类型	主键	外键	非空	唯一	自增
d_no	部门编号	INT(11)	是	是	是	是	是
d_name	部门名称	VARCHAR(50)	否	否	是	否	否
d_location	部门地址	VARCHAR(100)	否	否	否	否	否

表 8-6 employee 表中的记录

e_no	e_name	e_gender	dept_no	e_job	e_salary	hireDate
1001	SMITH	m	20	CLERK	800	2005-11-12
1002	ALLEN	f	30	SALESMAN	1600	2003-05-12
1003	WARD	f	30	SALESMAN	1250	2003-05-12
1004	JONES	m	20	MANAGER	2975	1998-05-18
1005	MARTIN	m	30	SALESMAN	1250	2001-06-12
1006	BLAKE	f	30	MANAGER	2850	1997-02-15
1007	CLARK	m	10	MANAGER	2450	2002-09-12
1008	SCOTT	m	20	ANALYST	3000	2003-05-12
1009	KING	f	10	PRESIDENT	5000	1995-01-01
1010	TURNER	f	30	SALESMAN	1500	1997-10-12
1011	ADAMS	m	20	CLERK	1100	1999-10-05
1012	JAMES	f	30	CLERK	950	2008-06-15

表 8-7 dept 表中的记录

d_no	d_name	d_location
10	ACCOUNTING	ShangHai
20	RESEARCH	BeiJing
30	SALES	ShenZhen
40	OPERATIONS	FuJian

(1) 创建数据表 dept, 并为 d_no 字段添加主键约束。

(2) 创建 employee 表, 为 dept_no 字段添加外键约束, 这里 employee 表的 dept_no 依赖于父表 dept 的主键 d_no 字段。

(3) 向 dept 表中插入数据。

(4) 向 employee 表中插入数据。

实战 2：查询数据表中满足条件的数据记录。

（1）在 employee 表中，查询所有记录的 e_no、e_name 和 e_salary 字段值。

（2）在 employee 表中，查询 dept_no 等于 10 和 20 的所有记录。

（3）在 employee 表中，查询工资范围在 800～2500 的员工信息。

（4）在 employee 表中，查询部门编号为 20 的部门中的员工信息。

（5）在 employee 表中，查询每个部门最高工资的员工信息。

（6）查询员工 BLAKE 所在部门和部门所在地。

（7）查询所有员工的部门和部门信息。

（8）在 employee 表中，计算每个部门各有多少名员工。

（9）在 employee 表中，计算不同类型职工的总工资数。

（10）在 employee 表中，计算不同部门的平均工资。

（11）在 employee 表中，查询工资低于 1500 的员工信息。

（12）在 employee 表中，将查询记录先按部门编号由高到低排列，再按员工工资由高到低排列。

（13）在 employee 表中，查询员工姓名以字母 A 或 S 开头的员工的信息。

（14）在 employee 表中，查询到目前为止，工龄大于等于 10 年的员工信息。

第9章 数据的复杂查询

📖 本章导读

数据库管理系统的一个重要功能就是提供数据查询。数据查询不是简单返回数据库中存储的数据，而是应该根据需要对数据进行筛选，以及数据将以什么样的格式显示。本章介绍数据表中数据的复杂查询，主要内容包括多表嵌套查询、多表连接查询、使用排序函数查询、使用正则表达式查询等。

📑 知识导图

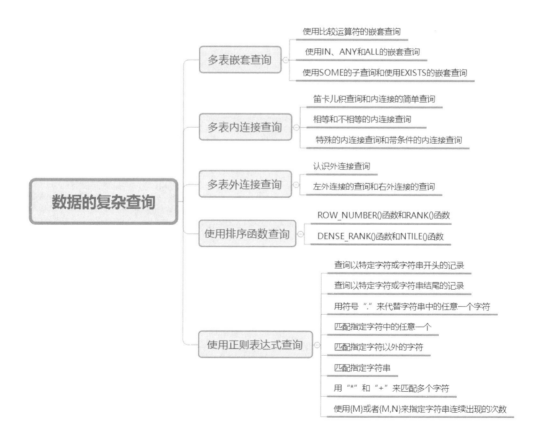

9.1 多表嵌套查询

多表嵌套查询又被称为子查询。在 SELECT 子句中，先计算子查询，再将子查询结果作为外层另一个查询的过滤条件，查询可以基于一个表或者多个表。子查询中可以使用比较运算符，如"<""<="">"">="和"!="等，子查询中常用的操作符有 ANY、SOME、ALL、IN、EXISTS 等。

9.1.1 使用比较运算符的嵌套查询

嵌套查询中可以使用的比较运算符有"<""<=""="">="和"!="等。为演示多表之间的嵌套查询操作，在数据库 mydb 中，创建水果表（fruits 表）和水果供应商表（suppliers 表），执行语句如下：

```
USE mydb
CREATE TABLE fruits
(
f_id        char(10),
s_id        INT,
f_name      VARCHAR(255),
f_price     decimal(8,2)
);
CREATE TABLE suppliers
(
s_id        char(10),
s_name      varchar(50),
s_city      varchar(50)
);
```

在命令提示符窗口中输入创建数据表的语句，然后执行语句，即可完成数据表的创建，如图 9-1 和图 9-2 所示。

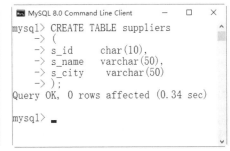

图 9-1　fruits 表　　　　图 9-2　suppliers 表

创建好数据表后，下面分别向这两张数据表中添加数据记录，执行语句如下：

```
INSERT INTO fruits (f_id, s_id, f_name, f_price)
VALUES('a1', 101,'苹果',5.2),
      ('b1',101,'黑莓', 10.2),
      ('bs1',102,'橘子', 11.2),
```

```
            ('bs2',105,'甜瓜',8.2),
            ('t1',102,'香蕉', 10.3),
            ('t2',102,'葡萄', 5.3),
            ('o2',103,'椰子', 10.2),
            ('c0',101,'樱桃', 3.2),
            ('a2',103, '杏子',2.2),
            ('l2',104,'柠檬', 6.4),
            ('b2',104,'浆果', 7.6),
            ('m1',106,'芒果', 15.6);
    INSERT INTO suppliers (s_id, s_name, s_city)
        VALUES('101','润绿果蔬', '天津'),
              ('102','绿色果蔬', '上海'),
              ('103','阳光果蔬', '北京'),
              ('104','生鲜果蔬', '郑州'),
              ('105','天天果蔬', '上海'),
              ('106','新鲜果蔬', '云南'),
              ('107','老高果蔬', '广东');
```

执行结果如图 9-3 和图 9-4 所示，即可完成数据的添加。

图 9-3　fruits 表数据记录　　　　图 9-4　suppliers 表数据记录

实例 1：使用比较运算符进行嵌套查询

例如，在 suppliers 表中查询供应商所在城市等于"北京"的供应商编号 s_id，然后在水果表 fruits 中查询所有该供应商编号的水果信息，执行语句如下：

```
SELECT f_id, f_name FROM fruits
WHERE s_id=
(SELECT s_id FROM suppliers WHERE s_city = '北京');
```

执行结果如图 9-5 所示。该子查询首先在 suppliers 表中查找 s_city 等于北京的供应商编号 s_id，然后在外层查询时，在 fruits 表中查找 s_id 等于内层查询返回值的记录。

结果表明，在"北京"的水果供应商总共供应 2 种水果类型，分别为"杏子""椰子"。

例如，在 suppliers 表中查询 s_city 等于"北京"的供应商编号 s_id，然后在 fruits 表中查询所有非该供应商的水果信息，执行语句如下：

```
SELECT f_id, f_name FROM fruits
WHERE s_id<>
(SELECT s_id FROM suppliers WHERE s_city = '北京');
```

执行结果如图 9-6 所示。该子查询的执行过程与前面相同，在这里使用了不等于"<>"

运算符，因此返回的结果和前面正好相反。

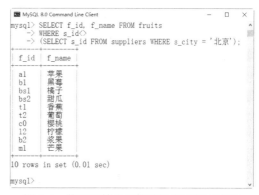

图 9-5　使用等号运算符进行比较子查询　　图 9-6　使用不等号运算符进行比较子查询

9.1.2　使用 IN 的嵌套查询

使用 IN 关键字进行嵌套查询时，内层查询语句仅仅返回一个数据列，这个数据列里的值将提供给外层查询语句进行比较操作。

实例 2：使用 IN 关键字进行嵌套查询

例如，在 fruits 表中查询水果编号为 a1 的水果供应商编号，然后根据供应商编号 s_id 查询其供应商名称 s_name，执行语句如下：

```
SELECT s_name FROM suppliers
WHERE s_id IN
(SELECT s_id FROM fruits WHERE f_id = 'a1');
```

执行结果如图 9-7 所示。这个查询过程可以分步执行，首先内层子查询查出 fruits 表中符合条件的供应商编号的 s_id，查询结果为 101。然后执行外层查询，在 suppliers 表中查询供应商编号 s_id 等于 101 的供应商名称。

另外，可以分开执行上述查询过程中的两条 SELECT 语句，对比其返回值。子查询语句可以写为如下形式，以实现相同的效果：

```
SELECT s_name FROM suppliers WHERE s_id IN(101);
```

这个例子说明在处理 SELECT 语句的时候，MySQL 实际上执行了两个操作过程，即先执行内层子查询，再执行外层查询，内层子查询的结果作为外部查询的比较条件。

SELECT 语句中可以使用 NOT IN 运算符，其作用与 IN 正好相反。

例如，与前一个例子语句类似，但是在 SELECT 语句中使用 NOT IN 运算符，执行语句如下：

```
SELECT s_name FROM suppliers
WHERE s_id NOT IN
(SELECT s_id FROM fruits WHERE f_id = 'a1');
```

执行结果如图 9-8 所示。

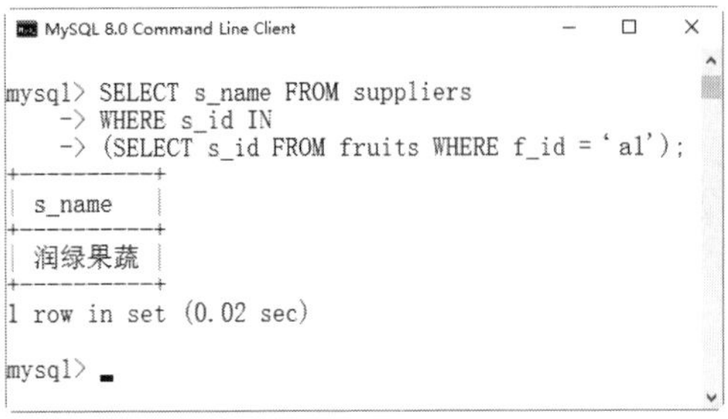

图 9-7　使用 IN 关键字进行子查询

图 9-8　使用 NOT IN 关键字进行子查询

9.1.3　使用 ANY 的嵌套查询

ANY 关键字也是在嵌套查询中经常使用的。通常都会使用比较运算符来连接 ANY 得到的结果，用于比较某一列的值是否全部都大于 ANY 后面子查询中查询的最小值或者小于 ANY 后面嵌套查询中的最大值。

实例 3：使用 ANY 关键字进行嵌套查询

使用嵌套查询来查询供应商"润绿果蔬"中水果价格大于供应商"阳光果蔬"提供的水果价格水果信息，执行语句如下：

```
SELECT * FROM fruits
WHERE f_price>ANY
(SELECT f_price FROM fruits
WHERE s_id=(SELECT s_id FROM suppliers WHERE s_name='阳光果蔬'))
AND s_id=101;
```

执行结果如图 9-9 所示。

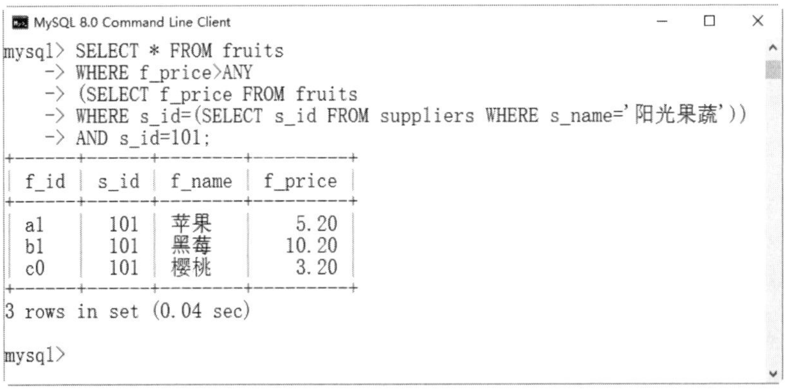

图 9-9　使用 ANY 关键字查询

从查询结果中可以看出，ANY 前面的运算符 ">" 代表了对 ANY 后面嵌套查询的结果中任意值进行是否大于的判断。如果要判断小于可以使用 "<" 运算符，判断不等于可以使用 "!=" 运算符。

9.1.4 使用 ALL 的嵌套查询

ALL 关键字与 ANY 不同，使用 ALL 时需要同时满足所有内层查询的条件。

实例 4：使用 ALL 关键字进行嵌套查询

使用嵌套查询来查询供应商“润绿果蔬”中水果价格大于供应商“天天果蔬”提供的水果信息，执行语句如下：

```
SELECT * FROM fruits
WHERE f_price>ALL
(SELECT f_price FROM fruits
WHERE s_id=(SELECT s_id FROM suppliers WHERE s_name='天天果蔬'))
AND s_id=101;
```

执行结果如图 9-10 所示。从结果中可以看出，“润绿果蔬”提供的水果信息只返回水果价格大于“天天果蔬”提供的水果价格最大值的水果信息。

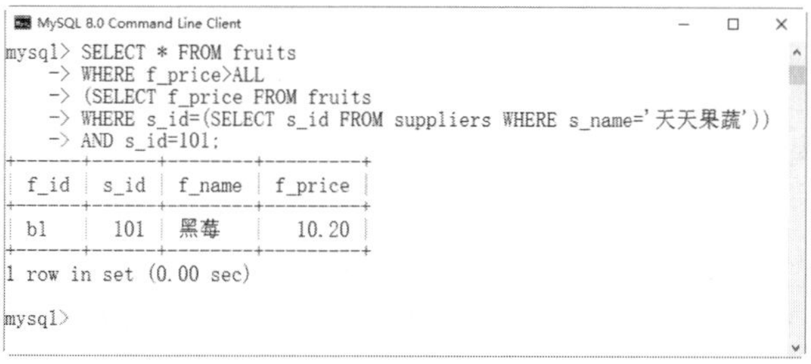

```
mysql> SELECT * FROM fruits
    -> WHERE f_price>ALL
    -> (SELECT f_price FROM fruits
    -> WHERE s_id=(SELECT s_id FROM suppliers WHERE s_name='天天果蔬'))
    -> AND s_id=101;
+------+------+--------+---------+
| f_id | s_id | f_name | f_price |
+------+------+--------+---------+
| b1   |  101 | 黑莓   |   10.20 |
+------+------+--------+---------+
1 row in set (0.00 sec)

mysql>
```

图 9-10 使用 ALL 关键嵌套查询

9.1.5 使用 SOME 的子查询

SOME 关键字的用法与 ANY 关键字的用法相似，但是意义不同。SOME 通常用于比较满足查询结果中的任意一个值，而 ANY 要满足所有值才可以。因此，在实际应用中，需要特别注意查询条件。

实例 5：使用 SOME 关键字进行嵌套查询

查询水果信息表，并使用 SOME 关键字选出所有“天天果蔬”与“生鲜果蔬”的水果信息。执行语句如下：

```
SELECT * FROM fruits
WHERE s_id=SOME(SELECT s_id FROM
suppliers WHERE s_name='天天果蔬' OR s_name='
生鲜果蔬');
```

执行结果如图 9-11 所示。

从结果中可以看出，所有“天天果蔬”与“生鲜果蔬”的水果信息都查询出来了，这个关键字与 IN 关键字可以完成相同的功能。也就是说，当在 SOME 运算符前面使用“=”时，就代表了 IN 关键字的用途。

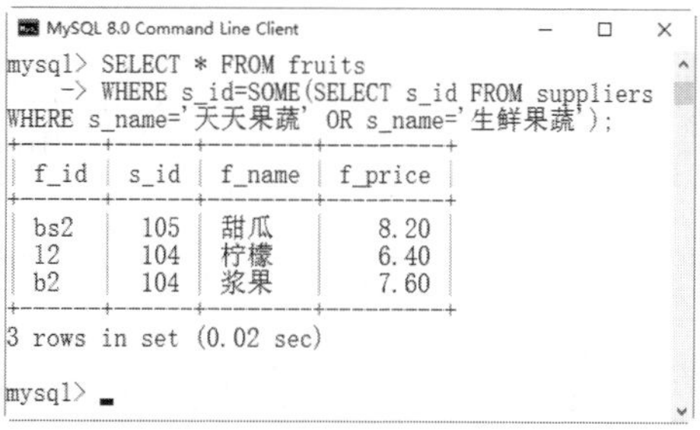

```
mysql> SELECT * FROM fruits
    -> WHERE s_id=SOME(SELECT s_id FROM suppliers
WHERE s_name='天天果蔬' OR s_name='生鲜果蔬');
+------+------+--------+---------+
| f_id | s_id | f_name | f_price |
+------+------+--------+---------+
| bs2  |  105 | 甜瓜   |    8.20 |
| 12   |  104 | 柠檬   |    6.40 |
| b2   |  104 | 浆果   |    7.60 |
+------+------+--------+---------+
3 rows in set (0.02 sec)

mysql>
```

图 9-11 使用 SOME 关键字查询

9.1.6 使用 EXISTS 的嵌套查询

EXISTS 关键字代表"存在"的意思，应用于嵌套查询中，只要嵌套查询返回的结果不为空，返回结果就是 TRUE，此时外层查询语句将进行查询；否则就是 FALSE，外层语句将不进行查询。通常情况下，EXISTS 关键字用在 WHERE 子句中。

实例 6：使用 EXISTS 关键字进行嵌套查询

例如，查询表 suppliers 中是否存在 s_id=106 的供应商，如果存在就查询 fruits 表中的水果信息，执行语句如下：

```
SELECT * FROM fruits
WHERE EXISTS
(SELECT s_name FROM suppliers WHERE s_id =106);
```

执行结果如图 9-12 所示。由结果可以看到，内层查询结果表明 suppliers 表中存在 s_id=106 的记录，因此 EXISTS 表达式返回 TRUE；外层查询语句接收 TRUE 之后对表 fruits 进行查询，返回所有的记录。

EXISTS 关键字还可以和条件表达式一起使用。

例如，查询表 suppliers 中是否存在 s_id=106 的供应商，如果存在就查询 fruits 表中 f_price 大于 5 的记录，执行语句如下：

```
SELECT * FROM fruits
WHERE f_price >5 AND EXISTS
(SELECT s_name FROM suppliers WHERE s_id = 106);
```

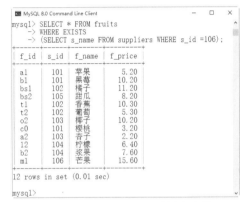

图 9-12　使用 EXISTS 关键字查询

图 9-13　使用 EXISTS 关键字的复合条件查询

执行结果如图 9-13 所示。由结果可以看到，内层查询结果表明 suppliers 表中存在 s_id=106 的记录，因此 EXISTS 表达式返回 TRUE；外层查询语句接收 TRUE 之后根据查询条件 f_price>5 对 fruits 表进行查询，返回结果为 f_price 大于 5 的记录。

NOT EXISTS 与 EXISTS 使用方法相同，返回的结果相反。子查询如果至少返回一行，那么 NOT EXISTS 的结果为 FALSE，此时外层查询语句将不进行查询；如果子查询没有返回任何行，那么 NOT EXISTS 返回的结果是 TRUE，此时外层语句将进行查询。

例如，查询表 suppliers 中是否存在 s_id=106 的供应商，如果不存在就查询 fruits 表中的记录，执行语句如下：

```
SELECT * FROM fruits
WHERE NOT EXISTS
(SELECT s_name FROM suppliers WHERE s_id = 106);
```

执行结果如图 9-14 所示。该条语句的查询结果将为空值，因为查询语句 SELECT s_

name FROM suppliers WHERE s_id=106 对 suppliers 表查询返回了一条记录，NOT EXISTS 表达式返回 FALSE，外层表达式接收 FALSE，将不再查询 fruits 表中的记录。

```
mysql> SELECT * FROM fruits
    -> WHERE NOT EXISTS
    -> (SELECT s_name FROM suppliers WHERE s_id = 106);
Empty set (0.00 sec)

mysql>
```

图 9-14　使用 NOT EXISTS 关键字的复合条件查询

注意：EXISTS 和 NOT EXISTS 的结果只取决于是否会返回行，而不取决于这些行的内容，所以这个子查询输入列表通常是无关紧要的。

9.2　多表内连接查询

连接是关系数据库模型的主要特点，连接查询是关系数据库中最主要的查询，主要包括内连接、外连接等。内连接查询操作列出与连接条件匹配的数据行，使用比较运算符比较被连接列的列值。

具体的语法格式如下。

```
SELECT column_name1, column_name2,……
FROM table1 INNER JOIN table2
ON conditions;
```

主要参数介绍如下。
- table1：数据表 1，通常在内连接中被称为左表。
- table2：数据表 2，通常在内连接中被称为右表。
- INNER JOIN：内连接的关键字。
- ON conditions：设置内连接中的条件。

9.2.1　笛卡儿积查询

笛卡儿积是针对一种多种查询的特殊结果来说的，它的特殊之处在于多表查询时没有指定查询条件，查询的是多个表中的全部记录，返回的具体结果是每张表中列的和、行的积。

实例 7：模拟笛卡儿积查询

不使用任何条件查询水果信息 fruits 表与供应商 suppliers 表中的全部数据，执行语句如下：

```
SELECT *FROM fruits,suppliers;
```

执行结果如图 9-15 所示。从结果可以看出，返回的列共有 7 列，这是两个表的列的和；返回的行是 84 行，这是两个表行的乘积，即 12×7=84。

图 9-15　笛卡儿积查询结果

> **注意**：通过笛卡儿积可以看出，在使用多表连接查询时，一定要设置查询条件，否则就会出现笛卡儿积，这样会降低数据库的访问效率，因此每一个数据库的使用者都要避免查询结果中笛卡儿积的产生。

9.2.2 内连接的简单查询

内连接可以理解为等值连接，它的查询结果全部都是符合条件的数据。

实例 8：使用内连接方式查询

使用内连接方式查询水果信息表 fruits 和供应商信息表 suppliers，执行语句如下：

```
SELECT * FROM fruits INNER JOIN suppliers
ON fruits.s_id = suppliers.s_id;
```

执行结果如图 9-16 所示。从结果可以看出，内连接查询的结果就是符合条件的全部数据。

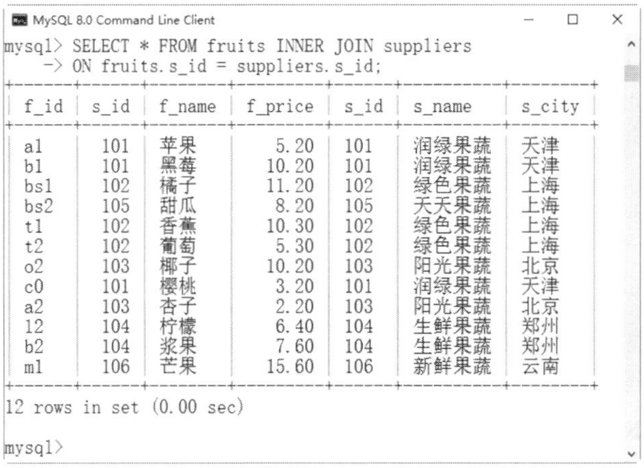

```
mysql> SELECT * FROM fruits INNER JOIN suppliers
    -> ON fruits.s_id = suppliers.s_id;
+------+------+--------+---------+------+----------+--------+
| f_id | s_id | f_name | f_price | s_id | s_name   | s_city |
+------+------+--------+---------+------+----------+--------+
| a1   | 101  | 苹果   |    5.20 | 101  | 润绿果蔬 | 天津   |
| b1   | 101  | 黑莓   |   10.20 | 101  | 润绿果蔬 | 天津   |
| bs1  | 102  | 橘子   |   11.20 | 102  | 绿色果蔬 | 上海   |
| bs2  | 105  | 甜瓜   |    8.20 | 105  | 天天果蔬 | 上海   |
| t1   | 102  | 香蕉   |   10.30 | 102  | 绿色果蔬 | 上海   |
| t2   | 102  | 葡萄   |    5.30 | 102  | 绿色果蔬 | 上海   |
| o2   | 103  | 椰子   |   10.20 | 103  | 阳光果蔬 | 北京   |
| c0   | 101  | 樱桃   |    3.20 | 101  | 润绿果蔬 | 天津   |
| a2   | 103  | 杏子   |    2.20 | 103  | 阳光果蔬 | 北京   |
| l2   | 104  | 柠檬   |    6.40 | 104  | 生鲜果蔬 | 郑州   |
| b2   | 104  | 浆果   |    7.60 | 104  | 生鲜果蔬 | 郑州   |
| m1   | 106  | 芒果   |   15.60 | 106  | 新鲜果蔬 | 云南   |
+------+------+--------+---------+------+----------+--------+
12 rows in set (0.00 sec)

mysql>
```

图 9-16　内连接的简单查询结果

9.2.3 相等内连接的查询

相等连接又叫等值连接，在连接条件中使用等于号（=）运算符比较被连接列的列值，其查询结果中列出被连接表中的所有列，包括其中的重复列。

fruits 表中的 s_id 与 suppliers 表中的 s_id 具有相同的含义，两个表通过这个字段建立联系。接下来从 fruits 表中查询 f_name、f_price 字段，从 suppliers 表中查询 s_id、s_name。

实例 9：使用相等内连接方式查询

在 fruits 表和 suppliers 表之间使用 INNER JOIN 语法进行内连接查询，执行语句如下：

```
SELECT suppliers.s_id,s_name,f_name, f_price
FROM fruits INNER JOIN suppliers
ON fruits.s_id = suppliers.s_id;
```

执行结果如图 9-17 所示。在这里的查询语句中，两个表之间的关系通过 INNER JOIN 指定，在使用这种语句的时候，连接的条件使用 ON 子句而不是 WHERE 给出，ON 和 WHERE 后面指定的条件相同。

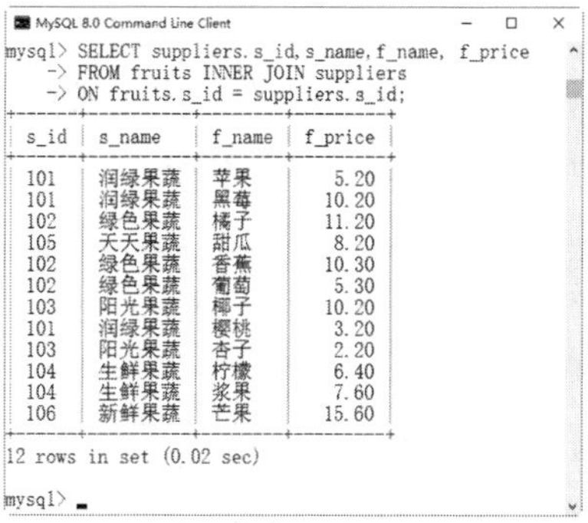

9.2.4 不相等内连接的查询

不相等内连接查询是指在连接条件中使用除等于运算符以外的其他比较运算符，比较被连接的列的列值。这些运算符包括 ">" ">=" "<=" "<" "!>" "!<" 和 "<>"。

图 9-17 使用 INNER JOIN 进行相等内连接查询

实例 10：使用不相等内连接方式查询

在 fruits 表和 suppliers 表之间使用 INNER JOIN 语法进行内连接查询，执行语句如下：

```
SELECT suppliers.s_id, s_name, f_name,f_price
FROM fruits INNER JOIN suppliers
ON fruits.s_id<>suppliers.s_id;
```

执行结果如图 9-18 所示。

9.2.5 特殊的内连接查询

如果在一个连接查询中，涉及的两个表是同一个表，那么这种查询称为自连接查询，也被称为特殊的内连接（相互连接的表在物理上为同一张表，但可以在逻辑上分为两张表）。

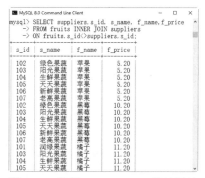

图 9-18 使用 INNER JOIN 进行不等内连接查询

实例 11：使用特殊内连接方式查询

查询供应商编号 s_id=101 的水果信息，执行语句如下：

```
SELECT DISTINCT f1.f_id, f1.f_name, f1.f_price
FROM fruits AS f1, fruits AS f2
WHERE f1.s_id = f2.s_id AND f2.s_id=101;
```

执行结果如图 9-19 所示。

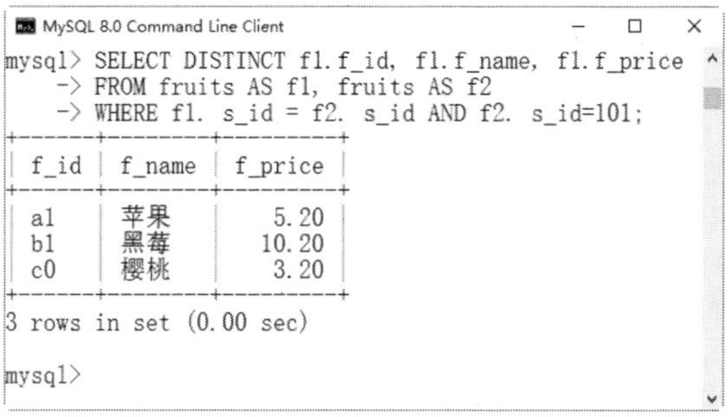

图 9-19 自连接查询

此处查询的两个表是相同的表，为了防止产生二义性，对表使用了别名。fruits 表第一次出现的别名为 f1，第二次出现的别名为 f2，使用 SELECT 语句返回列时明确指出返回以 f1 为前缀的列的全名，WHERE 连接两个表，并按照第二个表的 s_id 对数据进行过滤，返回所需数据。

9.2.6 带条件的内连接查询

带条件的连接查询是在连接查询的过程中，通过添加过滤条件限制查询的结果，使查询的结果更加准确。

实例 12：使用带条件的内连接方式查询

在 fruits 表和 suppliers 表中，使用 INNER JOIN 语法查询 fruits 表中供应商编号为 101 的水果编号、名称与供应商所在城市 s_city，执行语句如下：

```
SELECT fruits.f_id, fruits.f_name,suppliers.s_city
FROM fruits INNER JOIN suppliers
ON fruits.s_id= suppliers.s_id AND fruits.s_id=101;
```

执行结果如图 9-20 所示。结果显示，在连接查询时指定查询供应商编号为 101 的水果编号、名称以及该供应商的所在地信息，添加了过滤条件之后返回的结果将会变少，因此返回结果只有 3 条记录。

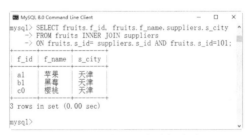

图 9-20　带条件的内连接查询

9.3 多表外连接查询

几乎所有的查询语句，查询结果全部都是需要符合条件的。换句话说，如果执行查询语句后没有符合条件的结果，那么在结果中就不会有任何记录。外连接查询则与之相反，通过外连接查询，可以在查询出符合条件的结果后显示出某张表中不符合条件的数据。

9.3.1 认识外连接查询

外连接查询包括左外连接、右外连接以及全外连接。具体的语法格式如下：

```
SELECT column_name1, column_name2,……
FROM table1 LEFT|RIGHT|FULL OUTER JOIN table2
ON conditions;
```

主要参数介绍如下。
- table1：数据表 1，通常在外连接中被称为左表。
- table2：数据表 2，通常在外连接中被称为右表。

- LEFT OUTER JOIN（左连接）：左外连接，使用左外连接时得到的查询结果中，除了符合条件的查询部分结果，还要加上左表中余下的数据。
- RIGHT OUTER JOIN（右连接）：右外连接，使用右外连接时得到的查询结果中，除了符合条件的查询部分结果，还要加上右表中余下的数据。
- FULL OUTER JOIN（全连接）：全外连接，使用全外连接时得到的查询结果中，除了符合条件的查询结果部分，还要加上左表和右表中余下的数据。
- ON conditions：设置外连接中的条件，与 WHERE 子句后面的写法一样

为了显示 3 种外连接的演示效果，首先将两张数据表中根据部门编号相等作为条件时的记录查询出来，这是因为水果表与水果供应商表是根据供应商编号字段关联的。

例如，以供应商编号相等作为条件来查询两张表的数据记录，执行语句如下：

```
SELECT * FROM fruits,suppliers
WHERE fruits.s_id=suppliers.s_id;
```

执行结果如图 9-21 所示。从查询结果中可以看出，在查询结果左侧是水果表中符合条件的全部数据，在右侧是水果供应商表中符合条件的全部数据。

下面就分别使用 3 种外连接来根据 fruits.s_id=suppliers.s_id 这个条件查询数据，请注意观察查询结果的区别。

MySQL 8.0 Command Line Client

```
mysql> SELECT * FROM fruits, suppliers
    -> WHERE fruits.s_id=suppliers.s_id;
```

f_id	s_id	f_name	f_price	s_id	s_name	s_city
a1	101	苹果	5.20	101	润绿果蔬	天津
b1	101	黑莓	10.20	101	润绿果蔬	天津
bs1	102	橘子	11.20	102	绿色果蔬	上海
bs2	105	甜瓜	8.20	105	天天果蔬	上海
t1	102	香蕉	10.30	102	绿色果蔬	上海
t2	102	葡萄	5.30	102	绿色果蔬	上海
o2	103	椰子	10.20	103	阳光果蔬	北京
c0	101	樱桃	3.20	101	润绿果蔬	天津
a2	103	杏子	2.20	103	阳光果蔬	北京
12	104	柠檬	6.40	104	生鲜果蔬	郑州
b2	104	浆果	7.60	104	生鲜果蔬	郑州
m1	106	芒果	15.60	106	新鲜果蔬	云南

```
12 rows in set (0.00 sec)
mysql>
```

图 9-21 查看两表的全部数据记录

9.3.2 左外连接的查询

左外连接的结果包括 LEFT OUTER JOIN 关键字左边连接表的所有行，而不仅仅是连接列所匹配的行。如果左表的某行在右表中没有匹配行，则在相关联的结果集行中，右表的所有相关表字段均为空值。

实例 13：使用左外连接方式查询

使用左外连接查询，将水果信息表作为左表，供应商表作为右表，为演示左外连接查询的需要，要在 fruits 中添加一条数据记录，代码如下：

```
INSERT INTO fruits (f_id, f_name, f_price)
VALUES ('m2',108,'火龙果', 15.8);
```

然后执行左外连接查询，执行语句如下：

```
SELECT * FROM fruits LEFT OUTER JOIN
suppliers
ON fruits.s_id=suppliers.s_id;
```

执行结果如图 9-22 所示。结果最后显示的 1 条记录，s_id 等于 108 的供应商编号在供应商信息表中没有记录，所以该条记录只取出了 fruits 表中相应的值，而从 suppliers 表中取出的值为空值。

MySQL 8.0 Command Line Client

```
mysql> SELECT * FROM fruits LEFT OUTER JOIN suppliers
    -> ON fruits.s_id=suppliers.s_id;
```

f_id	s_id	f_name	f_price	s_id	s_name	s_city
a1	101	苹果	5.20	101	润绿果蔬	天津
b1	101	黑莓	10.20	101	润绿果蔬	天津
c0	101	樱桃	3.20	101	润绿果蔬	天津
bs1	102	橘子	11.20	102	绿色果蔬	上海
t1	102	香蕉	10.30	102	绿色果蔬	上海
t2	102	葡萄	5.30	102	绿色果蔬	上海
o2	103	椰子	10.20	103	阳光果蔬	北京
a2	103	杏子	2.20	103	阳光果蔬	北京
12	104	柠檬	6.40	104	生鲜果蔬	郑州
b2	104	浆果	7.60	104	生鲜果蔬	郑州
bs2	105	甜瓜	8.20	105	天天果蔬	上海
m1	106	芒果	15.60	106	新鲜果蔬	云南
m2	108	火龙果	15.80	NULL	NULL	NULL

```
13 rows in set (0.00 sec)
mysql>
```

图 9-22 左外连接查询

9.3.3 右外连接的查询

右外连接是左外连接的反向连接，将返回RIGHT OUTER JOIN关键字右边表中的所有行。如果右表的某行在左表中没有匹配行，则左表将返回空值。

实例 14：使用右外连接方式查询

使用右外连接查询，将水果表作为左表，水果供应商信息表作为右表，执行语句如下：

```
SELECT * FROM fruits RIGHT OUTER JOIN suppliers
ON fruits. s_id=suppliers.s_id;
```

执行结果如图 9-23 所示。结果最后显示的 1 条记录，s_id 等于 107 的供应商编号在水果信息表中没有记录，所以该条记录只取出了 suppliers 表中相应的值，而从 fruits 表中取出的值为空值。

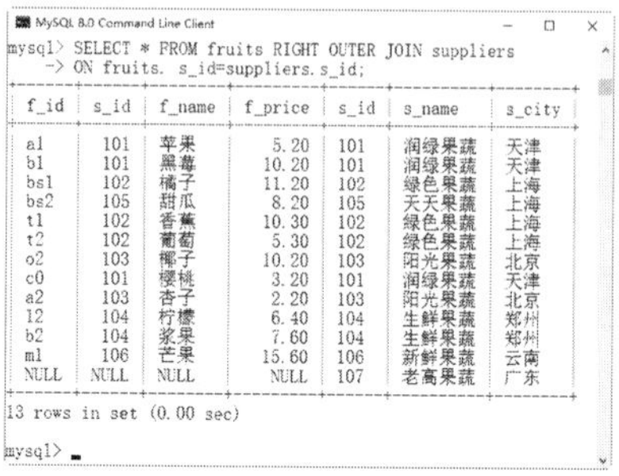
MySQL 8.0 Command Line Client

```
mysql> SELECT * FROM fruits RIGHT OUTER JOIN suppliers
    -> ON fruits. s_id=suppliers.s_id;
```

f_id	s_id	f_name	f_price	s_id	s_name	s_city
a1	101	苹果	5.20	101	润绿果蔬	天津
b1	101	黑莓	10.20	101	润绿果蔬	天津
bs1	102	橘子	11.20	102	绿色果蔬	上海
bs2	105	甜瓜	8.20	105	天天果蔬	上海
t1	102	香蕉	10.30	102	绿色果蔬	上海
t2	102	葡萄	5.30	102	绿色果蔬	上海
o2	103	椰子	10.20	103	阳光果蔬	北京
c0	101	樱桃	3.20	101	润绿果蔬	天津
a2	103	杏子	2.20	103	阳光果蔬	北京
l2	104	柠檬	6.40	104	生鲜果蔬	郑州
b2	104	浆果	7.60	104	生鲜果蔬	郑州
m1	106	芒果	15.60	106	新鲜果蔬	云南
NULL	NULL	NULL	NULL	107	老高果蔬	广东

13 rows in set (0.00 sec)

mysql>

图 9-23　右外连接查询

9.4 使用排序函数查询

在MySQL中，可以对返回的查询结果排序。排序函数可以按升序的方式组织输出结果集。用户可以为每一行，或每一个分组指定一个唯一的序号。MySQL 中有四个可以使用的排序函数，分别是 ROW_NUMBER()、RANK()、DENSE_RANK() 和 NTILE() 函数。

9.4.1 ROW_NUMBER() 函数

ROW_NUMBER 函数为每条记录增添递增的顺序数值序号，即使存在相同的值时也递增序号。

实例 15：使用 ROW_NUMBER() 函数对查询结果进行分组排序

按照编号对水果信息表中的水果进行分组排序，执行语句如下：

```
SELECT ROW_NUMBER() OVER (ORDER BY s_id ASC)
AS ROWID,s_id,f_name
FROM fruits;
```

执行结果如图 9-24 所示，从返回结果可以看到每一条记录都有一个不同的数字序号。

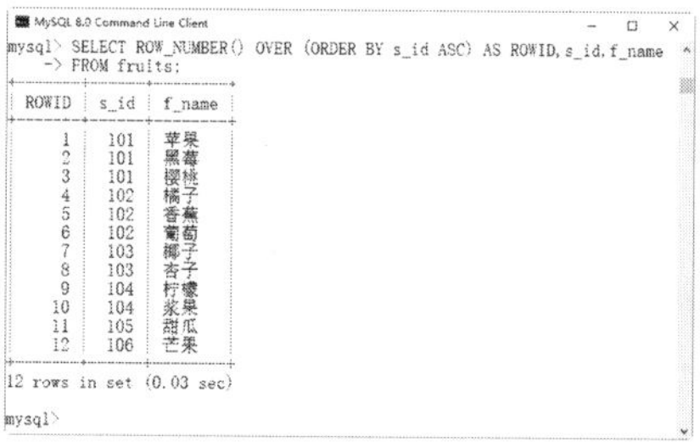
MySQL 8.0 Command Line Client

```
mysql> SELECT ROW_NUMBER() OVER (ORDER BY s_id ASC) AS ROWID,s_id,f_name
    -> FROM fruits;
```

ROWID	s_id	f_name
1	101	苹果
2	101	黑莓
3	101	樱桃
4	102	橘子
5	102	香蕉
6	102	葡萄
7	103	椰子
8	103	杏子
9	104	柠檬
10	104	浆果
11	105	甜瓜
12	106	芒果

12 rows in set (0.03 sec)

mysql>

图 9-24　使用 ROW_NUMBER 函数为查询结果排序

9.4.2 RANK() 函数

如果两个或多个行与一个排名关联，则每个关联行将得到相同的排名。例如，如果两位学生具有相同的最大 s_score 值，则他们将并列第一。由于已有两行排名在前，所以具有下一个最高 s_score 的学生将排名第三。使用 RANK() 函数并不总返回连续整数。

实例 16：使用 RANK() 函数对查询结果进行分组排序

在水果信息表中，使用 RANK() 函数可以根据 s_id 字段查询的结果进行分组排序，执行

语句如下:

```
SELECT RANK() OVER (ORDER BY s_id ASC) AS RankID,s_id,f_name
    FROM fruits;
```

执行结果如图 9-25 所示。返回的结果中,相同 s_id 值的记录的序号相同,第 4 条记录的序号为一个跳号,与前面三条记录的序号不连续。

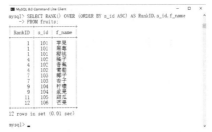

图 9-25　使用 RANK() 函数对查询结果排序

> **注意**:排序函数只和 SELECT 及 ORDER BY 语句一起使用,不能直接在 WHERE 或者 GROUP BY 子句中使用。

9.4.3　DENSE_RANK() 函数

DENSE_RANK() 函数返回结果集分区中行的排名,在排名中没有任何间断。行的排名等于所讨论行之前的所有排名数加一。即相同的数据序号相同,接下来顺序递增。

实例 17:使用 DENSE_RANK() 函数对查询结果进行分组排序

在水果信息表中,可以用 DENSE_RANK 函数根据 s_id 字段查询的结果进行分组排序。执行语句如下:

```
SELECT DENSE_RANK() OVER (ORDER BY s_id ASC) AS DENSEID,s_id,f_name
    FROM fruits;
```

执行结果如图 9-26 所示。从返回的结果中可以看到,具有相同 s_id 的记录组有相同的排列序号值,序号值依次递增。

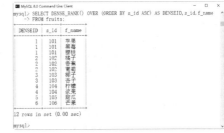

图 9-26　使用 DENSE_RANK() 函数对查询结果进行分组排序

9.4.4　NTILE() 函数

NTILE(N) 函数用来将查询结果中的记录分为 N 组。各个组有编号,编号从 1 开始。对于每一个行,NTILE() 函数将返回此行所属的组的编号。

实例 18:使用 NTILE(N) 函数对查询结果进行分组排序

在水果信息表中,使用 NTILE() 函数根据 s_id 字段查询的结果进行分组排序,执行语句如下:

```
SELECT NTILE(5) OVER (ORDER BY s_id ASC) AS NTILEID,s_id,f_name
    FROM fruits;
```

执行结果如图 9-27 所示。由结果可以看到,NTILE(5) 将返回记录分为 5 组,每组一个序号,序号依次递增。

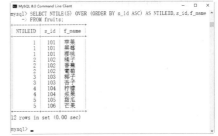

图 9-27　使用 NTILE() 函数对查询结果排序

9.5 使用正则表达式查询

正则表达式(Regular Expression)是一种文本模式,包括普通字符(例如,a 到 z 之间的字母)和特殊字符(称为"元字符")。正则表达式的查询能力比普通字符的查询能力更强大,而且更加灵活。正则表达式可以应用于非常复杂的数据查询。MySQL 中,使用 REGEXP 关键字来匹配查询正则表达式,语法规则如下:

属性名 REGEXP '匹配方式'

主要参数介绍如下。
- 属性名:表示需要查询的字段的名称。
- 匹配方式:表示以哪种方式进行匹配查询,匹配方式参数中有很多模式匹配字符,它们分别表示不同的意思,如表 9-1 所示。

表 9-1　正则表达式的模式匹配字符

字　符	描　述
^	匹配字符串开始的位置
$	匹配字符串结尾的位置
.	匹配字符串中的任意一个字符,包括回车和换行
[字符集合]	匹配"字符集合"中的任何一个字符
[^ 字符集合]	匹配除了"字符集合"以外的任何一个字符
S1|S2|S3	匹配 S1、S2 和 S3 中的任意一个字符串
*	代表多个该符号之前的字符,包括 0 和 1 个
+	代表多个该符号之前的字符,包括 1 个
字符串 {n}	字符串出现 n 次
字符串 {m,n}	字符串出现至少 m 次,最多 n 次

为演示正则表达式查询操作,这里使用 school 数据库,并在数据库中创建数据表 info,表结构如图 9-28 所示。然后在 info 数据表中添加数据记录,如图 9-29 所示。

图 9-28　创建数据表 info

图 9-29　添加数据记录

9.5.1　查询以特定字符或字符串开头的记录

使用字符"^"可以匹配以特定字符或字符串开头的记录。

实例19：使用字符"^"查询数据

例如，从 info 表 name 字段中查询以字母 L 开头的记录，执行语句如下：

```
SELECT * FROM info WHERE name REGEXP '^L';
```

执行结果如图 9-30 所示，即可完成数据的查询操作，并显示查询结果。结果显示，查询出了 name 字段中以字母 L 开头的一条记录。

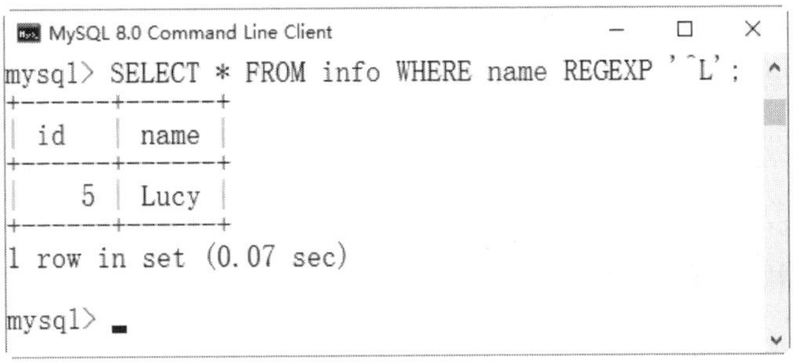

图 9-30　查询以字母 L 开头的记录

例如，从 info 表 name 字段中查询以字符串 aaa 开头的记录，执行语句如下：

```
SELECT * FROM info WHERE name REGEXP '^aaa';
```

执行结果如图 9-31 所示，即可完成数据的查询操作，并显示查询结果。结果显示，查询出了 name 字段中以字母 aaa 开头的两条记录。

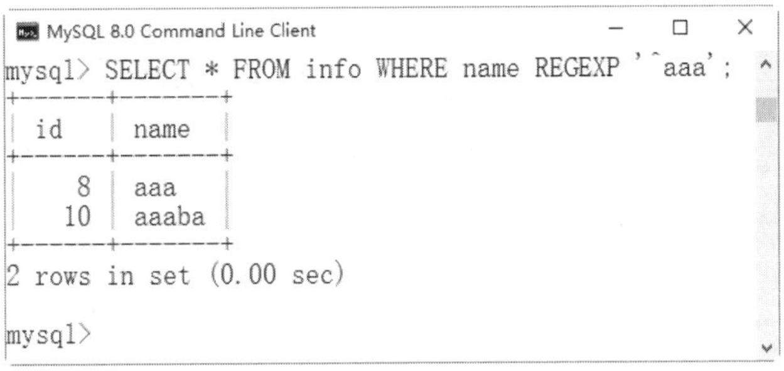

图 9-31　查询以字符串 aaa 开头的记录

9.5.2　查询以特定字符或字符串结尾的记录

使用字符"$"可以匹配以特定字符或字符串结尾的记录。

实例20：使用字符"$"查询数据

例如，从 info 表 name 字段中查询以字母 c 结尾的记录，执行语句如下：

```
SELECT * FROM info WHERE name REGEXP 'c$';
```

执行结果如图 9-32 所示，即可完成数据的查询操作，并显示查询结果。结果显示，查询出了 name 字段中以字母 c 结尾的两条记录。

```
MySQL 8.0 Command Line Client
mysql> SELECT * FROM info WHERE name REGEXP 'c$';
+------+------+
| id   | name |
+------+------+
|    2 | Eric |
+------+------+
1 row in set (0.00 sec)

mysql>
```

图 9-32　查询以字母 c 结尾的记录

例如，从 info 表 name 字段中查询以字符串 aaa 结尾的记录，执行语句如下：

```
SELECT * FROM info WHERE name REGEXP 'aaa$';
```

执行结果如图 9-33 所示，即可完成数据的查询操作，并显示查询结果。结果显示，查询出了 name 字段中以字母 aaa 结尾的两条记录。

```
MySQL 8.0 Command Line Client
mysql> SELECT * FROM info WHERE name REGEXP 'aaa$';
+------+--------+
| id   | name   |
+------+--------+
|    8 | aaa    |
|    9 | dadaaa |
+------+--------+
2 rows in set (0.00 sec)

mysql>
```

图 9-33　查询以字符串“aaa”结尾的记录

9.5.3　用符号“.”来代替字符串中的任意一个字符

在用正则表达式来查询时，可以用“.”来替代字符串中的任意一个字符。

实例 21：使用字符“.”查询数据

从 info 表 name 字段中查询以字母 L 开头，以字母 y 结尾，中间有两个任意字符的记录，执行语句如下：

```
SELECT * FROM info WHERE name REGEXP '^L..y$';
```

在上述语句中，“L”表示以字母 L 开头，两个“.”表示两个任意字符，“y$”表示以字母 y 结尾。按 Enter 键，即可完成数据的查询操作，并显示查询结果为 Lucy，如图 9-34 所示。这个刚好是以字母 L 开头，以字母 y 结尾，中间有两个任意字符的记录。

```
MySQL 8.0 Command Line Client

mysql> SELECT * FROM info WHERE name REGEXP '^L..y$';
+------+------+
| id   | name |
+------+------+
|    5 | Lucy |
+------+------+
1 row in set (0.00 sec)

mysql>
```

图 9-34　查询以字母 L 开头，以 y 结尾的记录

9.5.4 匹配指定字符中的任意一个

使用方括号（[]）可以将需要查询的字符组成一个字符集，只要记录中包含方括号中的任意字符，该记录将会被查询出来，例如，通过“[abc]”可以查询包含 a，b 和 c 等 3 个字母任何一个的记录。

实例 22：使用字符“[]”查询数据

例如，从info表name字段中查询包含e、o、c这3个字母中任意一个的记录，执行语句如下：

```
SELECT * FROM info WHERE name REGEXP ‘[eoc]’;
```

执行结果如图 9-35 所示，即可完成数据的查询操作，并显示查询结果——查询结果都包含这 3 个字母中任意一个。

```
MySQL 8.0 Command Line Client
mysql> SELECT * FROM info WHERE name REGEXP '[eoc]';
+------+--------+
| id   | name   |
+------+--------+
|    1 | Arice  |
|    2 | Eric   |
|    3 | Tom    |
|    4 | Jack   |
|    5 | Lucy   |
|    7 | abc123 |
|   13 | Rose   |
+------+--------+
7 rows in set (0.02 sec)

mysql> _
```

图 9-35　使用方括号（[]）查询

另外，使用方括号[]还可以指定集合的区间，例如“[a~z]”表示从a~z的所有字母；“[0-9]”表示从 0~9 的所有数字，“[a-z0-9]”表示包含所有的小写字母和数字。

例如，从 info 表 name 字段中查询包含数字的记录，执行语句如下：

```
SELECT * FROM info WHERE name REGEXP ‘[0-9]’;
```

执行结果如图 9-36 所示，即可完成数据的查询操作，并显示查询结果。查询结果中，name 字段取值都包含数字。

```
MySQL 8.0 Command Line Client
mysql> SELECT * FROM info WHERE name REGEXP '[0-9]';
+------+--------+
| id   | name   |
+------+--------+
|    7 | abc123 |
|   12 | ab321  |
+------+--------+
2 rows in set (0.00 sec)

mysql> _
```

图 9-36　查询包含数字的记录

例如，从 info 表 name 字段中查询包含数字或字母 a、b、c 的记录，执行语句如下：

```
SELECT * FROM info WHERE name REGEXP ‘[0-9a-c]’;
```

执行结果如图9-37所示，即可完成数据的查询操作，并显示查询结果。查询结果中，name字段取值都包含数字或者字母a、b、c中的任意一个。

```
mysql> SELECT * FROM info WHERE name REGEXP '[0-9a-c]';
+----+--------+
| id | name   |
+----+--------+
|  1 | Arice  |
|  2 | Eric   |
|  4 | Jack   |
|  5 | Lucy   |
|  7 | abc123 |
|  8 | aaa    |
|  9 | dadaaa |
| 10 | aaaba  |
| 11 | ababab |
| 12 | ab321  |
+----+--------+
10 rows in set (0.00 sec)
```

图9-37　查询包含数字或字母a、b、c的记录

> **知识扩展**：使用方括号[]可以指定需要匹配字符的集合，如果需要匹配字母a、b和c时，可以使用"[abc]"指定字符集合，每个字符之间不需要用符号隔开；如果要匹配所有字母，可以使用"[a-zA-Z]"。字母a和z之间用"-"隔开，字母z和A之间不需要用符号隔开。

9.5.5　匹配指定字符以外的字符

使用"[^字符串集合]"可以匹配指定字符以外的字符。

▎实例23：使用字符"[^]"查询数据

从info表name字段中查询包含a～w字母和数字以外的字符的记录，执行语句如下：

```
SELECT * FROM info WHERE name REGEXP '[^a-w0-9]';
```

执行结果如图9-38所示，即可完成数据的查询操作，并显示查询结果。查询结果只有Lucy，name字段取值中包含y字母，这个字母是在指定范围之外的。

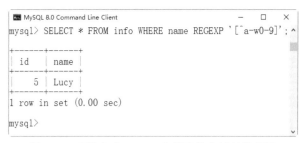

图9-38　查询包含a～w字母和数字以外的记录

9.5.6　匹配指定字符串

正则表达式可以匹配字符串，当表中的记录包含这个字符串时，就可以将该记录查询出来。如果指定多个字符串时，需要用符号"|"隔开，只要匹配这些字符串中的任意一个即可。

实例 24：使用符号"|"查询数据

例如，从 info 表 name 字段中查询包含 ic 的记录，执行语句如下：

SELECT * FROM info WHERE name REGEXP 'ic';

执行结果如图 9-39 所示，即可完成数据的查询操作，并显示查询结果。查询结果包含 Aric 和 Eric 两条记录，这两条记录都包含 ic。

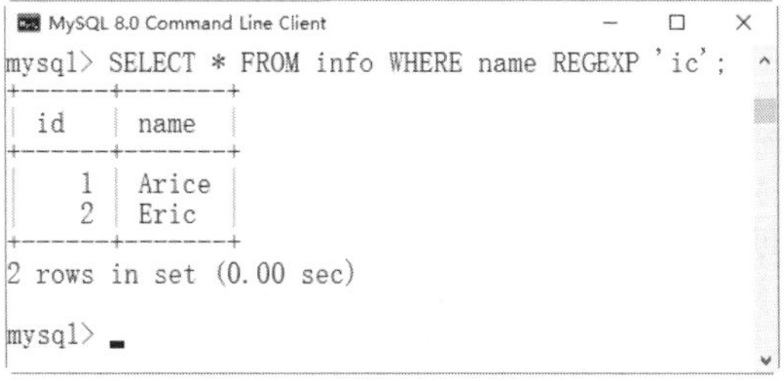

图 9-39　查询包含 ic 的记录

例如，从 info 表 name 字段中查询包含 ic、uc 和 bd 的记录，执行语句如下：

SELECT * FROM info WHERE name REGEXP 'ic|uc|bd';

执行结果如图 9-40 所示，即可完成数据的查询操作，并显示查询结果。查询结果中包含 ic、uc 和 bd 这 3 个字符串中的任意一个。

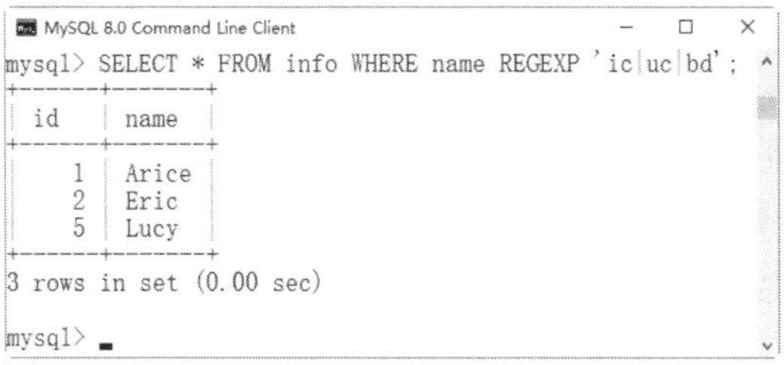

图 9-40　查询包含 ic、uc 和 bd 的记录

知识扩展：在指定多个字符串时，需要使用符号"|"将这些字符串隔开，每个字符串与"|"之间不能有空格。因为，查询过程中，数据库系统会将空格也当做一个字符，这样就查询不出想要的结果。另外，查询时可以指定多个字符串。

9.5.7　用"*"和"+"来匹配多个字符

在正则表达式中，"*"和"+"都可以匹配多个该符号之前的字符，但是，"+"至少表示一个字符，而"*"可以表示 0 个字符。

实例 25：使用字符"*"和"+"查询数据

例如，从 info 表 name 字段中查询字母 c 之前出现过 a 的记录，执行语句如下：

SELECT * FROM info WHERE name REGEXP 'a*c';

执行结果如图 9-41 所示，即可完成数据的查询操作，并显示查询结果。从查询结果可以得知，Aric、Eri 和 Lucy 中的字母 c 之前并没有 a。因为"*"可以表示 0 个，所以"a*c"表示字母 c 之前有 0 个或者多个 a 出现，这就是属于前面出现过的 0 个情况。

图 9-41　使用"*"查询数据记录

例如，从 info 表 name 字段中查询字母 c 之前出现过 a 的记录，这里使用符号"+"，执行语句如下：

SELECT * FROM info WHERE name REGEXP 'a+c';

执行结果如图 9-42 所示，即可完成数据的查询操作，并显示查询结果。这里的查询结果只有一条，因为只有 Jack 是刚好字母 c 前面出现了 a。因为"a+c"表示字母 c 前面至少有一个字母 a。

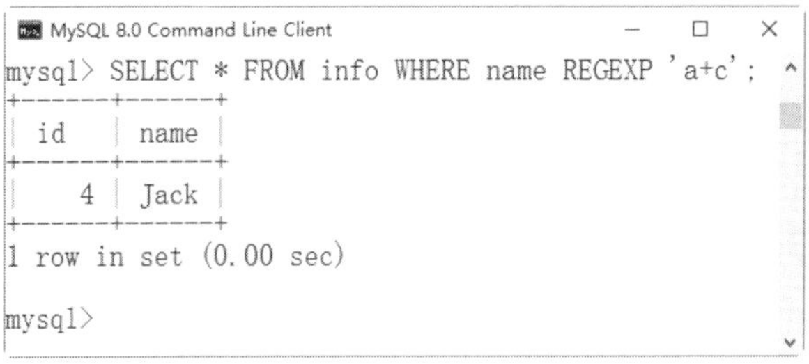

图 9-42　使用"+"查询数据记录

9.5.8　使用 {M} 或者 {M, N} 来指定字符串连续出现的次数

正则表达式中，"字符串 {M}"表示字符串连续出现 M 次，"字符串 {M,N}"表示字符串连续出现至少 M 次，最多 N 次。例如，"ab{2}"表示字符串 ab 连续出现两次，"ab{2,5}"表示字符串 ab 连续出现至少两次，最多 5 次。

实例 26：使用 {M} 或者 {M,N} 查询数据

例如，从 info 表 name 字段中查询 a 出现过 3 次的记录，执行语句如下：

SELECT * FROM info WHERE name REGEXP 'a{3}';

执行结果如图 9-43 所示，即可完成数据的查询操作，并显示查询结果。查询结果中都包含了 3 个 a。

```
MySQL 8.0 Command Line Client
mysql> SELECT * FROM info WHERE name REGEXP 'a{3}';
+------+--------+
| id   | name   |
+------+--------+
|    8 | aaa    |
|    9 | dadaaa |
|   10 | aaaba  |
+------+--------+
3 rows in set (0.00 sec)

mysql>
```

图 9-43　查询 a 出现过 3 次的记录

例如，从 info 表 name 字段中查询 ab 出现过最少一次，最多 3 次的记录，执行语句如下：

```
SELECT * FROM info WHERE name REGEXP 'ab{1,3}';
```

执行结果如图 9-44 所示，即可完成数据的查询操作，并显示查询结果。查询结果中，aaabd 和 abc12 中 ab 出现了一次，ababab 中 ab 出现了 3 次。

```
MySQL 8.0 Command Line Client
mysql> SELECT * FROM info WHERE name REGEXP 'ab{1,3}';
+------+--------+
| id   | name   |
+------+--------+
|    7 | abc123 |
|   10 | aaaba  |
|   11 | ababab |
|   12 | ab321  |
+------+--------+
4 rows in set (0.00 sec)

mysql>
```

图 9-44　查询 ab 出现过最少一次，最多 3 次的记录

使用正则表达式可以灵活地设置查询条件，这样，可以让 MySQL 数据库的查询功能更加强大。MySQL 中的正则表达式与编程语言中的用法很相似，此外学习好正则表达式，对学习编程语言也有很大的帮助。

9.6　疑难问题解析

疑问 1：相关子查询与简单子查询在执行上有什么不同？

答：简单子查询中内查询的查询条件与外查询无关，因此，内查询在外层查询处理之前执行；而相关子查询中子查询的查询条件依赖于外层查询中的某个值，因此，每当系统从外查询中检索一个新行时，都要重新对内查询求值，以供外层查询使用。

疑问 2：在使用正则表达式查询数据时，为什么使用通配符格式正确，却没有查找出符合条件的记录？

答：MySQL 中存储字符串数据时，可能会不小心把两端带有空格的字符串保存到记录中；而在查看表中记录时，MySQL 不能明确地显示空格，数据库操作者不能直观地确定字符串

两端是否有空格。例如，使用"LIKE '%e'"匹配以字母 e 结尾的水果的名称，如果字母 e 后面多了一个空格，则 LIKE 语句将不能将该记录查找出来。解决的方法就是将字符串两端的空格删除之后再进行查询。

9.7 综合实战训练营

实战 1：在 marketing 数据库中创建数据表

（1）在 marketing 数据库上创建"销售人员"信息表。
（2）在 marketing 数据库上使用命令创建"部门信息"表。
（3）在 marketing 数据库上使用命令创建"客户信息"表。
（4）在 marketing 数据库上使用命令创建"货品信息"表。
（5）在 marketing 数据库上使用命令创建"订单信息"表。
（6）在 marketing 数据库上使用命令创建"供应商信息"表。

实战 2：为数据表添加基本数据

（1）向"供应商信息"表中插入数据为查询做准备。
（2）向"货品信息"表中插入数据为查询做准备。
（3）向"部门信息"表中插入数据为查询做准备。
（4）向"销售人员"表中插入数据为查询做准备。
（5）向"客户信息"表中插入数据为查询做准备。
（6）向"订单信息"表中插入数据为查询做准备。

实战 3：查询 marketing 数据库中满足条件的数据

（1）查询 marketing 数据库的"货品信息"表，列出表中的所有记录，每个记录包含货品的编码、货品名称和库存量，显示的字段名分别为货品编码、货品名称和货品库存量。
（2）将"客户信息"表中深圳地区的客户信息插入"深圳客户"表中。
（3）由"销售人员"表中找出下列人员的信息：李明泽，王巧玲，钱三一。
（4）由"客户信息"表中找出所有深圳区域的客户信息。
（5）由"订单信息"表中找出订货量在 10 ~ 20 之间的订单信息。
（6）求出 2020 年以来，每种货品的销售数量，统计的结果按照货品编码进行排序。
（7）由"订单信息"表中求出 2020 年以来，每种货品的销售数量，统计的结果按照货品编码进行排序，并显示统计的明细。
（8）给出"货品信息"表中货品的销售情况。所谓销售情况就是给出每个货品的销售数量、订货日期等相关信息。
（9）找出订货数量大于 10 的货品信息。
（10）找出有销售业绩的销售人员。
（11）查询每种货品订货量最大的订单信息。

第10章 创建和使用视图

本章导读

数据库中的视图是一个虚拟表。同真实的表一样，视图包含一系列带有名称的列和行数据。行和列数据来自由定义视图的查询所引用的表，并且在引用视图时动态生成。本章将通过一些实例来介绍视图的概念、视图的作用、创建视图、查看视图、修改视图、更新视图和删除视图等知识。

知识导图

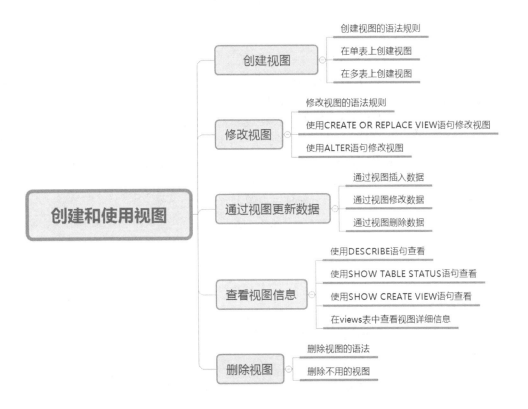

10.1 创建视图

创建视图是使用视图的第一步。视图中包含了 SELECT 查询的结果,因此视图的创建是基于 SELECT 语句和已存在的数据表。视图既可以由一张表组成,也可以由多张表组成。

10.1.1 创建视图的语法规则

创建视图的语法与创建表的语法一样,都是使用 CREATE 语句。创建视图的语法格式为:

```
CREATE [ALGORITHM={UNDEFINED|MERGE|TEMPTABLE}]
VIEW view_name AS
SELECT column_name(s) FROM table_name
[WITH [CASCADED|LOCAL] CHECK OPTION];
```

主要参数的含义如下。

(1) ALGORITHM:可选参数,表示视图选择的算法。

(2) UNDEFINED:MySQL 将自动选择所要使用的算法。

(3) MERGE:将视图的语句与视图定义合并起来,使得视图定义的某一部分取代语句的对应部分。

(4) TEMPTABLE:将视图的结果存入临时表,然后使用临时表执行语句。

(5) view_name:指创建视图的名称,可包含其属性列表。

(6) column_name(s):指查询的字段,也就是视图的列名。

(7) table_name:指从哪个数据表获取数据,这里也可以从多个表获取数据,格式写法请读者自行参考 SQL 联合查询。

(8) WITH CHECK OPTION:可选参数,表示更新视图时要保证在视图的权限范围内。

(9) CASCADED:更新视图时,要满足所有相关视图和表的条件。

(10) LOCAL:更新视图时,要满足该视图本身定义的条件。

使用 CREATE VIEW 语句能创建新的视图,如果给定了 OR REPLACE 子句,还能替换已有的视图。select_statement 是一种 SELECT 语句,它给出了视图的定义,该语句可从基表或其他视图进行选择。

> **注意**:创建视图时,需要有 CREATE VIEW 的权限,以及针对由 SELECT 语句选择的每一列上的某些权限。对于在 SELECT 语句中其他地方使用的列,必须具有 SELECT 权限。如果还有 OR REPLACE 子句,必须在视图上具有 DROP 权限。

10.1.2 在单表上创建视图

在单表上创建视图通常都是选择一张表中的几个经常需要查询的字段。为演示视图创建与应用,下面在数据库 mydb 中创建学生成绩表(studentinfo 表)和课程信息表(subjectinfo

表），执行语句如下：

```
USE mydb
CREATE TABLE studentinfo
(
  id            INT   PRIMARY KEY,
  studentid     INT,
  name          VARCHAR(20),
  major         VARCHAR(20),
  subjectid     INT,
  score         DECIMAL(5,2)
);
CREATE TABLE subjectinfo
(
  id            INT   PRIMARY KEY,
  subject       VARCHAR(50)
);
```

执行结果如图 10-1 和图 10-2 所示，即可完成数据表的创建。

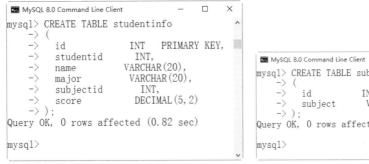

图 10-1 studentinfo 表　　　　图 10-2 subjectinfo 表

创建好数据表后，下面分别向这两张数据表中添加数据记录，执行语句如下：

```
INSERT INTO studentinfo
VALUES (1,101,'赵子涵', '计算机科学',5,80),
       (2, 102,'侯明远', '会计学',1, 85),
       (3, 103,'冯梓恒', '金融学',2, 95),
       (4, 104,'张俊豪', '建筑学',5 ,97),
       (5, 105,'吕凯', '美术学',4, 68),
       (6, 106,'侯新阳', '金融学',3, 85),
       (7, 107,'朱瑾萱', '计算机科学',1,78),
       (8, 108,'陈婷婷', '动物医学',4, 91),
       (9, 109,'宋志磊', '生物科学',2, 88),
       (10, 110,'高伟光', '工商管理学',4 ,53);
INSERT INTO subjectinfo
  VALUES (1,'大学英语'),
         (2,'高等数学'),
         (3,'线性代数'),
         (4,'计算机基础'),
         (5,'大学体育');
```

在命令输入窗口中输入添加数据记录的语句，然后执行语句，即可完成数据的添加，如图 10-3 和图 10-4 所示。

图 10-3 studentinfo 表数据记录　　　图 10-4 subjectinfo 表数据记录

实例 1：在单个数据表 studentinfo 上创建视图

在数据表 studentinfo 上创建一个名为 view_stu 的视图，用于查看学生的学号、姓名、所在专业，执行语句如下：

```
CREATE VIEW view_stu
AS SELECT studentid AS 学号,name AS 姓名, major AS 所在专业
FROM studentinfo;
```

执行结果如图 10-5 所示。

下面使用创建的视图来查询数据信息，执行语句如下：

```
SELECT * FROM view_stu;
```

执行结果如图 10-6 所示，这样就完成了通过视图查询数据信息的操作。由结果可以看到，从视图 view_stu 中查询的内容和基本表中是一样的，这里的 view_stu 中包含了 3 列。

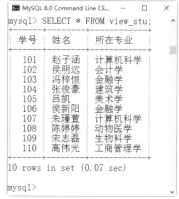

图 10-5　在单个表上创建视图　　　图 10-6　通过视图查询数据

> **注意**：如果用户创建完视图后立刻查询该视图，有时候会提示该对象不存在，此时刷新一下视图列表即可解决问题。

10.1.3　在多表上创建视图

在多表上创建视图，也就是说视图中的数据是从多张数据表中查询出来的，创建的方法

就是更改 SQL 语句。

实例 2：在数据表 studentinfo 与 subjectinfo 上创建视图

创建一个名为 view_info 的视图，用于查看学生的姓名、所在专业、课程名称以及成绩，执行语句如下：

```
CREATE VIEW view_info
AS SELECT studentinfo.name AS 姓名, studentinfo.major AS 所在专业,
subjectinfo.subject AS 课程名称, studentinfo.score AS 成绩
FROM studentinfo, subjectinfo
WHERE studentinfo.subjectid=subjectinfo.id;
```

执行结果如图 10-7 所示。

下面使用创建的视图来查询数据信息，执行语句如下：

```
SELECT * FROM view_info;
```

执行结果如图 10-8 所示，这样就完成了通过视图查询数据信息的操作。从查询结果可以看出，通过创建视图来查询数据，可以很好地保护基本表中的数据。视图中的信息很简单，只包含了姓名、所在专业、课程名称与成绩。

图 10-7　在多表上创建视图

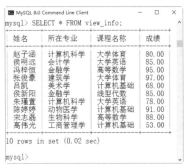

图 10-8　通过视图查询数据

10.2　修改视图

当视图创建完成后，如果觉得有些地方不能满足需要，这时就可以修改视图，而不必重新创建视图了。

10.2.1　修改视图的语法规则

在 MySQL 中，修改视图的语法规则与创建视图的语法规则非常相似，使用 CREATE OR REPLACE VIEW 语句可以修改视图。视图存在时，可以对视图进行修改；视图不存在时，还可以创建视图，语法格式如下：

```
CREATE OR REPLACE [ALGORITHM={UNDEFINED|MERGE|TEMPTABLE}]
VIEW 视图名[(属性清单)]
AS SELECT语句
    [WITH [CASCADED|LOCAL] CHECK OPTION];
```

主要参数的含义如下。

（1）ALGORITHM：可选。表示视图选择的算法。

（2）UNDEFINED：表示 MySQL 将自动选择所要使用的算法。

（3）MERGE：表示将使用视图的语句与视图定义合并起来，使得视图定义的某一部分取代语句的对应部分。

（4）TEMPTABLE：表示将视图的结果存入临时表，然后使用临时表执行语句。

（5）视图名：表示要创建的视图的名称。

（6）属性清单：可选。指定了视图中各个属性的名词，默认情况下，与 SELECT 语句中查询的属性相同。

（7）SELECT 语句：是一个完整的查询语句，表示从某个表中查出某些满足条件的记录，并将这些记录导入视图中。

（8）WITH CHECK OPTION：可选。表示修改视图时要保证在该视图的权限范围之内。

（9）CASCADED：可选。表示修改视图时，需要满足跟该视图有关的所有相关视图和表的条件。该参数为默认值。

（10）LOCAL：表示修改视图时，只要满足该视图本身定义的条件即可。

读者可以发现视图的修改语法和创建视图语法只有 OR REPLACE 的区别，当使用 CREATE OR REPLACE 的时候，如果视图已经存在则进行修改操作，如果视图不存在则创建视图。

10.2.2 使用 CREATE OR REPLACE VIEW 语句修改视图

在了解了修改视图的语法规则后，下面给出一个实例，来使用 CREATE OR REPLACE VIEW 语句修改视图。

实例 3：修改视图 view_stu

在修改语句之前，首先使用“DESC view_stu”语句查看一下 view_stu 视图，以便与更改之后的视图进行对比，查看结果如图 10-9 所示。

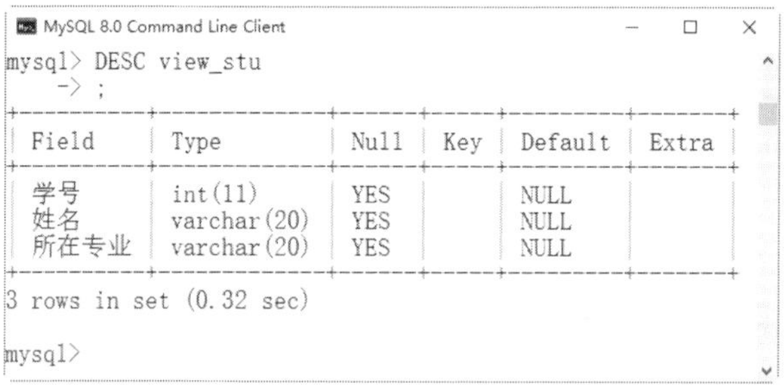
MySQL 8.0 Command Line Client

```
mysql> DESC view_stu
    -> ;
+----------+-------------+------+-----+---------+-------+
| Field    | Type        | Null | Key | Default | Extra |
+----------+-------------+------+-----+---------+-------+
| 学号     | int(11)     | YES  |     | NULL    |       |
| 姓名     | varchar(20) | YES  |     | NULL    |       |
| 所在专业 | varchar(20) | YES  |     | NULL    |       |
+----------+-------------+------+-----+---------+-------+
3 rows in set (0.32 sec)

mysql>
```

图 10-9　修改视图 view_stu

执行修改视图语句，如下：

```
CREATE OR REPLACE VIEW view_stu
AS SELECT name AS 姓名, major AS 所在专业
FROM studentinfo;
```

执行结果如图 10-10 所示，即可完成视图的修改。

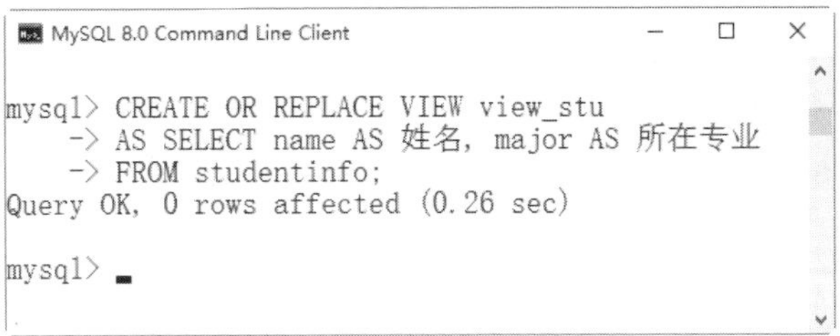

图 10-10 执行修改视图语句

再次使用"DESC view_stu"语句查看视图,可以看到修改后的变化,如图 10-11 所示。从执行的结果来看,相比原来的视图 view_stu,新的视图 view_stu 少了一个字段。

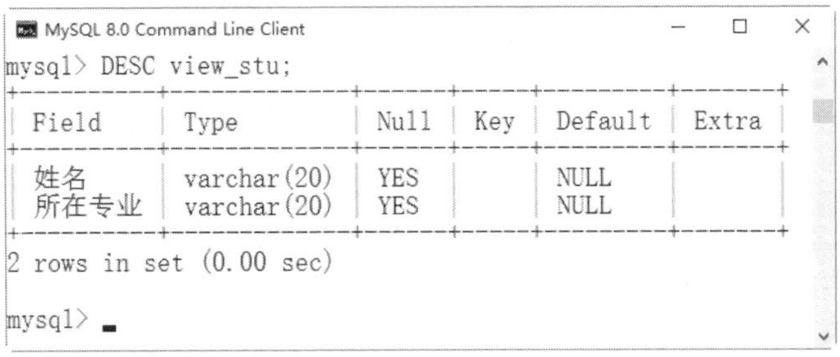

图 10-11 查看视图

下面使用修改后的视图来查看数据信息,执行语句如下:

```
SELECT * FROM view_stu;
```

执行结果如图 10-12 所示,即可完成数据的查询操作。

10.2.3 使用 ALTER 语句修改视图

除了使用 CREATE OR REPLACE 修改视图外,还可以使用 ALTER 来进行视图修改,语法如下:

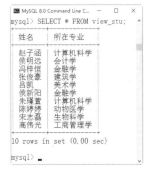

图 10-12 使用视图查看数据信息

```
ALTER [ALGORITHM = {UNDEFINED | MERGE | TEMPTABLE}]
    VIEW view_name [(column_list)]
    AS SELECT_statement
    [WITH [CASCADED | LOCAL] CHECK OPTION]
```

这个语法中的关键字和前面视图的关键字相同,这里不再重复介绍。

实例 4:修改视图 view_info 的具体内容

修改名为 view_info 的视图,用于查看学生的学号、姓名、所在专业、课程名称以及成绩,执行语句如下:

```
ALTER VIEW view_info
AS SELECT studentinfo.studentid AS 学号,studentinfo.name AS 姓名, studentinfo.
major AS 所在专业,
    subjectinfo.subject AS 课程名称, studentinfo.score AS 成绩
    FROM studentinfo, subjectinfo
    WHERE studentinfo.subjectid=subjectinfo.id;
```

执行结果如图 10-13 所示。

```
MySQL 8.0 Command Line Client
mysql> ALTER VIEW view_info
    -> AS SELECT studentinfo.studentid AS 学号,studentinfo.name AS 姓名,
 studentinfo.major AS 所在专业,
    -> subjectinfo.subject AS 课程名称, studentinfo.score AS 成绩
    -> FROM studentinfo, subjectinfo
    -> WHERE studentinfo.subjectid=subjectinfo.id;
Query OK, 0 rows affected (0.13 sec)

mysql>
```

图 10-13　修改视图

下面使用修改后的视图来查询数据信息，执行语句如下：

```
SELECT * FROM view_info;
```

执行结果如图 10-14 所示。这样就完成了通过视图查询数据信息的操作，从查询结果可以看出，通过修改后视图来查询数据，返回的结果中除姓名、所在专业、课程名称与成绩外，又添加了学号一列。

```
MySQL 8.0 Command Line Client
mysql> SELECT * FROM view_info;
+------+--------+------------+----------+-------+
| 学号 | 姓名   | 所在专业   | 课程名称 | 成绩  |
+------+--------+------------+----------+-------+
|  101 | 赵子涵 | 计算机科学 | 大学体育 | 80.00 |
|  102 | 侯明远 | 会计学     | 大学英语 | 85.00 |
|  103 | 冯梓恒 | 金融学     | 高等数学 | 95.00 |
|  104 | 张俊豪 | 建筑学     | 大学体育 | 97.00 |
|  105 | 吕凯   | 美术学     | 计算机基础 | 68.00 |
|  106 | 侯新阳 | 金融学     | 线型代数 | 85.00 |
|  107 | 朱瑾萱 | 计算机科学 | 大学英语 | 78.00 |
|  108 | 陈婷婷 | 动物医学   | 计算机基础 | 91.00 |
|  109 | 宋志磊 | 生物科学   | 高等数学 | 88.00 |
|  110 | 高伟光 | 工商管理学 | 计算机基础 | 53.00 |
+------+--------+------------+----------+-------+
10 rows in set (0.00 sec)

mysql>
```

图 10-14　通过修改后的视图查询数据

> **注意：** CREATE OR REPLACE VIEW 语句不仅可以修改已经存在的视图，也可以创建新的视图。不过，ALTER 语句只能修改已经存在的视图。因此，通常情况下，最好选择 CREATE OR REPLACE VIEW 语句修改视图。

10.3　通过视图更新数据

通过视图更新数据是指通过视图来插入、更新、删除表中的数据。通过视图更新数据的方法有 3 种，分别是 INSERT、UPDATE 和 DELETE。由于视图是一个虚拟表，其中没有数据，因此，通过视图更新数据的时候都是转到基本表进行更新的。

10.3.1　通过视图插入数据

使用 INSERT 语句能向单个基本表组成的视图中添加数据，而不能向两个或多张表组成的视图中添加数据。

实例 5：通过视图向基本表 studentinfo 中插入数据

首先创建一个视图，执行语句如下：

```
CREATE VIEW view_stuinfo(编号,学号,姓名,所在专业,课程编号,成绩)
AS
SELECT id,studentid,name,major,subjectid,score
FROM studentinfo
WHERE  studentid='101';
```

执行结果如图 10-15 所示。

```
MySQL 8.0 Command Line Client
mysql> CREATE VIEW view_stuinfo(编号,学号,姓名,所在专业,课程编号,成绩)
    -> AS
    -> SELECT id,studentid,name,major,subjectid,score
    -> FROM studentinfo
    -> WHERE  studentid='101';
Query OK, 0 rows affected (0.18 sec)

mysql>
```

图 10-15　创建视图 view_stuinfo

查询插入数据之前的数据表，执行语句如下：

```
SELECT * FROM studentinfo;  --查看插入记录之前基本表中的内容
```

执行结果如图 10-16 所示，这样就完成了数据的查询操作，并显示查询的数据记录。

```
MySQL 8.0 Command Line Client
mysql> SELECT * FROM studentinfo;
+----+-----------+--------+------------+-----------+-------+
| id | studentid | name   | major      | subjectid | score |
+----+-----------+--------+------------+-----------+-------+
|  1 |       101 | 赵子涵 | 计算机科学 |         5 | 80.00 |
|  2 |       102 | 侯明远 | 会计学     |         1 | 85.00 |
|  3 |       103 | 冯梓恒 | 金融学     |         2 | 95.00 |
|  4 |       104 | 张俊豪 | 建筑学     |         5 | 97.00 |
|  5 |       105 | 吕凯   | 美术学     |         4 | 68.00 |
|  6 |       106 | 侯新阳 | 金融学     |         3 | 85.00 |
|  7 |       107 | 朱瑾萱 | 计算机科学 |         1 | 78.00 |
|  8 |       108 | 陈婷婷 | 动物医学   |         4 | 91.00 |
|  9 |       109 | 宋志磊 | 生物科学   |         2 | 88.00 |
| 10 |       110 | 高伟光 | 工商管理学 |         4 | 53.00 |
+----+-----------+--------+------------+-----------+-------+
10 rows in set (0.00 sec)

mysql> _
```

图 10-16　通过视图查询数据

使用创建的视图向数据表中插入一行数据，执行语句如下：

```
INSERT INTO view_stuinfo VALUES(11,111,'李雅','医药学',3,89);
```

执行结果如图 10-17 所示，即可完成数据的插入操作。

```
MySQL 8.0 Command Line Client
mysql> INSERT INTO view_stuinfo VALUES(11,111,'李雅','医药学',3,89);
Query OK, 1 row affected (0.08 sec)

mysql>
```

图 10-17　插入数据记录

查询插入数据后的基本表 studentinfo，执行语句如下：

```
SELECT * FROM studentinfo;
```

执行结果如图 10-18 所示，可以看到最后一行是新插入的数据，这就说明通过在视图 view_stuinfo 中执行一条 INSERT 操作，实际上是向基本表中插入了一条记录。

图 10-18 通过视图向基本表插入记录

10.3.2 通过视图修改数据

除了可以插入一条完整的记录外，通过视图也可以更新基本表中的记录的某些列值。

实例 6：通过视图修改数据表中指定数据记录

通过视图 view_stuinfo 将学号为 101 的学生姓名修改为"张欣"，执行语句如下：

```
UPDATE view_stuinfo
SET 姓名='张欣'
WHERE 学号=101;
```

执行结果如图 10-19 所示。

查询修改数据后的基本表 studentinfo，执行语句如下：

```
SELECT * FROM studentinfo;    --查看修改记录之后基本表中的内容
```

图 10-19 通过视图修改数据

执行结果如图 10-20 所示。从结果可以看到学号为 101 的学生姓名被修改为"张欣"。从结果可以看出，UPDATE 语句修改 view_stuinfo 视图中的"姓名"字段，更新之后，基本表中的 name 字段同时被修改为新的数值。

图 10-20 查看修改后基本表中的数据

10.3.3 通过视图删除数据

当数据不再使用时，可以通过 DELETE 语句在视图中将数据删除。

实例 7：通过视图删除数据表中指定数据记录

例如，通过视图 view_stuinfo 删除基本表 studentinfo 中的记录，执行语句如下：

```
DELETE FROM view_stuinfo WHERE 姓名='张欣';
```

执行结果如图 10-21 所示。

查询删除数据后视图中的数据，执行语句如下：

```
SELECT * FROM view_stuinfo;
```

执行结果如图 10-22 所示，即可完成视图的查询操作，可以看到视图中的记录为空。

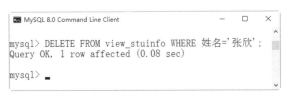

```
MySQL 8.0 Command Line Client
mysql> DELETE FROM view_stuinfo WHERE 姓名='张欣';
Query OK, 1 row affected (0.08 sec)

mysql>
```

图 10-21　删除指定数据

```
MySQL 8.0 Command Line Client
mysql> SELECT * FROM view_stuinfo;
Empty set (0.00 sec)

mysql>
```

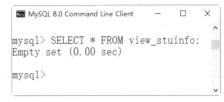

图 10-22　查看删除数据后的视图

查询删除数据后基本表 studentinfo 中的数据，执行语句如下：

```
SELECT * FROM studentinfo;
```

执行结果如图 10-23 所示，可以看到基本表中姓名为“张欣”的数据记录已经被删除。

MySQL 8.0 Command Line Client

mysql> SELECT * FROM studentinfo;

id	studentid	name	major	subjectid	score
2	102	侯明远	会计学	1	85.00
3	103	冯梓恒	金融学	2	95.00
4	104	张俊豪	建筑学	5	97.00
5	105	吕凯	美术学	4	68.00
6	106	侯新阳	金融学	3	85.00
7	107	朱瑾萱	计算机科学	1	78.00
8	108	陈婷婷	动物医学	4	91.00
9	109	宋志磊	生物科学	2	88.00
10	110	高伟光	工商管理学	4	53.00
11	111	李雅	医药学	3	89.00

10 rows in set (0.00 sec)

mysql>

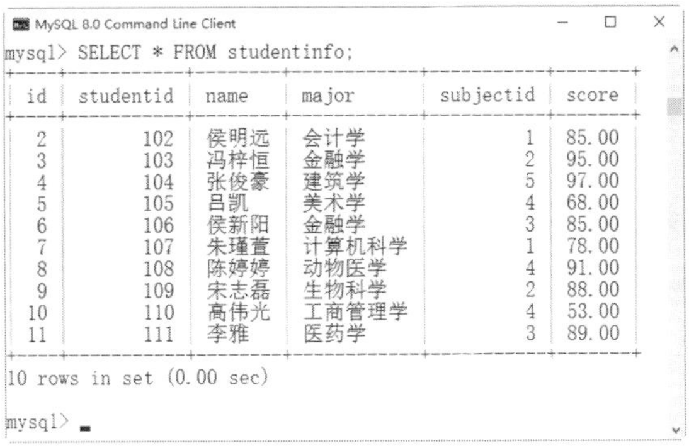

图 10-23　通过视图删除基本表中的一条记录

> **注意：**建立在多个表之上的视图，无法使用 DELETE 语句进行删除操作。

10.4 查看视图信息

视图定义好之后，用户可以随时查看视图的信息，可以直接在 MySQL 编辑窗口中查看，也可以使用系统的存储过程查看。

10.4.1　使用 DESCRIBE 语句查看

使用 DESCRIBE 语句不仅可以查看数据表的基本信息，还可以查看视图的基本信息。因为视图也是一张表，只是这张表比较特殊，是一张虚拟的表。语法规则如下：

```
DESCRIBE 视图名;
```

其中，“视图名”参数指所要查看的视图的名称。

实例 8：查看视图 view_info 的定义信息

使用 DESCRIBE 语句查看视图 view_info 的定义信息，执行语句如下：

```
DESCRIBE view_info;
```

执行结果如图 10-24 所示，即可完成视图的查看。结果中显示了字段的名称（Field）、数据类型（Type）、是否为空（NULL）、是否为主外键（Key）、默认值（Default）和额外信息（Extra）。

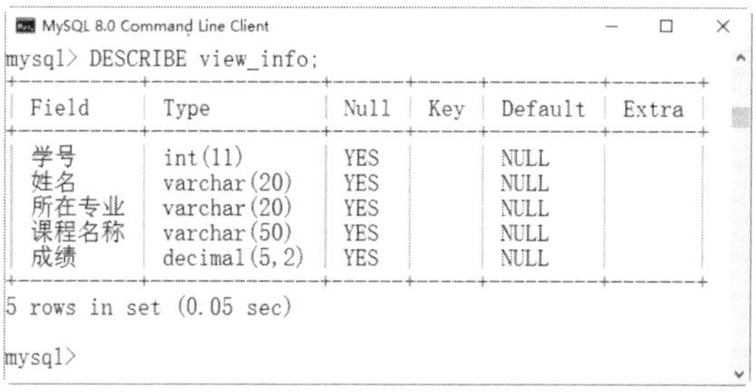

```
mysql> DESCRIBE view_info;
+----------+--------------+------+-----+---------+-------+
| Field    | Type         | Null | Key | Default | Extra |
+----------+--------------+------+-----+---------+-------+
| 学号     | int(11)      | YES  |     | NULL    |       |
| 姓名     | varchar(20)  | YES  |     | NULL    |       |
| 所在专业 | varchar(20)  | YES  |     | NULL    |       |
| 课程名称 | varchar(50)  | YES  |     | NULL    |       |
| 成绩     | decimal(5,2) | YES  |     | NULL    |       |
+----------+--------------+------+-----+---------+-------+
5 rows in set (0.05 sec)

mysql>
```

图 10-24　使用 DESCRIBE 查看视图 view_info 定义信息

另外，DESCRIBE 还可以缩写为 DESC，可以直接使用 DESC 查看视图的定义结构，执行语句如下：

```
DESC view_info;
```

DESC 语句运行的结果，与 DESCRIBE 语句运行的结果一致，如图 10-25 所示。

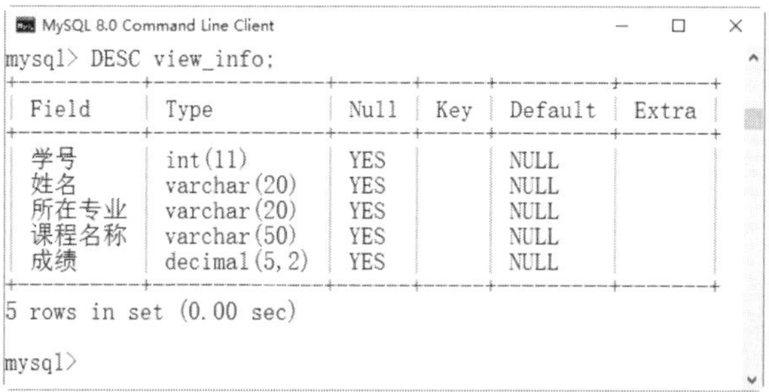

```
mysql> DESC view_info;
+----------+--------------+------+-----+---------+-------+
| Field    | Type         | Null | Key | Default | Extra |
+----------+--------------+------+-----+---------+-------+
| 学号     | int(11)      | YES  |     | NULL    |       |
| 姓名     | varchar(20)  | YES  |     | NULL    |       |
| 所在专业 | varchar(20)  | YES  |     | NULL    |       |
| 课程名称 | varchar(50)  | YES  |     | NULL    |       |
| 成绩     | decimal(5,2) | YES  |     | NULL    |       |
+----------+--------------+------+-----+---------+-------+
5 rows in set (0.00 sec)

mysql>
```

图 10-25　使用 DESC 查看视图 view_info 定义信息

提示：如果只需要了解视图中的各个字段的简单信息，可以使用 DESCRIBE 语句。DESCRIBE 语句查看视图的方式与查看普通表的方式是一样的，结果显示的方式也是一样的。通常情况下，都是使用 DESC 代替 DESCRIBE。

10.4.2 使用 SHOW TABLE STATUS 语句查看

在 MySQL 中，可以使用 SHOW TABLE STATUS 语句查看视图的信息，语法格式如下：

```
SHOW TABLE STATUS LIKE '视图名';
```

实例 9：使用 SHOW TABLE STATUS 语句查看视图

使用 SHOW TABLE STATUS 命令查看视图 view_info 的信息，执行语句如下：

```
SHOW TABLE STATUS LIKE 'view_info' \G;
```

执行结果如图 10-26 所示。执行结果显示，表的说明（Comment）的值为 VIEW 说明该表为视图，其他的信息为 NULL 说明这是一个虚表。

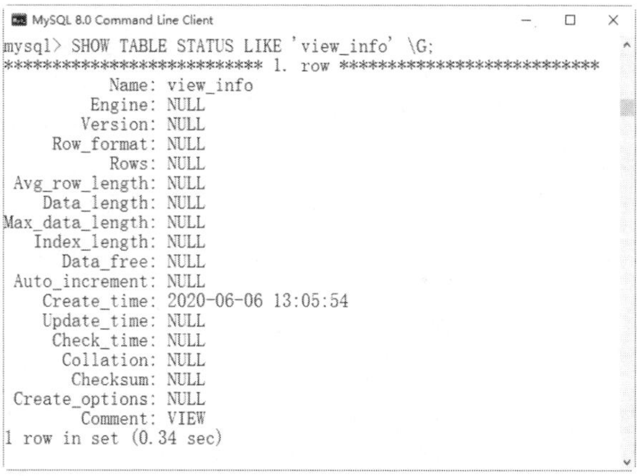

```
MySQL 8.0 Command Line Client
mysql> SHOW TABLE STATUS LIKE 'view_info' \G;
*************************** 1. row ***************************
           Name: view_info
         Engine: NULL
        Version: NULL
     Row_format: NULL
           Rows: NULL
 Avg_row_length: NULL
    Data_length: NULL
Max_data_length: NULL
   Index_length: NULL
      Data_free: NULL
 Auto_increment: NULL
    Create_time: 2020-06-06 13:05:54
    Update_time: NULL
     Check_time: NULL
      Collation: NULL
       Checksum: NULL
 Create_options: NULL
        Comment: VIEW
1 row in set (0.34 sec)
```

图 10-26　查看视图 view_info 的信息

用同样的语句来查看一下数据表 studentinfo，执行语句如下：

```
SHOW TABLE STATUS LIKE 'studentinfo' \G;
```

执行结果如图 10-27 所示。从查询的结果来看，这里的信息包含了存储引擎、创建时间等，Comment 信息为空，这就是视图和表的区别。

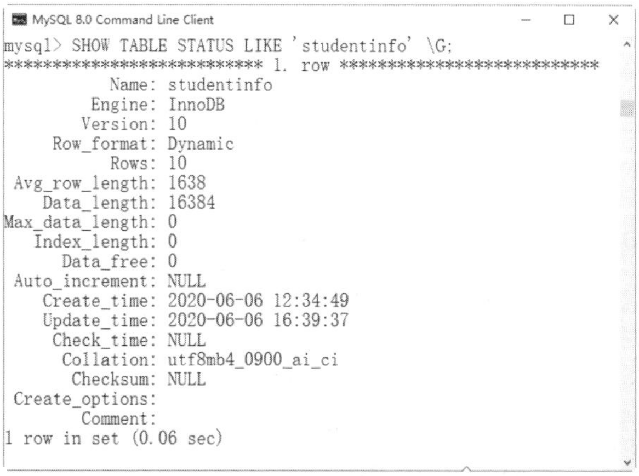

```
MySQL 8.0 Command Line Client
mysql> SHOW TABLE STATUS LIKE 'studentinfo' \G;
*************************** 1. row ***************************
           Name: studentinfo
         Engine: InnoDB
        Version: 10
     Row_format: Dynamic
           Rows: 10
 Avg_row_length: 1638
    Data_length: 16384
Max_data_length: 0
   Index_length: 0
      Data_free: 0
 Auto_increment: NULL
    Create_time: 2020-06-06 12:34:49
    Update_time: 2020-06-06 16:39:37
     Check_time: NULL
      Collation: utf8mb4_0900_ai_ci
       Checksum: NULL
 Create_options:
        Comment:
1 row in set (0.06 sec)
```

图 10-27　查看数据表 studentinfo

10.4.3 使用 SHOW CREATE VIEW 语句查看

在 MySQL 中,使用 SHOW CREATE VIEW 语句可以查看视图的详细定义,语法格式如下:

```
SHOW CREATE VIEW 视图名;
```

实例 10:使用 SHOW CREATE VIEW 语句查看视图

使用 SHOW CREATE VIEW 查看视图 view_info 的详细定义,执行语句如下:

```
SHOW CREATE VIEW view_info \G;
```

执行结果如图 10-28 所示,其中显示了视图的详细信息,包括视图的各个属性、WITH LOCAL OPTION 条件和字符编码等信息,通过 SHOW CREATE VIEW 语句,可以查看视图的所有信息。

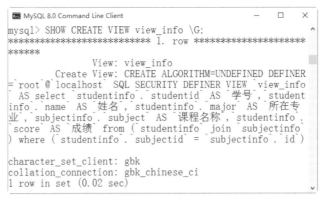

图 10-28　查看视图 view_info 的详细定义

10.4.4 在 views 表中查看视图详细信息

在 MySQL 中,所有视图的定义都保存在 information_schema 数据库下的 views 表中,查询 views 表,可以查看到数据库中所有视图的详细信息。查看的语句如下:

```
SELECT * FROM information_schema.views;
```

主要参数介绍如下。
- *:表示查询所有的列的信息;
- information_schema.views:表示 information_schema 数据库下面的 views 表。

实例 11:查看视图详细信息

使用 SELECT 语句查询 views 表中的信息,执行语句如下:

```
SELECT * FROM information_schema.views \G;
```

执行结果如图 10-29 所示。这里看到的查询结果只是显示结果的一部分,因为数据库中的视图不止这两个,还有很多视图的信息没有贴出来。

```
mysql> SELECT * FROM information_schema.views \G;
*************************** 1. row ***************************
       TABLE_CATALOG: def
        TABLE_SCHEMA: sys
          TABLE_NAME: version
     VIEW_DEFINITION: select '2.1.0' AS `sys_version`,version() AS `mysql_version`
        CHECK_OPTION: NONE
        IS_UPDATABLE: NO
             DEFINER: mysql.sys@localhost
       SECURITY_TYPE: INVOKER
CHARACTER_SET_CLIENT: utf8mb4
COLLATION_CONNECTION: utf8mb4_0900_ai_ci
*************************** 2. row ***************************
```

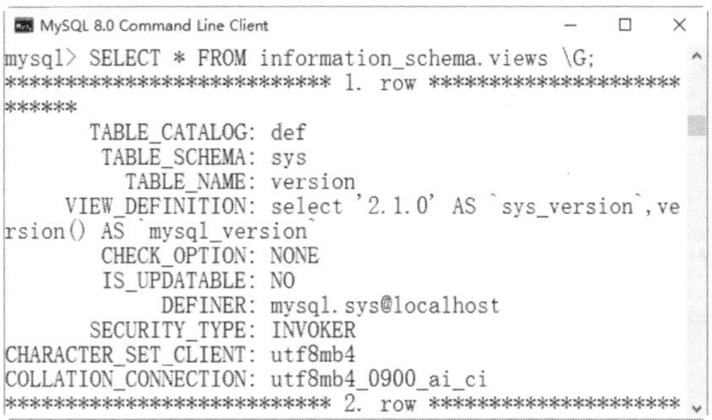

图 10-29　查询 views 表中的信息

10.5　删除视图

数据库中的任何对象都会占用数据库的存储空间，视图也不例外。当视图不再使用时，要及时删除数据库中多余的视图。

10.5.1　删除视图的语法

删除视图的语法很简单，但是在删除视图之前，一定要确认该视图是否不再使用，因为一旦删除，就不能被恢复了。使用 DROP 语句可以删除视图，具体的语法规则如下：

```
DROP VIEW [schema_name.] view_name1, view_name2, ..., view_nameN;
```

主要参数介绍如下。

- schema_name：该视图所属架构的名称。
- view_name：要删除的视图名称。

> **注意：** schema_name 可以省略。

10.5.2　删除不用的视图

使用 DROP 语句可以同时删除多个视图，只需要在删除各视图名称之间用逗号分隔即可。

实例 12：删除 view_stu 视图

删除系统中的 view_stu 视图，执行语句如下。

```
DROP VIEW IF EXISTS view_stu;
```

执行结果如图 10-30 所示，显示完成视图的删除操作。

```
mysql> DROP VIEW IF EXISTS view_stu;
Query OK, 0 rows affected (0.30 sec)

mysql>
```

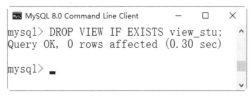

图 10-30　删除不用的视图

删除完毕后，下面再查询一下该视图的信息，执行语句如下：

```
DESCRIBE view_stu;
```

执行结果如图 10-31 所示，这里显示了错误提示，说明该视图已经被成功删除。

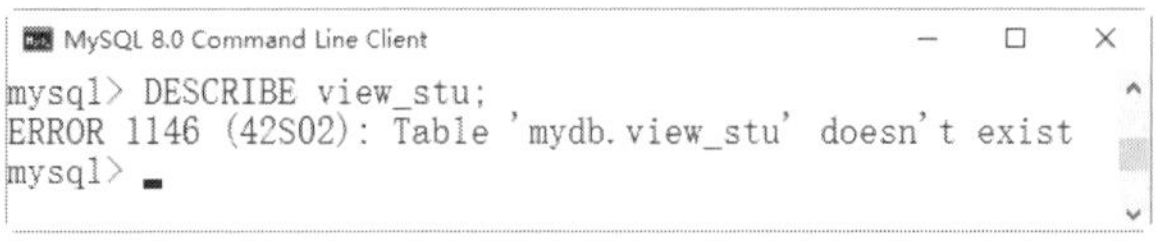

图 10-31　查询删除后的视图

10.6　疑难问题解析

疑问 1：视图和表是没有任何关系，是这样吗？

答：视图和表没有关系这句话是不正确的，因为视图（view）是在基本表之上建立的表，它的结构（即所定义的列）和内容（即所有记录）都来自基本表，它依据基本表存在而存在。一个视图可以对应一个基本表，也可以对应多个基本表。因此，视图是基本表的抽象和在逻辑意义上建立的新关系。

疑问 2：通过视图可以更新数据表中的任何数据？

答：通过视图可以更新数据表中的任何数据，这句话是不对的，因为当遇到如下情况时，不能更新数据表数据。

（1）修改视图中的数据时，不能同时修改两个或多个基本表。

（2）不能修改视图中通过计算得到的字段，例如包含算术表达式或者聚合函数的字段。

（3）当在视图中执行 UPDATE 或 DELETE 命令时，无法用 DELETE 命令删除数据。若使用 UPDATE 命令，则应当与 INSERT 命令一样，被更新的列必须属于同一个表。

10.7　综合实战训练营

实战 1：在 test 数据库中创建并查看视图。

假如有 3 个学生参加 Tsinghua University、Peking University 的自学考试，现在需要用数据对其考试的结果进行查询和管理，Tsinghua University 的分数线为 40，Peking University 的分数线为 41。学生表包含了学生的学号、姓名、家庭地址和电话号码；报名表包含学号、姓名、所在学校和报名的学校，表结构以及表中的内容分别如表 10-1~ 表 10-6 所示。

表 10-1　stu 表结构

字段名	数据类型	主键	外键	非空	唯一	自增
s_id	INT(11)	是	否	是	是	否
s_name	VARCHAR(20)	否	否	是	否	否
addr	VARCHAR(50)	否	否	是	否	否
tel	VARCHAR(50)	否	否	是	否	否

表 10-2 sign 表结构

字段名	数据类型	主键	外键	非空	唯一	自增
s_id	INT(11)	是	否	是	是	否
s_name	VARCHAR(20)	否	否	是	否	否
s_sch	VARCHAR(50)	否	否	否	否	否
s_sign_sch	VARCHAR(50)	否	否	是	否	否

表 10-3 stu_mark 表结构

字段名	数据类型	主键	外键	非空	唯一	自增
s_id	INT(11)	是	否	是	是	否
s_name	VARCHAR(20)	否	否	是	否	否
mark	INT(11)	否	否	是	否	否

表 10-4 stu 表内容

s_id	s_name	addr	tel
1	XiaoWang	Henan	0371-12345678
2	XiaoLi	Hebei	13889072345
3	XiaoTian	Henan	0371-12345670

表 10-5 sign 表内容

s_id	s_name	s_sch	s_sign_sch
1	XiaoWang	Middle School1	Peking University
2	XiaoLi	Middle School2	Tsinghua University
3	XiaoTian	Middle School3	Tsinghua University

表 10-6 stu_mark 表内容

s_id	s_name	mark
1	XiaoWang	80
2	XiaoLi	71
3	XiaoTian	70

（1）创建学生表 stu，并插入 3 条记录。

（2）查询学生表 stu 中的数据记录。

（3）创建报名表 sign，并插入 3 条记录。

（4）查询报名表 sign 中的数据记录。

（5）创建成绩表 stu_mark，并插入 3 条记录。

（6）查询成绩表 stu_mark 中的数据记录。

（7）创建考上 Peking University 的学生的视图。

（8）使用视图查询成绩在 Peking University 分数线之上的学生信息。

（9）创建考上 Tsinghua University 的学生的视图。

（10）使用视图查询成绩在 Tsinghua University 分数线之上的学生信息。

实战 2：在 test 数据库中视图修改数据记录。

（1）XiaoTian 的成绩在录入的时候，多录了 50 分，对其录入成绩进行更正，更新 XiaoTian 的成绩。

（2）查看更新过后视图和表的情况。

（3）查看视图的创建信息。

（4）删除 beida、qinghua 视图。

第11章 创建和使用索引

本章导读

在关系数据库中,索引是一种可以加快数据检索速度的数据结构,主要用于提高数据库查询数据的性能。在 MySQL 中,一般在基本表上建立一个或多个索引,从而快速定位数据的存储位置。本章就来介绍索引的创建和应用。

知识导图

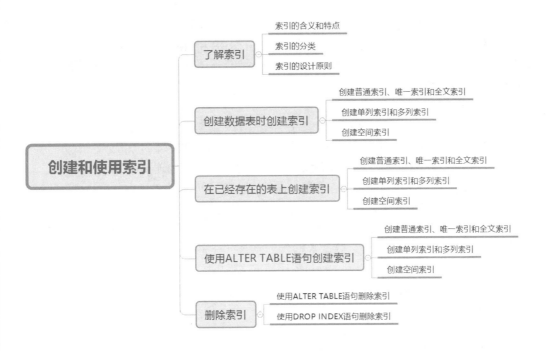

11.1 了解索引

在 MySQL 中，索引与图书上的目录相似。使用索引可以帮助数据库操作人员更快地查找数据库中的数据。

11.1.1 索引的含义和特点

索引是一个单独的、存储在磁盘上的数据库结构，它们包含着对数据表里所有记录的引用指针。索引用于快速找出在某个或多个列中有一特定值的行，所有 MySQL 列都可以被索引，对相关列使用索引是提高查询操作速度的最佳途径。

例如，数据库中有 2 万条记录，现在要执行这样一个查询：SELECT * FROM table where num=10000。如果没有索引，必须遍历整个表，直到 num 等于 10000 的这一行被找到为止；如果在 num 列上创建索引，MySQL 不需要任何扫描，直接在索引里面找 10000，就可以得知这一行的位置。可见，索引的建立可以提高数据库的查询速度。

索引是在存储引擎中实现的，每种存储引擎的索引都不一定完全相同，并且每种存储引擎也不一定支持所有索引类型。根据存储引擎，定义每个表的最大索引数和最大索引长度。所有存储引擎支持每个表至少 16 个索引，总索引长度至少为 256 字节。大多数存储引擎有更高的限制。MySQL 中索引的存储类型有两种：BTREE 和 HASH，具体和表的存储引擎相关；MyISAM 和 InnoDB 存储引擎只支持 BTREE 索引；MEMORY/HEAP 存储引擎可以支持 HASH 和 BTREE 索引。

索引的优点主要以下几点。

（1）通过创建唯一索引，可以保证数据库表中每一行数据的唯一性。
（2）可以大大加快数据的查询速度，这也是创建索引的最主要的原因。
（3）在实现数据的参考完整性方面，可以加速表和表之间的连接。
（4）在使用分组和排序子句进行数据查询时，也可以显著减少查询中分组和排序的时间。

增加索引也有许多不利的方面，主要表现在如下几个方面。

（1）创建索引和维护索引要耗费时间，并且随着数据量的增加所耗费的时间也会增加。
（2）索引需要占磁盘空间，除了数据表占数据空间之外，每一个索引还要占一定的物理空间，如果有大量的索引，索引文件可能比数据文件更快达到最大文件尺寸。
（3）当对表中的数据进行增加、删除和修改的时候，索引也要动态维护，这样就降低了数据的维护速度。

11.1.2 索引的分类

MySQL 的索引可以分为以下几类。

1. 普通索引和唯一索引

普通索引是 MySQL 中的基本索引类型，允许在定义索引的列中插入重复值和空值。

唯一索引的索引列的值必须唯一，但允许有空值。如果是组合索引，则列值的组合必须唯一。主键索引是一种特殊的唯一索引，不允许有空值。

2. 单列索引和组合索引

单列索引即一个索引只包含单个列，一个表可以有多个单列索引。

组合索引指在表的多个字段组合上创建的索引，只有在查询条件中使用了这些字段的左边字段时，索引才会被使用。使用组合索引时遵循最左前缀集合原则。

3. 全文索引

全文索引类型为 FULLTEXT，在定义索引的列上支持值的全文查找，允许在这些索引列中插入重复值和空值。全文索引可以在 CHAR、VARCHAR 或者 TEXT 类型的列上创建。MySQL 中只有 MyISAM 存储引擎支持全文索引。

4. 空间索引

空间索引是对空间数据类型的字段建立的索引，MySQL 中的空间数据类型有 4 种，分别是：GEOMETRY、POINT、LINESTRING 和 POLYGON。MySQL 使用 SPATIAL 关键字进行扩展，使得能够用与创建正规索引类似的语法创建空间索引。创建空间索引的列，必须将其声明为 NOT NULL，空间索引只能在存储引擎为 MyISAM 的表中创建。

11.1.3 索引的设计原则

索引设计不合理或者缺少索引都会对数据库和应用程序的性能造成障碍。高效的索引对于获得良好的性能非常重要。设计索引时，应该考虑以下准则。

（1）索引并非越多越好，一个表中如有大量的索引，不仅占用磁盘空间，而且会影响 INSERT、DELETE、UPDATE 等语句的性能，因为当表中的数据更改的同时，索引也会进行调整和更新。

（2）避免对经常更新的表进行过多的索引，并且索引中的列尽可能少。而对经常用于查询的字段应该创建索引，但要避免添加不必要的字段。

（3）数据量小的表最好不要使用索引，由于数据较少，查询花费的时间可能比遍历索引的时间还要短，索引可能不会产生优化效果。

（4）在条件表达式中经常用到的不同值较多的列上建立索引，在不同值少的列上不要建立索引。比如在学生表的"性别"字段上只有"男"与"女"两个不同值，因此就无须建立索引。如果建立索引不但不会提高查询效率，反而会严重降低更新速度。

（5）当唯一性是某种数据本身的特征时，指定唯一索引。使用唯一索引需能确保定义的列的数据完整性，以提高查询速度。

（6）在频繁进行分组或排序（即进行 GROUP BY 或 ORDER BY 操作）的列上建立索引，如果待排序的列有多个，可以在这些列上建立组合索引。

11.2 创建数据表时创建索引

创建索引是指在某个表的一列或多列上建立一个索引，以便提高对表的访问速度。创建表时可以直接创建索引，这种方式最简单、方便。其基本语法格式如下：

```
CREATE  TABLE  table_name [col_name data_type]
[UNIQUE|FULLTEXT|SPATIAL] [INDEX|KEY] [index_name] (col_name [length]) [ASC | DESC]
```

主要参数介绍如下。

- UNIQUE：可选参数，表示唯一索引。
- FULLTEXT：可选参数，表示全文索引。

- SPATIAL：可选参数，表示空间索引。
- INDEX 与 KEY：为同义词，两者作用相同，用来指定创建索引。
- col_name：需要创建索引的字段列，该列必须从数据表中定义的多个列中选择。
- index_name：指定索引的名称，可选参数，如果不指定，MySQL 默认 col_name 为索引名称。
- length：可选参数，表示索引的长度，只有字符串类型的的字段才能指定索引长度。
- ASC 或 DESC：指定升序或者降序的索引值存储。

11.2.1 创建普通索引

普通索引是最基本的索引类型，没有唯一性之类的限制，其作用只是加快对数据的访问速度。

实例 1：创建数据表 book_01 时创建普通索引

在 mydb 数据库中创建图书信息表 book_01，在 book_01 表中的 year_publication 字段上建立普通索引，执行语句如下：

```
USE mydb;
CREATE TABLE book_01
(
bookid                    INT NOT NULL,
bookname                  VARCHAR(255) NOT NULL,
authors                   VARCHAR(255) NOT NULL,
info                      VARCHAR(255) NULL,
comment                   VARCHAR(255) NULL,
year_publication          YEAR NOT NULL,
INDEX(year_publication)
);
```

执行结果如图 11-1 所示，显示完成数据表的创建，并在 year_publication 字段上建立了普通索引。

```
MySQL 8.0 Command Line Client
mysql> CREATE TABLE book_01
    -> (
    -> bookid              INT NOT NULL,
    -> bookname            VARCHAR(255) NOT NULL,
    -> authors             VARCHAR(255) NOT NULL,
    -> info                VARCHAR(255) NULL,
    -> comment             VARCHAR(255) NULL,
    -> year_publication    YEAR NOT NULL,
    -> INDEX(year_publication)
    -> );
Query OK, 0 rows affected (0.68 sec)

mysql>
```
图 11-1　创建普通索引

普通索引创建完毕后，可以使用 SHOW CREATE TABLE 查看表结构，执行语句如下：

```
SHOW CREATE table book_01 \G
```

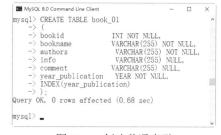

执行结果如图 11-2 所示。由结果可以看到，book_01 表的 year_publication 字段上成功建立索引，其索引名称 year_publication 为 MySQL 自动添加。

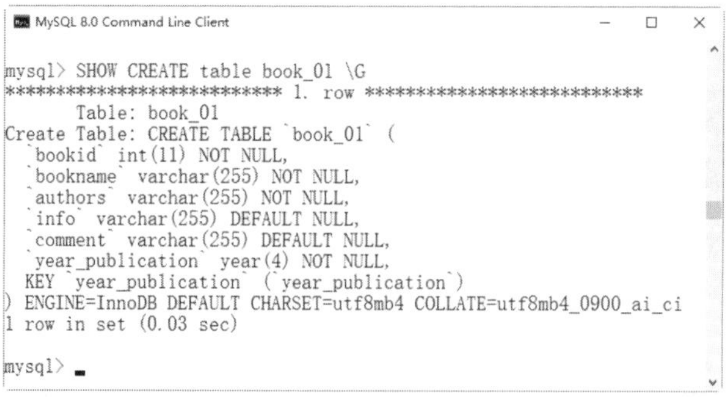
```
MySQL 8.0 Command Line Client
mysql> SHOW CREATE table book_01 \G
*************************** 1. row ***************************
       Table: book_01
Create Table: CREATE TABLE `book_01` (
  `bookid` int(11) NOT NULL,
  `bookname` varchar(255) NOT NULL,
  `authors` varchar(255) NOT NULL,
  `info` varchar(255) DEFAULT NULL,
  `comment` varchar(255) DEFAULT NULL,
  `year_publication` year(4) NOT NULL,
  KEY `year_publication` (`year_publication`)
) ENGINE=InnoDB DEFAULT CHARSET=utf8mb4 COLLATE=utf8mb4_0900_ai_ci
1 row in set (0.03 sec)

mysql>
```
图 11-2　查看表结构

使用 EXPLAIN 语句查看索引是否正在使用，执行语句如下：

```
EXPLAIN SELECT * FROM book_01 WHERE year_publication=1990 \G
```

执行后返回查询结果，如图 11-3 所示。

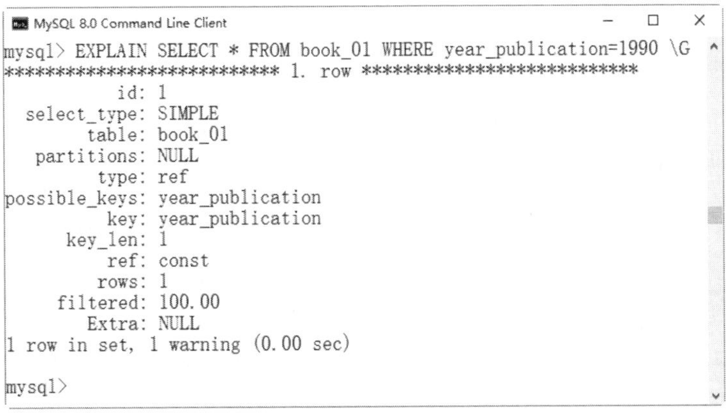

```
MySQL 8.0 Command Line Client
mysql> EXPLAIN SELECT * FROM book_01 WHERE year_publication=1990 \G
*************************** 1. row ***************************
           id: 1
  select_type: SIMPLE
        table: book_01
   partitions: NULL
         type: ref
possible_keys: year_publication
          key: year_publication
      key_len: 1
          ref: const
         rows: 1
     filtered: 100.00
        Extra: NULL
1 row in set, 1 warning (0.00 sec)

mysql>
```

图 11-3　使用 EXPLAIN 语句查看索引

EXPLAIN 语句输出结果的主要参数介绍如下。

（1）select_type 行：指定所使用的 SELECT 查询类型，这里值为 SIMPLE，表示简单的 SELECT，不使用 UNION 或子查询。其他可能的取值有 PRIMARY、UNION、SUBQUERY 等。

（2）table 行：指定数据库读取的数据表的名字，它们按被读取的先后顺序排列。

（3）type 行：指定了本数据表与其他数据表之间的关联关系，可能的取值有 system、const、eq_ref、ref、range、index 和 All。

（4）possible_keys 行：给出了 MySQL 在搜索数据记录时可选用的各个索引。

（5）key 行：MySQL 实际选用的索引。

（6）key_len 行：给出索引按字节计算的长度，值越小，表示越快。

（7）ref 行：给出了关联关系中另一个数据表里的数据列的名字。

（8）rows 行：是 MySQL 在执行这个查询时预计会从这个数据表里读出的数据行的个数。

（9）Extra 行：提供了与关联操作有关的信息。

可以看到，possible_keys 和 key 的值都为 year_publication，查询时使用了索引。

11.2.2　创建唯一索引

创建唯一索引与前面的普通索引类似，不同的就是：索引列的值必须唯一，但允许有空值。如果是组合索引，则列值的组合必须唯一。

实例 2：创建数据表 book_02 时创建唯一索引

创建数据表 book_02，在表中的 bookid 字段上使用 UNIQUE 关键字创建唯一索引。执行语句如下：

```
CREATE TABLE book_02
(
bookid                    INT NOT NULL,
bookname                  VARCHAR(255) NOT NULL,
```

```
authors                      VARCHAR(255) NOT NULL,
info                         VARCHAR(255) NULL,
comment                      VARCHAR(255) NULL,
year_publication             YEAR NOT NULL,
UNIQUE INDEX UniqIdx(bookid)
);
```

执行结果如图 11-4 所示，显示完成数据表的创建，并在 bookid 字段上建立了唯一索引。

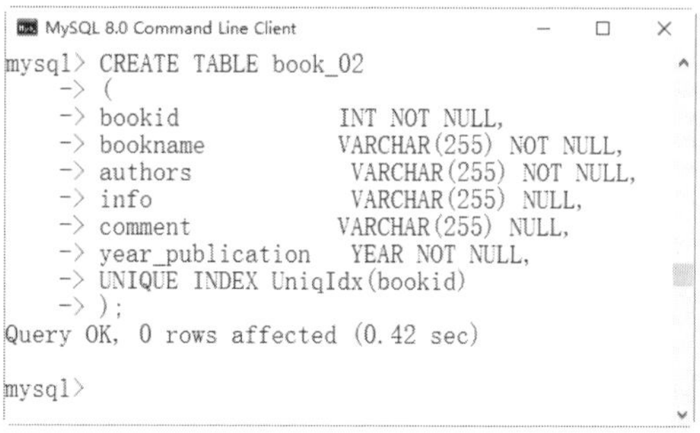

```
mysql> CREATE TABLE book_02
    -> (
    -> bookid               INT NOT NULL,
    -> bookname             VARCHAR(255) NOT NULL,
    -> authors               VARCHAR(255) NOT NULL,
    -> info                  VARCHAR(255) NULL,
    -> comment              VARCHAR(255) NULL,
    -> year_publication      YEAR NOT NULL,
    -> UNIQUE INDEX UniqIdx(bookid)
    -> );
Query OK, 0 rows affected (0.42 sec)

mysql>
```

图 11-4 创建唯一索引

唯一索引创建完毕后，使用 SHOW CREATE TABLE 查看表结构，执行语句如下：

```
SHOW CREATE table book_02 \G
```

执行结果如图 11-5 所示。由结果可以看到，bookid 字段上已经成功建立了一个名为 UniqIdx 的唯一索引。

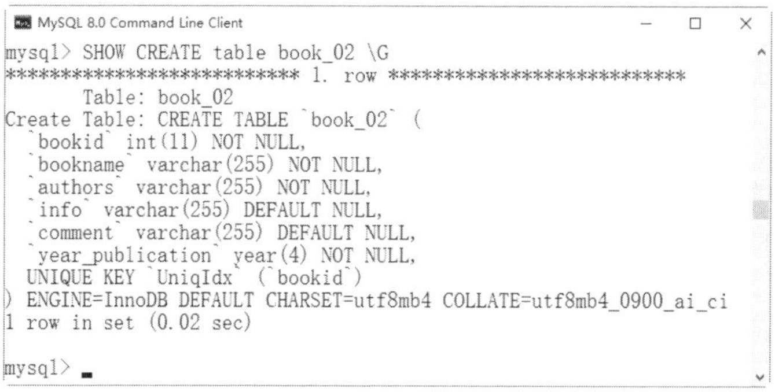

```
mysql> SHOW CREATE table book_02 \G
*************************** 1. row ***************************
       Table: book_02
Create Table: CREATE TABLE `book_02` (
  `bookid` int(11) NOT NULL,
  `bookname` varchar(255) NOT NULL,
  `authors` varchar(255) NOT NULL,
  `info` varchar(255) DEFAULT NULL,
  `comment` varchar(255) DEFAULT NULL,
  `year_publication` year(4) NOT NULL,
  UNIQUE KEY `UniqIdx` (`bookid`)
) ENGINE=InnoDB DEFAULT CHARSET=utf8mb4 COLLATE=utf8mb4_0900_ai_ci
1 row in set (0.02 sec)

mysql>
```

图 11-5 查看表结构

11.2.3 创建全文索引

FULLTEXT 全文索引可以用于全文搜索。只有 MyISAM 存储引擎支持 FULLTEXT 索引，并且只能是 CHAR、VARCHAR 和 TEXT 列。全文索引只能添加到整个字段上，不支持局部 (前缀) 索引。

实例 3：创建数据表 book_03 时创建全文索引

创建数据表 book_03，在表中的 bookname 字段上建立全文索引，执行语句如下：

```
CREATE TABLE book_03
(
bookid                INT NOT NULL,
bookname              VARCHAR(255) NOT NULL,
authors                VARCHAR(255) NOT NULL,
info                   VARCHAR(255) NULL,
comment               VARCHAR(255) NULL,
year_publication        YEAR NOT NULL,
FULLTEXT INDEX Fullindex(bookname)
) ENGINE=MyISAM;
```

执行后即可完成数据表的创建，并在 bookname 字段上建立了全文索引，如图 11-6 所示。

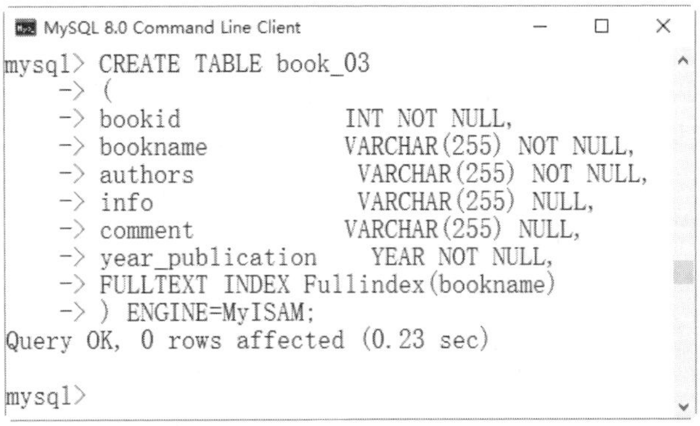

图 11-6　在 bookname 字段上创建全文索引

全文索引创建完毕后，使用 SHOW CREATE TABLE 查看表结构，执行语句如下：

```
SHOW CREATE table book_03 \G
```

执行后，返回查询结果，如图 11-7 所示。由结果可以看到，bookname 字段上已经成功建立了一个名为 Fullindex 的全文索引。全文索引非常适合于大型数据集。

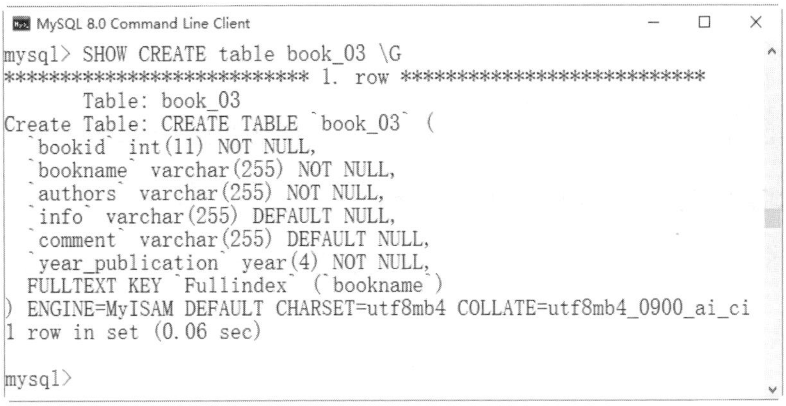

图 11-7　查看表 book_03 的结构

11.2.4　创建单列索引

单列索引是在数据表中的一个字段上创建一个索引。

实例 4：创建数据表 book_04 时创建单列索引

创建表 book_04，在表中的 info 字段上建立单列索引，执行语句如下：

```
CREATE TABLE book_04
(
bookid              INT NOT NULL,
bookname            VARCHAR(255) NOT NULL,
authors             VARCHAR(255) NOT NULL,
info                VARCHAR(255) NULL,
comment             VARCHAR(255) NULL,
```

```
year_publication    YEAR NOT NULL,
INDEX  index_info(info(5))
);
```

执行结果如图 11-8 所示，显示完成数据表的创建，并在 info 字段上建立了单列索引。单列索引创建完毕后，使用 SHOW CREATE TABLE 查看表结构，执行语句如下：

```
SHOW CREATE table book_04 \G
```

执行结果如图 11-9 所示。由结果可以看到，info 字段上已经成功建立了一个名为 index_info 的单列索引。

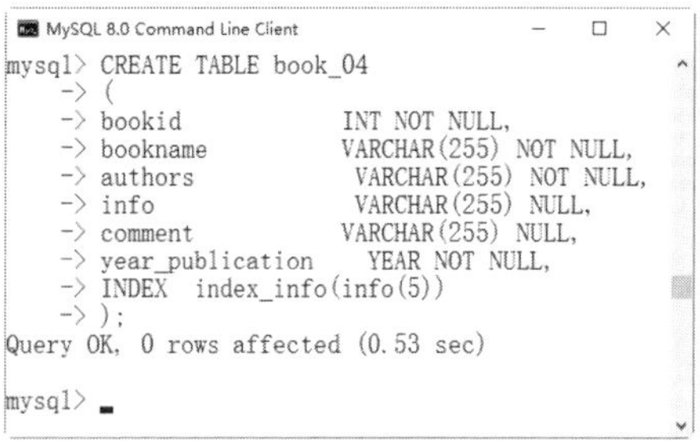

图 11-8　创建单列索引

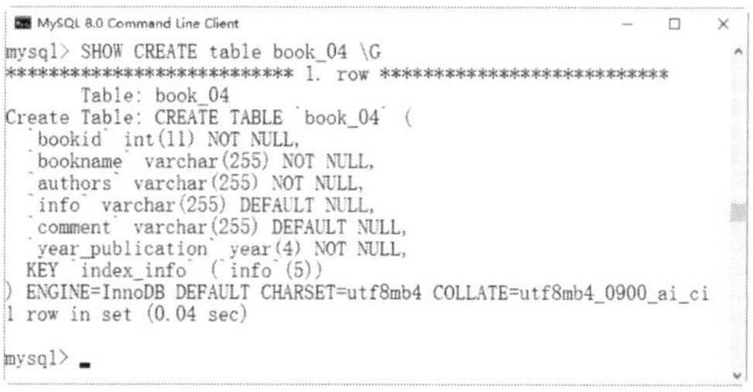

图 11-9　查看名称为 index_info 的单列索引

11.2.5　创建多列索引

多列索引也被称为组合索引，多列索引是在多个字段上创建一个索引。

实例 5：创建数据表 book_05 时创建多列索引

创建表 book_05，在表中的 bookid、bookname 和 authors 字段上建立组合索引，执行语句如下：

```
CREATE TABLE book_05
(
bookid             INT NOT NULL,
bookname           VARCHAR(255) NOT NULL,
authors            VARCHAR(255) NOT NULL,
info               VARCHAR(255) NULL,
comment            VARCHAR(255) NULL,
year_publication   YEAR NOT NULL,
INDEX Mmindex(bookid, bookname, authors)
);
```

执行结果如图 11-10 所示，显示完成数据表的创建，并在 bookid、bookname 和 authors 字段上建立了多列索引。

多列索引创建完成后，使用 SHOW CREATE TABLE 查看表结构，执行语句如下：

```
SHOW CREATE table book_05 \G
```

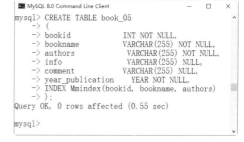

图 11-10　创建多列索引 Mmindex

执行结果如图 11-11 所示。由结果可以看到，bookid、bookname 和 authors 字段上已经成功建立了一个名为 Mmindex 的多列索引。

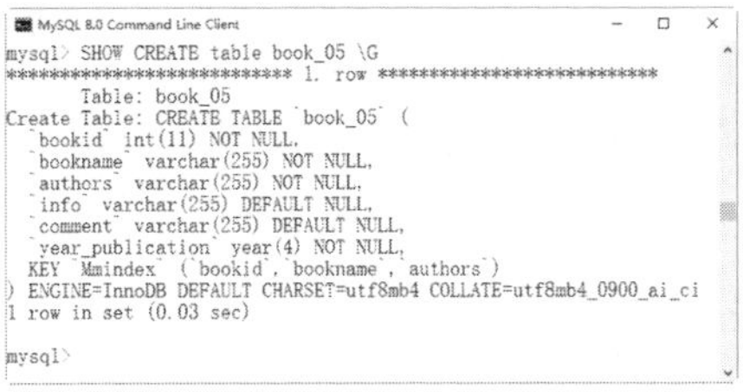

```
MySQL 8.0 Command Line Client
mysql> SHOW CREATE table book_05 \G
*************************** 1. row ***************************
       Table: book_05
Create Table: CREATE TABLE `book_05` (
  `bookid` int(11) NOT NULL,
  `bookname` varchar(255) NOT NULL,
  `authors` varchar(255) NOT NULL,
  `info` varchar(255) DEFAULT NULL,
  `comment` varchar(255) DEFAULT NULL,
  `year_publication` year(4) NOT NULL,
  KEY `Mmindex` (`bookid`,`bookname`,`authors`)
) ENGINE=InnoDB DEFAULT CHARSET=utf8mb4 COLLATE=utf8mb4_0900_ai_ci
1 row in set (0.03 sec)

mysql>
```

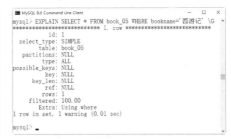

图 11-11　查看名称为 Mmindex 的多列索引

在 book_05 表中，查询 bookid 和 bookname 字段，使用 EXPLAIN 语句查看索引的使用情况，执行语句如下：

```
EXPLAIN SELECT * FROM book_05 WHERE bookid=1 AND bookname= '西游记'  \G
```

执行结果如图 11-12 所示。从查询结果可以看到，查询 bookid 和 bookname 字段时，使用了名称 Mmindex 的索引。

如果查询（bookname,info）组合或者单独查询 bookname 和 info 字段，将不会使用索引。例如这里查询只查询 bookname 字段，执行语句如下：

```
EXPLAIN SELECT * FROM book_05 WHERE bookname= '西游记'  \G
```

执行结果如图 11-13 所示，从结果可以看出，possible_keys 和 key 值为 NULL，说明查询的时候并没有使用索引。

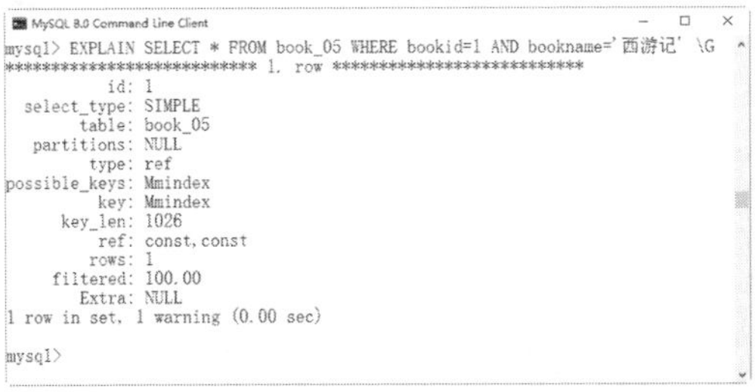

```
MySQL 8.0 Command Line Client
mysql> EXPLAIN SELECT * FROM book_05 WHERE bookid=1 AND bookname='西游记' \G
*************************** 1. row ***************************
           id: 1
  select_type: SIMPLE
        table: book_05
   partitions: NULL
         type: ref
possible_keys: Mmindex
          key: Mmindex
      key_len: 1026
          ref: const,const
         rows: 1
     filtered: 100.00
        Extra: NULL
1 row in set, 1 warning (0.00 sec)

mysql>
```

图 11-12　使用 EXPLAIN 语句查看索引

```
MySQL 8.0 Command Line Client
mysql> EXPLAIN SELECT * FROM book_05 WHERE bookname='西游记' \G
*************************** 1. row ***************************
           id: 1
  select_type: SIMPLE
        table: book_05
   partitions: NULL
         type: ALL
possible_keys: NULL
          key: NULL
      key_len: NULL
          ref: NULL
         rows: 1
     filtered: 100.00
        Extra: Using where
1 row in set, 1 warning (0.01 sec)

mysql>
```

图 11-13　查看是否使用了索引

11.2.6　创建空间索引

创建空间索引时必须使用 SPATIAL 参数。创建空间索引时，索引字段必须是空间类型并有着非空约束，表的存储引擎必须是 MyISAM 类型。

实例 6：创建数据表 book_06 时创建空间索引

创建表 book_06，在表中的 bookname 字段上建立空间索引，执行语句如下：

```
CREATE TABLE book_06
(
bookid               INT NOT NULL,
bookname             GEOMETRY NOT NULL,
authors               VARCHAR(255) NOT NULL,
info                  VARCHAR(255) NULL,
comment              VARCHAR(255) NULL,
year_publication        YEAR NOT NULL,
SPATIAL INDEX index_na(bookname)
)ENGINE=MyISAM;
```

执行结果如图 11-14 所示，完成数据表的创建，并在 bookname 字段上建立了空间索引。

空间索引创建完成后，使用 SHOW CREATE TABLE 查看表结构，执行语句如下：

```
SHOW CREATE table book_06 \G
```

执行结果如图 11-15 所示。由结果可以看到，bookname 字段上已经成功建立了一个名为 index_na 的空间索引。

```
mysql> CREATE TABLE book_06
    -> (
    -> bookid              INT NOT NULL,
    -> bookname            GEOMETRY NOT NULL,
    -> authors              VARCHAR(255) NOT NULL,
    -> info                 VARCHAR(255) NULL,
    -> comment             VARCHAR(255) NULL,
    -> year_publication       YEAR NOT NULL,
    -> SPATIAL INDEX index_na(bookname)
    -> )ENGINE=MyISAM;
Query OK, 0 rows affected, 1 warning (0.09 sec)

mysql>
```

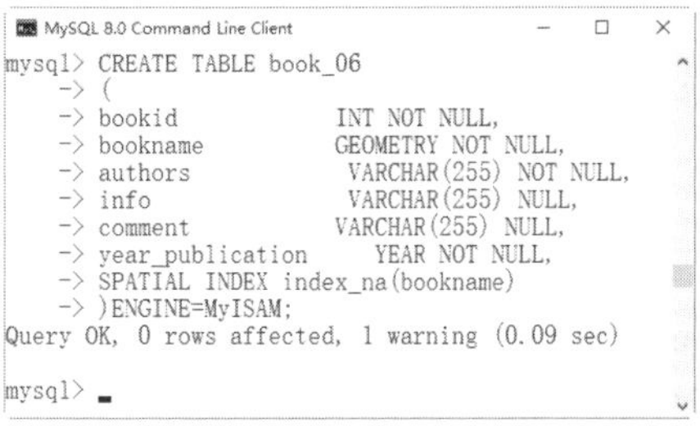

图 11-14　创建空间索引 index_na

```
mysql> SHOW CREATE table book_06 \G
*************************** 1. row ***************************
       Table: book_06
Create Table: CREATE TABLE `book_06` (
  `bookid` int(11) NOT NULL,
  `bookname` geometry NOT NULL,
  `authors` varchar(255) NOT NULL,
  `info` varchar(255) DEFAULT NULL,
  `comment` varchar(255) DEFAULT NULL,
  `year_publication` year(4) NOT NULL,
  SPATIAL KEY `index_na` (`bookname`)
) ENGINE=MyISAM DEFAULT CHARSET=utf8mb4 COLLATE=utf8mb4_0900_ai_ci
1 row in set (0.00 sec)

mysql>
```

图 11-15　查看创建的空间索引

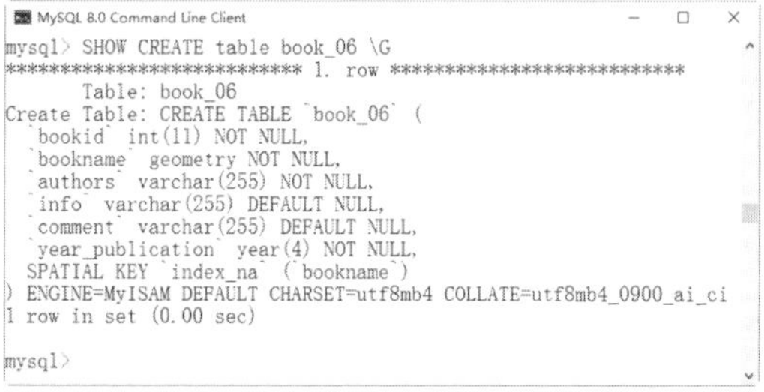

11.3　在已经存在的表上创建索引

在已经存在的数据表中，可以直接为表中的一个或几个字段创建索引，其基本语法格式如下：

```
CREATE [UNIQUE|FULLTEXT|SPATIAL] INDEX [index_name]
ON table_name (col_name [(length)] [ASC | DESC]);
```

主要参数介绍如下。

- UNIQUE：可选参数，表示唯一索引。
- FULLTEXT：可选参数，表示全文索引。
- SPATIAL：可选参数，表示空间索引。
- INDEX：用来指定创建索引。
- [index_name]：给创建的索引取的新名称。
- table_name：需要创建索引的表的名称。
- col_name：指定索引对应的字段的名称，该字段必须为前面定义好的字段。
- length：可选参数，表示索引的长度，只有字符串类型的字段才能指定索引长度；
- ASC 和 DESC：可选参数，其中 ASC 指定升序排序，DESC 指定降序排序。

为了演示创建索引的方法，下面创建一个图书信息数据表 book，执行语句如下：

```
USE mydb;
CREATE TABLE book
(
bookid              INT NOT NULL,
bookname            VARCHAR(255) NOT NULL,
authors             VARCHAR(255) NOT NULL,
info                VARCHAR(255) NULL,
comment             VARCHAR(255) NULL,
year_publication    YEAR NOT NULL
);
```

执行结果如图 11-16 所示，显示完成数据表的创建。

```
mysql> CREATE TABLE book
    -> (
    -> bookid              INT NOT NULL,
    -> bookname            VARCHAR(255) NOT NULL,
    -> authors              VARCHAR(255) NOT NULL,
    -> info                 VARCHAR(255) NULL,
    -> comment             VARCHAR(255) NULL,
    -> year_publication      YEAR NOT NULL
    -> );
Query OK, 0 rows affected (0.45 sec)

mysql>
```

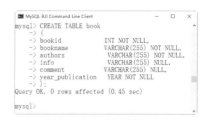

图 11-16　创建数据表

11.3.1 创建普通索引

下面给出一个实例,来介绍在已经存在的数据表上创建普通索引的方法。

实例 7:在数据表 book 上创建普通索引

在已经存在的 book 数据表中的 bookid 字段上建立名为 index_id 的索引,执行语句如下:

```
CREATE INDEX index_id ON book(bookid);
```

在创建索引之前,先使用 SHOW CREATE TABLE 语句查看 book 表的结构。执行语句如下:

```
SHOW CREATE TABLE book \G
```

执行结果如图 11-17 所示。从结果中可以看出 book 表没有索引。

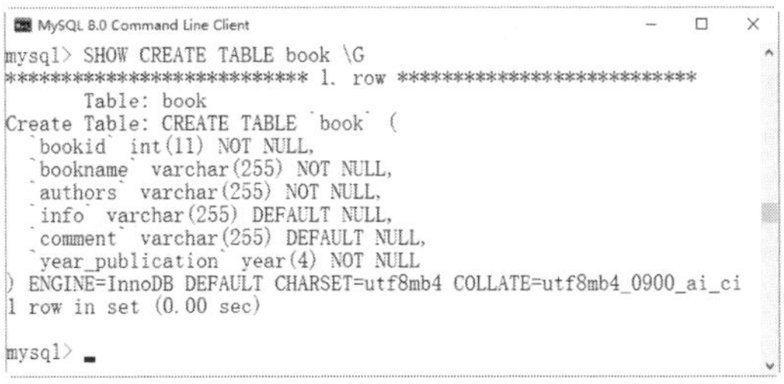

图 11-17 查看数据表 book 的结构

下面使用 CREATE INDEX 语句创建索引,执行语句如下:

```
CREATE INDEX index_id ON book(bookid);
```

执行结果如图 11-18 所示,完成普通索引的创建。

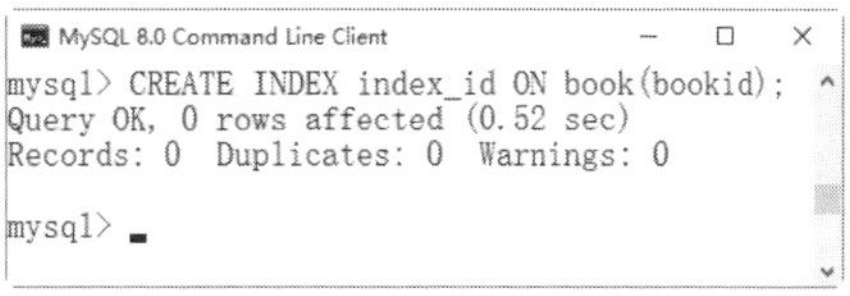

下面再来使用 SHOW CREATE TABLE 语句查看 book 表的结构,执行语句如下:

图 11-18 创建普通索引

```
SHOW CREATE TABLE book \G
```

执行结果如图 11-19 所示。从结果中可以看出 book 表已经创建了普通索引。

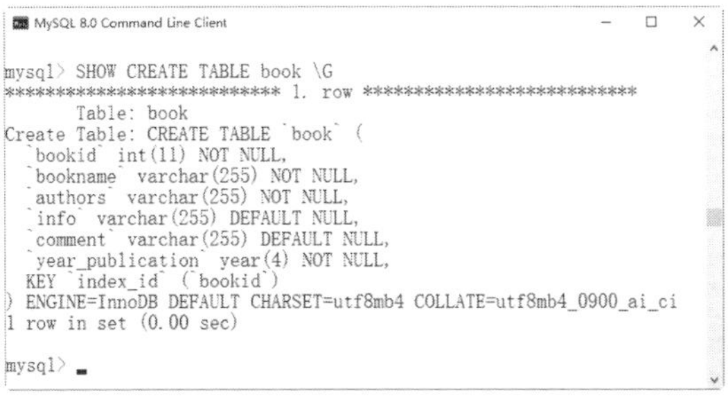

图 11-19 查看创建的普通索引

11.3.2 创建唯一索引

下面给出一个实例,来介绍在已经存在的数据表上创建唯一索引的方法。

实例 8：在数据表 book 上创建唯一索引

在已经存在的 book 数据表中的 bookname 字段上建立名为 index_name 的索引，执行语句如下：

```
CREATE UNIQUE INDEX index_name ON book(bookname);
```

执行结果如图 11-20 所示，完成唯一索引的创建。

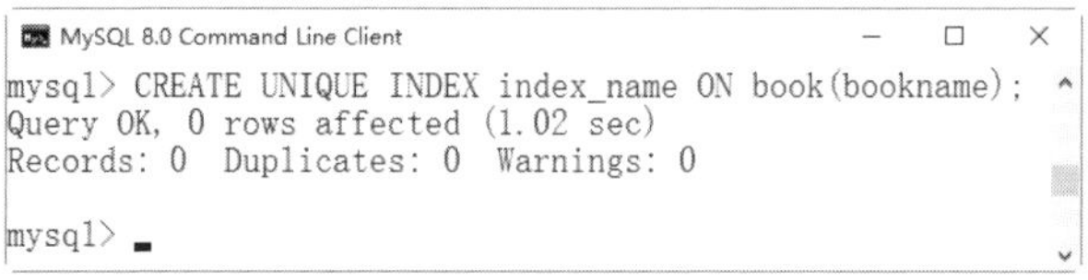

图 11-20　创建唯一索引

下面使用 SHOW CREATE TABLE 语句查看 book 表的结构。执行语句如下：

```
SHOW CREATE TABLE book \G
```

执行结果如图 11-21 所示，查看从结果中可以看出 book 表已经创建了唯一索引。

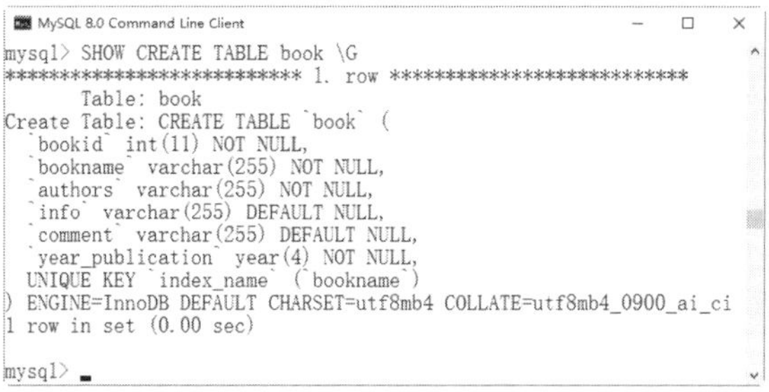

图 11-21　查看创建的唯一索引

11.3.3　创建全文索引

下面给出一个实例，来介绍在已经存在的数据表上创建全文索引的方法。

实例 9：在数据表 book 上创建全文索引

在已经存在的 book 数据表中的 info 字段上建立名为 index_info 的全文索引，执行语句如下：

```
CREATE FULLTEXT INDEX index_info ON book(info);
```

执行结果如图 11-22 所示，即可完成全文索引的创建。

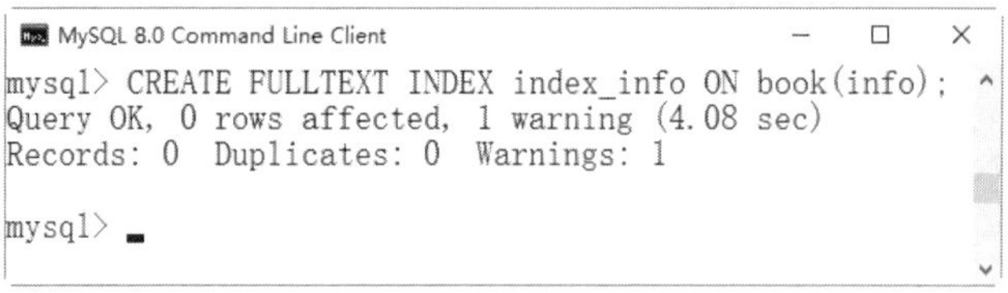

图 11-22　创建全文索引

下面使用 SHOW CREATE TABLE 语句查看 book 表的结构，执行语句如下：

```
SHOW CREATE TABLE book \G
```

执行结果如图 11-23 所示，从结果中可以看出 book 表已经创建了一个全文索引。

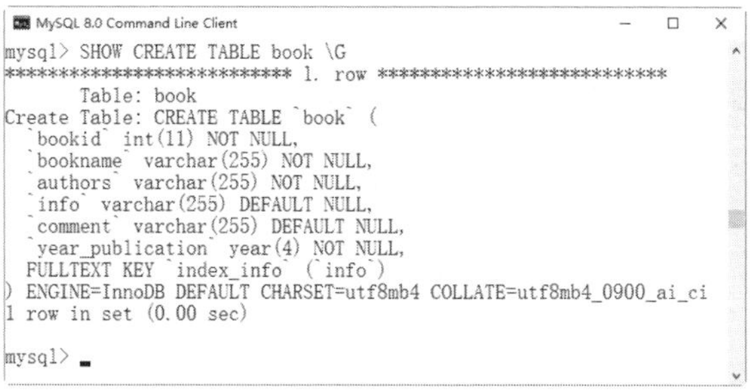

图 11-23　查看创建的全文索引

11.3.4　创建单列索引

下面给出一个实例，来介绍在已经存在的数据表上创建单列索引的方法。

实例 10：在数据表 book 上创建单列索引

在已经存在的 book 数据表中的 bookname 字段上建立名为 index_name 的单列索引，执行语句如下：

```
CREATE INDEX index_name ON book(bookname);
```

执行结果如图 11-24 所示，完成单列索引的创建。

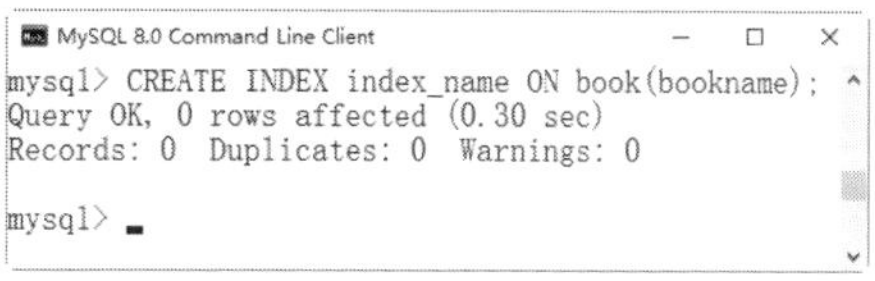

下面使用 SHOW CREATE TABLE 语句查看 book 表的结构，执行语句如下：

```
SHOW CREATE TABLE book \G
```

图 11-24　创建单列索引

执行结果如图 11-25 所示，从结果中可以看出 book 表已经创建了一个单列索引。

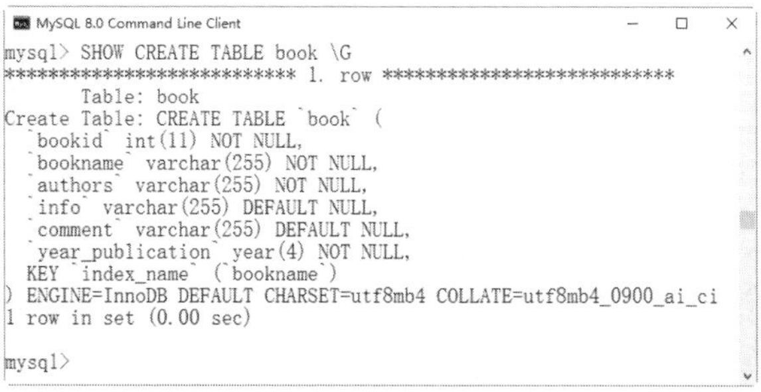

图 11-25　查看创建的单列索引

11.3.5　创建多列索引

下面给出一个实例，来介绍在已经存在的数据表上创建多列索引的方法。

实例 11：在数据表 book 上创建多列索引

在已经存在的 book 数据表中的 bookid、bookname、authors 字段上建立名为 index_zuhe 的多列索引，执行语句如下：

```
CREATE INDEX index_zuhe ON book(bookid,bookname,authors);
```

执行结果如图 11-26 所示，完成多列索引的创建。

```
MySQL 8.0 Command Line Client

mysql> CREATE INDEX index_zuhe ON book(bookid,bookname,authors);
Query OK, 0 rows affected (0.33 sec)
Records: 0  Duplicates: 0  Warnings: 0

mysql>
```

图 11-26　创建多列索引

下面使用 SHOW CREATE TABLE 语句查看 book 表的结构。执行语句如下：

```
SHOW CREATE TABLE book \G
```

执行结果如图 11-27 所示，从结果中可以看出 book 表已经创建了一个多列索引。

```
MySQL 8.0 Command Line Client

mysql> SHOW CREATE TABLE book \G
*************************** 1. row ***************************
       Table: book
Create Table: CREATE TABLE `book` (
  `bookid` int(11) NOT NULL,
  `bookname` varchar(255) NOT NULL,
  `authors` varchar(255) NOT NULL,
  `info` varchar(255) DEFAULT NULL,
  `comment` varchar(255) DEFAULT NULL,
  `year_publication` year(4) NOT NULL,
  KEY `index_zuhe` (`bookid`,`bookname`,`authors`)
) ENGINE=InnoDB DEFAULT CHARSET=utf8mb4 COLLATE=utf8mb4_0900_ai_ci
1 row in set (0.00 sec)

mysql>
```

图 11-27　查看创建的多列索引

11.3.6　创建空间索引

下面给出一个实例，来介绍在已经存在的数据表上创建空间索引的方法。

实例 12：在数据表 book01 上创建空间索引

在已经存在的 book01 数据表中的 bookname 字段上建立名为 index_na 的空间索引。在创建空间索引之前，首先创建数据表 book01，这里需要先设置 bookname 的字段类型为空间数据类型，而且是非空。执行语句如下：

```
CREATE TABLE book01
(
bookid              INT NOT NULL,
bookname            GEOMETRY NOT NULL,
authors              VARCHAR(255) NOT NULL,
info                 VARCHAR(255) NULL,
```

```
comment              VARCHAR(255) NULL,
year_publication     YEAR NOT NULL
)ENGINE=MyISAM;
```

执行结果如图 11-28 所示，完成数据表的创建。

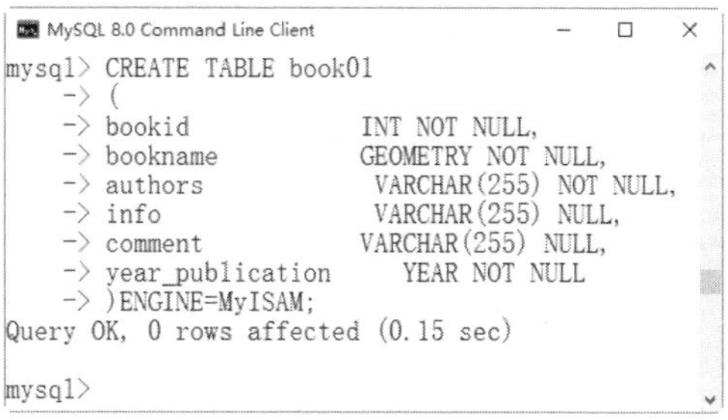

下面开始创建空间索引，执行语句如下：

```
CREATE SPATIAL INDEX index_na ON book01(bookname);
```

图 11-28　创建数据表 book01

执行结果如图 11-29 所示，完成空间索引的创建。

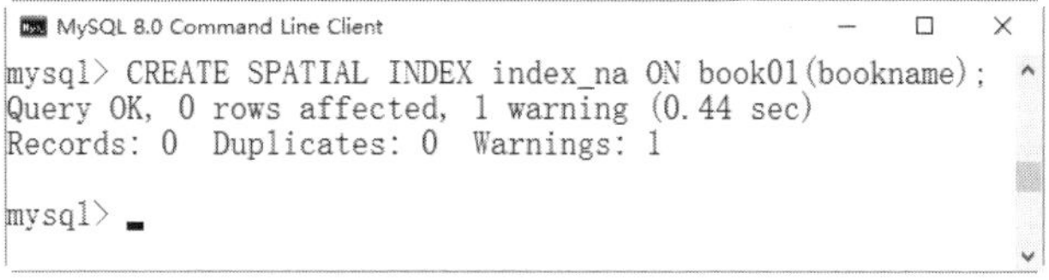

图 11-29　创建空间索引

下面使用 SHOW CREATE TABLE 语句查看 book01 表的结构。执行语句如下：

```
SHOW CREATE TABLE book01 \G
```

执行结果如图 11-30 所示，从结果中可以看出 book01 表已经创建了一个空间索引。

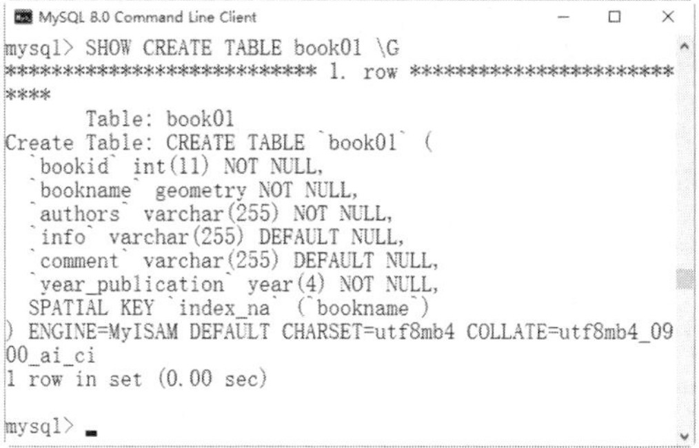

图 11-30　查看创建的空间索引

11.4　使用 ALTER TABLE 语句创建索引

在已经存在的数据表中，可以通过 ALTER TABLE 语句直接为表上的一个或几个字段创建索引。语法格式如下：

```
ALTER TABLE table_name ADD [UNIQUE|FULLTEXT|SPATIAL] INDEX [index_name]
(col_name [(length)] [ASC | DESC]);
```

这里的参数与前面两个创建索引方法中的参数含义一样，这里不再重复介绍。

11.4.1　创建普通索引

下面给出一个实例，来介绍在已经存在的数据表上创建普通索引的方法。

实例13：使用 ALTER TABLE 语句创建普通索引

在已经存在的 book 数据表中的 bookid 字段上建立名为 index_id 的索引，执行语句如下：

```
ALTER TABLE book ADD INDEX index_id(bookid);
```

在创建索引之前，先使用 SHOW CREATE TABLE 语句查看 book 表的结构，执行语句如下：

```
SHOW CREATE TABLE book \G
```

执行结果如图 11-31 所示，从结果中可以看出 book 表没有索引。

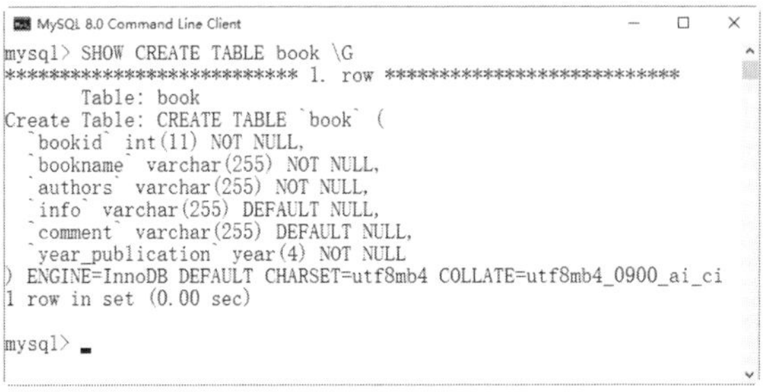

图 11-31　查看表结构

下面使用 ALTER TABLE 语句创建普通索引，执行语句如下：

```
ALTER TABLE book ADD INDEX index_id(bookid);
```

执行结果如图 11-32 所示，完成普通索引的创建。

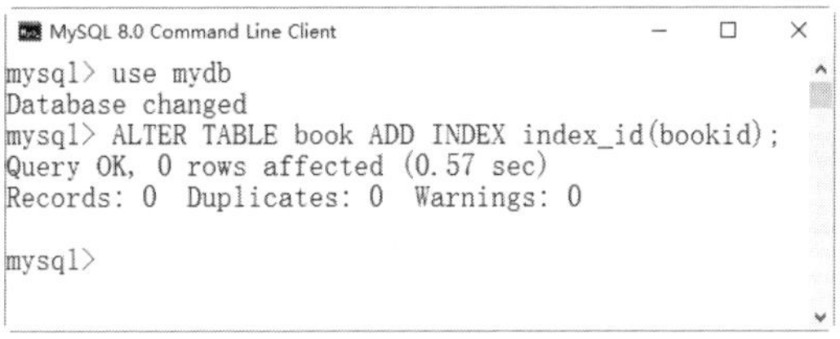

图 11-32　创建普通索引

下面使用 SHOW CREATE TABLE 语句查看 book 表的结构，执行语句如下：

```
SHOW CREATE TABLE book \G
```

执行结果如图 11-33 所示，从结果中可以看出 book 表已经创建了一个普通索引。

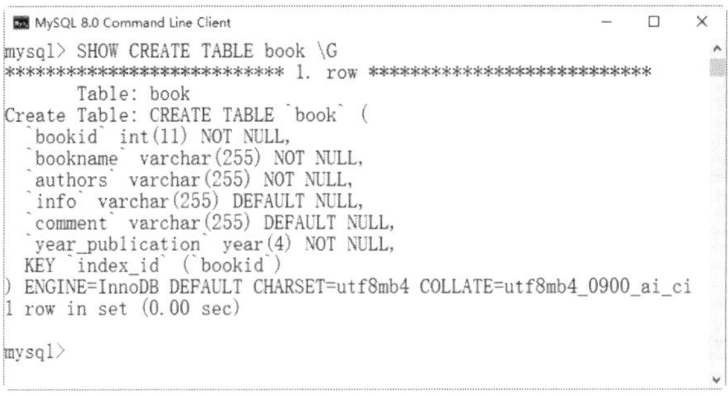

图 11-33　查看创建的普通索引

11.4.2 创建唯一索引

下面给出一个实例,来介绍在已经存在的数据表上创建唯一索引的方法。

实例 14:使用 ALTER TABLE 语句创建唯一性索引

在已经存在的 book 数据表中的 bookname 字段上建立名为 index_na 的唯一索引,执行语句如下:

```
ALTER TABLE book ADD UNIQUE INDEX index_na(bookname);
```

执行结果如图 11-34 所示,完成唯一索引的创建。

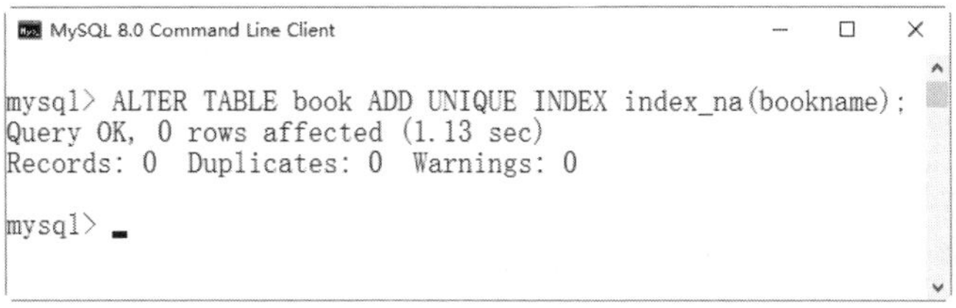

图 11-34 创建唯一索引

下面使用 SHOW CREATE TABLE 语句查看 book 表的结构,执行语句如下:

```
SHOW CREATE TABLE book \G
```

执行结果如图 11-35 所示,从结果中可以看出 book 表已经创建了唯一索引。

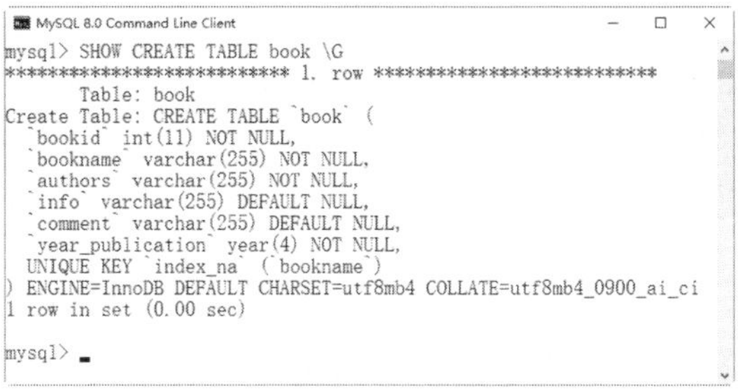

图 11-35 查看创建的唯一索引

11.4.3 创建全文索引

下面给出一个实例,来介绍在已经存在的数据表上创建全文索引的方法。

实例 15:使用 ALTER TABLE 语句创建全文索引

在已经存在的 book 数据表中的 info 字段上建立名为 index_in 的全文索引,执行语句如下:

```
ALTER TABLE book ADD FULLTEXT INDEX index_in(info);
```

执行结果如图 11-36 所示,完成全文索引的创建。

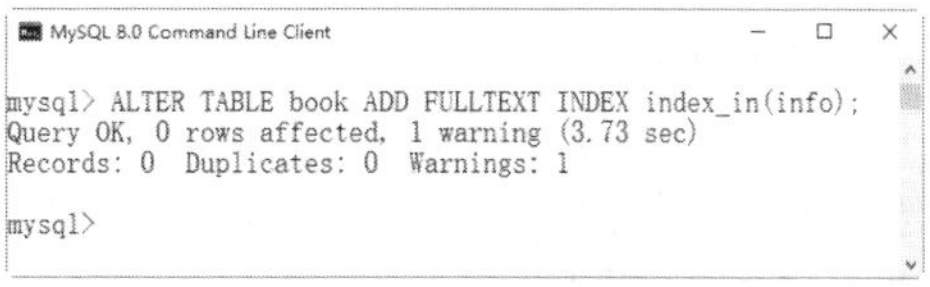

图 11-36 创建全文索引

11.4.4 创建单列索引

下面给出一个实例，来介绍在已经存在的数据表上创建单列索引的方法。

实例 16：使用 ALTER TABLE 语句创建单列索引

在已经存在的 book 数据表中的 bookname 字段上建立名为 index_name 的单列索引，执行语句如下：

```
ALTER TABLE book ADD INDEX index_name(bookname);
```

执行结果如图 11-37 所示，完成单列索引的创建。

图 11-37　创建单列索引

11.4.5 创建多列索引

下面给出一个实例，来介绍在已经存在的数据表上创建多列索引的方法。

实例 17：使用 ALTER TABLE 语句创建多列索引

在已经存在的 book 数据表中的 bookid、bookname、authors 字段上建立名为 index_zuhe 的多列索引，执行语句如下：

```
ALTER TABLE book ADD INDEX index_zuhe(bookid,bookname,authors);
```

执行结果如图 11-38 所示，完成多列索引的创建。

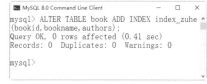

图 11-38　创建多列索引

11.4.6 创建空间索引

下面给出一个实例，来介绍在已经存在的数据表上创建空间索引的方法。

实例 18：使用 ALTER TABLE 语句创建空间索引

在已经存在的 book01 数据表中的 name 字段上建立名为 index_na 的空间索引，执行语句：

```
ALTER TABLE book01 ADD SPATIAL INDEX index_na(booknme);
```

即可完成空间索引的创建，执行结果如图 11-39 所示。

图 11-39　创建空间索引

11.5　删除索引

在数据库中使用索引，既可以给数据库的管理带来好处，也会造成数据库存储空间的浪费。因此，当表中的索引不再需要时，就需要及时将这些索引删除。在 MySQL 中，删除索引可以使用 ALTER TABLE 语句或者 DROP INDEX 语句，两者可实现相同的功能。

11.5.1 使用 ALTER TABLE 语句删除索引

使用 ALTER TABLE 语句可以删除索引，基本语法格式如下：

ALTER TABLE table_name DROP INDEX index_name;

主要参数介绍如下。
- index_name 项：指要删除的索引的名称。
- table_name 项：指索引所在表的名称。

实例 19：使用 ALTER TABLE 语句删除索引

删除 book 数据表中的名称为 index_zuhe 的多列索引。

首先查看 book 表中是否有名称为 index_zuhe 的多列索引，执行语句如下：

SHOW CREATE table book \G

执行结果如图 11-40 所示，由查询结果可以看到，book 表中有名称为 index_zuhe 的多列索引。

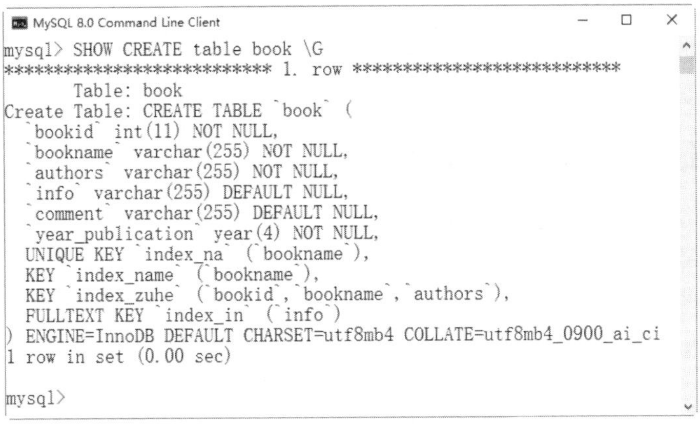

图 11-40　删除 index_zuhe 多列索引

下面删除该索引，执行语句：

ALTER TABLE book DROP INDEX index_zuhe;

即可完成多列索引的删除，结果如图 11-41 所示。

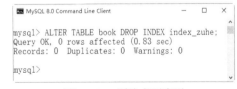

图 11-41　删除多列索引

语句执行完毕，使用 SHOW 语句查看索引是否被删除，执行语句：

SHOW CREATE table book \G

即可返回查询结果，执行结果如图 11-42 所示。由结果可以看到，book 表中已经没有名称为 index_zuhe 的多列索引，删除索引成功。

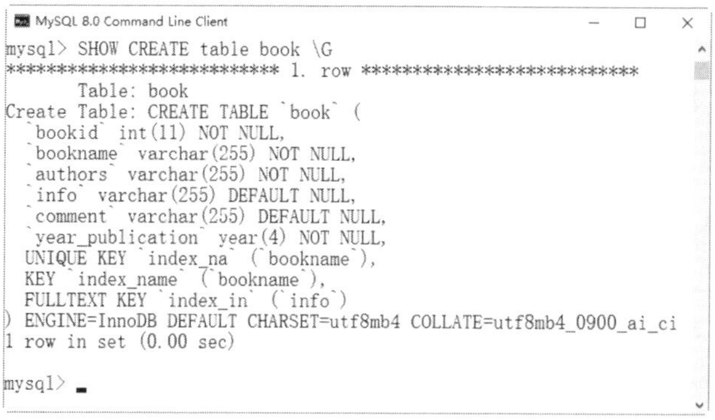

```
MySQL 8.0 Command Line Client
mysql> SHOW CREATE table book \G
*************************** 1. row ***************************
       Table: book
Create Table: CREATE TABLE `book` (
  `bookid` int(11) NOT NULL,
  `bookname` varchar(255) NOT NULL,
  `authors` varchar(255) NOT NULL,
  `info` varchar(255) DEFAULT NULL,
  `comment` varchar(255) DEFAULT NULL,
  `year_publication` year(4) NOT NULL,
  UNIQUE KEY `index_na` (`bookname`),
  KEY `index_name` (`bookname`),
  FULLTEXT KEY `index_in` (`info`)
) ENGINE=InnoDB DEFAULT CHARSET=utf8mb4 COLLATE=utf8mb4_0900_ai_ci
1 row in set (0.00 sec)

mysql>
```

图 11-42　查看索引是否被删除

11.5.2　使用 DROP INDEX 语句删除索引

使用 DROP INDEX 语句可以删除索引，删除索引的语法格式如下：

```
DROP INDEX index_name ON table_name;
```

主要参数介绍如下。

- index_name 项：指要删除的索引的名称。
- table_name 项：指索引所在表的名称。

实例 20：使用 DROP INDEX 语句删除索引

删除 book01 表中名称为 index_na 的空间索引，执行语句：

```
DROP INDEX index_na ON book01;
```

即可完成空间索引的删除，执行结果如图 11-43 所示。

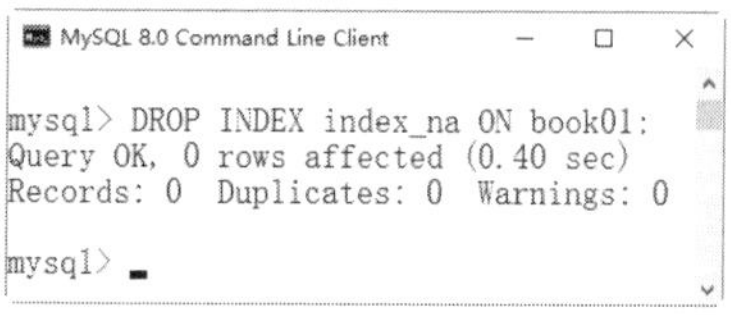

```
MySQL 8.0 Command Line Client
mysql> DROP INDEX index_na ON book01;
Query OK, 0 rows affected (0.40 sec)
Records: 0  Duplicates: 0  Warnings: 0

mysql>
```

图 11-43　删除索引 index_na

语句执行完毕，使用 SHOW 语句查看索引是否被删除，执行语句：

```
SHOW CREATE table book01 \G
```

即可返回查询结果，执行结果如图 11-44 所示。可以看到，book01 表中已经没有名称为 index_na 的空间索引，删除索引成功。

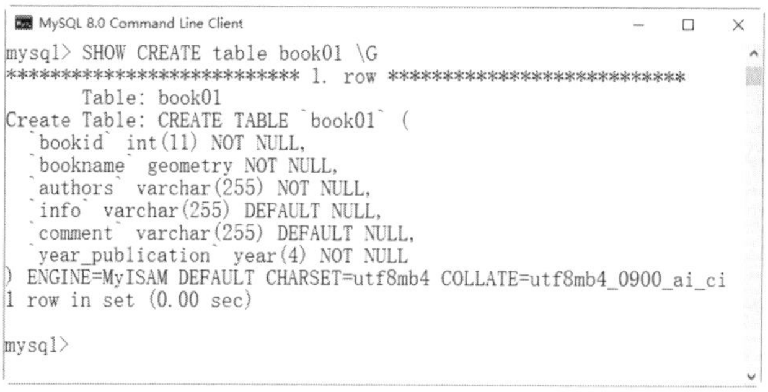

```
MySQL 8.0 Command Line Client
mysql> SHOW CREATE table book01 \G
*************************** 1. row ***************************
       Table: book01
Create Table: CREATE TABLE `book01` (
  `bookid` int(11) NOT NULL,
  `bookname` geometry NOT NULL,
  `authors` varchar(255) NOT NULL,
  `info` varchar(255) DEFAULT NULL,
  `comment` varchar(255) DEFAULT NULL,
  `year_publication` year(4) NOT NULL
) ENGINE=MyISAM DEFAULT CHARSET=utf8mb4 COLLATE=utf8mb4_0900_ai_ci
1 row in set (0.00 sec)

mysql>
```

图 11-44　查看索引是否被删除

11.6 疑难问题解析

疑问 1：为什么要使用短索引？

答：对字符串类型的字段进行索引，如果可能，应该指定一个前缀长度。例如，有一个 char(255) 的列，如果在前 10 个或 30 个字符内多数值是唯一的，则不需要对整个列进行索引。短索引不仅可以提高查询速度，还可以节省磁盘空间和减少 I/O 操作。

疑问 2：在给索引进行重命名时，为什么提示找不到呢？

答：在给索引重命名时，一定要在原来的索引名前面加上该索引所在的表名，否则在数据库中是找不到的。

11.7 综合实战训练营

实战 1：创建数据表的同时创建索引

创建数据库 index_test，按照如表 11-1 和表 11-2 所示表结构在 index_test 数据库中创建两个数据表 test_table1 和 test_table2，并按照操作过程完成对数据表的基本操作。

表 11-1 test_table1 表结构

字段名	数据类型	主键	外键	非空	唯一	自增
id	int(11)	否	否	是	是	是
name	CHAR(100)	否	否	是	否	否
address	CHAR(100)	否	否	否	否	否
description	CHAR(100)	否	否	否	否	否

表 11-2 test_table2 表结构

字段名	数据类型	主键	外键	非空	唯一	自增
id	int(11)	是	否	是	是	否
firstname	CHAR(50)	否	否	是	否	否
middlename	CHAR(50)	否	否	是	否	否
lastname	CHAR(50)	否	否	是	否	否
birth	DATE	否	否	是	否	否
title	CHAR(100)	否	否	否	否	否

（1）创建数据库 index_test。
（2）选择数据库 index_test。
（3）创建表 test_table1 的同时创建索引。
（4）使用 SHOW 语句查看索引信息。

实战 2：创建数据表后再创建索引

（1）创建表 test_table2，设置存储引擎为 MyISAM。
（2）使用 ALTER TABLE 语句在表 test_table2 的 birth 字段上，建立名称为 ComDateIdx

的普通索引。

（3）使用 ALTER TABLE 语句在表 test_table2 的 id 字段上，添加名称为 UniqIdx2 的唯一索引，并以降序排列。

（4）使用 CREATE INDEX 在 firstname、middlename 和 lastname 共 3 个字段上建立名称为 MultiColIdx2 的组合索引。

（5）使用 CREATE INDEX 在 title 字段上建立名称为 FTIdx 的全文索引。

实战 3：删除不需要的索引

（1）使用 ALTER TABLE 语句删除表 test_table1 中名称为 UniqIdx 的唯一索引。

（2）使用 DROP INDEX 语句删除表 test_table2 中名称为 MultiColIdx2 的组合索引。

第12章 创建和使用触发器

本章导读

触发器是嵌入到 MySQL 的一段程序。如果定义了触发程序，当数据库执行相关语句的时候，就会激发触发器，执行相应的操作。触发程序是与表有关的命名数据库对象，当表上出现特定事件时，将激活该对象。本章就来介绍触发器的创建与应用，主要内容包括了解触发器、创建触发器、查看触发器、删除触发器等。

知识导图

12.1　了解触发器

触发器与表紧密相连，可以将触发器看作是表定义的一部分，当对表执行插入、删除或更新操作时，触发器会自动执行以检查表的数据完整性和约束性。

触发器最重要的作用是能够确保数据的完整性，但同时也要注意每一个数据操作只能设置一个触发器。另外，触发器是建立在触发事件上的，例如我们在对表执行插入、删除或更新操作时，MySQL 就会触发相应的事件，并自动执行和这些事件相关的触发器。

总之，触发器的作用主要体现在以下几个方面。

（1）强制数据库间的引用完整性。
（2）触发器是自动的。当对表中的数据做了任何修改之后，立即被激活。
（3）触发器可以通过数据库中的相关表进行层叠更改。
（4）触发器可以强制限制，这些限制比用 CHECK 约束所定义的更复杂。与 CHECK 约束不同的是，触发器可以引用其他表中的列。

12.2　创建触发器

触发器是由事件来触发某个操作，这些事件包括 INSERT、UPDATAE 和 DELETE 语句，本节将介绍如何创建触发器。

12.2.1　创建一条执行语句的触发器

使用 CREATE TRIGGER 语句可以创建只有一个执行语句的触发器，语法格式如下：

```
CREATE TRIGGER trigger_name trigger_time trigger_event
ON tbl_name FOR EACH ROW trigger_stmt;
```

主要参数介绍如下：

- trigger_name：标识触发器名称，用户自行指定。
- trigger_time：标识触发时间，可以指定为 before 或 after。
- trigger_event：标识触发事件，包括 INSERT，UPDATE 和 DELETE。
- tbl_name：标识建立触发器的表名，即在哪张表上建立触发器。
- trigger_stmt：指定触发器程序体，触发器程序可以使用 begin 和 end 作为开始和结束，中间包含多条语句。

| 实例 1：创建只有一个执行语句的触发器

首先在数据库 mydb 中，创建一个数据表 students，表中有两个字段，分别 id 字段和 name 字段。执行语句：

```
CREATE TABLE students (
id         INT,
name       VARCHAR(50)
);
```

即可完成数据表的创建，执行结果如图 12-1 所示。

然后创建一个名为 in_stu 的触发器，触发的条件是向数据表 students 插入数据之前，对新插入 id 字段值进行加 1 计算。执行语句：

```
CREATE TRIGGER in_stu
BEFORE INSERT ON students
FOR EACH ROW SET @ss = NEW.id +1;
```

即可完成触发器的创建，执行结果如图 12-2 所示。

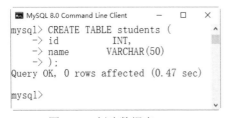

图 12-1　创建数据表 students

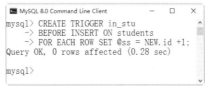

图 12-2　完成触发器的创建

设置变量的初始值为 0，命令如下：

```
SET @ss =0;
```

执行结果如图 12-3 所示，即可完成变量的初始值设置。

插入数据，启动触发器，执行语句：

```
INSERT INTO students
VALUES(1, '小宇'),
      (2, '小明');
```

即可完成数据记录的插入操作，并启动触发器，执行结果如图 12-4 所示。

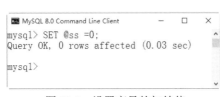

图 12-3　设置变量的初始值

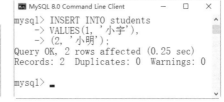

图 12-4　插入数据并启动触发器

再次查询变量 ss 的值，执行语句如下：

```
SELECT @ss;
```

执行结果如图 12-5 所示，从结果可以看出，在插入数据时，执行了触发器 in_stu。

下面再创建一个触发器，当插入的 id=3 时，将姓名设置为"小林"。执行语句：

```
DELIMITER //
CREATE TRIGGER name_student
 BEFORE INSERT
 ON students
FOR EACH ROW
BEGIN
```

```
    IF new.id=3 THEN
      set new.name='小林';
END IF;
END //
```

即可完成触发器的创建,执行结果如图 12-6 所示。

图 12-5 查询变量 ss 的值

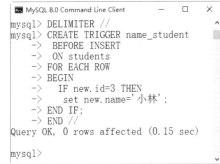

图 12-6 创建触发器 name_student

下面往数据表中插入演示数据,检查触发器是否启动。执行语句:

```
INSERT INTO students VALUES (3, '小飞');
```

即可完成数据记录的插入操作,执行结果如图 12-7 所示。

下面查询 students 表中的数据,执行语句:

```
SELECT * FROM students;
```

即可返回查询结果,执行结果如图 12-8 所示。从结果中可以看出,插入的数据中的 name 字段发生了变化,说明触发器正常执行了。

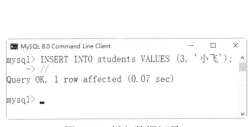

图 12-7 插入数据记录

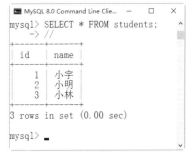

图 12-8 查询 students 表中的数据

12.2.2 创建多条执行语句的触发器

创建多条执行语句的触发器的语法如下:

```
CREATE TRIGGER trigger_name trigger_time trigger_event
ON tbl_name FOR EACH ROW trigger_stmt
```

主要参数介绍如下。

- trigger_name：标识触发器名称，用户自行指定。
- trigger_time：标识触发时机，可以指定为 before 或 after。
- trigger_event：标识触发事件，包括 INSERT、UPDATE 和 DELETE。
- tbl_name：标识建立触发器的表名，即在哪张表上建立触发器。
- trigger_stmt：触发器程序体；触发器程序可以使用 begin 和 end 作为开始和结束，中间包含多条语句。

实例 2：创建包含多条执行语句的触发器

首先在数据库 mydb 中，创建数据表 test1、test2、test3，执行语句：

```
CREATE TABLE test1(a1 INT);
CREATE TABLE test2(a2 INT);
CREATE TABLE test3(a3 INT);
```

即可完成数据表的创建操作，执行结果如图 12-9 所示。

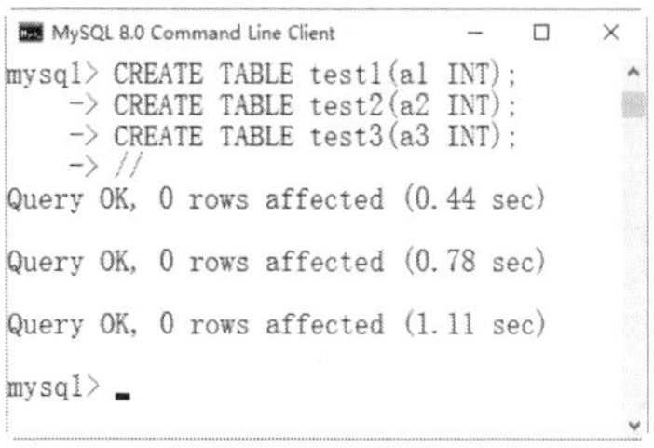

创建触发器 tri_mu，当向 test1 插入数据时，将 a1 的值进行加 10 操作，然后将该值插入到 a2 字段中；将 a1 的值进行加 20 操作，然后将该值插入到 a3 字段中，执行语句：

```
DELIMITER //
CREATE TRIGGER tri_mu BEFORE INSERT ON test1
  FOR EACH ROW
BEGIN
    INSERT INTO test2 SET a2 = NEW.a1+10;
    INSERT INTO test3 SET a3 = NEW.a1+20;
  END//
```

图 12-9　创建数据表

即可完成触发器的创建，执行结果如图 12-10 所示。

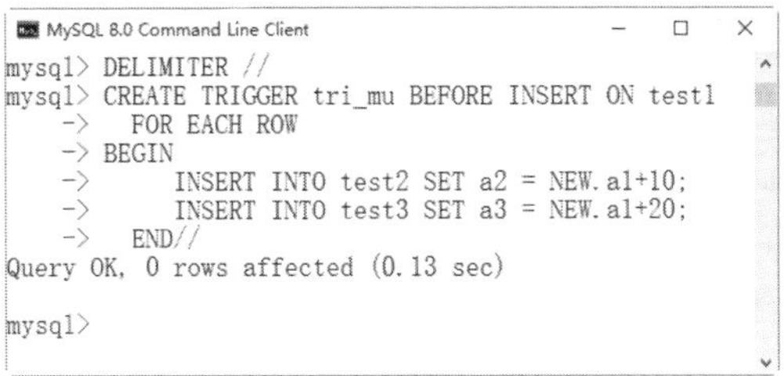

图 12-10　创建触发器 tri_mu

接着向数据表 test1 插入数据。执行语句：

```
INSERT INTO test1 VALUES (1);
```

即可完成数据表的插入操作，执行结果如图 12-11 所示。

下面查看数据表 test1 中的数据，执行语句：

```
SELECT * FROM test1;
```

即可完成数据的查看操作，执行结果如图 12-12 所示。

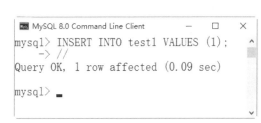

图 12-11 向数据表 test1 插入数据

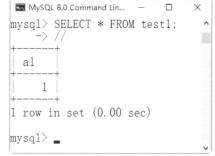

图 12-12 查看数据表 test1

下面检验触发器 tri_mu 是否被执行,这里查看数据表 test2 中的数据,如图 12-13 所示。接着查看数据表 test3 中的数据,如图 12-14 所示。

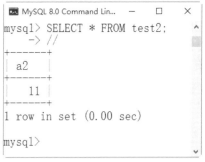

图 12-13 查看数据表 test2

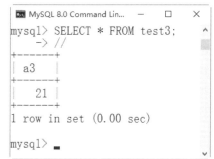

图 12-14 查看数据表 test3

从上述查询结果可以得知,在向数据表 test1 插入记录的时候,test2、test3 都发生了变化,这就说明触发器 tri_mu 已经被启用。

12.3 查看触发器

查看触发器是指查看数据库中已存在的触发器的定义、状态、和语法信息等。查看触发器常用的方法有两种,下面分别进行介绍。

12.3.1 使用 SHOW TRIGGERS 语句查看

在 MySQL 中,可以使用 SHOW TRIGGERS 语句查看触发器的基本信息,但是使用该语句时无法查询指定的触发器,只能查询所有触发器的信息。如果数据库系统中的触发器有很多,将会显示很多信息,这样不方便找到所需要的触发器信息。因此,在触发器很少时,可以使用 SHOW TRIGGERS 语句。SHOW TRIGGERS 语句的基本语法如下:

```
SHOW TRIGGERS;
```

实例 3:使用 SHOW TRIGGERS 命令查看触发器

通过 SHOW TRIGGERS 命令查看触发器,执行语句:

```
SHOW TRIGGERS \G
```

即可显示触发器查询结果，执行结果如图 12-15 所示。

触发器查询结果中主要参数的含义如下：
- Trigger：表示触发器的名称，在这里触发器的名称为 in_stu。
- Event：表示激活触发器的事件。
- Table：表示激活触发器的操作对象表。
- Timing：表示触发器触发的时间。
- Statement：表示了触发器执行的操作。

图 12-15　显示触发器查询结果

12.3.2　使用 INFORMATION_SCHEMA 查看

在 MySQL 中，所有触发器的定义都保存在 INFORMATION_SCHEMA 数据库的 TRIGGERS 表格中，可以通过命令 SELECT 来查看。通过查询 TRIGGERS 表，可以获取到数据库中所有触发器的详细信息，也可以获取到指定触发器的详细信息。具体的语法如下：

```
SELECT * FROM information_schema.triggers
WHERE [WHERE TRIGGER_NAME= 'trigger_name'];
```

主要参数介绍如下。
- *：表示查询所有列的信息。
- information_schema：表示数据库系统中的数据库名称。
- triggers：表示数据库下的 triggers 表，如果查询指定的触发器则需要添加 WHERE 条件语句。
- TRIGGER_NAME：指 triggers 表中的字段。
- trigger_name：表示指定的触发器名称。

实例 4：通过 SELECT 命令查看触发器

通过 SELECT 命令查看触发器，执行语句：

```
SELECT * FROM INFORMATION_SCHEMA.TRIGGERS
WHERE TRIGGER_NAME= 'in_stu'\G
```

即可完成触发器的查看，执行结果如图 12-16 所示，该命令是通过 WHERE 来指定查看特定名称的触发器。

触发器查询结果中主要参数的含义如下。
- TRIGGER_SCHEMA：表示触发器所在的数据库。
- TRIGGER_NAME：指定触发器的名称。
- EVENT_OBJECT_TABLE：表示在哪个数据表上触发。
- ACTION_STATEMENT：表示触发器触发的时候执行的具体操作。
- ACTION_ORIENTATION：ROW 表示在每条记录上都触发。
- ACTION_TIMING：表示触发的时刻是 BEFORE。

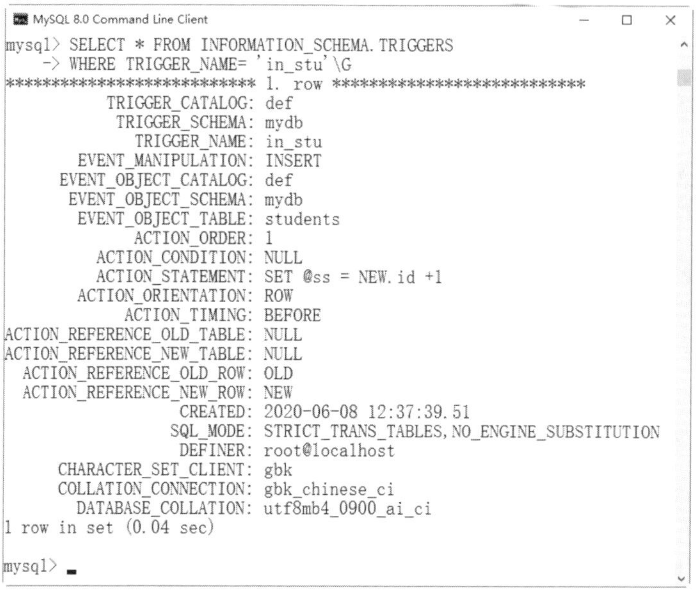

图 12-16 通过 SELECT 命令查看触发器

另外，也可以不指定触发器名称，这样将查看所有的触发器，执行语句如下：

```
SELECT * FROM INFORMATION_SCHEMA.TRIGGERS \G
```

执行结果如图 12-17 所示，该命令会显示这个 TRIGGERS 表中所有的触发器信息。

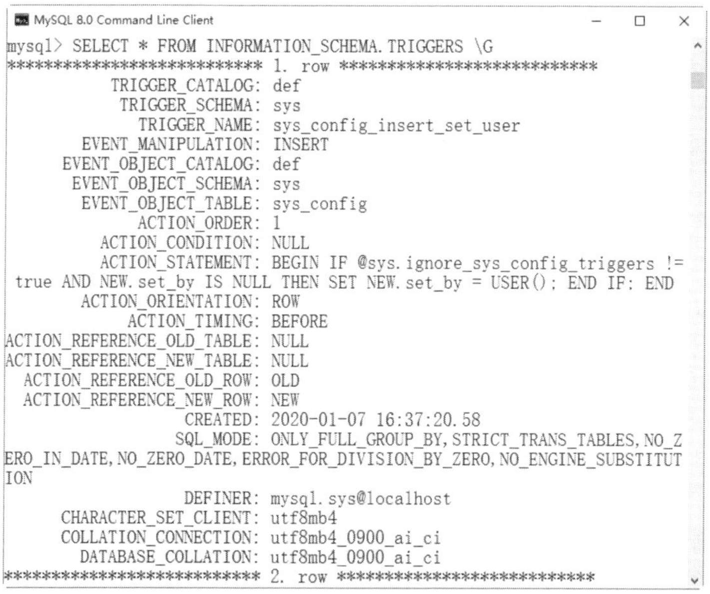

图 12-17 查看所有触发器信息

12.4 删除触发器

用户可以直接使用 DROP TRIGGER 语句来删除 MySQL 中已经定义的触发器，删除触发器语句基本语法格式如下：

```
DROP TRIGGER [schema_name.] [IF EXISTS] trigger_name;
```

主要参数介绍如下。

- schema_name：表示数据库名称，是可选的。如果省略了 schema，将从当前数据库中删除触发程序。
- trigger_name：要删除的触发器的名称。
- IF EXISTS：用来阻止不存在的触发程序被删除的错误。如果待删除的触发程序不存在，系统会出现触发程序不存在的提示信息。

实例 5：通过 DROP TRIGGER 命令删除触发器

删除触发器 tri_mu，执行语句如下：

```
DROP TRIGGER mydb.tri_mu;
```

执行结果如图 12-18 所示，即可完成触发器的删除操作。在上述代码中，mydb 是触发器所在的数据库，tri_mu 是一个触发器的名称。

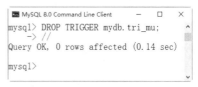

图 12-18　删除触发器 tri_mu

12.5　疑难问题解析

疑问 1：在创建触发器时，为什么会出现报错？

答：在创建触发器时，首先需要做的是检查该表中是否存在其他类型的触发器，如果该表已经存在 INSERT 触发器、UPDATE 触发器或 DELETE 触发器中的任意一种，当再在该表中创建这一类型的触发器时，就会出现报错，这是因为一张表中只能有一种类型的操作触发器。

疑问 2：当在数据表中创建后触发的 INSERT 触发后，什么时候能调用该触发器？

答：触发器是在数据表执行触发事件时自动执行的。本问题中的触发器是在表中创建的，而且是一个后触发的 INSERT 触发器，它会在表中执行 INSERT 操作之后自动触发。

12.6　综合实战训练营

实战 1：创建触发器 num_sum

创建一个触发器，要求每更新一次 persons 表的 num 字段后，都要更新 sales 表对应的 sum 字段。其中，persons 表结构如表 12-1 所示，sales 表结构如表 12-2 所示，persons 表内容如表 12-3 所示，按照操作过程完成操作。

表 12-1　persons 表结构

字段名	数据类型	主键	外键	非空	唯一	自增
name	varchar (40)	否	否	是	否	否
num	int(11)	否	否	是	否	否

表 12-2　sales 表结构

字段名	数据类型	主键	外键	非空	唯一	自增
name	varchar (40)	否	否	是	否	否
sum	int(11)	否	否	是	否	否

表 12-3　persons 表内容

name	num
xiaoming	20
xiaojun	69

（1）创建一个销售人员表 persons。

（2）创建一个销售额表 sales。

（3）创建触发器 num_sum。在更新过 persons 表的 num 字段后，更新 sales 表的 sum 字段。

实战 2：触发器 num_sum 的应用

（1）向 persons 表中插入记录。

（2）查询 persons 表中的数据记录。

（3）查询 sales 表中的数据记录。

第13章 MySQL系统函数

本章导读

MySQL 提供了众多功能强大、方便易用的函数。使用这些函数，可以极大地提高用户对数据库的管理效率，使得数据库的功能更加强大，更加灵活地满足不同用户的需求。MySQL 中的函数包括数学函数、字符串函数、日期和时间函数、条件判断函数、系统信息函数和加密函数等。本章将介绍 MySQL 中这些函数的功能和用法。

知识导图

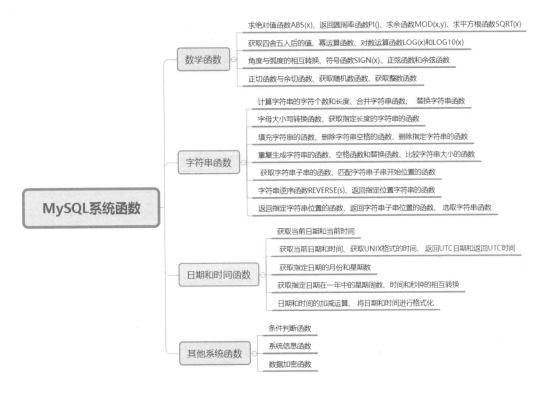

13.1 数学函数

数学函数用来处理数值数据方面的运算，常见的数学函数有绝对值函数、三角函数（包含正弦函数、余弦函数、正切函数、余切函数等）、对数函数等。使用数学函数过程中，如果有错误产生，该函数将会返回空值 NULL。如表 13-1 所示为 MySQL 中常用的数学函数。

表 13-1　MySQL 中常用的数学函数

数学函数	作　　用
ABS(x)	返回 x 的绝对值
PI()	返回圆周率（3.141593）
SQRT(x)	返回非负数 x 的二次方根
MOD(x,y)	返回 x 除以 y 之后的余数
CEIL(x) 和 CEILING(x)	返回不小于 x 的最小整数值
FLOOR(x)	返回不大于 x 的最大整数值
RAND()	返回 0~1 的随机数
RAND(x)	返回 0~1 的随机数。x 值相同时，返回的随机数相同
ROUND(x)	返回最接近于参数 x 的整数，对 x 值进行四舍五入
ROUND(x,y)	返回最接近于参数 x 的值，此值保留到小数点后面的 y 位
TRUNCATE(x,y)	返回数值 x 保留到小数点后 y 位的值
SIGN(x)	返回参数 x 的符号。x 为负数、0、正数时分别返回 -1、0 和 1
POW(x,y), POWER(x,y)	返回 x 的 y 次乘方的结果值
EXP(x)	返回 e 的 x 次方的值
LOG(x)	返回 x 的自然对数，即 x 相对于基数 e 的对数
LOG10(x)	返回 x 以 10 为底的对数
RADIANS(x)	返回参数 x 由角度转化为弧度的值
DEGREES(x)	返回参数 x 由弧度转化为角度的值
SIN(x)	返回参数 x 的正弦值
ASIN(x)	返回参数 x 的反正弦，即正弦为 x 的值
COS(x)	返回参数 x 的余弦值
ACOS(x)	返回参数 x 的反余弦，即余弦为 x 的值
TAN(x)	返回参数 x 的正切值
ATAN(x)	返回参数 x 的反正切值
COT(x)	返回参数 x 的余切值

13.1.1　求绝对值函数 ABS(x)

ABS() 函数用来求绝对值。

实例1：练习使用 ABS() 函数

执行语句如下：

```
SELECT ABS(5), ABS(-5),ABS(-0);
```

执行结果如图13-1所示。从结果可以看出，正数的绝对值为其本身，负数的绝对值为其相反数，0的绝对值为0。

13.1.2 返回圆周率函数 PI()

PI() 返回圆周率 π 的值。

图 13-1　返回绝对值

实例2：练习使用 PI() 函数

执行语句如下：

```
SELECT PI( );
```

执行结果如图13-2所示。从结果可以看出，返回的圆周率值保留了7位有效数字。

13.1.3 求余函数 MOD(x, y)

MOD() 函数用于求余运算。

实例3：练习使用 MOD() 函数

执行语句如下：

```
SELECT MOD(28,5),MOD(24,4),MOD(36.6,6.6);
```

执行结果如图13-3所示。

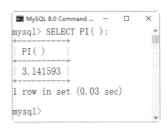

图 13-2　返回圆周率

13.1.4 求平方根函数 SQRT(x)

SQRT(x) 函数返回非负数 x 的二次方根

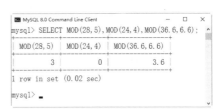

图 13-3　返回求余值

实例4：练习使用 SQRT(x) 函数

求 64，30 和 -64 的二次平方根，执行语句如下：

```
SELECT SQRT(64), SQRT(30), SQRT(-64);
```

执行结果如图13-4所示。

图 13-4　返回二次平方根值

13.1.5 获取四舍五入后的值

ROUND(x) 函数返回最接近于参数 x 的整数；ROUND(x,y) 函数对参数 x 进行四舍五入的操作，返回值保留小数点后面指定的 y 位；TRUNCATE(x,y) 函数对参数 x 进行截取操作，返回值保留小数点后面指定的 y 位。

实例 5：练习使用 ROUND(x) 函数

执行语句如下：

```
SELECT ROUND(-8.6),ROUND(-42.88),ROUND(13.44);
```

执行结果如图 13-5 所示。执行结果可以看出，ROUND(x) 将值 x 四舍五入之后保留了整数部分。

```
MySQL 8.0 Command Line Client
mysql> SELECT ROUND(-8.6),ROUND(-42.88),ROUND(13.44);
+-------------+---------------+--------------+
| ROUND(-8.6) | ROUND(-42.88) | ROUND(13.44) |
+-------------+---------------+--------------+
|          -9 |           -43 |           13 |
+-------------+---------------+--------------+
1 row in set (0.02 sec)

mysql>
```

图 13-5　ROUND(x) 函数返回值

实例 6：练习使用 ROUND(x,y) 函数

执行语句如下：

```
SELECT ROUND(-10.66,1),ROUND(-8.33,3),ROUND(65.66,-1),ROUND(86.46,-2);
```

执行结果如图 13-6 所示。执行结果可以看出，根据参数 y 值，将参数 x 四舍五入后得到保留小数点后 y 位的值，x 值小数位不够 y 位的补零；如 y 为负值，则保留小数点左边 y 位，先进行四舍五入操作，再将相应的位数值取零。

```
MySQL 8.0 Command Line Client
mysql> SELECT ROUND(-10.66,1),ROUND(-8.33,3),ROUND(65.66,-1),ROUND(86.46,-2);
+-----------------+----------------+-----------------+-----------------+
| ROUND(-10.66,1) | ROUND(-8.33,3) | ROUND(65.66,-1) | ROUND(86.46,-2) |
+-----------------+----------------+-----------------+-----------------+
|           -10.7 |         -8.330 |              70 |             100 |
+-----------------+----------------+-----------------+-----------------+
1 row in set (0.00 sec)

mysql>
```

图 13-6　ROUND(x,y) 函数返回值

实例 7：练习使用 TRUNCATE(x,y) 函数

执行语句如下：

```
SELECT TRUNCATE(5.25,1),TRUNCATE(7.66,1),TRUNCATE(45.88,0),TRUNCATE(56.66,-1);
```

执行结果如图 13-7 所示。从执行结果可以看出，TRUNCATE(x,y) 函数并不是四舍五入的函数，而是直接截去指定保留 y 位之外的值。y 取负值时，先将小数点左边第 y 位的值归零，右边其余低位全部截去。

```
MySQL 8.0 Command Line Client
mysql> SELECT TRUNCATE(5.25,1),TRUNCATE(7.66,1),TRUNCATE(45.88,0),TRUNCATE(56.66,-1);
+------------------+------------------+-------------------+--------------------+
| TRUNCATE(5.25,1) | TRUNCATE(7.66,1) | TRUNCATE(45.88,0) | TRUNCATE(56.66,-1) |
+------------------+------------------+-------------------+--------------------+
|              5.2 |              7.6 |                45 |                 50 |
+------------------+------------------+-------------------+--------------------+
1 row in set (0.00 sec)

mysql>
```

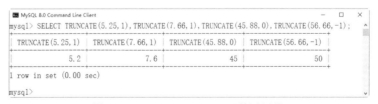

图 13-7　TRUNCATE(x,y) 函数返回值

13.1.6　幂运算函数

POW(x,y) 和 POWER(x,y) 函数用于计算 x 的 y 次方。

实例 8：练习使用 POW(x,y) 和 POWER(x,y) 函数

对参数 x 进行 y 次乘方的求值，执行语句如下：

```
SELECT POW(2,2), POWER(2,2),POW(2,-2), POWER(2,-2);
```

执行结果如图 13-8 所示。POW 和 POWER 的结果是相同的，POW(2,2) 和 POWER(2,2) 返回 2 的 2 次方，结果都是 4；POW(2,-2) 和 POWER(2,-2) 都返回 2 的 -2 次方，结果为 4 的倒数，即 0.25。

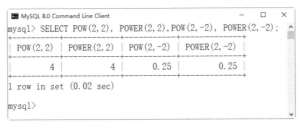

图 13-8　求数值的幂运算

实例 9：练习使用 EXP(x) 函数

EXP(x) 返回 e 的 x 乘方的值，执行语句如下：

```
mysql> SELECT EXP(3),EXP(-3),EXP(0);
```

执行结果如图 13-9 所示。EXP(3) 返回以 e 为底的 3 次方，结果为 20.085536923187668；EXP(-3) 返回以 e 为底的 -3 次方，结果为 0.049787068367863944；EXP(0) 返回以 e 为底的 0 次方，结果为 1。

图 13-9　求 e 数值的幂运算

13.1.7　对数运算函数 LOG(x) 和 LOG10(x)

LOG(x) 返回 x 的自然对数，即 x 相对于底数 e 的对数。

实例 10：练习使用 LOG(x) 函数

使用 LOG(x) 函数计算自然对数，执行语句如下：

```
SELECT LOG(10), LOG(-10);
```

执行结果如图 13-10 所示。对数定义域不能为负数，因此 LOG(-10) 返回结果为 NULL。

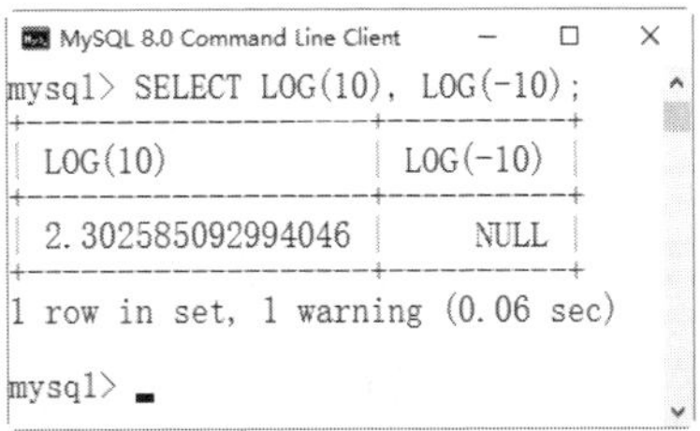

图 13-10　使用 LOG(x) 函数计算自然对数

实例 11：练习使用 LOG10(x) 函数

LOG10(x) 返回 x 的底数为 10 的对数。使用 LOG10 计算以 10 为底数的对数，执行语句如下：

```
SELECT LOG10(100), LOG10(1000), LOG10(-1000);
```

执行结果如图 13-11 所示。10 的 2 次乘方等于 100，因此 LOG10(100) 返回结果为 2，LOG10(x) 定义域应为非负，因此 LOG10(-1000) 返回 NULL。

```
mysql> SELECT LOG10(100), LOG10(1000), LOG10(-1000);
+------------+-------------+--------------+
| LOG10(100) | LOG10(1000) | LOG10(-1000) |
+------------+-------------+--------------+
|          2 |           3 |         NULL |
+------------+-------------+--------------+
1 row in set, 1 warning (0.00 sec)

mysql>
```

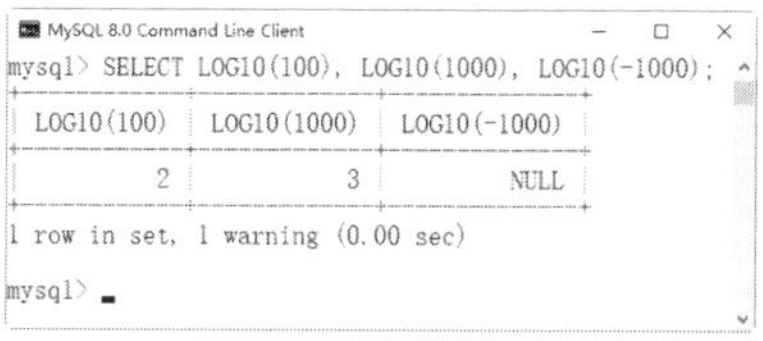

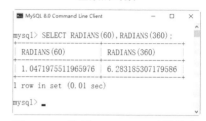

图 13-11　使用 LOG10 计算以 10 为基数的对数

13.1.8　角度与弧度的相互转换

实例 12：练习使用 RADIANS 函数

RADIANS(x) 将参数 x 由角度转化为弧度，执行语句如下：

```
SELECT RADIANS(60),RADIANS(360);
```

执行结果如图 13-12 所示。

```
mysql> SELECT RADIANS(60),RADIANS(360);
+--------------------+-------------------+
| RADIANS(60)        | RADIANS(360)      |
+--------------------+-------------------+
| 1.0471975511965976 | 6.283185307179586 |
+--------------------+-------------------+
1 row in set (0.01 sec)

mysql>
```

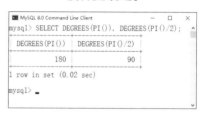

图 13-12　使用 RADIANS 函数将角度转换为弧度

实例 13：练习使用 DEGREES(x) 函数

DEGREES(x) 将参数 x 由弧度转化为角度，执行语句如下：

```
SELECT DEGREES(PI()), DEGREES(PI()/2);
```

执行结果如图 13-13 所示。

```
mysql> SELECT DEGREES(PI()), DEGREES(PI()/2);
+---------------+-----------------+
| DEGREES(PI()) | DEGREES(PI()/2) |
+---------------+-----------------+
|           180 |              90 |
+---------------+-----------------+
1 row in set (0.02 sec)

mysql>
```

图 13-13　使用 DEGREES 函数将弧度转换为角度

13.1.9　符号函数 SIGN (x)

SIGN(x) 返回参数的符号，x 的值为负、零或正时返回结果依次为 -1、0 或 1。

实例 14：练习使用 SIGN(x) 函数

使用 SIGN 函数返回参数的符号，执行语句如下：

```
mysql> SELECT SIGN(-21),SIGN(0), SIGN(21);
```

执行结果如图 13-14 所示。从执行结果可以看出，SIGN(-21) 返回 -1；SIGN(0) 返回 0；SIGN(21) 返回 1。

```
mysql> SELECT SIGN(-21),SIGN(0), SIGN(21);
+-----------+---------+----------+
| SIGN(-21) | SIGN(0) | SIGN(21) |
+-----------+---------+----------+
|        -1 |       0 |        1 |
+-----------+---------+----------+
1 row in set (0.02 sec)

mysql>
```

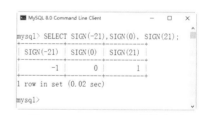

图 13-14　SIGN(x) 函数的应用

13.1.10　正弦函数和余弦函数

MySQL 数据库中分别使用 SIN(x) 和 COS(x) 函数返回正弦值和余弦值，其中 x 表示弧度数。一个平角是 π 弧度，即 180 度 =π 度。因此，将度化成弧度的公式是“弧度 = 度 × π/180”。

实例 15：练习使用 SIN(x) 和 COS(x) 函数

通过 SIN(x) 函数和 COS(x) 数据计算弧度为 0.5 的正弦值和余弦值。执行语句如下：

```
SELECT SIN(0.5),COS(0.5);
```

执行结果如图 13-15 所示。

除了能够计算正弦值和余弦值外，还可以利用 ASIN(x) 函数和 ACOS(x) 函数计算反正弦值和反余弦值。无论是 ASIN(x) 函数，还是 ACOS(x) 函数，它们的取值都必须为 -1~1，否则返回的值将会是空值 (NULL)。

图 13-15　求正弦值和余弦值

实例 16：练习使用 ASIN(x) 和 ACOS(x) 函数

通过 ASIN(x) 函数和 ACOS(x) 函数计算弧度为 0.5 的反正弦值和反余弦值，执行语句如下：

```
SELECT ASIN(0.5),ACOS(0.5);
```

执行结果如图 13-16 所示。

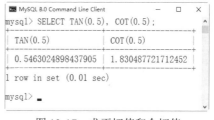

图 13-16　求反正弦值和反余弦值

13.1.11　正切函数与余切函数

在数据计算中，求正切值和余切值也经常被用到，其中求正切值使用 TAN(x) 函数，求余切值使用 COT(x) 函数，TAN(x) 函数的返回值是 COT(x) 函数返回值的倒数。

实例 17：练习使用 TAN(x) 和 COT(x) 函数

通过 TAN(x) 函数和 COT(x) 数据计算 0.5 的正切值和余切值。执行语句如下：

```
SELECT TAN(0.5), COT(0.5);
```

执行结果如图 13-17 所示。

另外，在数学计算中，还可以通过 ATAN(x) 函数或 ATAN2(x,y) 来计算反正切的值。

图 13-17　求正切值和余切值

实例 18：练习使用 ATAN(x) 和 ATAN2(x,y) 函数

通过 ATAN(x) 函数或 ATAN2(x,y) 来计算数值 0.5 的反正切值，执行语句如下：

```
SELECT ATAN(0.5), ATAN2(0.5);
```

执行结果如图 13-18 所示。

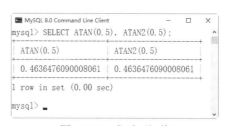

图 13-18　求反正切值

> **注意**：反正切值与反正弦值不一样。反正弦值（或反余弦值）指定的弧度范围为 -1~1，如果超出这个范围则返回空值（NULL）。但是，在求反正切值时，没有规定弧度的范围；而且，COT(x) 函数没有反余切值函数。

13.1.12 获取随机数函数

RAND(x) 返回一个随机浮点值 v，范围在 0 到 1 之间 (即 0 ≤ v ≤ 1.0)。若已指定一个整数参数 x，则它被用作种子值，用来产生重复序列。

实例 19：练习使用 RAND() 函数

使用 RAND() 函数产生随机数，执行语句如下：

```
SELECT RAND(),RAND(),RAND();
```

执行结果如图 13-19 所示。可以看到，不带参数的 RAND() 每次产生的随机数值是不同的。

图 13-19　使用 RAND() 函数返回的随机数

实例 20：练习使用 RAND(x) 函数

使用 RAND(x) 函数产生随机数，执行语句如下：

```
SELECT RAND(10),RAND(10),RAND(11);
```

执行结果如图 13-20 所示。可以看到，当 RAND(x) 的参数相同时，将产生相同的随机数，不同的 x 产生的随机数值不同。

图 13-20　使用 RAND(x) 函数返回的随机数

13.1.13 获取整数函数

CEIL(x) 和 CEILING(x) 意义相同，返回不小于 x 的最小整数值，返回值转化为一个 BIGINT。

实例 21：练习使用 CEILING() 函数

使用 CEILING() 函数返回最小整数，执行语句如下：

```
SELECT  CEIL(-3.35),CEILING(3.35);
```

执行结果如图 13-21 所示。-3.35 为负数，不小于 -3.35 的最小整数为 -3，因此返回值为 -3；不小于 3.35 的最小整数为 4，因此返回值为 4。

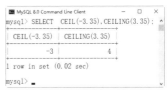

图 13-21　使用 RAND(x) 函数返回最小整数

实例 22：练习使用 FLOOR(x) 函数

FLOOR(x) 返回不大于 x 的最大整数值，返回值转化为一个 BIGINT，执行语句如下：

```
SELECT FLOOR(-3.35), FLOOR(3.35);
```

执行结果如图 13-22 所示。-3.35 为负数，不大于 -3.35 的最大整数为 -4，因此返回值为 -4；不大于 3.35 的最大整数为 3，因此返回值为 3。

图 13-22　使用 FLOOR(x) 函数返回最大整数

13.2　字符串函数

字符串函数是在 MySQL 数据库中经常被用到的一类函数，主要用于计算字符串的长度、合并字符串等操作。如表 13-2 所示为 MySQL 数据库中的字符串函数及其功能介绍。

表 13-2　MySQL 中的字符串函数

字符串函数	作　用
CHAR_LENGTH(str)	返回字符串 str 的字符数
LENGTH(str)	返回字符串 str 的长度
CONCAT(s1,s2,…)	返回字符串 s1,s2 等多个字符串合并的一个字符串
CONCAT_WS(x,s1,s2,…)	同 CONCAT(s1,s2,…)，但是每个字符串之前要加上 x
INSERT(s1,x,len,s2)	用字符串 s2 替换 s1 的 x 位置开始、长度为 len 的字符串
LOWER(str) 和 LCASE(str)	将字符串 str 中的字母转换为小写
UPPER(str) 和 UCASE(str)	将字符串 str 中的字母转换为大写
LEFT(str,len)	返回字符串 str 的最左面 len 个字符
RIGHT(str,len)	返回字符串 str 的最右面 len 个字符
LPAD(s1,len,s2)	用字符串 s2 来填充 s1 的开始处，使字符串长度达到 len
RPAD(s1,len,s2)	用字符串 s2 来填充 s1 的结尾处，使字符串长度达到 len
LTRIM(str)	删除字符串 str 开始处的空格
RTRIM(str)	删除字符串 str 结尾处的空格
TRIM(str)	删除字符串 str 开始处和结尾处的空格
TRIM(s1 from str)	删除字符串 str 中开始处和结尾处的子字符串 s1
REPEAT(str,n)	将字符串 str 重复 n 数
SPACE(n)	返回一个由 n 个空格组成的字符串
REPLACE(str,s1,s2)	用字符串 s2 替换字符串 str 中所有的子字符串 s1
STRCMP(s1,s2)	比较字符串 s1 和 s2 的大小
SUBSTRING(str,pos,len)	获取从字符串 s 中的第 n 个位置开始、长度为 len 的字符串
MID(str,pos,len)	同 SUBSTRING(str,pos,len)
LOCATE(s1,str)	从字符串 str 中获取 s1 的开始位置
POSITION(s1 IN str)	同 LOCATE(s1,str)
INSTR(str,s1)	从字符串 str 中获取 s1 的开始位置

字符串函数	作用
REVERSE(str)	返回和原始字符串 str 顺序相反的字符串
ELT(n,s1,s2,s3,…, sn)	返回指定位置的字符串，根据 n 的取值，返回指定的字符串 sn
FIELD(s,s1,s2,s3,…)	返回字符串 s 在列表 s1，s2，…中第一次出现的位置
FIND_IN_SET(s1,s2)	返回字符串 s1 在字符串 s2 中出现的位置
MAKE_SET(x,s1,s2,s3,…)	按 x 的二进制数从 s1、s2、…sn 中获取字符串

13.2.1 计算字符串的字符个数

CHAR_LENGTH(str) 返回值为字符串 str 所包含字符个数，一个多字节字符计作一个单字符。

实例 23：练习使用 CHAR_LENGTH(str) 函数

使用 CHAR_LENGTH 函数计算字符串字符个数，执行语句如下：

```
SELECT CHAR_LENGTH('hello'), CHAR_LENGTH('World');
```

执行结果如图 13-23 所示。

图 13-23　计算字符串字符个数

13.2.2 计算字符串的长度

使用 LENGTH() 函数可以计算字符串的长度，它的返回值是数值。

实例 24：练习使用 LENGTH() 函数

使用 LENGTH() 函数计算字符串长度，执行语句如下：

```
SELECT LENGTH('Hello'), LENGTH('World');
```

执行结果如图 13-24 所示。

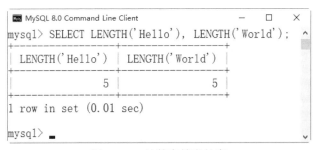

图 13-24　计算字符串长度

13.2.3 合并字符串函数

CONCAT(s1,s2,…) 返回结果为连接参数产生的字符串。如有任何一个参数为 NULL，则返回值为 NULL。如果所有参数均为非二进制字符串，则结果为非二进制字符串。如果自变量中含有任一二进制字符串，则结果为一个二进制字符串。

实例 25：练习使用 CONCAT 函数

使用 CONCAT 函数连接字符串，执行语句如下：

```
SELECT CONCAT('MySQL', '8.0'),CONCAT('My',NULL,'SQL');
```

执行结果如图 13-25 所示。

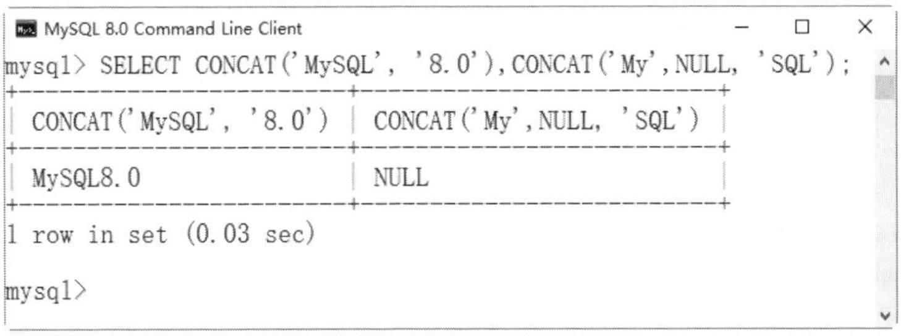

图 13-25　连接字符串

CONCAT_WS(x,s1,s2,…) 函数中，CONCAT_WS 代表 CONCAT With Separator，是 CONCAT() 的特殊形式。第一个参数 x 是其他参数的分隔符，分隔符的位置放在要连接的两个字符串之间。分隔符可以是一个字符串，也可以是其他参数。如果分隔符为 NULL，则结果为 NULL。函数会忽略任何分隔符参数后的 NULL 值。

实例 26：练习使用 CONCAT_WS 函数

使用 CONCAT_WS 函数连接带分隔符的字符串，执行语句如下：

```
SELECT CONCAT_WS('-', '张晓明','男', '32岁'),
CONCAT_WS('*', '李明', NULL, '经理');
```

执行结果如图 13-26 所示。

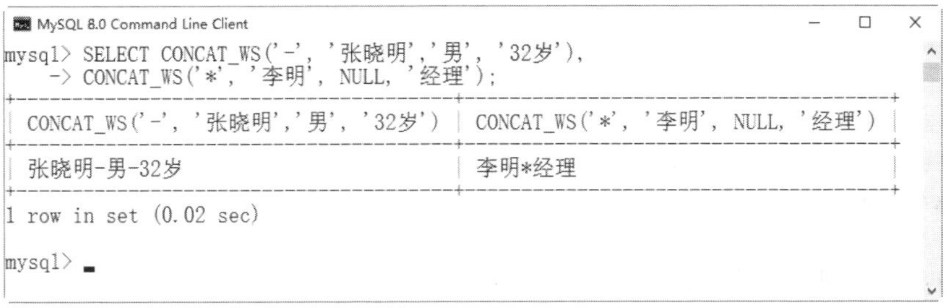

图 13-26　连接带分隔符的字符串

13.2.4　替换字符串函数

INSERT(s1,x,len,s2) 函数返回字符串 s1，s1 中起始于 x 位置，长度为 len 的子字符串将被 s2 取代。如果 x 超过字符串长度，则返回值为原始字符串。假如 len 的长度大于 x 位置后总的字符串的长度，则从位置 x 开始替换。若任何一个参数为 NULL，则返回值为 NULL。

实例 27：练习使用 INSERT 函数

使用 INSERT 函数进行字符串替代操作，执行语句如下：

```
SELECT INSERT('passion',4, 4, 'word') AS c1,
       INSERT('passion',-2, 4, 'word') AS c2,
       INSERT ('passion',4, 100, 'wd') AS c3;
```

执行结果如图 13-27 所示。

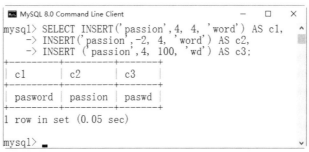

图 13-27　字符串的替代操作

第一个函数 INSERT('passion',4, 4, 'word') 将 "passion" 第 4 个字符开始长度为 4 的字符串替换为 word，结果为 "password"；第二个函数 INSERT('passion',-2, 4, 'word') 中起始位置 -2 超出了字符串长度，直接返回原字符；第三个函数 INSERT ('passion',4, 100, 'wd') 替换长度超出了原字符串长度，则从第 4 个字符开始，截取后面所有的字符，并替换为指定字符 wd，结果为 "paswd"。

13.2.5　字母大小写转换函数

LOWER (str) 或者 LCASE (str) 将字符串 str 中的字母字符全部转换成小写字母。

实例 28：练习使用 LOWER 和 LCASE 函数

使用 LOWER 函数或者 LCASE 函数将字符串中所有字母字符转换为小写，执行语句如下：

```
SELECT LOWER('HELLO'), LCASE('WORLD');
```

执行结果如图 13-28 所示。

UPPER(str) 或者 UCASE(str) 将字符串 str 中的字母字符全部转换成大写字母。

图 13-28　转换为小写字母

实例 29：练习使用 UPPER 和 UCASE 函数

使用 UPPER 函数或者 UCASE 函数将字符串中所有字母字符转换为大写，执行语句如下：

```
SELECT UPPER('hello'), UCASE('world');
```

执行结果如图 13-29 所示。

图 13-29　转换为大写字母

13.2.6　获取指定长度的字符串的函数

LEFT(s,n) 返回字符串 s 的最左边 n 个字符。

实例 30：练习使用 LEFT(s,n) 函数

使用 LEFT 函数返回字符串中左边的字符，执行语句如下：

SELECT LEFT('Administrator',5);

执行结果如图 13-30 所示。

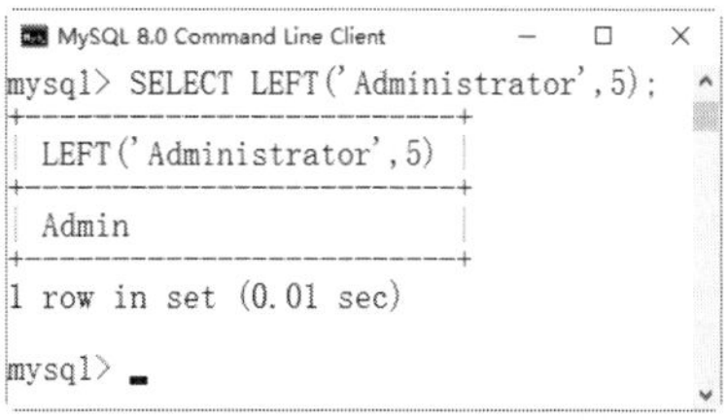

RIGHT(s,n) 返回字符串 s 最右边 n 个字符。

图 13-30　返回字符串中左边的字符

实例 31：练习使用 RIGHT 函数

使用 RIGHT 函数返回字符串中右边的字符，执行语句如下：

SELECT RIGHT('Administrator',6);

执行结果如图 13-31 所示。

图 13-31　返回字符串中右边的字符

13.2.7　填充字符串的函数

LPAD(s1,len,s2) 返回字符串 s1，其左边由字符串 s2 填充，填充长度为 len。假如 s1 的长度大于 len，则返回值被缩短至 len 字符。

实例 32：练习使用 LPAD 函数

使用 LPAD 函数对字符串进行填充操作，执行语句如下：

SELECT LPAD('smile',6,'??'), LPAD('smile',4,'??');

执行结果如图 13-32 所示。

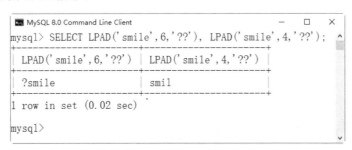

图 13-32　对字符串进行填充操作

字符串"smile"长度小于 6，LPAD('smile',6,'??') 返回结果为"?smile"，左侧填充'?'，长度为 6；字符串"smile"长度大于 4，不需要填充，因此 LPAD('smile',4,'??') 只返回被缩短的长度为 4 的子串"smil"。

13.2.8 删除字符串空格的函数

LTRIM(s) 返回字符串 s，字符串左侧空格字符被删除，而右边的空格不会被删除。

实例 33：练习使用 LTRIM(s) 函数

使用 LTRIM(s) 函数删除字符串左边的空格，执行语句如下：

```
SELECT CONCAT('(',LTRIM(' world '),')');
```

执行结果如图 13-33 所示。

RTRIM(s) 返回字符串 s，字符串右侧空格字符被删除，左边的空格不会被删除。

图 13-33 删除字符串左边的空格

实例 34：练习使用 RTRIM(s) 函数

使用 RTRIM(s) 函数删除字符串右边的空格，执行语句如下：

```
SELECT CONCAT('(', RTRIM (' world '),')');
```

执行结果如图 13-34 所示。

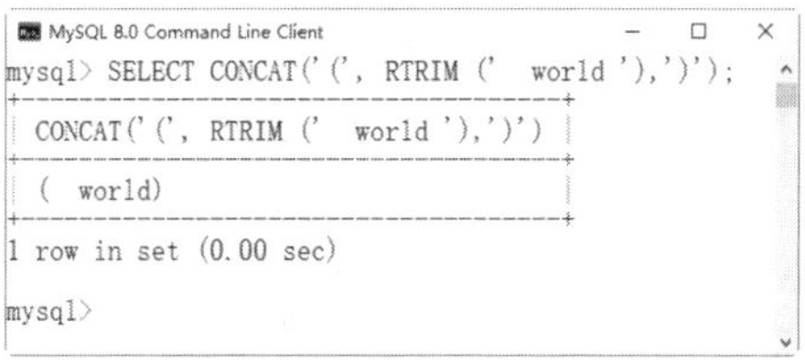

TRIM(s) 删除字符串 s 两侧的空格。

实例 35：练习使用 TRIM(s) 函数

使用 TRIM 函数删除指定字符串两端的空格，执行语句如下：

```
SELECT CONCAT('(', TRIM(' world '),')');
```

执行结果如图 13-35 所示。

图 13-34 删除字符串右边的空格

图 13-35 删除指定字符串两端的空格

13.2.9 删除指定字符串的函数

TRIM(s1 FROM s) 删除字符串 s 中两端所有的子字符串 s1。s1 为可选项，在未指定情况下，删除空格。

实例 36：练习使用 (s1 FROM s) 函数

使用 TRIM(s1 FROM s) 函数删除字符串中两端指定的字符，执行语句如下：

```
SELECT TRIM('xy' FROM 'xyxboxyokxxyxy');
```

执行结果如图13-36所示。这里删除了字符串"xyxboxyokxxyxy"两端的重复字符串"xy"，而中间的"xy"并不删除，结果为"xboxyokx"。

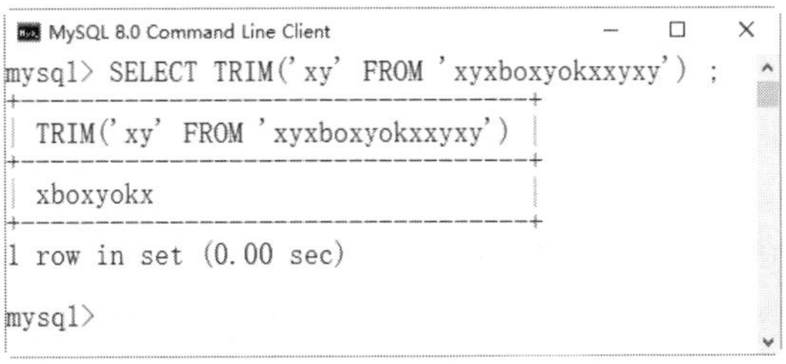

图 13-36　删除字符串中指定的字符

13.2.10　重复生成字符串的函数

REPEAT(s,n) 函数返回一个由重复的字符串 s 组成的字符串，字符串 s 的数目等于 n。若 n≤0，则返回一个空字符串。若 s 或 n 为 NULL，则返回 NULL。

实例 37：练习使用 REPEAT(s,n) 函数

使用 REPEAT 函数重复生成相同的字符串，执行语句如下：

```
SELECT REPEAT('MySQL', 3);
```

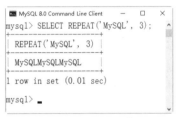

执行结果如图 13-37 所示。REPEAT('MySQL', 3) 函数返回的字符串由 3 个重复的"MySQL"字符串组成。

图 13-37　重复生成相同的字符串

13.2.11　空格函数和替换函数

SPACE(n) 函数返回一个由 n 个空格组成的字符串。

实例 38：练习使用 SPACE 函数

使用 SPACE 函数生成由空格组成的字符串，执行语句如下：

```
mysql> SELECT CONCAT('(', SPACE(6), ')');
```

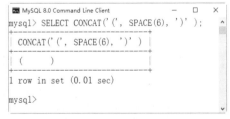

执行结果如图 13-38 所示，SPACE(6) 返回的字符串由 6 个空格组成。

REPLACE(s,s1,s2) 函数使用字符串 s2 替代字符串 s 中所有的字符串 s1。

图 13-38　生成由空格组成的字符串

实例 39：练习使用 REPLACE 函数

使用 REPLACE 函数进行字符串替代操作，执行语句如下：

```
SELECT REPLACE('xxx.mysql.com', 'x', 'w');
```

执行结果如图 13-39 所示，REPLACE('xxx.mysql.com', 'x', 'w') 将 "xxx.mysql.com" 字符串中的'x'字符替换为'w'字符，结果为"www.mysql.com"。

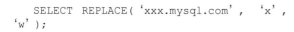

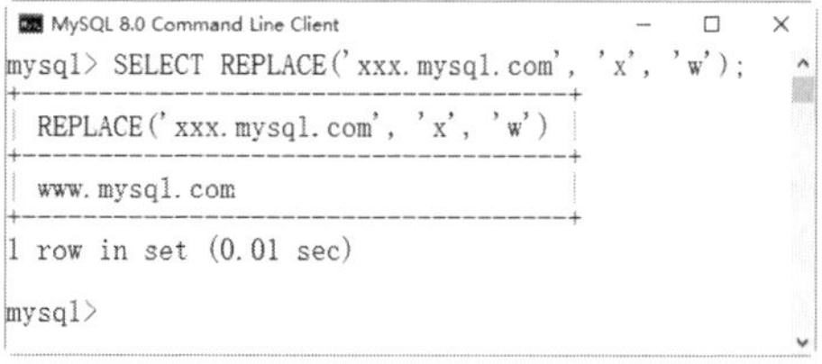

图 13-39　进行字符串的替代

13.2.12　比较字符串大小的函数

STRCMP(s1,s2) 函数的功能是若所有的字符串均相同，则返回 0；若根据当前分类次序，第一个参数小于第二个，则返回 -1；其他情况返回 1。

实例 40：练习使用 STRCMP 函数

使用 STRCMP 函数比较字符串大小，执行语句如下：

```
mysql> SELECT STRCMP('txt', 'txt2'),STRCMP('txt2', 'txt'), STRCMP('txt', 'txt');
```

执行结果如图 13-40 所示，"txt"小于"txt2"，因此 STRCMP('txt','txt2') 返回结果为-1，STRCMP('txt2','txt') 返回结果为 1；"txt" 与 "txt" 相等，因此 STRCMP('txt','txt') 返回结果为 0。

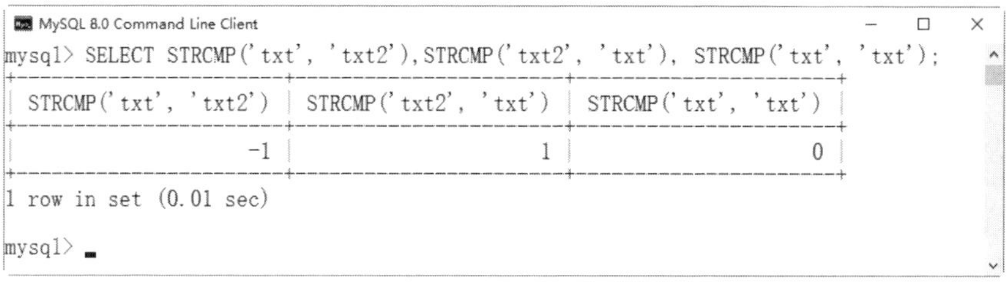

图 13-40　比较字符串的大小

13.2.13　获取字符串子串的函数

SUBSTRING(s,n,len) 函数是带有 len 参数的格式，从字符串 s 返回一个长度同 len 字符相同的子字符串，起始于位置 n。也可能对 n 使用一个负值，此时则子字符串的位置起始于字符串结尾的 n 字符，即倒数第 n 个字符，而不是字符串的开头位置。

实例 41：练习使用 SUBSTRING 函数

使用 SUBSTRING 函数获取指定位置处的子字符串，执行语句如下：

```
SELECT SUBSTRING('breakfast',5) AS col1,
       SUBSTRING('breakfast',5,3) AS col2,
       SUBSTRING('lunch', -3) AS col3,
       SUBSTRING('lunch', -5, 3) AS col4;
```

执行结果如图 13-41 所示。SUBSTRING('breakfast',5) 返回从第 5 个位置开始到字符串结尾的子字符串，结果为 "kfast"；SUBSTRING('breakfast',5,3) 返回从第 5 个位置开始长度为 3 的子字符串，结果为 "kfa"；SUBSTRING('lunch', -3) 返回从结尾开始第 3 个位置到字符串结尾的子字符串，结果为 "nch"；SUBSTRING('lunch', -5, 3) 返回从结尾开始第 5 个位置，即字符串开头起，长度为 3 的子字符串，结果为 "lun"。

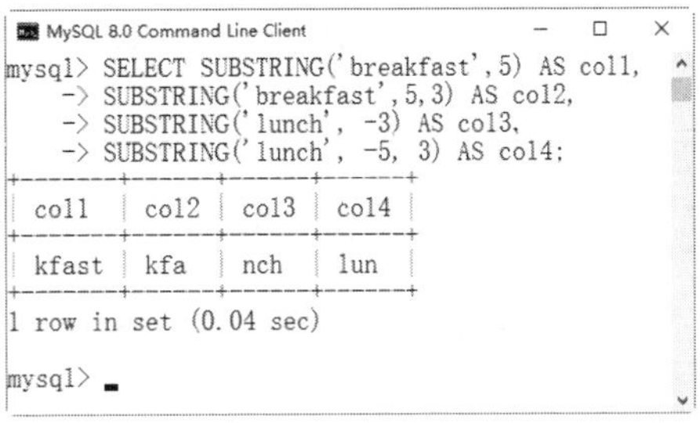

MID(s,n,len) 与 SUBSTRING(s,n,len) 的作用相同。

图 13-41　获取指定位置处的子字符串

实例 42：练习使用 MID() 函数

使用 MID() 函数获取指定位置处的子字符串，执行语句如下：

```
SELECT MID('breakfast',5) as col1,
       MID('breakfast',5,3) as col2,
       MID('lunch', -3) as col3,
       MID('lunch', -5, 3) as col4;
```

执行结果如图 13-42 所示。可以看到 MID 和 SUBSTRING 的结果是一样的。

图 13-42　使用 MID 函数

> **注意**：如果对 len 使用的是一个小于 1 的值，则结果始终为空字符串。

13.2.14　匹配字符串子串开始位置的函数

LOCATE(str1,str)、POSITION(str1 IN str) 和 INSTR(str, str1) 3 个函数作用相同，返回子字符串 str1 在字符串 str 中的开始位置。

实例 43：练习使用 LOCATE、POSITION 和 INSTR 函数

使用 LOCATE、POSITION、INSTR 函数查找字符串中指定子字符串的开始位置，执行语句如下：

```
SELECT LOCATE('ball','football'),POSITION('ball' IN 'football'),INSTR('football', 'ball');
```

执行结果如图 13-43 所示，子字符串 "ball" 在字符串 "football" 中从第 5 个字母位置开始，因此 3 个函数返回结果都为 5。

图 13-43　查找子字符串的开始位置

13.2.15 字符串逆序函数 REVERSE(s)

REVERSE(s) 将字符串 s 反转，返回字符串的顺序和 s 字符串顺序相反。

实例 44：练习使用 REVERSE(s) 函数

使用 REVERSE 函数反转字符串，执行语句如下：

```
SELECT REVERSE('abc');
```

执行结果如图 13-44 所示，字符串"abc"经过 REVERSE 函数处理之后，所有字符串顺序被反转，结果为"cba"。

图 13-44　反转字符串

13.2.16 返回指定位置字符串的函数

执行 ELT(N, 字符串 1, 字符串 2, 字符串 3,..., 字符串 N) 函数，若 N = 1，则返回值为字符串 1，若 N=2，则返回值为字符串 2，以此类推。若 N 小于 1 或大于参数的数目，则返回值为 NULL。

实例 45：练习使用 ELT 函数

使用 ELT 函数返回指定位置字符串，执行语句如下：

```
SELECT ELT(3,'1st','2nd','3rd'), ELT(3,'net','os');
```

执行结果如图 13-45 所示。由结果可以看到，ELT(3,'1st','2nd','3rd') 返回第 3 个位置的字符串"3rd"；ELT(3,'net','os') 指定返回字符串位置超出参数个数，返回 NULL。

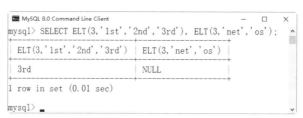

图 13-45　返回指定位置字符串

13.2.17 返回指定字符串位置的函数

FIELD(s,s1,s2,…) 返回字符串 s 在列表 s1,s2,…中第一次出现的位置，在找不到 s 的情况下，返回值为 0。如果 s 为 NULL，则返回值为 0，原因是 NULL 不能同任何值进行同等比较。

实例 46：练习使用 FIELD 函数

使用 FIELD 函数返回指定字符串第一次出现的位置，执行语句如下：

```
SELECT FIELD('Hi', 'hihi', 'Hey', 'Hi', 'bas') as col1,
       FIELD('Hi', 'Hey', 'Lo', 'Hilo', 'foo') as col2;
```

执行结果如图 13-46 所示。FIELD('Hi','hihi','Hey','Hi','bas') 函数中字

符串"Hi"出现在列表的第3个字符串位置,因此返回结果为3;FIELD('Hi','Hey','Lo','Hilo','foo')列表中没有字符串"Hi",因此返回结果为0。

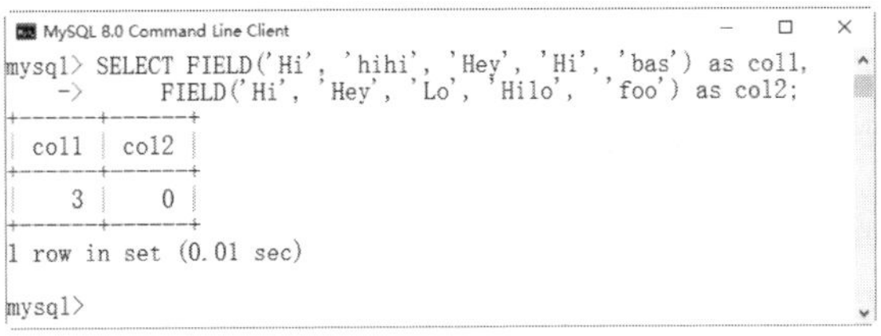

图 13-46　返回指定字符串第一次出现的位置

13.2.18　返回字符串子串位置的函数

FIND_IN_SET(s1,s2) 返回字符串 s1 在字符串列表 s2 中出现的位置,字符串列表是一个由多个逗号","分开的字符组成的列表。如果 s1 不在 s2 中或 s2 为空字符串,则返回值为 0。如果任意一个参数为 NULL,则返回值为 NULL。这个函数在第一个参数包含一个逗号","时将无法正常运行。

▍实例 47：练习使用 FIND_IN_SET() 函数

使用 FIND_IN_SET() 函数返回子字符串在字符串列表中的位置,执行语句如下:

SELECT FIND_IN_SET('Hi','hihi,Hey,Hi,bas');

执行结果如图 13-47 所示。虽然 FIND_IN_SET() 和 FIELD() 两个函数格式不同,但作用类似,都可以返回指定字符串在字符串列表中的位置。

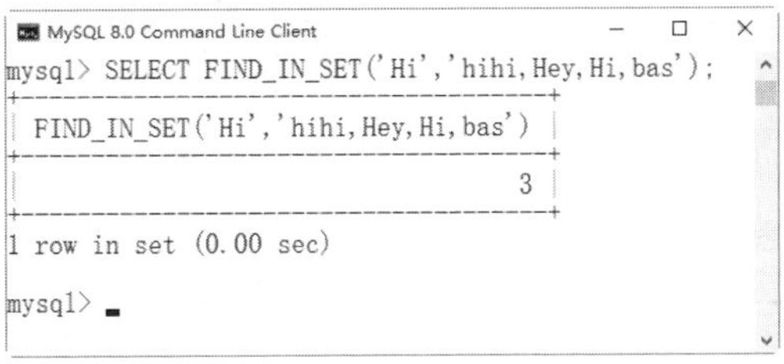

图 13-47　返回子字符串在字符串列表中的位置

13.2.19　选取字符串函数

MAKE_SET(x,s1,s2,…) 返回由 x 的二进制数指定的相应位的字符串组成的字符串,s1 对应比特 1,s2 对应比特 01,以此类推。s1,s2…中的 NULL 值不会被添加到结果中。

▍实例 48：练习使用 MAKE_SET 函数

使用 MAKE_SET 根据二进制位选取指定字符串,执行语句如下:

```
SELECT  MAKE_SET(1,'a','b','c') as col1,
     MAKE_SET(1 | 4,'hello','nice','world') as col2,
     MAKE_SET(1 | 4,'hello','nice',NULL,'world') as col3,
     MAKE_SET(0,'a','b','c') as col4;
```

执行结果如图 13-48 所示。1 的二进制值为 0001，4 的二进制值为 0100，1 与 4 进行或操作之后的二进制值为 0101，从右到左第 1 位和第 3 位为 1。MAKE_SET(1,'a','b','c') 返回第 1 个字符串；MASK_SET(1 | 4,'hello','nice','world') 返回从左端开始第 1 和第 3 个字符串组成的字符串；NULL 不会添加到结果中，因此 MASK_SET(1|4,'hello','nice',NULL,'world') 只返回第 1 个字符串'hello'；MASK_SET(0,'a','b','c') 返回空字符串。

图 13-48　根据二进制位选取指定字符串

13.3　日期和时间函数

日期和时间函数主要用来处理日期和时间的值，一般的日期函数除了使用 DATE 类型的参数外，也可以使用 DATETIME 或 TIMESTAMP 类型的参数，只是忽略了这些类型值的时间部分。类似的情况还有，以 TIME 类型为参数的函数，可以接受 TIMESTAMP 类型的参数，只是忽略了日期部分。许多日期函数可以同时接受数值和字符串类型的参数。本节将介绍常用日期和时间函数的功能及用法，如表 13-3 所示。

表 13-3　MySQL 中的日期和时间函数

日期和时间函数	作　用
CURDATE() 和 CURRENT_DATE()	返回当前系统的日期
CURTIME() 和 CURRENT_TIME()	返回当前系统的时间值
CURRENT_TIMESTAMP()、LOCALTIME()、NOW()、SYSDATE() 和 LOCALTIME STAMP()	返回当前系统的日期和时间值
UNIX_TIMESTAMP()	以 UNIX 时间戳的形式返回当前时间
UNIX_TIMESTAMP(data)	将时间 data 以 UNIX 时间戳的形式返回
FROM_UNIXTIME(date)	把 UNIX 时间戳转化为普通格式的时间
UTC_DATE()	返回 UTC 日期，UTC 为世界标准时间
UTC_TIME()	返回 UTC 时间
MONTH(date)	返回日期参数 date 中的月份，范围为 1~12
MONTHNAME(date)	返回日期参数 data 中的月份名称，如 January
DAYNAME(date)	返回日期参数 date 对应的星期几，如 Monday
DAYOFWEEK(date)	返回日期参数 date 对应的星期几，1 表示星期日，2 表示星期一等
WEEKDAY(date)	返回日期参数 date 对应的星期几，0 表示星期一，1 表示星期二等
WEEK(date,mode)	返回日期参数 date 在一年中是第几个星期，范围是 0 ～ 53
WEEKOFYEAR(date)	返回日期参数 date 在一年中是第几个星期，范围是 1 ～ 53
DAYOFYEAR(date)	返回日期参数 date 是本年中第几天

续表

日期和时间函数	作 用
DAYOFMONTH(date)	返回日期参数 date 在本月中是第几天
YEAR(date)	返回日期参数 date 对应的年份
QUARTER(date)	返回日期参数 date 是第几季度，范围是 1～4
HOUT(time)	返回时间参数 time 对应的小时数
MINUTE(time)	返回时间参数 time 对应的分钟数
SECOND(time)	返回时间参数 time 对应的秒数
EXTRACT(type FROM date)	从日期 data 中获取指定的值，type 指定返回的值，如 YEAR、HOUR 等
TIME_TO_SEC(time)	返回将时间参数 time 转换为秒值的数值
SEC_TO_TIME(seconds)	将以秒为单位的时间 s 转换为时分秒的格式
TO_DAYS(data)	计算日期 data 到 0000 年 1 月 1 日的天数
ADDTIME(time,expr)	加法计算时间值函数，返回将 expr 值加上原始时间 time 之后的值
SUBTIME(time,expr)	减法计算时间值函数，返回将原始时间 time 减去 expr 值之后的值
DATEDIFF(date1,date2)	计算两个日期之间间隔的函数，返回参数 date1 减去 date2 之后的值
DATE_FORMAT(date,format)	将日期和时间格式化的函数，返回根据参数 format 指定的格式显示的 date 值
TIME_FORMAT(time,format)	将时间格式化的函数，返回根据参数 format 指定的格式显示的 time 值
GET_FORMAT(val_type,format_type)	返回日期时间字符串的显示格式的函数，返回值是一个格式字符串，val_type 表示日期数据类型，包含有 DATE、DATETIME 和 TIME；format_type 表示格式化显示类型，包含有 EUR、INTERVAL、ISO、JIS、USA

下面对常见的日期和时间函数进行讲解。

13.3.1 获取当前日期和当前时间

CURDATE() 和 CURRENT_DATE() 函数作用相同，将当前日期按照 YYYY-MM-DD 或 YYYYMMDD 格式的值返回，具体格式根据函数用在字符串或是数字语境中而定。

实例 49：练习使用日期函数

使用日期函数获取系统当期日期，执行语句如下：

```
SELECT CURDATE(),CURRENT_DATE();
```

执行结果如图 13-49 所示。可以看到，两个函数作用相同，都返回了相同的系统当前日期。

CURTIME() 和 CURRENT_TIME() 函数作用相同，将当前时间以 HH:MM:SS 或 HHMMSS 的格式返回，具体格式根据函数用在字符串或是数字语境中而定。

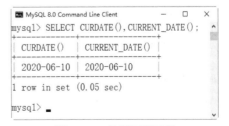

图 13-49 使用日期函数

实例 50：练习使用时间函数

使用时间函数获取系统当期日期，执行语句如下：

```
SELECT CURTIME(),CURRENT_TIME();
```

执行结果如图 13-50 所示。

```
mysql> SELECT CURTIME(),CURRENT_TIME();
+-----------+----------------+
| CURTIME() | CURRENT_TIME() |
+-----------+----------------+
| 19:44:10  | 19:44:10       |
+-----------+----------------+
1 row in set (0.01 sec)

mysql>
```

图 13-50　使用时间函数

13.3.2　获取当前日期和时间

CURRENT_TIMESTAMP()、LOCALTIME()、NOW() 和 SYSDATE()4 个函数的作用相同，返回当前日期和时间值，格式为 YYYY-MM-DD HH:MM:SS 或 YYYYMMDDHHMMSS，具体格式根据函数用在字符串或数字语境而定。

实例 51：练习使用日期时间函数

使用日期时间函数获取当前系统日期和时间，执行语句如下：

```
SELECT CURRENT_TIMESTAMP(),LOCALTIME(),NOW(),SYSDATE();
```

执行结果如图 13-51 所示。可以看到，4 个函数返回的结果是相同的。

```
mysql> SELECT CURRENT_TIMESTAMP(),LOCALTIME(),NOW(),SYSDATE();
+---------------------+---------------------+---------------------+---------------------+
| CURRENT_TIMESTAMP() | LOCALTIME()         | NOW()               | SYSDATE()           |
+---------------------+---------------------+---------------------+---------------------+
| 2020-06-10 19:44:25 | 2020-06-10 19:44:25 | 2020-06-10 19:44:25 | 2020-06-10 19:44:26 |
+---------------------+---------------------+---------------------+---------------------+
1 row in set (0.02 sec)

mysql>
```

图 13-51　获取当前系统日期和时间

13.3.3　获取 UNIX 格式的时间

UNIX_TIMESTAMP(date) 若无参数调用，则返回一个无符号整数类型的 Unix 时间戳（1970-01-01 00:00:00 GMT 之后的秒数）。若用参数 date 来调用 UNIX_TIMESTAMP()，它会将参数值以 1970-01-01 00:00:00 GMT 后的秒数的形式返回。

实例 52：练习使用 UNIX_TIMESTAMP 函数

使用 UNIX_TIMESTAMP 函数返回 UNIX 格式的时间戳，执行语句如下：

```
SELECT UNIX_TIMESTAMP(), UNIX_TIMESTAMP(NOW()), NOW();
```

执行结果如图 13-52 所示。

```
mysql> SELECT UNIX_TIMESTAMP(), UNIX_TIMESTAMP(NOW()), NOW();
+------------------+-----------------------+---------------------+
| UNIX_TIMESTAMP() | UNIX_TIMESTAMP(NOW()) | NOW()               |
+------------------+-----------------------+---------------------+
|       1591789532 |            1591789532 | 2020-06-10 19:45:32 |
+------------------+-----------------------+---------------------+
1 row in set (0.02 sec)

mysql>
```

图 13-52　返回 UNIX 格式的时间戳

FROM_UNIXTIME(date) 函数把 UNIX 时间戳转换为普通格式的日期时间值，与 UNIX_TIMESTAMP(date) 函数互为反函数。

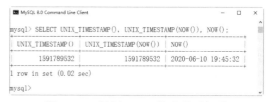

实例 53：练习使用 FROM_UNIXTIME 函数

使用 FROM_UNIXTIME 函数将 UNIX 时间戳转换为普通格式时间，执行语句如下：

```
SELECT FROM_UNIXTIME('1591789532');
```

执行结果如图 13-53 所示。

图 13-53　将 UNIX 时间戳转换为普通格式时间

13.3.4　返回 UTC 日期和返回 UTC 时间

UTC_DATE() 函数返回当前 UTC（世界标准时间）日期值，其格式为 YYYY-MM-DD 或 YYYYMMDD，具体格式取决于函数用在字符串或数字语境中。

实例 54：练习使用 UTC_DATE() 函数

使用 UTC_DATE() 函数返回当前 UTC 日期值，执行语句如下：

```
SELECT UTC_DATE();
```

执行结果如图 13-54 所示。从返回结果可以看出使用 UTC_DATE() 函数返回的值为当前时区的日期值。

UTC_TIME() 返回当前 UTC 时间值，其格式为 HH:MM:SS 或 HHMMSS，具体格式取决于函数用在字符串或数字语境中。

图 13-54　返回当前 UTC 日期值

实例 55：练习使用 UTC_TIME() 函数

使用 UTC_TIME() 函数返回当前 UTC 时间值，执行语句如下：

```
SELECT UTC_TIME();
```

执行结果如图 13-55 所示。从返回结果可以看出 UTC_TIME() 函数返回当前时区的时间值。

图 13-55　返回当前 UTC 时间值

13.3.5　获取指定日期的月份

MONTH(date) 函数返回 date 对应的月份，范围值为 1～12。

实例 56：练习使用 MONTH() 函数

使用 MONTH() 函数返回指定日期中的月份，执行语句如下：

```
SELECT MONTH('2020-08-13');
```

执行结果如图 13-56 所示。从返回结果可以看出使用 MONTHNAME(date) 函数返回日期 date 对应月份的数字。

图 13-56　返回指定日期中的月份

实例 57：练习使用 MONTHNAME() 函数

使用 MONTHNAME() 函数返回指定日期中的月份的英文名称，执行语句如下：

```
SELECT MONTHNAME('2019-08-13');
```

执行结果如图 13-57 所示。

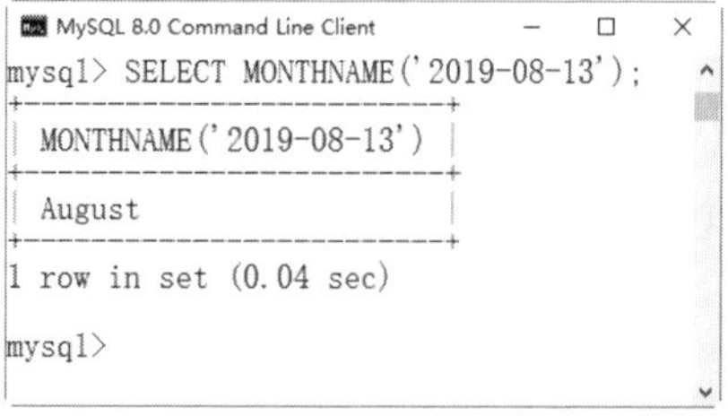

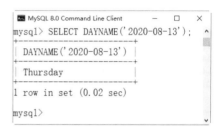

图 13-57　返回指定日期中的月份的英文名称

13.3.6　获取指定日期的星期数

DAYNAME(d) 函数返回 d 对应的工作日英文名称，如 Sunday、Monday 等。

实例 58：练习使用 DAYNAME() 函数

使用 DAYNAME() 函数返回指定日期的工作日英文名称，执行语句如下：

```
SELECT DAYNAME('2020-08-13');
```

执行结果如图 13-58 所示。

DAYOFWEEK(d) 函数返回 d 对应的一周中的索引（位置）。1 表示周日，2 表示周一，…，7 表示周六)。

实例 59：练习使用 DAYOFWEEK() 函数

使用 DAYOFWEEK() 函数返回日期对应的周索引，执行语句如下：

```
SELECT DAYOFWEEK('2020-08-13');
```

执行结果如图 13-59 所示。

图 13-58　返回指定日期的工作日英文名称

图 13-59　返回日期对应的周索引

13.3.7　获取指定日期在一年中的星期周数

WEEK(d) 函数计算日期 d 是一年中的第几周。WEEK() 的双参数形式允许指定该星期是否起始于周日或周一，以及返回值的范围是否为 0 ～ 53 或 1 ～ 53。

实例 60：练习使用 WEEK() 函数

使用 WEEK() 函数查询指定日期是一年中的第几周，执行语句如下：

```
SELECT WEEK('2020-08-20',1);
```

执行结果如图 13-60 所示。

WEEKOFYEAR(d) 计算某天位于一年中的第几周，范围是 1 ～ 53。

图 13-60　使用 WEEK() 函数

实例 61：练习使用 WEEKOFYEAR() 函数

使用 WEEKOFYEAR() 查询指定日期是一年中的第几周，执行语句如下：

```
SELECT WEEKOFYEAR('2020-08-20');
```

执行结果如图 13-61 所示。从结果可以看到，WEEK() 函数和 WEEKOFYEAR() 函数返回结果相同。

图 13-61　使用 WEEKOFYEAR() 函数

实例 62：练习使用 EXTRACT(type FROM date/time) 函数

使用 EXTRACT(type FROM date/time) 函数提取日期时间参数中指定的类型，执行语句如下：

```
SELECT NOW(),EXTRACT(YEAR FROM NOW())AS c1,
EXTRACT(YEAR_MONTH FROM NOW())AS c2,
EXTRACT(DAY_MINUTE FROM'2020-08-06 12:22:49')AS c3;
```

执行结果如图 13-62 所示。由执行结果可以看出，EXTRACT 函数可以取出当前系统日期时间的年份、月份；也可以取出指定日期时间的日和分钟数，结果由日、小时和分钟数组成。

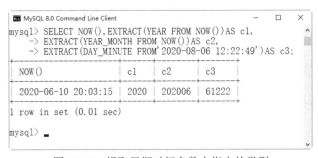

图 13-62　提取日期时间参数中指定的类型

13.3.8　时间和秒钟的相互转换

TIME_TO_SEC(time) 返回已转化为秒的 time 参数，转换公式为："小时 ×3600+ 分钟 × 60+ 秒"。

实例 63：练习使用 TIME_TO_SEC(time) 函数

使用 TIME_TO_SEC(time) 函数将时间值转换为秒值的操作，执行语句如下：

```
SELECT TIME_TO_SEC('18:35:25');
```

执行结果如图 13-63 所示。由执行结果可以看出，根据计算公式"18×3600+35×60+25，得出结果秒数 66925。

图 13-63　将时间值转换为秒值

实例 64：练习使用 SEC_TO_TIME(seconds) 函数

SEC_TO_TIME(seconds) 函数是将秒值转换为时间格式，执行语句如下：

```
SELECT SEC_TO_TIME(66925);
```

执行结果如图 13-64 所示。由执行结果可以看出，将上一个范例中得到的秒数 66925 通过函数 SEC_TO_TIME 计算，返回结果是时间值 18:35:25（为字符串型）。

图 13-64　将秒值转换为时间格式

13.3.9　日期和时间的加减运算

DATE_ADD(date,INTERVAL expr type) 和 ADDDATE(date,INTERVAL expr type) 两个函数作用相同，都执行日期的加运算。

实例 65：日期的加运算

使用 DATE_ADD(date,INTERVAL expr type) 和 ADDDATE(date,INTERVAL expr type) 函数执行日期的加运算操作，执行语句如下：

```
SELECT DATE_ADD('2020-10-31 23:59:59', INTERVAL 1 SECOND) AS c1,
       ADDDATE('2020-10-31 23:59:59', INTERVAL 1 SECOND) AS c2,
       DATE_ADD('2020-10-31 23:59:59', INTERVAL '1:1' MINUTE_SECOND) AS c3;
```

执行结果如图 13-65 所示。

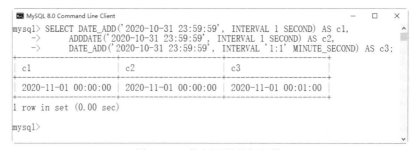

图 13-65　执行日期的加运算

由执行结果可以看出，DATE_ADD 和 ADDDATE 函数功能完全相同，在原始时间 2019-10-31 23:59:59 上加一秒之后结果都是 2019-11-01 00:00:00；在原始时间加一分钟一秒的写法是表达式 1:1，最终可得结果 2019-11-01 00:01:00。

实例 66：日期的减运算

使用 DATE_SUB(date,INTERVAL expr type) 和 SUBDATE(date,INTERVAL expr type) 函数执行日期的减法运算操作，执行语句如下：

```
SELECT DATE_SUB('2020-01-02', INTERVAL 31 DAY) AS c1,
 SUBDATE('2020-01-02', INTERVAL 31 DAY) AS c2,
 DATE_SUB('2020-01-01 00:01:00',INTERVAL '0 0:1:1' DAY_SECOND) AS c3;
```

执行结果如图 13-66 所示。由执行结果可以看出，DATE_SUBD 和 SUBDATE 函数功能完全相同。

```
mysql> SELECT DATE_SUB('2020-01-02', INTERVAL 31 DAY) AS c1,
    -> SUBDATE('2020-01-02', INTERVAL 31 DAY) AS c2,
    -> DATE_SUB('2020-01-01 00:01:00',INTERVAL '0 0:1:1' DAY_SECOND) AS c3;
+------------+------------+---------------------+
| c1         | c2         | c3                  |
+------------+------------+---------------------+
| 2019-12-02 | 2019-12-02 | 2019-12-31 23:59:59 |
+------------+------------+---------------------+
1 row in set (0.02 sec)
```

图 13-66　执行日期的减法运算

> **注意**：DATE_ADD 和 DATE_SUB 函数在指定加减的时间段时，也可以指定负值，加法的负值即返回原始时间之前的日期和时间，减法的负值即返回原始时间之后的日期和时间。

实例 67：时间的加运算

用 ADDTIME(time,expr) 函数进行时间的加法运算操作，执行语句如下：

```
SELECT ADDTIME('2020-10-31 23:59:59','0:1:1'),
ADDTIME('10:30:59','5:10:37');
```

执行结果如图 13-67 所示。

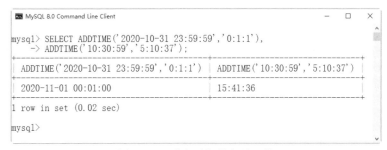

图 13-67　进行时间的加法运算

由执行结果可以看出，在原始日期时间 2020-10-31 23:59:59 上加上 0 小时 1 分 1 秒之后，返回的日期时间是 2020-11-01 00:01:00；在原始时间 10:30:59 上加上 5 小时 10 分 37 秒之后，返回的日期时间是 15:41:36。

实例 68：时间的减运算

使用 SUBTIME(time,expr) 函数进行时间的减法运算，执行语句如下：

```
SELECT SUBTIME('2020-10-31 23:59:59','0:1:1'),
SUBTIME('10:30:59','5:12:37');
```

执行结果如图 13-68 所示。由执行结果可以看出，在原始日期时间 2020-10-31 23:59:59 上减去 0 小时 1 分 1 秒之后，返回的日期时间是 2020-10-31 23:58:58；在原始时间 10:30:59

上减去 5 小时 12 分 37 秒之后，返回的日期时间是 05:18:22。

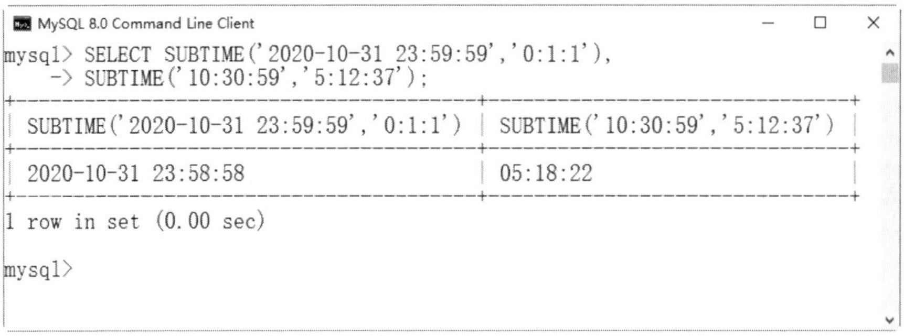

```
mysql> SELECT SUBTIME('2020-10-31 23:59:59','0:1:1'),
    -> SUBTIME('10:30:59','5:12:37');
+----------------------------------------+--------------------------------+
| SUBTIME('2020-10-31 23:59:59','0:1:1') | SUBTIME('10:30:59','5:12:37') |
+----------------------------------------+--------------------------------+
| 2020-10-31 23:58:58                    | 05:18:22                       |
+----------------------------------------+--------------------------------+
1 row in set (0.00 sec)

mysql>
```

图 13-68　使用 SUBTIME(time,expr) 函数

实例 69：计算两日期之间的间隔天数

使用 DATEDIFF(date1,date2) 函数计算两个日期之间的间隔天数的操作，执行语句如下：

```
SELECT DATEDIFF('2020-10-30','2020-01-06');
```

执行结果如图 13-69 所示。由执行结果可以看出，DATEDIFF 函数返回 date1 减去 date2 之后的值，参数忽略时间值，只是将日期值相减。

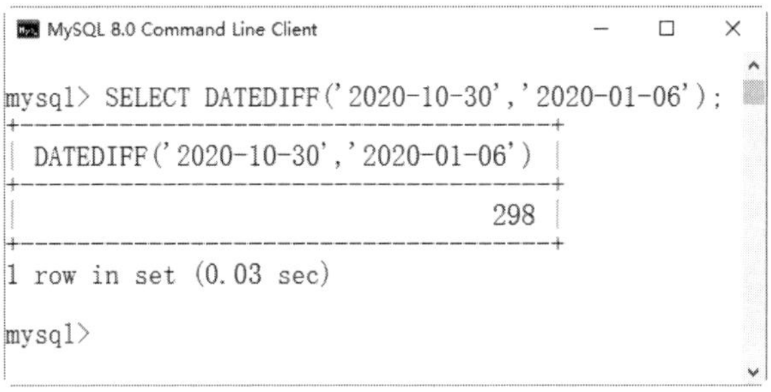

```
mysql> SELECT DATEDIFF('2020-10-30','2020-01-06');
+-------------------------------------+
| DATEDIFF('2020-10-30','2020-01-06') |
+-------------------------------------+
|                                 298 |
+-------------------------------------+
1 row in set (0.03 sec)

mysql>
```

图 13-69　计算两个日期之间的间隔天数

13.3.10　将日期和时间进行格式化

DATE_FORMAT(date,format) 函数可根据 format 指定的格式显示 date 值。

实例 70：练习使用 DATE_FORMAT(date,format) 函数

使用 DATE_FORMAT(date,format) 函数根据 format 指定的格式显示 date 值的操作，执行语句如下：

```
SELECT DATE_FORMAT('2020-08-08 20:43:58','%W %M %Y %l %p')AS c1,
 DATE_FORMAT('2020-08-08','%D %b %y %T')AS c2;
```

执行结果如图 13-70 所示。由执行结果可以看出，c1 中将日期时间值 2020-08-08 20:43:58 格式化为指定格式 %W %M %Y %l %p，可得结果 Saturday August 2020 8 PM；c2 中，将日期值 2020-08-08 按照指定格式 %D %b %y %T 进行格式化之后返回结果'8th Aug 20 00:00:00'。

```
mysql> SELECT DATE_FORMAT('2020-08-08 20:43:58','%W %M %Y %l %p')AS c1,
    ->     DATE_FORMAT('2020-08-08','%D %b %y %T')AS c2;
+------------------------+---------------------+
| c1                     | c2                  |
+------------------------+---------------------+
| Saturday August 2020 8 PM | 8th Aug 20 00:00:00 |
+------------------------+---------------------+
1 row in set (0.00 sec)

mysql>
```

图 13-70　根据 format 指定的格式显示 date 值

实例 71：练习使用 TIME_FORMAT(time,format) 函数

使用 TIME_FORMAT(time,format) 函数根据 format 指定的格式显示 time 值的操作，执行语句如下：

```
SELECT TIME_FORMAT('2020-08-08 20:48:58','%W %M %Y %l %p %r') AS c1,
    TIME_FORMAT('15:45:55','%l %p %r')AS c2,
    TIME_FORMAT('35:08:55','%H %k %h %r')AS c3;
```

执行结果如图 13-71 所示。由执行结果可以看出，c1 中，参数 format 包含非时间格式说明符，返回结果为 NULL。

```
mysql> SELECT TIME_FORMAT('2020-08-08 20:48:58','%W %M %Y %l %p %r') AS c1,
    ->     TIME_FORMAT('15:45:55','%l %p %r')AS c2,
    ->     TIME_FORMAT('35:08:55','%H %k %h %r')AS c3;
+------+---------------+---------------------+
| c1   | c2            | c3                  |
+------+---------------+---------------------+
| NULL | 3 PM 03:45:55 PM | 35 35 11 11:08:55 AM |
+------+---------------+---------------------+
1 row in set (0.00 sec)

mysql>
```

图 13-71　根据 format 指定的格式显示 time 值

实例 72：练习使用 GET_FORMAT(val_type,format_type) 函数

使用 GET_FORMAT(val_type,format_type) 函数返回日期时间字符串的显示格式的操作，执行语句如下：

```
SELECT GET_FORMAT(DATE,'EUR'),
GET_FORMAT(DATETIME,'USA');
```

执行结果如图 13-72 所示。由执行结果可以看出，GET_FORMAT 函数中，参数 val_type 和 format_type 取值不同，可以得到不同的日期时间格式化字符串的结果。

```
mysql> SELECT GET_FORMAT(DATE,'EUR'),
    ->     GET_FORMAT(DATETIME,'USA');
+------------------------+-----------------------------+
| GET_FORMAT(DATE,'EUR') | GET_FORMAT(DATETIME,'USA')  |
+------------------------+-----------------------------+
| %d.%m.%Y               | %Y-%m-%d %H.%i.%s           |
+------------------------+-----------------------------+
1 row in set (0.01 sec)

mysql>
```

图 13-72　返回日期时间字符串的显示格式

实例 73：练习使用 GET_FORMAT 函数

在 DATE_FORMAT 函数中，使用 GET_FORMAT 函数返回的显示格式字符串来显示指定的日期值，执行语句如下：

```
SELECT NOW(),DATE_FORMAT(NOW(),GET_FORMAT(DATE,'EUR'));
```

执行结果如图 13-73 所示。由执行结果可以看出，当前系统时间函数 NOW() 返回值是 2020-06-11 12:45:32，使用 GET_FORMAT 函数将此日期时间值格式化为欧洲习惯的日期，最终可得结果 11.06.2020。

图 13-73　使用 GET_FORMAT 函数

13.4　其他系统函数

在 MySQL 中，除了数学函数、字符串函数、时间与日期函数外，还有一些其他内置函数，如条件判断函数、系统信息函数、加密函数等。

13.4.1　条件判断函数

条件判断函数也被称为控制流函数，函数根据满足的条件不同，执行相应的流程。MySQL 中的条件判断函数有 IF、IFNULL 和 CASE 等，如表 13-4 所示。

表 13-4　MySQL 中的条件判断函数

控制流函数	作　用
IF(expr,v1,v2)	返回表达式 expr 得到不同运算结果时对应的值。若 expr 是 TRUE（expr<>0 and expr<>NULL），则 IF() 的返回值为 v1，否则返回值为 v2。
IFNULL(v1,v2)	返回参数 v1 或 v2 的值。假如 v1 不为 NULL，则返回值为 v1，否则返回值为 v2。
CASE	写法一：CASE expr WHEN v1 THEN r1 [WHEN v2 THEN r2] …[WHEN vn THEN rn] …[ELSE r(n+1)] END 写法二：CASE WHEN v1 THEN r1[WHEN v2 THEN r2] …[WHEN vn THEN rn]…ELSE r(n+1) END

实例 74：练习使用 IF(expr,v1,v2) 函数

使用 IF(expr,v1,v2) 函数根据 expr 表达式结果返回相应值的操作，执行语句如下：

```
SELECT IF(1<2,1,0)AS c1,
IF(1>5,'√','×')AS c2,
IF(STRCMP('abc','ab'),'yes','no') AS c3;
```

执行结果如图 13-74 所示。由执行结果可以看出，c1 中，表达式 1<2 所得结果是 TRUE，则返回结果为 v1，即数值 1；c2 中，表达式 1>5 结果是 FALSE，则返回结果为 v2，即字符串 '×'；c3 中，先用函数 STRCMP 比较两个字符串的大小，字符串 abc 和 ab 比较结果返回值为 1，也就是表达式 expr 返回结果不等于 0 且不等于 NULL，则返回值为 v1，即字符串 'yes'。

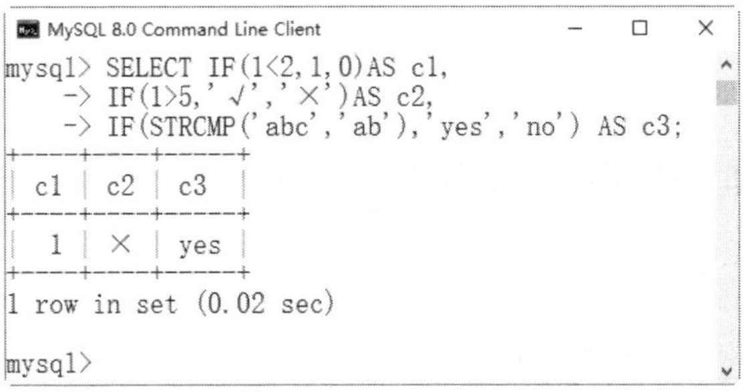

图 13-74 根据 expr 表达式结果返回相应值

实例 75：练习使用 IFNULL(v1,v2) 函数

使用 IFNULL(v1,v2) 函数根据 v1 取值返回相应值的操作，执行语句如下：

```
SELECT IFNULL(8,9),IFNULL(NULL,'OK'),
IFNULL(SQRT(-8),'false'),SQRT(-8);
```

执行结果如图 13-75 所示。由执行结果可以看出，当 IFNULL 函数中参数 v1=8 和 v2=9 都不为空，即 v1=8 不为空，返回 v1 的值为 8；当 v1=NULL，则返回 v2 的值即字符串 'OK'；当 v1=SQRT(-8) 时，函数 SQRT(-8) 返回值为 NULL，即 v1=NULL，所以返回 v2 的字符串 'false'。

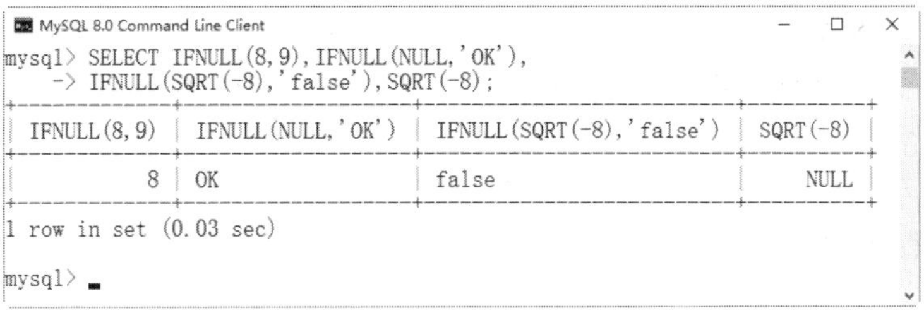

图 13-75 根据 v1 取值返回相应值

实例 76：使用 CASE 函数根据 expr 取值返回相应值

使用 CASE 函数根据 expr 取值返回相应值的操作，执行语句如下：

```
SELECT CASE WEEKDAY(NOW()) WHEN 0 THEN '星期一' WHEN 1 THEN '星期二' WHEN 2 THEN '星期三' WHEN 3 THEN '星期四' WHEN 4 THEN '星期五' WHEN 5 THEN '星期六' ELSE '星期天' END AS column1, NOW(),WEEKDAY(NOW()),DAYNAME(NOW());
```

执行结果如图 13-76 所示。由执行结果可以看出，NOW() 函数得到当前系统时间是 2020 年 6 月 11 日，函数 DAYNAME(NOW()) 得到当天是 Thursday，函数 WEEKDAY(NOW()) 返回当前时间的工作日索引是 3，即对应的是星期四。

图 13-76 根据 expr 取值返回相应值

实例 77：使用 CASE 函数根据 vn 取值返回相应值

使用 CASE 函数根据 vn 取值返回相应值的操作，执行语句如下：

```
SELECT CASE WHEN WEEKDAY(NOW())=0 THEN '星期一' WHEN WEEKDAY(NOW())=1 THEN '星期二' WHEN WEEKDAY(NOW())=2 THEN '星期三' WHEN WEEKDAY(NOW())=3 THEN '星期四' WHEN WEEKDAY(NOW())=4 THEN '星期五' WHEN WEEKDAY(NOW())=5 THEN '星期六' ELSE '星期天' END AS column1, NOW(),WEEKDAY(NOW()),DAYNAME(NOW());
```

执行结果如图 13-77 所示。

图 13-77 根据 vn 取值返回相应值

此例跟上一个范例返回结果一样，只是使用了 CASE 函数的不同写法，WHEN 后面为表达式，当表达式返回结果为 TRUE 时，取 THEN 后面的值；如果都不是 TRUE，则返回 ELSE 后面的值。

13.4.2 系统信息函数

MySQL 的系统信息包含数据库的版本号、当前用户名和连接数、系统字符集、最后一个自动生成的值等，本章将介绍使用 MySQL 中的函数返回这些系统信息，如表 13-5 所示。

表 13-5 MySQL 中的系统信息函数

系统信息函数	作 用
VERSION()	返回当前 MySQL 版本号的字符串
CONNECTION_ID()	返回 MySQL 服务器当前用户的连接次数
PROCESSLIST	SHOW PROCESSLIST 命令输出结果显示正在运行的线程，不仅可以查看当前所有的连接数，还可以查看当前的连接状态，帮助识别出有问题的查询语句。如果是 root 账号，能看到所有用户的当前连接；如果是普通账号，只能看到自己占用的连接
DATEBASE() 和 SCHEMA()	这两个函数的作用相同，都是显示目前正在使用的数据库名称

系统信息函数	作　用
USER()、 CURRENT_USER() SYSTEM_USER() SESSION_USER()	获取当前登录用户名的函数。这几个函数返回当前被 MySQL 服务器验证过的用户名和主机名组合。一般情况下，这几个函数返回值是相同的
CHARSET(str)	获取字符串的字符集函数。返回参数为字符串 str 使用的字符集
COLLATION(str)	返回参数字符串 str 的排列方式
LAST_INSERT_ID()	获取最后一个自动生成的 ID 值的函数。自动返回最后一个 INSERT 或 UPDATE 为 AUTO_INCREMENT 列设置的第一个发生的值

实例 78：练习使用 SHOW PROCESSLIST 命令

使用 SHOW PROCESSLIST 命令输出当前用户的连接信息的操作，执行语句如下：

```
SHOW PROCESSLIST;
```

执行结果如图 13-78 所示。

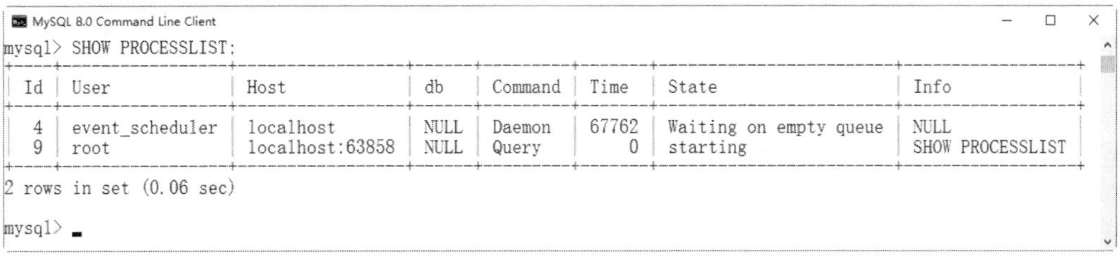

```
MySQL 8.0 Command Line Client
mysql> SHOW PROCESSLIST;
+----+-----------------+-----------------+------+---------+-------+------------------------+------------------+
| Id | User            | Host            | db   | Command | Time  | State                  | Info             |
+----+-----------------+-----------------+------+---------+-------+------------------------+------------------+
|  4 | event_scheduler | localhost       | NULL | Daemon  | 67762 | Waiting on empty queue | NULL             |
|  9 | root            | localhost:63858 | NULL | Query   |     0 | starting               | SHOW PROCESSLIST |
+----+-----------------+-----------------+------+---------+-------+------------------------+------------------+
2 rows in set (0.06 sec)

mysql>
```

图 13-78　输出当前用户的连接信息

由执行结果可以看出，连接信息有 8 列内容，各列的含义与用途详解如下。

- Id 列：用户登录 MySQL 时，系统分配的 connection id，标识一个用户。
- User 列：显示当前用户。如果不是 root，这个命令就只显示用户权限范围内的 SQL 语句。
- Host 列：显示这个语句是从哪个 IP 的哪个端口上发出的。可用来追踪出现问题语句的用户。
- db 列：显示这个进程目前连接的是哪个数据库。
- Command 列：显示当前连接的执行的命令，一般就是休眠（Sleep）、查询（Query）、连接（Connect）。
- Time 列：显示这个状态持续的时间，单位是秒。
- State 列：显示使用当前连接的 SQL 语句的状态。这是很重要的列，后续会有所有状态的描述。请注意，state 只是语句执行中的某一个状态。以查询为例，一个 SQL 语句可能需要经过 Copying to tmp table，Sorting result，Sending data 等状态才可以完成。
- Info 列：显示这个 SQL 语句，因为长度有限，所以长的 SQL 语句就显示不全，但它是一个判断问题语句的重要依据。

使用另外的命令行登录 MySQL，此时将会把所有连接显示出来，在后来登录的命令行下再次输入 SHOW PROCESSLIST 命令，执行语句如下：

```
SHOW PROCESSLIST;
```

执行结果如图 13-79 所示。由执行结果可以看出，当前活动用户登录连接为 9 的用户，正在执行的 Command 命令是 Query（查询），使用的查询命令为 SHOW PROCESSLIST；其余还有 1 个连接是 4，处于 Daemon 状态。

图 13-79　显示所有连接

实例 79：练习使用 CHARSET(str) 函数

使用 CHARSET(str) 函数返回参数字符串 str 使用的字符集的操作，执行语句如下：

```
SELECT CHARSET('test'),
CHARSET(CONVERT('test' USING latin1)),
CHARSET(VERSION());
```

执行结果如图 13-80 所示。由执行结果可以看出，CHARSET('test') 返回系统默认的字符集 gbk；CHARSET(CONVERT('test' USING latin1)) 返回改变字符集函数 convert 转换之后的字符集 latin1；而 VERSION() 函数返回的字符串本身就是使用 utf8 字符集。

图 13-80　使用 CHARSET(str) 函数

LAST_INSERT_ID() 自动返回最后一个 INSERT 或 UPDATE 操作为 AUTO_INCREMENT 列设置的第一个发生值。

实例 80：练习使用 SELECT LAST_INSERT_ID 函数

使用 SELECT LAST_INSERT_ID 查看最后一个自动生成的列值，执行过程如下。

首先一次插入一条记录，这里先创建表 student01，其 Id 字段带有 AUTO_INCREMENT 约束，执行语句如下：

```
USE mydb;
CREATE TABLE student01 (Id INT AUTO_INCREMENT NOT NULL PRIMARY KEY,
    Name VARCHAR(30));
```

分别向表 student01 中插入 2 条记录：

```
INSERT INTO student01 VALUES(NULL, '张小明');
INSERT INTO student01 VALUES(NULL, '张小磊');
```

查询数据表 student01 中数据：

```
SELECT * FROM student01;
```

执行结果如图 13-81 所示。

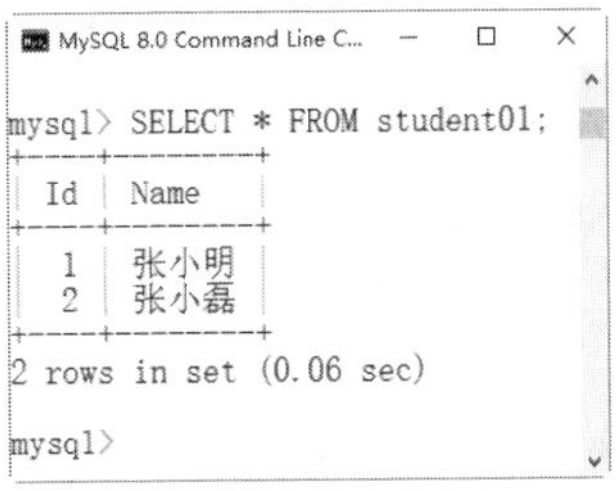

图 13-81　查看数据表中的记录

查看已经插入的数据可以发现，最后一条插入的记录的 Id 自段值为 2，使用 LAST_INSERT_ID() 查看最后自动生成的 Id 值。

```
SELECT LAST_INSERT_ID();
```

执行结果如图 13-82 所示。可以看到，一次插入一条记录时，返回的值为最后一条记录插入的 id 值。

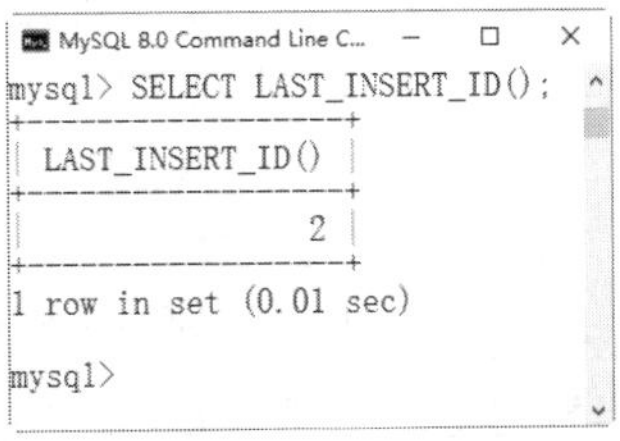

图 13-82　查看最后自动生成的 Id 值

接下来，一次同时插入多条记录。向表中插入多条记录的执行语句如下：

```
INSERT INTO student01 VALUES
    (NULL, '王小雷'),(NULL, '张小凤'),(NULL, '展小天');
```

查询已经插入的的记录，执行语句如下：

```
SELECT * FROM student01;
```

执行结果如图 13-83 所示。

图 13-83　一次同时插入多条记录

可以看到最后一条记录的 Id 自段值为 5，使用 LAST_INSERT_ID() 查看最后自动生成的 Id 值：

```
SELECT LAST_INSERT_ID();
```

执行结果如图 13-84 所示。结果显示，LAST_INSERT_ID 值不是 5 而是 3。

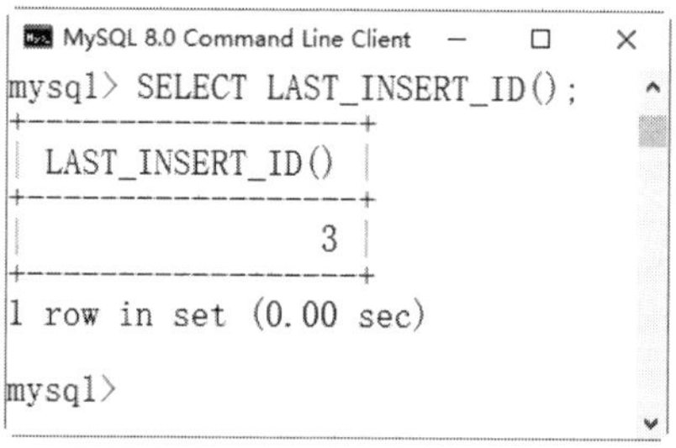

图 13-84　使用 LAST_INSERT_ID() 函数

> **知识扩展**：由上述实例可以看出，返回的结果值不是 5 而是 3，这是因为在向数据表中插入一条新记录时，LAST_INSERT_ID() 返回带有 AUTO_INCREMENT 约束的字段最新生成的值2；继续向表中同时添加 3 条记录，读者可能以为这时 LAST_INSERT_ID 值为 5，但显示结果为 3，这是因为当使用一条 INSERT 语句插入多个行时，LAST_INSERT_ID() 只返回插入的第一行数据时产生的值，在这里为第 3 条记录。

13.4.3　数据加密函数

MySQL 中加密函数用来对数据进行加密的处理，以保证数据表中某些重要数据不被别人窃取，这些函数能保证数据库的安全。使用 MD5(str) 函数可以将字符串 str 转换成一个 MD5 比特校验码，该值以 32 位十六进制数字的二进制字符串形式返回。

▍实例 81：练习使用 MD5(str) 函数

使用 MD5(str) 函数返回加密字符串的操作，执行语句如下：

```
SELECT MD5('mypassword');
```

执行结果如图 13-85 所示。该加密函数的加密形式是可逆的，可以使用在应用程序中。由于 MD5 的加密算法是公开的，所以这种函数的加密级别不高。

图 13-85　使用 MD5(str) 函数

13.5 疑难问题解析

疑问 1：数据库中的数据一般不以空格开始或结尾，这是为什么？

答：字符串开头或结尾处如果有空格，这些空格是比较敏感的字符，会出现查询不出结果的现象。因此，在输出字符串数据时，最好使用 TRIM() 函数去掉字符串开始或结尾的空格。

疑问 2：如何改变默认的字符集？

答：使用 CONVERT() 函数可以改变指定字符串的默认字符集，还可以通过修改配置文件来改变默认的字符集，具体的方法为：在 Windows 中，找到 MySQL 的配置文件 my.ini，该文件在 MySQL 的安装目录下面。然后修改配置文件中的 default-character-set 和 character-set-server 参数值，将其改为想要的字符集名称，如 gbk、gb2312、latin1 等，修改完之后重新启动 MySQL 服务，即可生效。最后可以在修改字符集后使用 "SHOW VARIABLES LIKE 'character_set_%'；" 命令查看当前字符集，以进行对比。

13.6 综合实战训练营

实战 1：练习使用数学函数

（1）使用数学函数 RAND() 生成 3 个 10 以内的随机整数。

（2）使用 SIN()、COS()、TAN()、COT() 函数计算三角函数值，并将计算结果转换成整数值。

实战 2：使用字符串和日期函数操作字段值

（1）创建表 member，其中包含 5 个字段，分别为 AUTO_INCREMENT 约束的 m_id 字段，VARCHAR 类型的 m_FN 字段，VARCHAR 类型的 m_LN 字段，DATETIME 类型的 m_birth 字段和 VARCHAR 类型的 m_info 字段。

（2）插入一条记录，m_id 值为默认，m_FN 值为 "Halen"，m_LN 值为 "Park"，m_birth 值为 1970-06-29，m_info 值为 "GoodMan"。

（3）使用 SELECT 语句查看数据表 member 的插入结果。

（4）返回 m_FN 的长度，返回第一条记录中的人的全名，将 m_info 字段值转换成小写字母，将 m_info 的值反向输出。

（5）计算第一条记录中人的年龄，并计算 m_birth 字段中的值在那一年中的位置，按照 "Saturday October 4th 1997" 格式输出时间值。

（6）插入一条新的记录，m_FN 值为 "Samuel"，m_LN 值为 "Green"，m_birth 值为系统当前时间，m_info 为空。使用 LAST_INSERT_ID() 查看最后插入的 ID 值。

（7）使用 SELECT 语句查看数据表 member 的数据记录。

（8）使用 LAST_INSERT_ID() 函数查看最后插入的 ID 值。

（9）使用 CASE 进行条件判断，如果 m_birth 小于 2000 年，显示 "old"；如果 m_birth 大于 2000 年，则显示 "young"。

第14章 存储过程与函数

本章导读

在 MySQL 中,存储过程就是一条或者多条 SQL 语句的集合,可视为批文件,但是其作用不仅限于批处理。通过使用存储过程,可以将经常使用的 SQL 语句封装起来,以免重复编写相同的 SQL 语句。本章就来介绍如何创建存储过程和存储函数,以及如何调用、修改、查看、删除存储过程和存储函数等。

知识导图

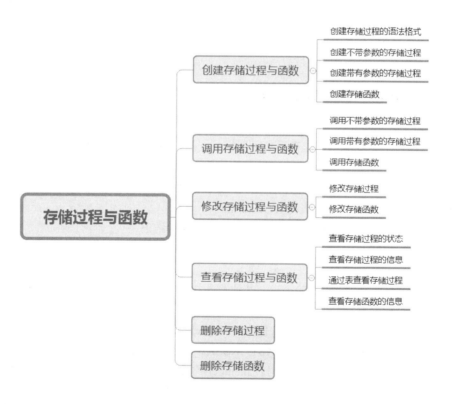

14.1 创建存储过程与函数

在 MySQL 中，存储程序可以分为存储过程和存储函数，创建存储过程和存储函数使用的语句分别是 CREATE PROCEDURE 和 CREATE FUNCTION。

14.1.1 创建存储过程的语法格式

创建存储过程，需要使用 CREATE PROCEDURE 语句，基本语法格式如下：

```
CREATE PROCEDURE sp_name ( [proc_parameter] )
[characteristics ...] routine_body
```

主要参数介绍如下。
- CREATE PROCEDURE 为用来创建存储过程的关键字。
- sp_name 为存储过程的名称。
- proc_parameter 指定存储过程的参数列表，形式如下：

```
[ IN | OUT | INOUT ] param_name type
```

其中，IN 表示输入参数；OUT 表示输出参数；INOUT 表示既可以输入也可以输出；param_name 表示参数名称；type 表示参数的类型，该类型可以是 MySQL 数据库中的任意类型。
- characteristics：指定存储过程的特性，有以下取值。

（1）LANGUAGE SQL：说明 routine_body 部分是由 SQL 语句组成，SQL 是 LANGUAGE 特性的唯一值。

（2）[NOT] DETERMINISTIC：指明存储过程执行的结果是否是正确的。DETERMINISTIC 表示结果是确定的，每次执行存储过程时，相同的输入会得到相同的输出。NOT DETERMINISTIC 表示结果是不确定的，相同的输入可能得到不同的输出。如果没有指定任意一个值，默认为 NOT DETERMINISTIC。

（3）{ CONTAINS SQL | NO SQL | READS SQL DATA | MODIFIES SQL DATA }：指明子程序使用 SQL 语句的限制。CONTAINS SQL 表明子程序包含 SQL 语句，但是不包含读写数据的语句。NO SQL 表明子程序不包含 SQL 语句。READS SQL DATA 说明子程序包含读数据的语句。MODIFIES SQL DATA 表明子程序包含写数据的语句。默认情况下，系统会指定为 CONTAINS SQL。

（4）SQL SECURITY { DEFINER | INVOKER }：指明谁有权限来执行。DEFINER 表示只有定义者才能执行。INVOKER 表示拥有权限的调用者可以执行。默认情况下系统指定为 DEFINER。

（5）COMMENT 'string'：注释信息，可以用来描述存储过程或函数。
- routine_body：是 SQL 代码的内容，可以用 BEGIN…END 来表示 SQL 代码的开始和结束。

14.1.2 创建不带参数的存储过程

最简单的一种自定义存储过程就是不带参数的存储过程,下面介绍如何创建一个不带参数的存储过程。

实例1:创建用于查看数据表的存储过程

创建查看 mydb 数据库中 students 表的存储过程,首先选择 mydb 数据库,执行语句如下。

```
USE mydb;
```

接着创建用于查看 students 表的存储过程,执行语句如下。

```
DELIMITER //
CREATE PROCEDURE Proc_students()
    BEGIN
        SELECT * FROM students;
    END //
```

执行结果如图 14-1 所示,即可完成存储过程的创建操作。

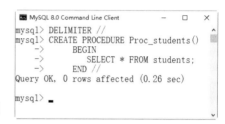

图 14-1 创建不带参数的存储过程

14.1.3 创建带有参数的存储过程

在设计数据库应用系统时,可能会需要根据用户的输入信息产生对应的查询结果,这时就需要把用户的输入信息作为参数传递给存储过程,即开发者需要创建带有参数的存储过程。

实例2:创建用于查看指定数据表信息的存储过程

在 students 表中,创建存储过程 Proc_stu_01,根据输入的学生学号,查询学生的相关信息,如姓名、年龄与班级等,执行语句如下:

```
DELIMITER //
CREATE PROCEDURE Proc_stu_01 (aa INT)
BEGIN
SELECT * FROM students WHERE id=aa;
END //
```

执行结果如图 14-2 所示,即可完成存储过程的创建操作。该段代码创建一个名为 Proc_stu_01 的存储过程,使用一个整数类型的参数 aa 来执行存储过程。

另外,存储过程可以是很多语句的复杂组合,其本身也可以调用其他函数来组成更加复杂的操作。

图 14-2 创建存储过程 Proc_stu_01

实例3:创建用于查看数据表数据记录的存储过程

创建一个获取 students 表记录条数的存储过程,名称为 CountStu,执行语句如下。

```
DELIMITER //
CREATE PROCEDURE CountStu (OUT pp1 INT)
```

```
BEGIN
SELECT COUNT(*) INTO pp1 FROM students;
END //
```

执行结果如图 14-3 所示，即可完成存储过程的创建操作。

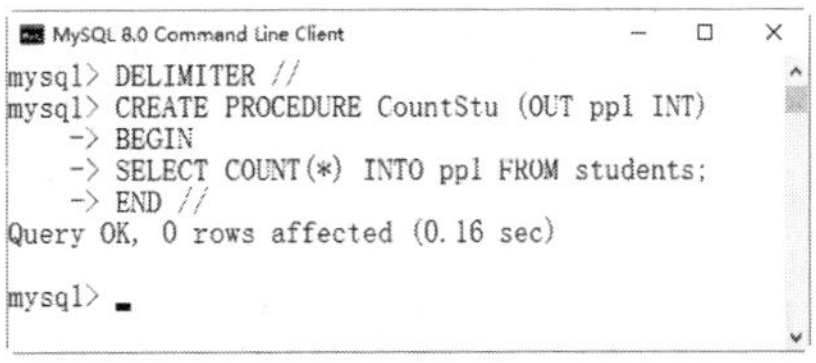

图 14-3　创建存储过程 CountStu

14.1.4　创建存储函数

使用 CREATE FUNCTION 语句可以创建存储函数，基本语法格式如下：

```
CREATE FUNCTION func_name ( [func_parameter] )
 RETURNS type
[characteristic ...] routine_body
```

主要参数介绍如下。
- CREATE FUNCTION 为用来创建存储函数的关键字。
- func_name 表示存储函数的名称。
- func_parameter 为存储过程的参数列表，形式如下：

```
[ IN | OUT | INOUT ] param_name type
```

其中，IN 表示输入参数；OUT 表示输出参数；INOUT 表示既可以输入也可以输出；param_name 表示参数名称；type 表示参数的类型，该类型可以是 MySQL 数据库中的任意类型。

实例 4：创建用于返回查询结果的存储函数

在 students 表中，创建存储函数，名称为 name_student，该函数返回 SELECT 语句的查询结果，数值类型为字符串型，执行语句如下：

```
DELIMITER //
CREATE FUNCTION name_student (aa INT)
RETURNS CHAR(50)
BEGIN
    RETURN  (SELECT name FROM students
WHERE id=aa);
END //
```

执行结果如图 14-4 所示。

这里创建一个名称为 name_student 的存储函数，参数定义为 aa，返回一个 CHAR 类型的结果。SELECT 语句从 students 表中查询学号等于 aa 的记录，并将该记录中的 name 字段返回。

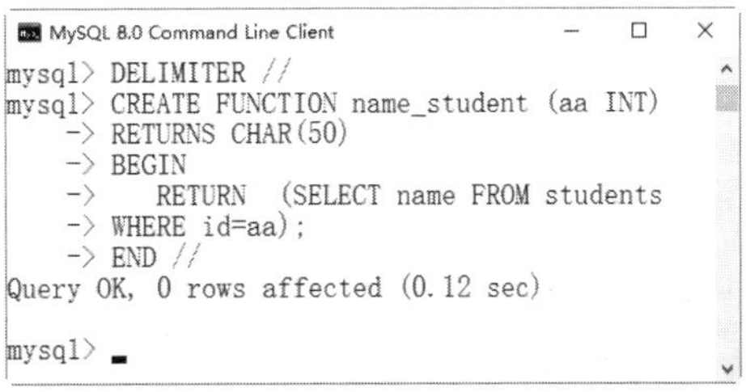

图 14-4　创建 name_student 存储函数

> **注意**：如果在创建存储过程或存储函数中报错：you *might* want to use the less safe log_bin_trust_function_creators variable，需要执行以下代码：
>
> ```
> SET GLOBAL log_bin_trust_function_creators = 1;
> ```

14.2 调用存储过程与函数

当存储程序创建完毕后，下面就可以调用存储程序了，本节就来介绍调用存储程序的方法。

14.2.1 调用不带参数的存储过程

在 MySQL 中调用存储过程时，需要使用 Call 语句。Call 语法格式如下：

```
CALL sp_name([parameter[,...]])
```

主要参数介绍如下。
- sp_name：为存储过程名称。
- parameter：为存储过程的参数。

实例 5：调用不带参数的存储过程 Proc_student

执行不带参数的存储过程 Proc_students，来查看学生信息，执行语句如下：

```
CALL Proc_students;
```

执行结果如图 14-5 所示，即可完成调用不带参数存储过程的操作，这里是查询学生信息表。

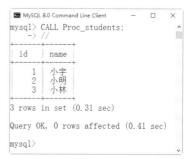

图 14-5　执行不带参数的存储过程

14.2.2 调用带有参数的存储过程

调用带有参数的存储过程时，需要给出参数的值；当有多个参数时，给出的参数顺序与创建存储过程语句中的参数顺序一致，即参数传递的顺序就是定义的顺序。

实例 6：调用带参数的存储过程 Proc_stu_01

调用带有参数的存储过程 Proc_stu_01，根据输入的学生 id 值，查询学生信息，这里学生的 id 值可以自行定义，如定义学生的 id 为 2，执行语句如下。

```
CALL Proc_stu_01(2);
```

执行结果如图 14-6 所示，即可完成调用带有参数存储过程的操作。

图 14-6　执行带有参数的存储过程

> **提示**：调用带有输入参数的存储过程时需要指定参数，如果没有指定参数，系统会提示错误；如果希望不给出参数时存储过程也能正常运行，或者希望为用户提供一个默认的返回结果，可以通过设置参数的默认值来实现。

14.2.3 调用存储函数

在 MySQL 中，存储函数的使用方法与 MySQL 内部函数的使用方法是一样的。存储函数与 MySQL 内部函数的性质相同。区别在于，存储函数是用户自己定义的，而内部函数是 MySQL 的开发者定义的。

实例 7：调用存储函数 name_student

调用存储函数 name_student，执行语句如下：

```
SELECT name_student (3);
```

执行结果如图 14-7 所示。

虽然存储函数和存储过程的定义稍有不同，但可以实现相同的功能，读者应该在实际应用中灵活选择使用。

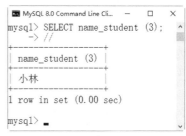

图 14-7　调用自定义函数

14.3　修改存储过程与函数

14.3.1　修改存储过程

存储过程创建完成后，如果需要修改，可以使用 ALTER PROCEDURE 语句。在修改存储过程中，MySQL 会覆盖以前定义的存储过程，语法格式如下。

```
ALTER {PROCEDURE | FUNCTION} sp_name [characteristic ...]
```

主要参数介绍如下。

- sp_name：为待修改的存储过程名称。
- characteristic：指定特性，可能的取值如下。

```
{ CONTAINS SQL | NO SQL | READS SQL DATA | MODIFIES SQL DATA }
| SQL SECURITY { DEFINER | INVOKER }
| COMMENT 'string'
```

其中，（1）CONTAINS SQL：表示存储过程包含 SQL 语句，但不包含读或写数据的语句。

（2）NO SQL：表示存储过程中不包含 SQL 语句。

（3）READS SQL DATA：表示存储过程中包含读数据的语句。

（4）MODIFIES SQL DATA：表示存储过程中包含写数据的语句。

（5）SQL SECURITY { DEFINER | INVOKER }：指明谁有权限来执行，DEFINER 表示只有定义者自己才能够执行；INVOKER 表示调用者可以执行。

（6）COMMENT 'string'：是注释信息。

下面给出一个实例，来介绍使用 SQL 语句修改存储过程的方法。

实例 8：修改存储过程 Proc_students

修改存储过程 Proc_student 的定义，将读写权限改为 MODIFIES SQL DATA，并指明调用者 SSOER 可以执行。

修改之前，首先查询 Proc_students 修改前的信息：

```
SELECT SPECIFIC_NAME,SQL_DATA_ACCESS,SECURITY_TYPE
FROM information_schema.Routines
WHERE ROUTINE_NAME='Proc_students' ;
```

执行结果如图 14-8 所示，即可完成查询存储过程信息的操作。

修改存储过程 Proc_students 的定义，语句执行如下：

```
ALTER  PROCEDURE Proc_students
    MODIFIES SQL DATA
    SQL SECURITY INVOKER ;
```

图 14-8　查看修改之前的存储过程 Proc_students

执行结果如图 14-9 所示，即可完成修改存储过程的操作。

修改完成后，查看 Proc_students 修改后的信息，结果如图 14-10 所示。

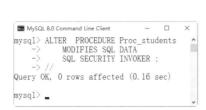

图 14-9　修改存储过程 Proc_students 的定义　　图 14-10　查看 Proc_student 修改后的信息

结果显示，存储过程修改成功。从查询的结果可以看出，访问数据的权限（SQL_DATA_ACCESS）已经变成 MODIFIES SQL DATA，安全类型（SECURITY_TYPE）已经变成了 INVOKER。

14.3.2　修改存储函数

存储函数创建完成后，如果需要修改，可以使用 ALTER 语句，其语法为：

```
ALTER FUNCTION sp_name [characteristic ...]
```

其中，Sp_name 为待修改的存储函数名称；characteristic 用来指定特性，可能的取值为：

```
{ CONTAINS SQL | NO SQL | READS SQL DATA | MODIFIES SQL DATA }
| SQL SECURITY { DEFINER | INVOKER }
| COMMENT 'string'
```

主要参数介绍如下。

- CONTAINS SQL：表示存储过程包含 SQL 语句，但不包含读或写数据的语句。
- NO SQL：表示存储过程中不包含 SQL 语句。
- READS SQL DATA：表示存储过程中包含读数据的语句。
- MODIFIES SQL DATA：表示存储过程中包含写数据的语句。
- SQL SECURITY { DEFINER | INVOKER }：指明谁有权限来执行，DEFINER 表示只有定义者自己才能够执行；INVOKER 表示调用者可以执行。
- COMMENT 'string'：表示注释信息。

实例 9：修改存储函数 name_student

修改存储函数 name_student 的定义，将读写权限改为 MODIFIES SQL DATA，并指明调用者 SSOER 可以执行。

首先查询 name_student 修改前的信息：

```
SELECT SPECIFIC_NAME,SQL_DATA_ACCESS,SECURITY_TYPE
FROM information_schema.Routines
WHERE ROUTINE_NAME= 'name_student' ;
```

执行结果如图 14-11 所示。

```
MySQL 8.0 Command Line Client
mysql> SELECT SPECIFIC_NAME,SQL_DATA_ACCESS,SECURITY_TYPE
    -> FROM information_schema.Routines
    -> WHERE ROUTINE_NAME='name_student' ;
    -> //
+---------------+-----------------+---------------+
| SPECIFIC_NAME | SQL_DATA_ACCESS | SECURITY_TYPE |
+---------------+-----------------+---------------+
| name_student  | CONTAINS SQL    | DEFINER       |
+---------------+-----------------+---------------+
1 row in set (0.00 sec)

mysql>
```

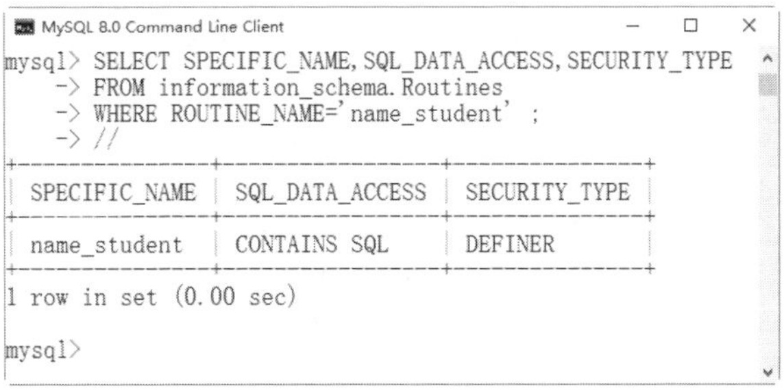

图 14-11　查看存储函数 name_student

修改存储函数 name_student 的定义，代码执行如下：

```
ALTER  FUNCTION  name_student
   MODIFIES SQL DATA
   SQL SECURITY INVOKER ;
```

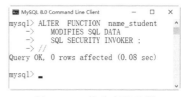

执行结果如图 14-12 所示。

```
MySQL 8.0 Command Line Client
mysql> ALTER  FUNCTION  name_student
    ->     MODIFIES SQL DATA
    ->     SQL SECURITY INVOKER ;
    -> //
Query OK, 0 rows affected (0.08 sec)

mysql>
```

图 14-12　修改存储函数

然后查看 name_student 修改后的信息，结果如图 14-13 所示。

```
MySQL 8.0 Command Line Client
mysql> SELECT SPECIFIC_NAME,SQL_DATA_ACCESS,SECURITY_TYPE
    -> FROM information_schema.Routines
    -> WHERE ROUTINE_NAME='name_student' ;
    -> //
+---------------+-------------------+---------------+
| SPECIFIC_NAME | SQL_DATA_ACCESS   | SECURITY_TYPE |
+---------------+-------------------+---------------+
| name_student  | MODIFIES SQL DATA | INVOKER       |
+---------------+-------------------+---------------+
1 row in set (0.00 sec)

mysql>
```

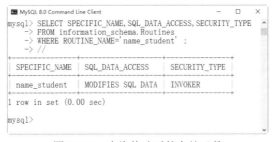

图 14-13　查询修改后的存储函数

结果显示，存储函数修改成功。从查询的结果可以看出，访问数据的权限（SQL_DATA_ACCESS）已经变成 MODIFIES SQL DATA，安全类型（SECURITY_TYPE）已经变成了 INVOKER。

14.4　查看存储过程与函数

许多系统存储过程、系统函数和目录视图都提供有关存储过程的信息，可以查看存储程序的定义，我们可以通过下面 3 种方法来查看存储程序。

14.4.1 查看存储过程的状态

使用 SHOW PROCEDURE STATUS 语句可以查看存储过程的状态，语法格式如下：

```
SHOW PROCEDURE  STATUS [LIKE  'pattern' ]
```

这个语句是一个 MySQL 的扩展。它返回存储过程的特征，如所属数据库、名称、类型、创建者及创建和修改日期。如果没有指定样式，根据使用的语句，所有存储过程被列出。Like 语句表示匹配存储过程的名称。

实例 10：查看存储过程 CountStu 的状态

使用 SHOW PROCEDURE STATUS 语句查看存储过程 CountStu 的状态，执行语句如下：

```
SHOW PROCEDURE STATUS like  'C%' \G//
```

执行结果如图 14-14 所示，即可完成查询存储过程状态的操作，

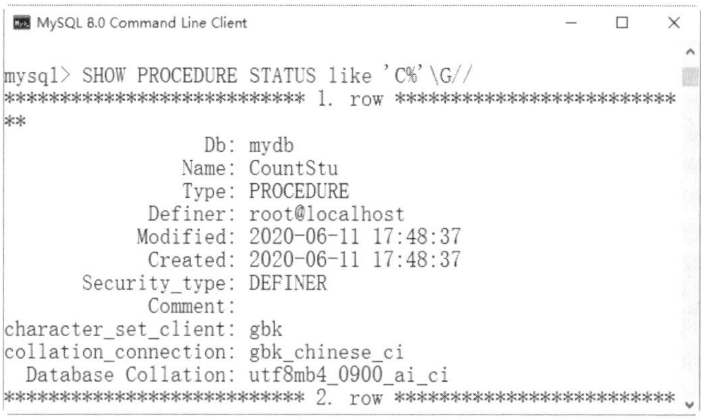

```
mysql> SHOW PROCEDURE STATUS like 'C%'\G//
*************************** 1. row ***************************
                  Db: mydb
                Name: CountStu
                Type: PROCEDURE
             Definer: root@localhost
            Modified: 2020-06-11 17:48:37
             Created: 2020-06-11 17:48:37
       Security_type: DEFINER
             Comment:
character_set_client: gbk
collation_connection: gbk_chinese_ci
  Database Collation: utf8mb4_0900_ai_ci
*************************** 2. row ***************************
```

图 14-14　查看存储过程 CountStu 的状态

“SHOW PROCEDURE STATUS like ‘C%’ \G”语句获取了数据库中所有的名称以字母 C 开头的存储过程信息。通过得到的结果可以看到，以字母 C 开头的存储过程名称为 CountStu，该存储过程所在的数据库为 mydb，类型为 PROCEDURE，以及创建时间等相关信息。

提示：SHOW PROCEDURE STATUS 语句只能查看存储过程操作哪一个数据库、存储过程的名称、类型、谁定义的、创建和修改时间、字符编码等信息。但是，这个语句不能查询存储过程具体定义。如果需要查看详细定义，需要使用 SHOW CREATE PROCEDURE 语句。

14.4.2 查看存储过程的信息

使用 SHOW CREATE PROCEDURE 语句可以查看存储过程的信息，语法格式如下：

```
SHOW CREATE PROCEDURE sp_name
```

该语句是一个 MySQL 的扩展。类似于 SHOW CREATE TABLE，它返回一个可用来重新创建已命名存储过程的确切字符串。

实例 11：查看存储过程 CountStu 的定义内容

使用 SHOW CREATE PROCEDURE 语句查看 CountStu 存储过程，执行语句如下：

```
SHOW CREATE PROCEDURE CountStu\G
```

执行结果如图 14-15 所示，即可完成查询存储过程具体信息的操作。

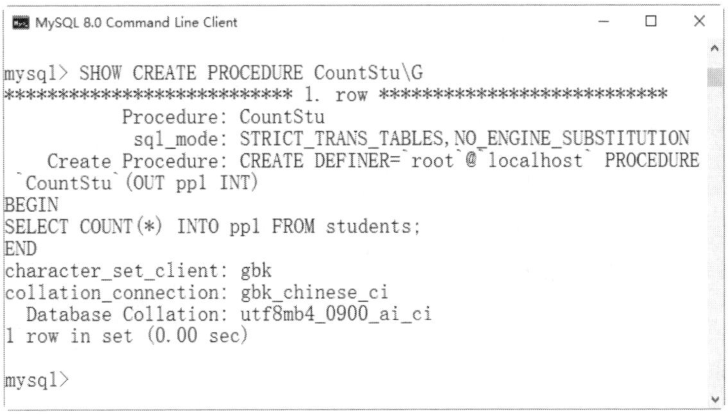

```
MySQL 8.0 Command Line Client

mysql> SHOW CREATE PROCEDURE CountStu\G
*************************** 1. row ***************************
           Procedure: CountStu
            sql_mode: STRICT_TRANS_TABLES,NO_ENGINE_SUBSTITUTION
    Create Procedure: CREATE DEFINER=`root`@`localhost` PROCEDURE
 `CountStu`(OUT pp1 INT)
BEGIN
SELECT COUNT(*) INTO pp1 FROM students;
END
character_set_client: gbk
collation_connection: gbk_chinese_ci
  Database Collation: utf8mb4_0900_ai_ci
1 row in set (0.00 sec)

mysql>
```

图 14-15 查看 CountStu 存储过程

执行上面的语句，可以得出存储过程 CountStu 的具体的定义语句，以及该存储过程的 sql_mode、数据库设置的一些信息。

14.4.3 通过表查看存储过程

information_schema 是信息数据库，其中保存着关于 MySQL 服务器所维护的所有其他数据库的信息。该数据库中的 Routines 表提供存储过程的信息。通过查询该表，可以查询相关存储过程的信息，语法如下：

```
Select * from information_schema.Routines
    Where routine_name= 'sp_name' ;
```

主要参数介绍如下。

- routine_name：该字段存储所有存储子程序的名称。
- sp_name：需要查询的存储过程名称。

实例 12：通过表查看存储过程 CountStu 的信息

从 information_schema.Routines 表中查询存储过程 CountStu 的信息，执行语句如下：

```
SELECT * FROM information_schema.Routines
WHERE ROUTINE_NAME=' CountStu'  \G
```

执行结果如图 14-16 所示，即可完成查询存储过程具体信息的操作。

```
mysql> SELECT * FROM information_schema.Routines
    -> WHERE ROUTINE_NAME='CountStu' \G
*************************** 1. row ***************************
           SPECIFIC_NAME: CountStu
         ROUTINE_CATALOG: def
          ROUTINE_SCHEMA: mydb
            ROUTINE_NAME: CountStu
            ROUTINE_TYPE: PROCEDURE
               DATA_TYPE:
CHARACTER_MAXIMUM_LENGTH: NULL
  CHARACTER_OCTET_LENGTH: NULL
       NUMERIC_PRECISION: NULL
           NUMERIC_SCALE: NULL
      DATETIME_PRECISION: NULL
      CHARACTER_SET_NAME: NULL
          COLLATION_NAME: NULL
          DTD_IDENTIFIER: NULL
            ROUTINE_BODY: SQL
      ROUTINE_DEFINITION: BEGIN
SELECT COUNT(*) INTO pp1 FROM students;
END
           EXTERNAL_NAME: NULL
       EXTERNAL_LANGUAGE: SQL
         PARAMETER_STYLE: SQL
        IS_DETERMINISTIC: NO
         SQL_DATA_ACCESS: CONTAINS SQL
```

图 14-16　查询存储过程的具体信息

14.4.4　查看存储函数的信息

用户可以使用SHOW STATUS语句或SHOW CREATE语句来查看存储函数的状态信息，也可使直接从系统的 information_schema 数据库中查询。

SHOW STATUS 语句可以查看存储函数的状态，其基本语法结构如下：

```
SHOW  FUNCTION STATUS [LIKE  'pattern' ]
```

这个语句是一个 MySQL 的扩展。它返回子程序的特征，如数据库、名字、类型、创建者及创建和修改日期。如果没有指定 pattern，根据使用的语句，所有存储程序或所有自定义函数的信息都被列出。FUNCTION 表示查看存储函数；LIKE 语句表示匹配存储过程或存储函数的名称。

实例 13：使用 SHOW STATUS 查看存储函数

使用 SHOW STATUS 语句查看存储函数，执行语句如下：

```
SHOW FUNCTION STATUS LIKE  'N%' \G
```

执行结果如图 14-17 所示。

```
mysql> SHOW FUNCTION STATUS LIKE 'N%'\G
*************************** 1. row ***************************
                  Db: mydb
                Name: name_student
                Type: FUNCTION
             Definer: root@localhost
            Modified: 2020-06-11 18:50:38
             Created: 2020-06-11 18:04:56
       Security_type: INVOKER
             Comment:
character_set_client: gbk
collation_connection: gbk_chinese_ci
  Database Collation: utf8mb4_0900_ai_ci
1 row in set (0.00 sec)

mysql>
```

图 14-17　查看存储函数

“SHOW FUNCTION STATUS LIKE ‘N%’ \G;”语句获取数据库中所有名称以字母N开头存储函数的信息。通过上面的语句可以看到，这个存储函数所在的数据库为mydb，存储函数的名称为name_student。

实例14：查看存储函数name_student的状态

除了SHOW STATUS之外，MySQL还可以使用SHOW CREATE语句查看存储函数的状态。执行语句如下：

```
SHOW CREATE FUNCTION sp_name
```

这个语句是一个MySQL的扩展。类似于SHOW CREATE TABLE，它返回一个可用来重新创建已命名子程序的确切字符串。FUNCTION表示查看存储函数；sp_name表示存储函数的名称。

使用SHOW CREATE查看存储函数name_student的状态，执行语句如下：

```
SHOW CREATE FUNCTION name_student \G
```

执行结果如图14-18所示。

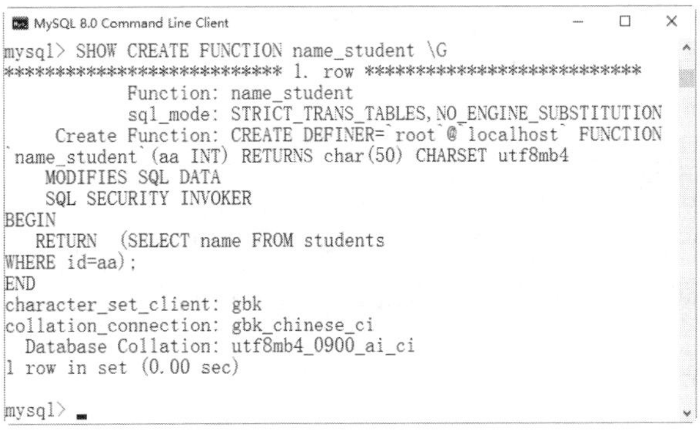

```
MySQL 8.0 Command Line Client
mysql> SHOW CREATE FUNCTION name_student \G
*************************** 1. row ***************************
            Function: name_student
            sql_mode: STRICT_TRANS_TABLES,NO_ENGINE_SUBSTITUTION
     Create Function: CREATE DEFINER=`root`@`localhost` FUNCTION
`name_student`(aa INT) RETURNS char(50) CHARSET utf8mb4
    MODIFIES SQL DATA
    SQL SECURITY INVOKER
BEGIN
   RETURN  (SELECT name FROM students
WHERE id=aa);
END
character_set_client: gbk
collation_connection: gbk_chinese_ci
  Database Collation: utf8mb4_0900_ai_ci
1 row in set (0.00 sec)

mysql>
```

图14-18　显示存储函数信息

执行上面的语句，可以看到存储函数的名称为name_student，sql_mode为SQl模式，Create Function为存储函数的具体定义语句，以及数据库设置的一些信息。

MySQL中存储过程和存储函数的信息存储在information_schema数据库下的Routines表中，可以通过查询该表的记录来查询存储过程和存储函数的信息。其基本语法形式如下：

```
SELECT * FROM information_schema.Routines
WHERE ROUTINE_NAME= ‘sp_name’ ;
```

其中，ROUTINE_NAME字段中存储的是存储过程和存储函数的名称；sp_name参数表示存储过程或存储函数的名称。

实例15：通过表查看存储函数name_student的信息

查询名称为name_student的存储函数的信息，执行语句如下：

```
SELECT * FROM information_schema.Routines
WHERE ROUTINE_NAME= ‘name_student’  AND  ROUTINE_TYPE =  ‘FUNCTION’  \G
```

执行结果如图 14-19 所示。

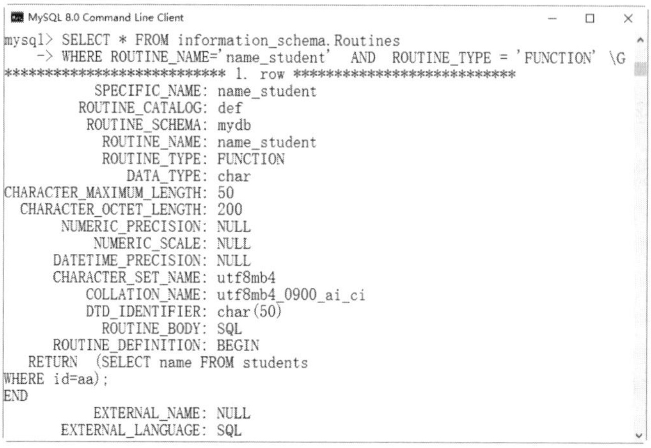

图 14-19 查看存储函数信息

在 information_schema 数据库下的 Routines 表中,存储所有存储过程和存储函数的定义。使用 SELECT 语句查询 Routines 表中的存储过程和存储函数的定义时,一定要使用 ROUTINE_NAME 字段指定存储过程或存储函数的名称。否则,将查询出所有的存储过程或存储函数的定义。如果有存储过程和存储函数名称相同,则需要同时指定 ROUTINE_TYPE 字段表明查询是哪种类型的存储程序。

14.5 删除存储过程

对于不需要的存储过程,我们可以将其删除。使用 DROP PROCEDURE 语句可以删除存储过程,用该语句可以从当前数据库中删除一个或多个存储过程,语法格式如下:

```
DROP  PROCEDURE  sp_name;
```

其中,sp_name 参数表示存储过程名称。

实例 16:删除存储过程 CountStu

删除 CountStu 存储过程,执行语句:

```
DROP PROCEDURE CountStu;
```

即可完成删除存储过程的操作,执行结果如图 14-20 所示。

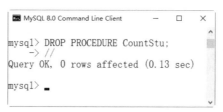

图 14-20 删除存储过程

检查删除是否成功,可以通过查询 information_schema 数据库下的 Routines 表来确认。执行语句:

```
SELECT * FROM information_schema.Routines
WHERE ROUTINE_NAME='CountStu';
```

即可完成检查删除存储过程是成功的操作,执行结果如图 14-21 所示。通过查询结果可以看出,CountStu 存储过程已经被删除。

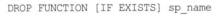

图 14-21　查询是否成功删除存储过程

14.6　删除存储函数

删除存储函数,可以使用 DROP 语句,其语法结构如下:

```
DROP FUNCTION [IF EXISTS] sp_name
```

这个语句被用来移除一个存储函数,即从服务器移除一个指定的子程序。其中 sp_name 为要移除的存储函数的名称。

> 提示:IF EXISTS 子句是一个 MySQL 的扩展。如果自定义函数不存在,它能防止发生错误并产生一个可以用 SHOW WARNINGS 查看的警告。

实例 17:删除存储函数 name_student

删除存储函数 name_student,执行语句如下:

```
DROP FUNCTION name_student;
```

执行结果如图 14-22 所示。

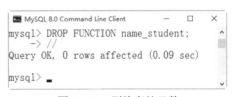

图 14-22　删除存储函数

14.7　疑难问题解析

疑问 1:存储过程中可以调用其他存储过程吗?

存储过程包含用户定义的 SQL 语句集合,可以使用 CALL 语句调用存储过程。当然在存储过程中也可以使用 CALL 语句调用其他存储过程,但是不能使用 DROP 语句删除其他存储过程。

疑问 2:MySQL 存储过程和函数有什么区别?

在本质上它们都是存储程序。函数只能通过 return 语句返回单个值或者表对象;而存储过程不允许执行 return,但是可以通过 out 参数返回多个值。函数限制比较多,不能用临时表,只能用表变量,还有一些函数都不可用,等等;而存储过程的限制相对就比较少。函数可以嵌入在 SQL 语句中使用,可以在 SELECT 语句中作为查询语句的一个部分调用;而存储过程一般是作为一个独立部分来执行。

14.8 综合实战训练营

实战 1:创建存储函数,统计表的记录数

创建一个名称为 sch 的数据表,其结构如表 14-1 所示,将表 14-2 中的数据插入到 sch 表中。

表 14-1 sch 表结构

字段名	数据类型	主键	外键	非空	唯一	自增
id	INT(10)	是	否	是	是	否
name	VARCHAR (50)	否	否	是	否	否
glass	VARCHAR(50)	否	否	是	否	否

表 14-2 sch 表内容

id	name	glass
1	xiaoming	glass 1
2	xiaojun	glass 2

(1)创建一个 sch 表。
(2)向 sch 表中插入表格中的数据。
(3)通过命令 DESC 查看创建的表格。
(4)通过命令 SELECT * FROM sch 来查看插入表格的内容。
(5)创建一个存储函数用来统计表 sch 中的记录数,函数名为 count_sch()。
(6)调用存储函数 count_sch() 来统计表 sch 中的记录数。

实战 2:创建存储过程,统计表的记录数与 id 值的和

创建一个存储过程 add_id,并同时使用前面创建的存储函数返回表 sch 中的记录数,最后计算出表中所有的 id 之和。

第15章 MySQL用户权限管理

📔 **本章导读**

MySQL 用户可以分为普通用户和 root 用户。root 用户是超级管理员，拥有所有权限，包括创建用户、删除用户和修改用户的密码等；普通用户只拥有被授予的各种权限。本章就来介绍 MySQL 用户权限的管理，主要内容包括认识用户权限表、用户账户管理以及用户权限的管理、用户角色的管理等。

📘 **知识导图**

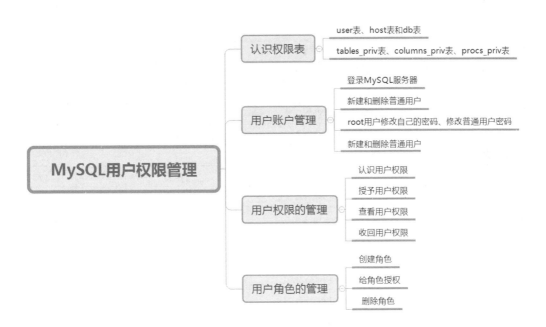

15.1 认识权限表

MySQL 服务器通过权限表来控制用户对数据库的访问,权限表存放在 mysql 数据库中,由 mysql_install_db 脚本初始化。存储账户权限信息表主要有 user、db、host、tables_priv、columns_priv 和 procs_priv,这些权限表中最重要的是 user 表、db 表和 host 表。

15.1.1 user 表

user 表是 MySQL 中最重要的一个权限表,我们可以使用 DESC 来查看 user 表的基本结构。user 表中记录着允许连接到服务器的账号信息,里面的权限是全局级的。例如:一个用户在 user 表中被授予了 DELETE 权限,那么该用户可以删除 MySQL 服务器上所有数据库中的任何记录。如表 15-1 所示为 user 表结构信息。

表 15-1　user 表结构

字段名	数据类型	默认值
host	char(60)	
user	char(16)	
password	char(41)	
Select_priv	enum('N','Y')	N
Insert_priv	enum('N','Y')	N
Update_priv	enum('N','Y')	N
Delete_priv	enum('N','Y')	N
Create_priv	enum('N','Y')	N
Drop_priv	enum('N','Y')	N
Reload_priv	enum('N','Y')	N
Shutdown_priv	enum('N','Y')	N
Process_priv	enum('N','Y')	N
File_priv	enum('N','Y')	N
Grant_priv	enum('N','Y')	N
References_priv	enum('N','Y')	N
Index_priv	enum('N','Y')	N
Alter_priv	enum('N','Y')	N
Show_db_priv	enum('N','Y')	N
Super_priv	enum('N','Y')	N
Create_tmp_table_priv	enum('N','Y')	N
Lock_tables_priv	enum('N','Y')	N
Execute_priv	enum('N','Y')	N
Repl_slave_priv	enum('N','Y')	N

续表

字段名	数据类型	默认值
Repl_client_priv	enum('N','Y')	N
Create_view_priv	enum('N','Y')	N
Show_view_priv	enum('N','Y')	N
Create_routine_priv	enum('N','Y')	N
Alter_routine_priv	enum('N','Y')	N
Create_user_priv	enum('N','Y')	N
Event_priv	enum('N','Y')	N
Trigger_priv	enum('N','Y')	N
Create_tablespace_priv	enum('N','Y')	N
ssl_type	enum('','ANY','X509','SPECIFIED')	
ssl_cipher	blob	NULL
x509_issuer	blob	NULL
x509_subject	blob	NULL
max_questions	int(11) unsigned	0
max_updates	int(11) unsigned	0
max_connections	int(11) unsigned	0
max_user_connections	int(11) unsigned	0
plugin	char(64)	
authentication_string	text	NULL
password_expired	enum('N','Y')	N
password_last_changed	timestamp	NULL
password_lifetime	smallint(5) unsigned	NULL
account_locked	enum('N','Y')	N
Create_role_priv	enum('N','Y')	N
Drop_role_priv	enum('N','Y')	N
Password_reuse_history	smallint(5) unsigned	NULL
Password_reuse_time	smallint(5) unsigned	NULL
Password_require_current	enum('N','Y')	NULL
User_attributes	json	NULL

MySQL 中 user 表有 51 个字段，这些字段可以分为 4 类，分别是用户字段、权限字段、安全字段和资源控制字段。

1. 用户字段

user 表的用户字段包括 host、user、password，分别表示主机名、用户名和密码。其中 user 和 host 为 User 表的联合主键。当用户与服务器之间建立连接时，输入的账户信息中的用户名称、主机名和密码必须匹配 user 表中对应的字段，只有 3 个值都匹配的时候，才允许连接的建立。这个三个字段的值就是创建账户时保存的账户信息。修改用户密码时，实际就是修改 user 表的 password 字段的值。

2. 权限字段

权限字段决定了用户的权限，描述了在全局范围内允许对数据和数据库进行的操作，包括查询权限、修改权限等普通权限，还包括关闭服务器、超级权限和加载用户等高级权限。普通权限用于操作数据库，高级权限用于管理数据库。

3. 安全字段

user 表中的安全字段有 6 个，其中两个是与 ssl 相关的，两个是与 x509 相关的，另外两个是与授权插件相关的。ssl 用于加密，x509 标准用于标识用户。plugin 字段标识可以用于验证用户身份的插件，如果该字段为空，服务器使用内建授权验证机制验证用户身份。用户可以通过 SHOW VARIABLES LIKE 'have_openssl' 语句来查询服务器是否支持 ssl 功能。

4. 资源控制字段

资源控制字段用来限制用户使用的资源，包含以下 4 个字段。

（1）max_questions：用户每小时允许执行的查询操作次数。

（2）max_updates：用户每小时允许执行的更新操作次数。

（3）max_connections：用户每小时允许执行的连接操作次数。

（4）max_user_connections：用户允许同时建立的连接次数。

一个小时内用户查询或者连接数量超过资源控制限制，用户将被锁定，直到下一个小时，才可以在此执行对应的操作。用户可以使用 GRANT 语句更新这些字段的值。

15.1.2 db 表和 host 表

db 表和 host 表是 MySQL 数据中非常重要的权限表。db 表中存储了用户对某个数据库的操作权限，决定用户能从哪个主机存取哪个数据库。db 表的字段大致可以分为用户列和权限列。db 表的结构如表 15-2 所示。

表 15-2 db 表结构

字段名	数据类型	默认值
host	char(60)	
db	char(64)	
user	char(16)	
Select_priv	enum('N','Y')	N
Insert_priv	enum('N','Y')	N
Update_priv	enum('N','Y')	N
Delete_priv	enum('N','Y')	N
Create_priv	enum('N','Y')	N
Drop_priv	enum('N','Y')	N
Grant_priv	enum('N','Y')	N
References_priv	enum('N','Y')	N
Index_priv	enum('N','Y')	N
Alter_priv	enum('N','Y')	N
Create_tmp_table_priv	enum('N','Y')	N
Lock_tables_priv	enum('N','Y')	N

续表

字段名	数据类型	默认值
Create_view_priv	enum('N','Y')	N
Show_view_priv	enum('N','Y')	N
Create_routine_priv	enum('N','Y')	N
Alter_routine_priv	enum('N','Y')	N
Execute_priv	enum('N','Y')	N
Event_priv	enum('N','Y')	N
Trigger_priv	enum('N','Y')	N

host 表中存储了某个主机对数据库的操作权限，配合 db 权限表对给定主机上数据库级操作权限做更细致的控制。这个权限表不受 GRANT 和 REVOKE 语句的影响。db 表比较常用，host 表一般很少使用。host 表的结构如表 15-3 所示。host 表和 db 表结构相似，字段大致可以分为两类：用户列和权限列。

表 15-3 host 表结构

字段名	数据类型	默认值
host	char(60)	
db	char(64)	
Select_priv	enum('N','Y')	N
Insert_priv	enum('N','Y')	N
Update_priv	enum('N','Y')	N
Delete_priv	enum('N','Y')	N
Create_priv	enum('N','Y')	N
Drop_priv	enum('N','Y')	N
Grant_priv	enum('N','Y')	N
References_priv	enum('N','Y')	N
Index_priv	enum('N','Y')	N
Alter_priv	enum('N','Y')	N
Create_tmp_table_priv	enum('N','Y')	N
Lock_tables_priv	enum('N','Y')	N
Create_view_priv	enum('N','Y')	N
Show_view_priv	enum('N','Y')	N
Create_routine_priv	enum('N','Y')	N
Alter_routine_priv	enum('N','Y')	N
Execute_priv	enum('N','Y')	N
Trigger_priv	enum('N','Y')	N

1. 用户列

db 表用户列有 3 个字段，分别是 host、user、db，标识从某个主机连接某个用户对某个数据库的操作权限，这 3 个字段的组合构成了 db 表的主键。host 表不存储用户名称，用户列只有 2 个字段，分别是 host 和 db，表示从某个主机连接的用户对某个数据库的操作权限，其主键包括 host 和 db 两个字段。host 表很少用到，一般情况下 db 表就可以满足权限控制需求了，因此在最新版本的 MySQL 中，host 表已经被取消。

2. 权限列

db 表和 host 表的权限列大致相同，表中 create_routine_priv 和 alter_routine_priv 这两个字段表明用户是否有创建和修改存储过程的权限。user 表中的权限是针对所有数据库的，如果希望用户只对某个数据库有操作权限，那么需要将 user 表中对应的权限设置为 N，然后在 db 表中设置对应数据库的操作权限。

例如，有一个名称为 Zhangting 的用户分别从名称为 large.domain.com 和 small.domain.com 的主机连接到数据库，并需要操作 books 数据库。这时，可以将用户名称 Zhangting 添加到 db 表中，而 db 表中的 host 字段值为空，然后将两个主机地址分别作为两条记录的 host 字段值添加到 host 表中，并将两个表的数据库字段设置为相同的值 books。当有用户连接到 MySQL 服务器时，db 表中没有用户登录的主机名称，则 MySQL 会从 host 表中查找相匹配的值，并根据查询的结果决定用户的操作是否被允许。

15.1.3 tables_priv 表

tables_priv 表用来对表设置操作权限，如表 15-4 所示。使用"DESC tables_priv;"语句可以查看表的字段信息。

表 15-4 tables_priv 表字段信息

字段名	数据类型	默认值
Host	char(255)	
Db	char(64)	
User	char(32)	
Table_name	char(64)	
Grantor	varchar(288)	
Timestamp	timestamp	CURRENT_TIMESTAMP
Table_priv	set('Select','Insert','Update','Delete','Create','Drop','Grant','References','Index','Alter','Create View','Show view','Trigger')	
Column_priv	set('Select','Insert','Update','References')	

tables_priv 表有 8 个字段，分别是 Host、Db、User、Table_name、Grantor、Timestamp、Table_priv 和 Column_priv，各个字段说明如下。

（1）Host 字段：表示主机名。

（2）Db 字段：表示数据库名。

（3）User 字段：表示用户名。

（4）Table_name 字段：表示表名。

（5）Grantor 字段：表示修改该记录的用户。

（6）Timestamp 字段：表示修改该记录的时间。

（7）Table_priv 字段：表示对表的操作权限，包括 Select、Insert、Update、Delete、Create、Drop、Grant、References、Index 和 Alter。

（8）Column_priv 字段：表示对表中的列的操作权限，包括 Select、Insert、Update 和 References。

15.1.4　columns_priv 表

columns_priv 表用来对表的某一列设置权限，如表 15-5 所示。使用 "DESC columns_priv;" 语句可以查看表的字段信息。

表 15-5　columns_priv 表结构

字段名	数据类型	默认值
Host	char(255)	
Db	char(64)	
User	char(32)	
Table_name	char(64)	
Column_name	char(64)	
Timestamp	timestamp	CURRENT_TIMESTAMP
Column_priv	set('Select','Insert','Update','References')	

columns_priv 表中有 7 个字段，分别是 Host、Db、User、Table_name、Column_name、Timestamp、Column_priv，其中 Column_name 用来指定对哪些数据列具有操作权限。

15.1.5　procs_priv 表

procs_priv 表可以对存储过程和存储函数设置操作权限，如表 15-6 所示。使用 "DESC procs_priv;" 语句可以查看表的字段信息。

表 15-6　procs_priv 表结构

字段名	数据类型	默认值
Host	char(60)	
Db	char(64)	
User	char(16)	
Routine_name	char(64)	
Routine_type	enum('FUNCTION','PROCEDURE')	NULL
Grantor	char(77)	
Proc_priv	set('Execute','Alter Routine','Grant')	
Timestamp	timestamp	CURRENT_TIMESTAMP

procs_priv 表包含 8 个字段，分别是 Host、Db、User、Routine_name、Routine_type、Grantor、Proc_priv 和 Timestamp，各个字段的说明如下。

（1）Host、Db 和 User 字段：分别表示主机名、数据库名和用户名。

（2）Routine_name 字段：表示存储过程或函数的名称。

（3）Routine_type 字段：表示存储过程或函数的类型，有两个值，分别是 FUNCTION 和 PROCEDURE。FUNCTION 表示这是一个函数；PROCEDURE 表示这是一个存储过程。

（4）Grantor 字段：插入或修改该记录的用户。

（5）Proc_priv 字段：表示拥有的权限，包括 Execute、Alter Routine、Grant 三种。

（6）Timestamp 字段：表示记录更新时间。

15.2 用户账户管理

MySQL 提供许多语句用来管理用户账户，这些语句可以用来管理登录和退出 MySQL 服务器、创建用户、删除用户、密码管理和权限管理等内容。MySQL 数据库的安全性，需要通过账户管理来保证。

15.2.1 登录 MySQL 服务器

登录 MySQL 时，使用 MySQL 命令并在后面指定登录主机以及用户名和密码。本小节将详细介绍 MySQL 命令的常用参数以及登录、退出 MySQL 服务器的方法。

通过 MySQL–help 命令可以查看 MySQL 命令帮助信息。MySQL 命令的常用参数如下。

（1）-h：主机名，可以使用该参数指定主机名或 IP，如果不指定，默认是 localhost。

（2）-u：用户名，可以使用该参数指定用户名。

（3）-p：密码，可以使用该参数指定登录密码。如果 -p 参数后面有一段字段，则该段字符串将作为用户的密码直接登录。如果 -p 后面没有内容，则登录的时候会提示输入密码。注意：p 参数后面的字符串中和 -p 之前不能有空格。

（4）-P：端口号，该参数后面接 MySQL 服务器的端口号，默认为 3306。

（5）数据库名：可以在命令的最后指定数据库名。

（6）-e：执行 SQL 语句。如果指定了该参数，将在登录后执行 -e 后面的命令或 SQL 语句并退出。

▌实例 1：使用 root 用户登录 MySQL 服务器

使用 root 用户登录到本地 MySQL 服务器的 mydb 库中，执行语句如下：

```
MySQL -h localhost -u root -p mydb
```

语句执行结果如下：

```
C:\Program Files\MySQL\MySQL Server 8.0\bin>MySQL -h localhost -u root -p mydb
Enter password: *******
Welcome to the MySQL monitor.  Commands end with ; or \g.
Your MySQL connection id is 15
Server version: 8.0.17 MySQL Community Server - GPL
Copyright (c) 2000, 2019, Oracle and/or its affiliates. All rights reserved.
Oracle is a registered trademark of Oracle Corporation and/or its
affiliates. Other names may be trademarks of their respective
owners.
Type 'help;' or '\h' for help. Type '\c' to clear the current input statement.
mysql>
```

执行上述语句时，会提示"Enter password:"，如果没有设置密码，可以直接按 Enter 键。密码正确，就可以直接登录到服务器下面的 mydb 数据库中了。

实例 2：使用 root 用户登录 MySQL 服务器并执行查询操作

使用 root 用户登录到本地 MySQL 服务器的 mysql 数据库中，同时执行一条查询语句。执行语句如下：

```
MySQL -h localhost -u root -p mydb -e "DESC students;"
```

语句执行结果如下：

```
C:\Program Files\MySQL\MySQL Server 8.0\bin>MySQL -h localhost -u root -p mydb
-e "DESC students;"
Enter password: *******
+-------+-------------+------+-----+---------+-------+
| Field | Type        | Null | Key | Default | Extra |
+-------+-------------+------+-----+---------+-------+
| id    | int(11)     | YES  |     | NULL    |       |
| name  | varchar(50) | YES  |     | NULL    |       |
+-------+-------------+------+-----+---------+-------+
```

按照提示输入密码，语句执行完成后查询出 students 表的结构，查询返回之后会自动退出 MySQL。

15.2.2 新建普通用户

创建新用户，必须有相应的权限来执行创建操作。在 MySQL 数据库中，有两种方式创建新用户：一种是使用 CREATE USER 或 GRANT 语句；另一种是直接操作 MySQL 授权表。推荐的方法是使用 GRANT 语句，因为用这种方法更精确、错误少。

1. 使用 CREATE USER 语句创建新用户

执行 CREATE USER 或 GRANT 语句时，服务器会修改相应的用户授权表，添加或者修改用户及其权限。CREATE USER 语句的基本语法格式如下：

```
CREATE USER user_specification
    [, user_specification] ...
user_specification:
    user@host
    [
        IDENTIFIED BY [PASSWORD] 'password'
      | IDENTIFIED WITH auth_plugin [AS 'auth_string']
    ]
```

主要参数的含义如下。
（1）user 表示创建的用户的名称。
（2）host 表示允许登录的用户主机名称。
（3）IDENTIFIED BY 用来设置用户的密码。
（4）[PASSWORD] 表示使用哈希值设置密码，该参数可选。
（5）password 表示用户登录时使用的普通明文密码。
（6）IDENTIFIED WITH 语句为用户指定一个身份验证插件。
（7）auth_plugin 是插件的名称，插件的名称可以是一个带单引号的字符串，或者是带双引号的字符串。

（8）auth_string 是可选的字符串参数，该参数将传递给身份验证插件，由该插件解释该参数的意义。

实例3：使用 CREATE 语句创建普通用户

使用 CREATE USER 创建一个用户，用户名是 newuser，密码 123456，主机名是 localhost，执行语句如下：

```
CREATE USER 'newuser'@'localhost'
IDENTIFIED BY '123456';
```

执行结果如图 15-1 所示，即可完成普通用户 newuser 的创建。

图 15-1　创建用户 newuser

注意：如果只指定用户名部分 'newuser'，主机名部分则默认为 '%'（即对所有的主机开放权限）

知识扩展：user_specification 参数告诉 MySQL 服务器当用户登录时怎么验证用户的登录授权。如果指定用户登录不需要密码，可以省略 IDENTIFIED BY 部分，具体的 SQL 语句如下：

```
CREATE USER 'newuser'@'localhost';
```

另外，使用 CREATE USER 还可以创建空密码普通用户，用户名是 newuser_01，主机名是 localhost，用户登录密码为空，执行语句如下：

```
CREATE USER 'newuser_01'@'localhost';
```

执行结果如图 15-2 所示，即可完成用户的创建，此时用户 newuser_01 的登录密码为空。

图 15-2　创建用户 newuser_01

先选择 mysql 数据库，然后使用 SELECT 语句查看 user 表中的记录，执行语句如下：

```
SELECT host,user FROM user;
```

执行结果如图 15-3 所示，从结果中可以看到已经创建好的新用户。

图 15-3　查看 user 表中的用户记录

2. 使用 GRANT 语句创建新用户

使用 CREATE USER 语句创建的新用户没有任何权限，还需要使用 GRANT 语句赋予用户权限。而 GRANT 语句不仅可以创建新用户，还可以在创建的同时对用户授权。使用 GRANT 语句创建新用户时必须有 GRANT 权限。GRANT 语句是添加新用户并授权他们访问 MySQL 对象的首选方法，GRANT 语句的基本语法格式如下：

```
GRANT privileges ON db.table
TO user@host  [IDENTIFIED BY 'password'] [, user [IDENTIFIED BY 'password'] ]
```

```
[WITH GRANT OPTION];
```

主要参数介绍如下。

（1）privileges 表示赋予用户的权限类型。
（2）db.table 表示用户的权限所作用的数据库中的表。
（3）IDENTIFIED BY 关键字用来设置密码。
（4）password 表示用户密码。
（5）WITH GRANT OPTION 为可选参数，表示对新建立的用户赋予 GRANT 权限，即该用户可以对其他用户赋予权限。

实例 4：使用 GRANT 语句创建普通用户

使用 GRANT 语句创建一个新的用户 testUser，密码为 testpwd，并授于用户对所有数据表的 SELECT 和 UPDATE 权限。GRANT 语句及其执行结果如下：

```
MySQL> GRANT SELECT, UPDATE  ON *.* TO 'testUser'@'localhost'
    IDENTIFIED BY 'testpwd';
Query OK, 0 rows affected (0.03 sec)
```

执行结果显示执行成功。使用 SELECT 语句查询用户 testUser 的权限，执行语句和结果如下：

```
MySQL> SELECT Host,User,Select_priv,Update_priv FROM mysql.user where user='testUser';
+-----------+----------+-------------+-------------+
| Host      | User     | Select_priv | Update_priv |
+-----------+----------+-------------+-------------+
| localhost | testUser | Y           | Y           |
+-----------+----------+-------------+-------------+
1 row in set (0.00 sec)
```

查询结果显示用户 testUser 被创建成功，其 SELECT 和 UPDATE 权限字段值均为 Y。

> **注意**：user 表中的 user 和 host 字段区分大小写，在查询的时候要指定正确的用户名称或者主机名。

3. 直接操作 MySQL 用户表

通过前面的介绍，不管 CREATE USER 还是 GRANT，在创建新用户时，实际上都是在 user 表中添加一条新的记录。因此，可以使用 INSERT 语句向 user 表中直接插入一条记录来创建一个新的用户。使用 INSERT 语句，必须拥有对 mysql.user 表的 INSERT 权限。使用 INSERT 语句创建新用户的基本语法格式如下：

```
INSERT INTO mysql.user(Host, User, Password, [privilegelist])
VALUES('host', 'username', PASSWORD('password'), privilegevaluelist);
```

主要参数介绍如下。

（1）Host、User、Password 分别为 user 表中的主机、用户名称和密码字段。
（2）privilegelist 表示用户的权限，可以有多个权限。
（3）PASSWORD() 函数为密码加密函数。
（4）privilegevaluelist 为对应的权限的值，只能取 Y 或者 N。

实例 5：使用 INSERT 语句创建普通用户

使用 INSERT 创建一个新账户，其用户名称为 customer1，主机名称为 localhost，密码为 customer1，INSERT 语句如下：

```
INSERT INTO user (Host,User,Password)
VALUES('localhost','customer1',PASSWORD('customer1'));
```

执行结果如下：

```
MySQL> INSERT INTO user (Host,User,Password)
    -> VALUES('localhost','customer1',PASSWORD('customer1'));
ERROR 1364 (HY000): Field 'ssl_cipher' doesn't have a default value
```

语句执行失败，查看警告信息如下：

```
MySQL> SHOW WARNINGS;
+---------+------+---------------------------------------------------+
| Level   | Code | Message                                           |
+---------+------+---------------------------------------------------+
| Warning | 1364 | Field 'ssl_cipher' doesn't have a default value   |
| Warning | 1364 | Field 'x509_issuer' doesn't have a default value  |
| Warning | 1364 | Field 'x509_subject' doesn't have a default value |
+---------+------+---------------------------------------------------+
```

因为 ssl_cipher、x509_issuer 和 x509_subject 这 3 个字段在 user 表定义中没有设置默认值，所以在这里提示错误信息，影响 INSERT 语句的执行。使用 SELECT 语句查看 user 表中的记录：

```
MySQL> SELECT host,user,password FROM user ;
+-----------+----------+-------------------------------------------+
| host      | user     | password                                  |
+-----------+----------+-------------------------------------------+
| localhost | root     | *0801D10217B06C5A9F32430C1A34E030D41A0257 |
| localhost | jeffrey  | *6C8989366EAF75BB670AD8EA7A7FC1176A95CEF4 |
| localhost | testUser | *22CBF14EBDE8814586FF12332FA2B6023A7603BB |
+-----------+----------+-------------------------------------------+
3 rows in set (0.00 sec)
```

可以看到添加新用户失败。

15.2.3 删除普通用户

在 MySQL 数据库中，可以使用 DROP USER 语句删除用户，也可以通过 DELETE 语句直接从 mysql.user 表中删除对应的记录来删除用户。

1. 使用 DROP USER 语句删除用户

DROP USER 语句语法如下：

```
DROP USER user [, user];
```

DROP USER 语句用于删除一个或多个 MySQL 账户。要使用 DROP USER，必须拥有 MySQL 数据库的全局 CREATE USER 权限或 DELETE 权限。使用与 GRANT 或 REVOKE 相同的格式为每个账户命名，如"'jeffrey'@'localhost'"账户名称的用户和主机部分与用户表记录的 User 和 Host 列值相对应。

使用 DROP USER，可以删除一个账户和其权限，操作如下：

```
DROP USER 'user'@'localhost';
DROP USER;
```

第一条语句可以删除 user 在本地登录权限；第二条语句可以删除来自所有授权表的账户权限记录。

实例 6：使用 DROP 语句删除普通用户

使用 DROP USER 删除账户 "'newuser'@'localhost'"，DROP USER 语句如下：

```
DROP USER 'newuser'@'localhost';
```

执行结果如图 15-4 所示，即可完成账户的删除操作。

下面查看执行结果，执行语句：

```
SELECT host,user FROM mysql.user ;
```

即可返回查询结果，执行结果如图 15-5 所示。从结果中可以看出，user 表中已经没有名称为 newuser、主机名为 localhost 的账户，即 "'newuser'@'localhost'" 的用户账号已经被删除。

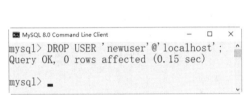

图 15-4　删除用户账户

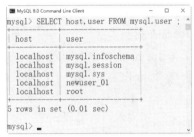

图 15-5　查看用户信息

2. 使用 DELETE 语句删除用户

除了使用 DROP USER 语句删除用户外，还可以使用 DELETE 语句删除用户，其语法格式如下：

```
DELETE FROM MySQL.user WHERE host='hostname' and user='username'
```

主要参数 host 和 user 为 user 表中的两个字段，两个字段的组合确定所要删除的账户记录。

实例 7：使用 DELETE 语句删除普通用户

使用 DELETE 删除用户 "'newuser_01'@'localhost'"，DELETE 语句如下：

```
DELETE FROM mysql.user WHERE
host='localhost' and user='newuser_01';
```

执行结果如图 15-6 所示，即可完成账户的删除操作。

语句执行成功后，查询删除结果，执行语句如下：

```
SELECT host,user FROM mysql.user;
```

执行结果如图 15-7 所示。从结果中可以看出，user 表中已经没有名称为 newuser_01、主机名为 localhost 的账户，即 "'newuser_01'@'localhost'" 的用户账号已经被删除。

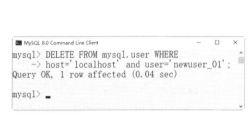
图 15-6　删除账户

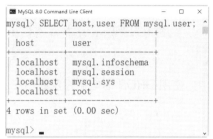
图 15-7　查看删除结果

15.2.4　root 用户修改自己的密码

root 用户的安全对于保证 MySQL 的安全非常重要，因为 root 用户拥有很高的权限。修改 root 用户密码的方式有多种，本小节将介绍几种常用的修改 root 用户密码的方法。

1. 使用 mysqladmin 命令在命令行指定新密码

mysqladmin 命令的基本语法格式如下：

```
mysqladmin -u username -h localhost -p password "newpwd"
```

主要参数介绍如下。

（1）username 为要修改密码的用户名称，在这里指定为 root 用户。

（2）参数 -h 指需要修改的、对应哪个主机用户的密码，该参数可以不写，默认是 localhost。

（3）-p 表示输入当前密码。

（4）password 为关键字，后面双引号内的内容 newpwd 为新设置的密码。

执行完上面的语句，root 用户的密码将被修改为 newpwd。

实例 8：使用 mysqladmin 修改 root 用户密码

使用 mysqladmin 将 root 用户的密码修改为 rootpwd，在 Windows 的命令行窗口中执行语句如下：

```
mysqladmin -u root -p password "rootpwd"
Enter password:*******
```

这里输入 root 用户原来的密码，执行完毕后，新的密码将被设定。root 用户登录时将使用新的密码。

2. 通过 user 表修改密码

由于所有账户信息都保存在 user 表中，因此可以通过直接修改 user 表来改变 root 用户的密码。具体的方法为：使用 root 用户登录到 MySQL 服务器后，使用 UPDATE 语句修改 mysql 数据库 user 表的 password 字段，从而修改用户的密码。使用 UPDATA 语句修改 root 用户密码的语句如下：

```
    UPDATE mysql.user set Password=PASSWORD("rootpwd") WHERE User="root" and 
Host="localhost";
```

PASSWORD() 函数用来加密用户密码。执行 UPDATE 语句后，需要执行 FLUSH PRIVILEGES 语句重新加载用户权限。

实例 9：使用 UPDATE 语句修改 root 用户密码

使用 UPDATE 语句将 root 用户的密码修改为 rootpwd2。首先，使用 root 用户登录到 MySQL 服务器后，然后执行如下语句：

```
MySQL> UPDATE mysql.user set Password=password("rootpwd2")
    -> WHERE User="root" and Host="localhost";
Query OK, 1 row affected (0.00 sec)
Rows matched: 1  Changed: 1  Warnings: 0
MySQL> FLUSH PRIVILEGES;
Query OK, 0 rows affected (0.11 sec)
```

执行完 UPDATE 语句后，root 的密码被修改成了 rootpwd2。使用 FLUSH PRIVILEGES 语句重新加载权限，就可以使用新的密码登录 root 用户了。

3. 使用 SET 语句修改 root 用户的密码

SET PASSWORD 语句可以用来重新设置其他用户的登录密码或者自己使用的账户的密码。使用 SET 语句修改自身密码的语法结构如下：

```
SET PASSWORD=PASSWORD("rootpwd");
```

新密码必须使用 PASSWORD() 函数加密。

实例 10：使用 SET 语句修改 root 用户密码

使用 SET 语句将 root 用户的密码修改为 rootpwd3。首先，使用 root 用户登录到 MySQL 服务器后，然后执行如下语句：

```
MySQL> SET PASSWORD=password("rootpwd3");
Query OK, 0 rows affected (0.00 sec)
```

SET 语句执行成功，root 用户的密码被成功设置为 rootpwd3。为了使更改生效，需要重新启动 MySQL 或者使用 FLUSH PRIVILEGES 语句刷新权限，重新加载权限表。

15.2.5　root 用户修改普通用户密码

root 用户拥有很高的权限，不仅可以修改自己的密码，还可以修改其他用户的密码。root 用户登录 MySQL 服务器后，可以通过 SET 语句、UPDATE 语句和 GRANT 语句修改普通用户的密码。

1. 使用 SET 语句修改普通用户的密码

使用 SET 语句修改其他用户密码的语法格式如下：

```
SET PASSWORD FOR 'user'@'host' = PASSWORD('somepassword');
```

只有 root 用户可以通过更新 MySQL 数据库的用户来更改其他用户的密码。如果使用普通用户修改，可省略 FOR 子句更改自己的密码：

```
SET PASSWORD = PASSWORD('somepassword');
```

实例 11：使用 SET 语句修改普通用户的密码

使用 SET 语句将 testUser 用户的密码修改为 newpwd。首先，使用 root 用户登录到 MySQL 服务器，然后执行如下语句：

```
MySQL> SET PASSWORD FOR 'testUser'@'localhost'=PASSWORD("newpwd");
Query OK, 0 rows affected (0.00 sec)
```

SET 语句执行成功，testUser 用户的密码被成功设置为 newpwd。

2. 使用 UPDATE 语句修改普通用户的密码

使用 root 用户登录到 MySQL 服务器后，可以使用 UPDATE 语句修改 MySQL 数据库 user 表的 password 字段，从而修改普通用户的密码。使用 UPDATA 语句修改用户密码的语法如下：

```
UPDATE MySQL.user SET Password=PASSWORD("pwd")
WHERE User="username" AND Host="hostname";
```

PASSWORD() 函数用来加密用户密码。执行 UPDATE 语句后，需要执行 FLUSH PRIVILEGES 语句重新加载用户权限。

实例 12：使用 UPDATE 语句修改普通用户的密码

使用 UPDATE 语句将 testUser 用户的密码修改为 newpwd2。首先使用 root 用户登录到 MySQL 服务器后，然后执行如下语句：

```
MySQL> UPDATE MySQL.user SET Password=PASSWORD("newpwd2")
    -> WHERE User="testUser" AND Host="localhost";
Query OK, 1 row affected (0.00 sec)
Rows matched: 1  Changed: 1  Warnings: 0
MySQL> FLUSH PRIVILEGES;
Query OK, 0 rows affected (0.11 sec)
```

执行完 UPDATE 语句后，testUser 的密码被修改成了 newpwd2。使用 FLUSH PRIVILEGES 重新加载权限，就可以使用新的密码登录 testUser 用户了。

3. 使用 GRANT 语句修改普通用户密码

除前面介绍的方法外，还可以在全局级别使用 GRANT USAGE 语句 (*.*) 指定某个账户的密码而不影响账户当前的权限。使用 GRANT 语句修改密码，必须拥有 GRANT 权限。一般情况下，推荐使用该方法来指定或修改密码：

```
MySQL> GRANT USAGE ON *.* TO 'someuser'@'%' IDENTIFIED BY 'somepassword';
```

实例 13：使用 GRANT 语句修改普通用户的密码

使用 GRANT 语句将 testUser 用户的密码修改为 newpwd3。首先，使用 root 用户登录到 MySQL 服务器后，然后执行如下语句：

```
MySQL> GRANT USAGE ON *.* TO 'testUser'@'localhost' IDENTIFIED BY 'newpwd3';
Query OK, 0 rows affected (0.00 sec)
```

执行完 GRANT 语句后，testUser 的密码被修改成了 newpwd3。可以使用新密码登录 MySQL 服务器。

> **注意**：如果使用 GRANT ... IDENTIFIED BY 语句或 mysqladmin password 命令设置密码，它们均会加密密码。在这种情况下，不需要使用 PASSWORD() 函数。

15.2.6 普通用户修改密码

普通用户登录 MySQL 服务器后，通过 SET 语句可以设置自己的密码。基本语法如下：

```
SET PASSWORD = PASSWORD("newpassword");
```

其中，PASSWORD() 函数对密码进行加密，newpassword 是设置的新密码。

实例 14：修改普通用户的密码

testUser 用户使用 SET 语句将自身的密码修改为 newpwd4。首先，使用 testUser 用户登录到 MySQL 服务器，然后执行如下语句：

```
MySQL> SET PASSWORD = PASSWORD("newpwd4");
Query OK, 0 rows affected (0.00 sec)
```

SET 语句执行成功，testUser 用户的密码被成功设置为 newpwd4。可以使用新密码登录 MySQL 服务器。

15.3 用户权限的管理

创建用户完成后，可以进行权限管理，包括授权、查看权限和收回权限等。

15.3.1 认识用户权限

授权就是为某个用户授予权限，合理的授权可以保证数据库的安全。MySQL 中可以使用 GRANT 语句为用户授予权限，授予的权限可以分为多个层级。

1. 全局层级

全局权限适用于一个给定服务器中的所有数据库。这些权限存储在 mysql.user 表中。GRANT ALL ON *.* 和 REVOKE ALL ON *.* 语句只授予和撤销全局权限。

2. 数据库层级

数据库权限适用于一个给定数据库中的所有目标。这些权限存储在 mysql.db 和 mysql.host 表中。GRANT ALL ON db_name. 和 REVOKE ALL ON db_name.* 语句只授予和撤销数据库权限。

3. 表层级

表权限适用于一个给定表中的所有列。这些权限存储在 mysql.talbes_priv 表中。

GRANT ALL ON db_name.tbl_name 和 REVOKE ALL ON db_name.tbl_name 语句只授予和撤销表权限。

4. 列层级

列权限适用于一个给定表中的单一列。这些权限存储在 mysql.columns_priv 表中。当使用 REVOKE 时，必须指定与被授权列相同的列。

5. 子程序层级

CREATE ROUTINE、ALTER ROUTINE、EXECUTE 和 GRANT 权限适用于已存储的子程序。这些权限可以被授予为全局层级和数据库层级。而且，除了 CREATE ROUTINE 外，这些权限可以被授予为子程序层级，并存储在 mysql.procs_priv 表中。

15.3.2 授予用户权限

在 MySQL 中，拥有 GRANT 权限的用户才可以执行 GRANT 语句。要使用 GRANT 或 REVOKE，必须拥有 GRANT OPTION 权限，并且必须用于正在授予或撤销的权限。GRANT 的语法如下：

```
GRANT priv_type [(columns)] [, priv_type [(columns)]] ...
ON [object_type]  table1, table2,…, tablen
TO user [IDENTIFIED BY [PASSWORD] 'password' ]
[, user [IDENTIFIED BY [PASSWORD] 'password' ]] ...
   [WITH GRANT OPTION]

object_type = TABLE  |  FUNCTION  |  PROCEDURE

  GRANT OPTION取值：
  | MAX_QUERIES_PER_HOUR count
  | MAX_UPDATES_PER_HOUR count
  | MAX_CONNECTIONS_PER_HOUR count
  | MAX_USER_CONNECTIONS count
```

各个参数的含义如下。

（1）priv_type 参数表示权限类型。

（2）columns 参数表示权限作用于哪些列上，不指定该参数则表示作用于整个表。

（3）table1,table2,…,tablen 表示授予权限的列所在的表。

（4）object_type 指定授权作用的对象类型，包括 TABLE（表）、FUNCTION（函数）、PROCEDURE（存储过程）。当从旧版本的 MySQL 升级时，要使用 object_tpye 子句，且必须升级授权表。

（5）user 参数表示用户账户，由用户名和主机名构成，形式是"'username'@'hostname'"。

（6）IDENTIFIED BY 参数用于设置密码。

WITH 关键字后可以跟一个或多个 GRANT OPTION。GRANT OPTION 的取值有 5 个，意义如下。

（1）GRANT OPTION：将自己的权限赋予其他用户。

（2）MAX_QUERIES_PER_HOUR count：设置每个小时可以执行 count 次查询。

（3）MAX_UPDATES_PER_HOUR count：设置每小时可以执行 count 次更新。

（4）MAX_CONNECTIONS_PER_HOUR count：设置每小时可以建立 count 个连接。

（5）MAX_USER_CONNECTIONS count：设置单个用户可以同时建立 count 个连接。

实例 15：使用 GRANT 语句授予用户权限

使用 GRANT 语句创建一个新的用户 myuser，密码为 123456。用户 myuser 对所有的数据有查询、插入权限，并授于 GRANT 权限。GRANT 语句如下：

```
MySQL> GRANT SELECT,INSERT ON *.* TO 'myuser'@'localhost'
    -> IDENTIFIED BY '123456'
    -> WITH GRANT OPTION;
Query OK, 0 rows affected (0.03 sec)
```

结果显示执行成功。使用 SELECT 语句查询用户 myser 的权限：

```
MySQL> SELECT Host,User,Select_priv,Insert_priv, Grant_priv FROM mysql.user
where user='myuser';
+-----------+-----------+-------------+-------------+------------+
| Host      | User      | Select_priv | Insert_priv | Grant_priv |
+-----------+-----------+-------------+-------------+------------+
| localhost | grantUser | Y           | Y           | Y          |
+-----------+-----------+-------------+-------------+------------+
1 row in set (0.00 sec)
```

查询结果显示用户 myuser 被创建成功，并被赋予了 SELECT、INSERT 和 GRANT 权限，其相应字段值均为"Y"。被授予 GRANT 权限的用户可以登录 MySQL 并创建其他用户账户，在这里为名称是 myuser 的用户。

15.3.3 查看用户权限

SHOW GRANTS 语句可以显示指定用户的权限信息，使用 SHOW GRANT 查看账户信息的基本语法格式如下：

```
SHOW GRANTS FOR 'user'@'host';
```

各个参数的含义如下。
（1）user 表示登录用户的名称。
（2）host 表示登录的主机名称或者 IP 地址。

在使用该语句时，要确保指定的用户名和主机名用单引号括起来，并使用 @ 符号将两个名字分隔开。

实例 16：使用 SHOW GRANTS 语句查看用户权限信息

使用 SHOW GRANTS 语句查询用户的权限信息，语句及其执行结果如下：

```
MySQL> SHOW GRANTS FOR 'myuser'@'localhost';
+-------------------------------------------------------------------+
| Grants for user@localhost                                         |
+-------------------------------------------------------------------+
| GRANT SELECT, INSERT ON *.* TO 'user'@'localhost' WITH GRANT OPTION |
+-------------------------------------------------------------------+
1 row in set (0.00 sec)
```

返回结果的第一行表显示了 myuser 表中账户信息；接下来的行以 GRANT SELECT 关键字

开头，表示用户被授予了 SELECT 权限；*.* 表示 SELECT 权限作用于所有数据库的所有数据表。

另外，在前面创建用户时，不仅可以使用 SELECT 语句查看新建的账户，也可以通过 SELECT 语句查看 user 表中的各个权限字段，确定用户的权限信息，其基本语法格式如下：

```
SELECT privileges_list FROM mysql.user WHERE User='username', Host='hostname';
```

其中，privileges_list 为想要查看的权限字段，可以为 Select_priv、Insert_priv 等。读者根据需要选择查询的字段。

实例 17：使用 SELECT 语句查看用户权限信息

使用 SELECT 语句查询用户 myuser 的权限信息。执行语句如下：

```
MySQL>SELECT User,Select_priv FROM user where User='myuser';
+------------+-------------+
| User       | Select_priv |
+------------+-------------+
| myuser     |      Y      |
+------------+-------------+
1 row in set (0.00 sec)
```

结果返回为 Y，表示该用户具备查询权限。

15.3.4 收回用户权限

收回权限就是取消已经赋予用户的某些权限。在 MySQL 中，使用 REVOKE 语句可以收回用户权限。

REVOKE 语句有两种语法格式：第一种语法是收回所有用户的所有权限，此语法用于取消已命名的用户的所有全局层级、数据库层级、表层级和列层级的权限，其语法如下：

```
REVOKE ALL PRIVILEGES, GRANT OPTION
FROM 'user'@'host' '[, 'user'@'host' ...]
```

REVOKE 语句必须和 FROM 语句一起使用，FROM 语句指明需要收回权限的账户。

另一种为长格式的 REVOKE 语句，基本语法如下：

```
REVOKE priv_type [(columns)] [, priv_type [(columns)]] ...
ON   table1, table2,…, tablen
FROM 'user'@'host' [, 'user'@'host' ...]
```

该语法收回指定的权限。其中，priv_type 参数表示权限类型；columns 参数表示权限作用于哪些列上，不指定该参数则表示作用于整个表；table1,table2,…,tablen 表示哪个表中收回权限；" 'user'@'host' "参数表示用户账户，由用户名和主机名构成。

要使用 REVOKE 语句，必须拥有 MySQL 数据库的全局 CREATE USER 权限或 UPDATE 权限。

实例 18：使用 REVOKE 语句收回用户权限

使用 REVOKE 语句取消用户 myuser 的查询权限。执行语句如下：

```
REVOKE SELECT ON *.* FROM 'myuser'@'localhost';
Query OK, 0 rows affected (0.00 sec)
```

执行结果显示执行成功，使用 SELECT 语句查询用户 myuser 的权限，执行语句如下

```
MySQL>SELECT User,Select_priv FROM user where User='myuser';
+------------+-------------+
| User       | Select_priv |
+------------+-------------+
| myuser     |      N      |
+------------+-------------+
1 row in set (0.00 sec)
```

查询结果显示用户 myuser 的 SELECT_priv 字段值为 N，表示 SELECT 权限已经被收回。

15.4 用户角色的管理

在 MySQL 8.0 数据库中，角色可以看成是一些权限的集合。为用户赋予统一的角色后，权限的修改可直接通过角色来进行，无需为每个用户单独授权。

15.4.1 创建角色

使用 CREATE ROLE 语句可以创建角色，具体的语法格式如下：

```
CREATE ROLE role_name [AUTHORIZATION OWNER_name];
```

主要参数介绍如下。
- role_name：角色名称。该角色名称不能与数据库固定角色名称重名。
- OWNER_name：用户名称。角色所作用的用户名称，如果省略了该名称，角色就被创建到当前数据库的用户上。

实例 19：创建角色 newrole

创建角色 newrole，执行语句：

```
CREATE ROLE newrole;      #创建角色
```

即可完成角色 newrole 的创建，执行结果如图 15-8 所示。

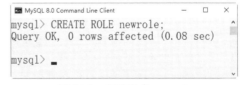

图 15-8　创建角色 newrole

15.4.2 给角色授权

角色创建完成后，还可以根据需要给角色授予权限。

实例 20：给角色 newrole 授予权限

给角色 newrole 授予权限，执行语句：

```
GRANT SELECT ON db.* to 'newrole';  # 给角色newrole授予查询权限
```

即可完成给角色 newrole 授予权限的操作，执行结果如图 15-9 所示。

下面再创建一个用户，并将这个用户赋予角色 newrole。创建用户 myuser 的语句：

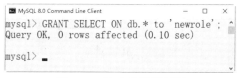

图 15-9　给角色授予权限

```
CREATE USER 'myuser'@'%' identified by '123456';
```

即可完成用户 myuser 的创建，执行结果如图 15-10 所示。

下面为用户 myuser 赋予角色 newrole，执行语句：

```
GRANT 'newrole' TO 'myuser'@'%';
```

即可完成给用户赋予角色的操作，执行结果如图 15-11 所示。

接下来给角色 newrole 授予 INSERT 权限，执行语句：

```
GRANT INSERT ON db.* to 'newrole';
```

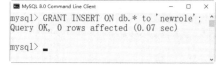

图 15-10　创建用户 myuser

图 15-11　给用户赋予角色

即可完成权限的授予操作，执行结果如图 15-12 所示。

除了给角色赋予权限外，我们还可以删除角色的相关权限，例如删除角色 newrole 的 INSERT 权限，执行语句如下：

```
REVOKE INSERT ON db.* FROM 'newrole';
```

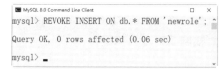

图 15-12　授予权限

语句执行结果如图 15-13 所示，即可完成权限的收回操作。

当角色与用户创建完成后，我们还可以查看角色与用户关系，执行语句如下：

```
SELECT * FROM mysql.role_edges;
```

图 15-13　收回权限

执行结果如图 15-14 所示，从结果中可以看出角色与用户的关系。

图 15-14　查看角色与用户关系

15.4.3　删除角色

对于不用的角色，我们可以将其删除。使用 DROP ROLE 语句可以删除角色信息，具体的语法格式如下：

```
DROP ROLE role_name;
```

role_name 为要删除的角色名称，注意：在删除角色之前，先要将角色所在的数据库使用 USE 语句打开。

实例 21：删除角色 newrole

删除角色 newrole，执行语句如下：

```
DROP ROLE newrole;
```

执行结果如图 15-15 所示，即可完成角色的删除操作。

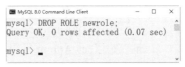

图 15-15　删除角色 newrole

15.5　疑难问题解析

疑问 1：应该使用哪种方法创建用户？

答：本章介绍了创建用户的几种方法，包括使用 GRANT 语句、使用 CREATE USER 语句和直接添加 user 表。一般情况，最好使用 GRANT 或者 CREATE USER 语句，而不要直接将用户信息插入 user 表，因为 user 表中存储了全局级别的权限以及其他的账户信息，如果意外破坏了 user 表中的记录，则可能会对 MySQL 服务器造成很大影响。

疑问 2：为什么会出现已经将一个账户的信息从数据库中完全删除，该用户还能登录数据库的情况？

答：出现这种情况的原因可能有多种，最有可能的是在 user 数据表中存在匿名账户。在 user 表中，匿名账户的 User 字段值为空字符串，这会允许任何人连接到数据库。检测是否存在匿名登录用户的语句是：

```
SELECT * FROM user WHERE User='';
```

如果有记录返回，则说明存在匿名用户。需要删除该记录，以保证数据库的访问安全。删除语句为：

```
DELETE FROM user WHERE user='';
```

这样一来，该账户就不能登录 MySQL 服务器了。

15.6　综合实战训练营

实战 1：登录 MySQL 服务器并创建新用户

（1）打开 MySQL 客户端工具，输入登录命令，登录 MySQL。
（2）选择 MySQL 数据库为当前数据库。
（3）创建新账户，用户名称为 newAdmin，密码为 pw1，允许其从本地主机访问 MySQL。
（4）在 user 表中查询用户名为 newAdmin 的账户信息。
（5）在 tables_priv 表中查询用户名为 newAdmin 的权限信息。

（6）在 columns_priv 表中查询用户名为 newAdmin 的权限信息。

（7）使用 SHOW GRANTS 语句查看 newAdmin 的权限信息。

实战 2：使用新用户登录 MySQL 服务

（1）使用 EXIT 命令，先退出当前登录。

（2）使用 newAdmin 账户登录 MySQL。

（3）使用 newAdmin 账户查看 test_db 数据库 person_dd 表中的数据。

（4）使用 newAdmin 账户向 person_dd 表中插入一条新记录，查看语句执行结果。

（5）退出当前登录，使用 root 用户重新登录，收回 newAdmin 账户的权限。

（6）收回 newAdmin 账户的权限。

（7）删除 newAdmin 的账户信息。

第16章 MySQL日志文件管理

📋 本章导读

日志是MySQL数据库的重要组成部分，日志文件中记录着MySQL数据库运行期间发生的变化。MySQL有不同类型的日志文件，包括错误日志、通用查询日志、二进制日志以及慢查询日志等。对于MySQL的管理工作而言，这些日志文件是不可缺少的。本章将介绍MySQL各种日志的作用以及日志的管理。

📖 知识导图

16.1 认识日志

MySQL 日志主要分为 4 类，使用这些日志文件，可以查看 MySQL 内部发生的事情。这 4 类日志说明如下。

（1）错误日志：记录 MySQL 服务的启动、运行或停止 MySQL 服务时出现的问题。

（2）查询日志：记录建立的客户端连接和执行的语句。

（3）二进制日志：记录所有更改数据的语句，可以用于数据复制。

（4）慢查询日志：记录所有执行时间超过 long_query_time 的所有查询或不使用索引的查询。

默认情况下，所有日志创建于 MySQL 数据目录中。通过刷新日志，可以强制 MySQL 关闭和重新打开日志文件（或者在某些情况下切换到一个新的日志）。当执行一个 FLUSH LOGS 语句或执行 mysqladmin flush-logs、mysqladmin refresh 时，将刷新日志。

如果正使用 MySQL 复制功能，在复制服务器上可以维护更多日志文件，这种日志称为接替日志。

启动日志功能会降低 MySQL 数据库的性能。例如，在查询非常频繁的 MySQL 数据库系统中，如果开启了通用查询日志和慢查询日志，MySQL 数据库会花费很多时间记录日志，同时日志会占用大量的磁盘空间。

16.2 错误日志

在 MySQL 数据库中，错误日志记录着 MySQL 服务器的启动和停止过程中的信息、服务器在运行过程中发生的故障和异常情况的相关信息、事件调度器运行一个事件时产生的信息、在从服务器上启动服务器进程时产生的信息等。

16.2.1 启动错误日志

错误日志功能默认状态下是开启的，并且不能被禁止。错误日志信息也可以自行配置，修改 my.ini 文件即可。错误日志所记录的信息是可以通过 log-error 和 log-warnings 来定义的，其中 log-error 定义是否启用错误日志的功能和错误日志的存储位置，log-warnings 定义是否将警告信息也定义至错误日志中。

另外，--log-error=[file-name] 用来指定错误日志存放的位置，如果没有指定 [file-name]，默认 hostname.err 作为文件名，且默认存放在 DATADIR 目录中。

> **注意**：错误日志记录的并非全是错误信息，mysql 如何启动 InnoDB 的表空间文件、如何初始化自己的存储引擎等信息也记录在错误日志文件中。

16.2.2 查看错误日志

错误日志是以文本文件的形式存储的，可以直接使用普通文本工具打开查看。Windows 操作系统可以使用文本编辑器查看。Linux 操作系统下，可以使用 vi 工具或者 gedit 工具来查看。

实例 1：查看错误日志信息

通过 show 命令可以查看错误日志文件所在目录及文件名信息。执行语句如下：

```
show variables like 'log_error';
```

执行结果如图 16-1 所示。

错误日志信息可以使用记事本打开查看。从图 16-1 中可以知道错误日志的文件名。该文件在默认的数据路径 C:\ProgramData\MySQL\MySQL Server 8.0\Data 下，使用记事本打开文件 DESKTOP-SEO45RF.err，内容如图 16-2 所示，在这里可以查看错误日志记载的系统的一些错误和警告错误。

图 16-1　查看错误日志信息

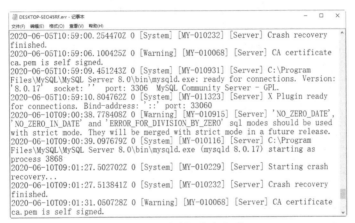

图 16-2　通过记事本查看

16.2.3　删除错误日志

管理员可以删除很久之前的错误日志，以保证 MySql 服务器上的硬盘空间。通过 show 命令查看错误文件所在位置，确认可以删除错误日志后可以直接删除。

在 MySQL 数据库中，可以使用 mysqladmin 命令和 "flush logs;" 两种方法来开启新的错误日志。使用 mysqladmin 命令开启错误日志的语法如下：

```
mysqladmin -u 用户名 -p flush-logs
```

具体执行命令如下：

```
mysqladmin -u root -p flush-logs
Enter password: ***
```

实例 2：开启错误日志文件

在 MySQL 数据库中，可以使用 "flush logs;" 语句来开启新的错误日志文件。执行语句如下：

```
flush logs;
```

执行结果如图 16-3 所示，完成错误日志文件的开启，系统会自动创建一个新的错误日志文件。

图 16-3　创建错误日志文件

16.3　二进制日志

MySQL 数据库的二进制日志文件用来记录所有用户对数据库的操作。当数据库发生意外时，可以通过此文件查看一定时间段内用户所做的操作，结合数据库备份技术，即可再现用户操作，使数据库恢复。

16.3.1　启动二进制日志

二进制日志记录了所有对数据库数据的修改操作。开启二进制日志，可以实现以下几个功能。

（1）恢复（recovery）：某些数据的恢复需要二进制日志，例如，在一个数据库全备文件恢复后，用户可以通过二进制日志进行 point-in-time 的恢复。

（2）复制（replication）：其原理与恢复类似，通过复制和执行二进制日志，使一台远程的 MySQL 数据库（一般称为 slave 或 standby）与一台 MySQL 数据库（一般称为 master 或 primary）进行实时同步。

（3）审计（audit）：用户可以通过二进制日志中的信息来进行审计，判断是否有对数据库进行注入的攻击。

实例 3：启动二进制日志功能

在 MySQL 数据库中，可以通过命令查看二进制日志是否开启，执行语句如下：

```
show variables like 'log_bin';
```

执行结果如图 16-4 所示，可以看到 Value 的值为 OFF，说明二进制日志处于未开启状态。

另外，我们可以通过修改 MySQL 的配置文件来开启并设置二进制日志的存储大小。my.ini 中 [mysqld] 组下面有几个参数是用于二进制日志文件的。具体参数如下：

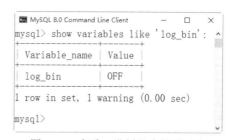

图 16-4　查看二进制日志是否开启

```
log-bin [=path/ [filename] ]
expire_logs_days = 10
max_binlog_size = 100M
```

主要参数含义介绍如下。

（1）log-bin：开启二进制日志，path 表明日志文件所在的目录路径，filename 指定了日志文件的文件名，文件的全名为 filename.000001、filename.000002 等。除了上述文件之外，还有一个名称为 filename.index 的文件，文件内容为所有日志的清单，可以使用记事本打开该文件。

（2）expire_logs_day：定义了MySQL清除过期日志的时间，二进制日志自动删除的天数。默认值为0，表示"没有自动删除"。

（3）max_binlog_size：定义了单个文件的大小限制，如果二进制日志写入的内容大小超出给定值，日志就会发生滚动（关闭当前文件，重新打开一个新的日志文件）。不能将该变量设置为大于1GB或小于4096B。默认值是1GB。

如果正在使用大的事务，二进制日志文件大小还可能会超过max_binlog_size定义的大小。此时，可在my.ini配置文件中的[mysqld]组下面添加如下几个参数与参数值：

```
[mysqld]
log-bin
expire_logs_days = 10
max_binlog_size = 100M
```

添加完毕之后，关闭并重新启动MySQL服务进程，即可启动二进制日志。如果日志长度超过了max_binlog_size的上限（默认是1G=1073741824B），也会创建一个新的日志文件。

实例4：查看二进制日志的上限值

通过show命令可以查看二进制日志的上限值。执行语句如下：

```
show variables like 'max_binlog_size';
```

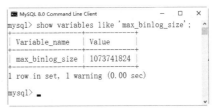

执行结果如图16-5所示，可以看出Value的值为1073741824，这个值就是二进制日志的上限。

图16-5　查看二进制日志的上限

16.3.2　查看二进制日志

在查看二进制日志之前，首先检查二进制日志是否开启。

实例5：查看二进制日志是否开启

使用show语句查看二进制是否开启，执行语句如下：

```
show variables like 'log_bin';
```

执行结果如图16-6所示，即可返回查询结果，可以看到Value的值为ON，说明二进制日志处于开启状态。

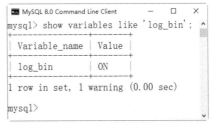

图16-6　查看二进制是否开启

实例6：查看数据库中的二进制文件

查看数据库中的二进制文件，执行语句：

```
show binary logs;
```

即可完成查看二进制文件的操作，执行结果如图16-7所示。

```
MySQL 8.0 Command Line Client
mysql> show binary logs;
+---------------------------+-----------+-----------+
| Log_name                  | File_size | Encrypted |
+---------------------------+-----------+-----------+
| DESKTOP-SE045RF-bin.000010 |       155 | No        |
| DESKTOP-SE045RF-bin.000011 |       155 | No        |
| DESKTOP-SE045RF-bin.000012 |       155 | No        |
| DESKTOP-SE045RF-bin.000013 |       155 | No        |
| DESKTOP-SE045RF-bin.000014 |       178 | No        |
| DESKTOP-SE045RF-bin.000015 |     22134 | No        |
| DESKTOP-SE045RF-bin.000016 |       155 | No        |
| DESKTOP-SE045RF-bin.000017 |       155 | No        |
| DESKTOP-SE045RF-bin.000018 |     19495 | No        |
| DESKTOP-SE045RF-bin.000019 |       155 | No        |
| DESKTOP-SE045RF-bin.000020 |      5498 | No        |
| DESKTOP-SE045RF-bin.000021 |       155 | No        |
+---------------------------+-----------+-----------+
12 rows in set (0.15 sec)

mysql>
```

图 16-7　查看二进制文件

> **注意**：由于 binlog 是以 binary 方式存取，所以不能直接在 Windows 下查看。

实例 7：查看二进制日志文件的具体信息

通过 show 命令查看二进制日志文件的具体信息，执行语句如下：

```
show binlog events in 'DESKTOP-SEO45RF-bin.000010' \G
```

执行结果如图 16-8 所示，通过二进制日志文件的内容可以看出数据库的操作记录，为管理员对数据库进行管理或数据恢复提供了依据。

```
MySQL 8.0 Command Line Client
mysql> show binlog events in 'DESKTOP-SE045RF-bin.000010'\G
*************************** 1. row ***************************
   Log_name: DESKTOP-SE045RF-bin.000010
        Pos: 4
 Event_type: Format_desc
  Server_id: 1
End_log_pos: 124
       Info: Server ver: 8.0.17, Binlog ver: 4
*************************** 2. row ***************************
   Log_name: DESKTOP-SE045RF-bin.000010
        Pos: 124
 Event_type: Previous_gtids
  Server_id: 1
End_log_pos: 155
       Info:
2 rows in set (0.01 sec)

mysql>
```

图 16-8　查看二进制日志文件的具体信息

在二进制日志文件中，对数据库的 DML 操作和 DDL 都记录到了 binlog 中了，但 SELECT 查询过程并没有记录。如果用户想记录 SELECT 和 SHOW 操作，那只能使用查询日志，而不是二进制日志。此外，二进制日志还包括了执行数据库更改操作的时间等其他额外信息。

16.3.3 删除二进制日志

开启二进制日志会对数据库整体性能有所影响,但是性能的损失十分有限。MySQL 的二进制文件可以配置为自动删除,同时 MySQL 也提供了安全的手工删除二进制文件的方法,即使用 reset master 语句删除所有的二进制日志文件;使用 purge master logs 语句删除部分二进制日志文件。

实例 8:删除所有二进制日志文件

使用 reset master 命令删除所有日志,新日志重新从 000001 开始编号,执行语句:

```
reset master;
```

即可删除所有日志文件,执行结果如图 16-9 所示。

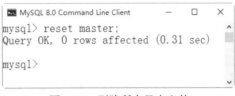

图 16-9 删除所有日志文件

如果这时查询日志文件,可以看到新日志文件从 000001 开始编号,查询结果如图 16-10 所示。

图 16-10 查询新日志文件

> 提示:如果日志目录下面有多个日志文件,例如 binlog.000002、binlog.000003 等,则执行 RESET MASTER 命令之后,除了 binlog.000001 文件之外,其他所有文件都将被删除。

实例 9:删除指定编号前的二进制日志文件

使用"purge master logs to 'filename.******'"命令可以删除指定编号前的所有日志,执行语句:

```
purge master logs to 'DESKTOP-SEO45RF-bin.000002';
```

即可完成二进制日志文件的删除操作,执行结果如图 16-11 所示。

图 16-11 删除二进制日志文件

执行完毕后,通过 show 命令查看二进制日志文件,执行语句如下:

```
show binary logs;
```

执行结果如图 16-12 所示，从结果中可以看出日志文件 DESKTOP-SEO45RF-bin.000002 之前的日志文件已经被删除。

```
MySQL 8.0 Command Line Client
mysql> show binary logs;
+---------------------------+-----------+-----------+
| Log_name                  | File_size | Encrypted |
+---------------------------+-----------+-----------+
| DESKTOP-SE045RF-bin.000002 |       155 | No        |
+---------------------------+-----------+-----------+
1 row in set (0.00 sec)

mysql>
```

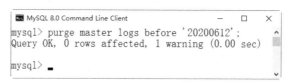

图 16-12　使用 show 命令查看二进制日志文件

实例 10：删除指定日期前的二进制日志文件

使用“purge master logs to before ‘YYYY-MM-DD HH24:MI:SS’”命令可以删除 YYYY-MM-DD HH24:MI:SS 之前的产生的所有日志，例如想要删除 20200612 日期以前的日志记录，执行语句：

```
mysql> purge master logs before '20200612';
```

即可完成二进制日志文件的删除操作，执行结果如图 16-13 所示。

```
MySQL 8.0 Command Line Client
mysql> purge master logs before '20200612';
Query OK, 0 rows affected, 1 warning (0.00 sec)

mysql>
```

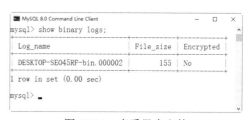

图 16-13　删除指定日期前的日志文件

下面再来查询一下二进制日志文件，执行语句如下：

```
show binary logs;
```

执行结果如图 16-14 所示。

```
MySQL 8.0 Command Line Client
mysql> show binary logs;
+---------------------------+-----------+-----------+
| Log_name                  | File_size | Encrypted |
+---------------------------+-----------+-----------+
| DESKTOP-SE045RF-bin.000002 |       155 | No        |
+---------------------------+-----------+-----------+
1 row in set (0.00 sec)

mysql>
```

图 16-14　查看日志文件

16.4 通用查询日志

通用查询日志记录 MySQL 的所有用户操作，包括启动和关闭服务、执行查询和更新语句等。

16.4.1 启动通用查询日志

MySQL 服务器默认情况下并没有开启通用查询日志。通过“show variables like ‘%general%’;”语句可以查询当前查询日志的状态，如图 16-15 所示。从结果可以看出，通用查询日志的状态为 OFF，表示通用日志是关闭的。

```
MySQL 8.0 Command Line Client
mysql> show variables like '%general%';
+------------------+---------------------+
| Variable_name    | Value               |
+------------------+---------------------+
| general_log      | OFF                 |
| general_log_file | DESKTOP-SE045RF.log |
+------------------+---------------------+
2 rows in set, 1 warning (0.00 sec)

mysql>
```

图 16-15　查看是否开启通用查询日志

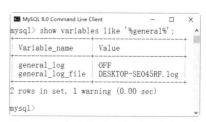

实例 11：使用 SET 语句开启通用查询日志

开启通用查询日志，执行语句：

```
set @@global.general_log=1;
```

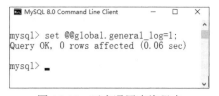

即可完成查询日志的开启，执行结果如图 16-16 所示。

图 16-16 开启通用查询日志

再次查询通用日志的状态，执行语句如下：

```
show variables like '%general%';
```

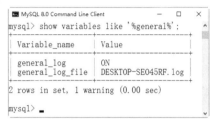

执行结果如图 16-17 所示，从结果可以看出，通用查询日志的状态为 ON，表示通用日志已经开启了。

图 16-17 查询日志的状态为 ON

提示：如果想关闭通用日志，可以执行以下语句：

```
mysql>set @@global.general_log=0;
```

16.4.2 查看通用查询日志

通用查询日志中记录了用户的所有操作。通过查看通用查询日志，可以了解用户对 MySQL 进行的操作。通用查询日志是以文本文件的形式存储在文件系统中的，可以使用文本编辑器直接打开通用日志文件进行查看，Windows 下可以使用记事本，Linux 下可以使用 vi、gedit 等。

实例 12：使用记事本查看通用查询日志

使用记事本打开 C:\ProgramData\MySQL\MySQL Server 8.0\Data\ 目录下的 DESKTOP-SEO45RF.log，可以看到如下内容，如图 16-18 所示。

```
C:\Program Files\MySQL\MySQL Server 8.0\bin\mysqld.exe, Version: 8.0.17
(MySQL Community Server - GPL). started with:TCP Port: 3306, Named Pipe:
MySQLTime                 Id Command    Argument2020-01-10T10:40:17.096506Z
   16 Query      show variables like '%general%'2020-01-10T10:43:00.015987Z
   16 Query      show variables like '%slow%'2020-01-10T10:46:00.976684Z
16 Query         SHOW STATUS LIKE 'value'2020-01-10T10:46:46.559785Z
16 Query         SHOW STATUS LIKE 'Connections'2020-01-10T10:47:04.447709Z
   16 Query      SHOW STATUS LIKE 'Slow_queries'2020-01-10T10:48:43.335804Z
   16 Query      EXPLAIN SELECT * FROM fruits2020-01-10T10:49:19.767466Z
16 Query         EXPLAIN SELECT * FROM student2020-01-10T10:49:26.688016Z
   16 Query      SELECT DATABASE()2020-01-10T10:49:26.688537Z         16 Init
DB       mydb2020-01-10T10:49:29.815428Z      16 Query      EXPLAIN SELECT *
FROM student2020-01-10T10:50:51.951618Z      16 Query      DESCRIBE SELECT *
FROM student2020-01-10T10:52:33.431662Z      16 Query      SELECT * FROM
student2020-01-10T10:55:21.095555Z          16 Query      EXPLAIN SELECT *
FROM student WHERE 姓名='贾甜甜'2020-01-10T10:56:23.295512Z          16 Query
CREATE INDEX index_name ON student(姓名)2020-01-10T10:56:34.215688Z
16 Query         EXPLAIN SELECT * FROM student WHERE 姓名='贾甜甜'C:\Program
Files\MySQL\MySQL Server 8.0\bin\mysqld.exe, Version: 8.0.17 (MySQL
Community Server - GPL). started with:TCP Port: 3306, Named Pipe: MySQLTime
               Id Command     Argument2020-06-12T10:14:57.334040Z
```

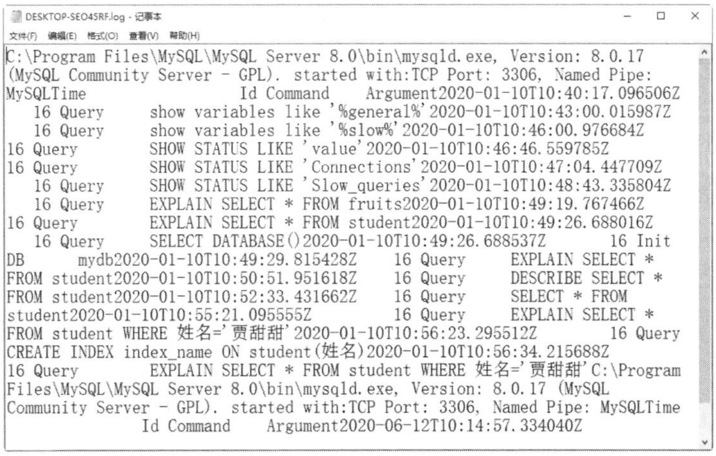

图 16-18 查看通用查询日志

在这里可以看到 MySQL 启动信息和用户 root 连接服务器与执行查询语句的记录。

16.4.3 删除通用查询日志

通用查询日志是以文本文件的形式存储在文件系统中的。通用查询日志记录用户的所有操作，因此在用户查询、更新频繁的情况下，通用查询日志会增长得很快。数据库管理员可以定期删除比较早的通用日志，以节省磁盘空间。用户可以用直接删除日志文件的方式删除通用查询日志。

实例 13：直接删除通用查询日志文件

用户可以直接删除 MySQL 通用查询日志。具体的方法为：在数据目录中找到日志文件所在目录 C:\ProgramData\MySQL\MySQL Server 8.0\Data\，删除 DESKTOP-SEO45RF.log 文件即可，如图 16-19 所示。

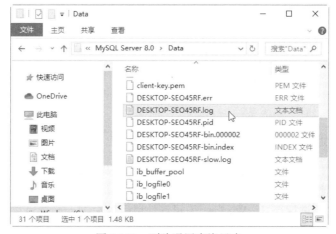

图 16-19　删除通用查询日志

16.5　慢查询日志

慢查询日志主要用来记录执行时间较长的查询语句。通过慢查询日志，可以找出执行时间较长、执行效率较低的语句，然后进行优化。

16.5.1　启动慢查询日志

MySQL 中慢查询日志默认是关闭的，可以通过配置文件 my.ini 或者 my.cnf 中的 log-slow-queries 选项打开，也可以在 MySQL 服务启动的时候使用 --log-slow-queries[=file_name] 启动慢查询日志。

启动慢查询日志时，需要在 my.ini 或者 my.cnf 文件中配置 long_query_time 选项，指定记录阈值，如果某条查询语句的查询时间超过了这个值，这个查询过程将被记录到慢查询日志文件中。在 my.ini 或者 my.cnf 中开启慢查询日志的配置如下：

```
[mysqld]
log-slow-queries[=path / [filename] ]
long_query_time=n
```

主要参数介绍如下。

- path：日志文件所在目录路径。
- filename：日志文件名。如果不指定目录和文件名称，默认存储在数据目录中，文件为 hostname-slow.log。
- hostname：MySQL 服务器的主机名。
- n：时间值，单位是秒（s）。如果没有设置 long_query_time 选项，默认时间为 10s。

实例 14：使用 show 命令查看慢查询日志启动状态

通过 show 命令可以查看慢查询错误日志文件的开启状态与其他相关信息。执行语句如下：

```
show variables like '%slow%';
```

执行结果如图 16-20 所示。

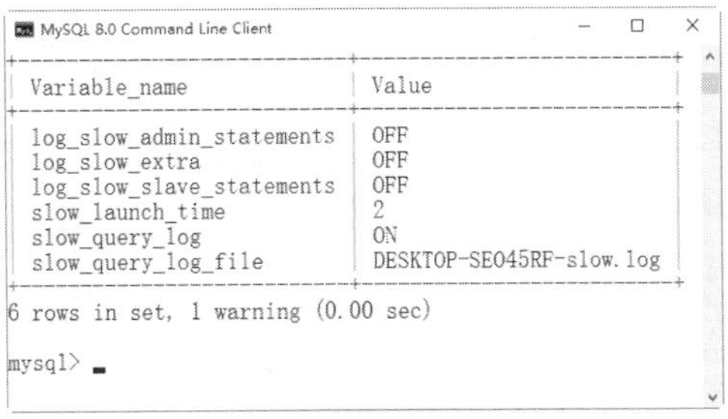

16.5.2 查看慢查询日志

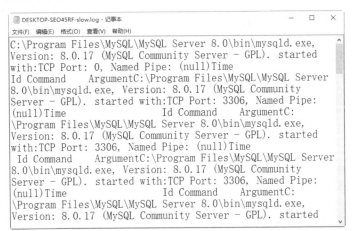

图 16-20　查看慢查询日志的状态

MySQL 的慢查询日志是以文本形式存储的，可以直接使用文本编辑器查看。在慢查询日志中，记录着执行时间较长的查询语句，用户可以从慢查询日志中获取执行效率较低的查询语句，为优化查询提供重要的依据。

实例 15：使用记事本查看慢查询日志

查看慢查询日志，使用记事本打开数据目录下的 DESKTOP-SEO45RF-slow.log 文件，如图 16-21 所示，从查询结果可以查看慢查询日志记录。

图 16-21　使用记事本查看慢查询日志记录

16.5.3 删除慢查询日志

和通用查询日志一样，慢查询日志也可以直接删除。在数据目录中找到日志文件所在目录 C:\ProgramData\MySQL\MySQL Server 8.0\Data\，删除 DESKTOP-SEO45RF-slow.log 文件即可。

16.6 疑难问题解析

疑问 1：在 MySQL 中，一些日志文件默认开启，一些日志文件是不开启的，那么在实际应用中，我们应该开启哪些日志？

答：日志既会影响 MySQL 的性能，又会占用大量磁盘空间。因此，如果不必要，应尽可能少地开启日志。根据不同的使用环境，可以考虑开启不同的日志。例如，要在开发环境中优化查询效率低的语句，可以开启慢查询日志；如果需要记录用户的所有查询操作，可以开启通用查询日志；如果需要记录数据的变更，可以开启二进制日志；错误日志是默认开启的。

疑问 2：当需要停止开启二进制日志文件，该执行什么操作？

答：如果在 MySQL 的配置文件配置启动了二进制日志，MySQL 会一直记录二进制日志。不过，我们可以根据需要停止二进制功能。具体的方法为：通过 SET SQL_LOG_BIN 语句暂停或者启动二进制日志。SET SQL_LOG_BIN 的语法格式如下：

```
SET sql_log_bin = {0|1}
```

要暂停记录二进制日志，可以执行如下语句：

```
SET sql_log_bin =0;
```

要恢复记录二进制日志，可以执行如下语句：

```
SET sql_log_bin =1;
```

16.7 综合实战训练营

实战 1：启动并设置二进制日志

（1）设置启动二进制日志，并指定二进制日志文件名为 binlog.000001。
（2）将二进制日志文件存储路径改为 D:\log。
（3）查看 flush logs 对二进制日志的影响。
（4）查看二进制日志。
（5）暂停二进制日志。
（6）重新启动二进制日志。

实战 2：使用二进制日志还原数据

（1）登录 MySQL，向 test 数据库 worker 表中插入两条记录。
（2）向表 worker 中插入两条记录。
（3）使用 mysqlbinlog 查看二进制日志。
（4）暂停 MySQL 的二进制日志功能，并删除 member 表。
（5）执行完该命令后，查询 member 表。
（6）使用 mysqlbinlog 工具还原 member 表以及表中的记录。

（7）在 Windows 命令行下输入还原语句，还原数据。

（8）密码输入正确之后，member 数据表将被还原到 test 数据库中，登录 MySQL 可以再次查看 member 表。

实战 3：启动并设置其他日志文件

（1）启动错误日志。

（2）设置错误日志的文件为 D:\log\error_log.err。

（3）查看错误日志。

（4）启动通用查询日志，并且设置通用查询日志文件为 D:\log\general_query.log。

（5）查看通用查询日志。

（6）启动慢查询日志，设置慢查询日志的文件路径为 D:\log\slow_query.log，并设置记录查询时间为 3s。

（7）查看慢查询日志。

第17章 数据备份与还原

📅 **本章导读**

保证数据安全最重要的一个措施就是定期对数据进行备份。如果数据库中的数据丢失或者出现错误，可以使用备份的数据进行还原。本章就来介绍数据的备份与还原，主要内容包括数据的备份、数据的还原、数据库的迁移以及数据表的导入与导出等。

📖 **知识导图**

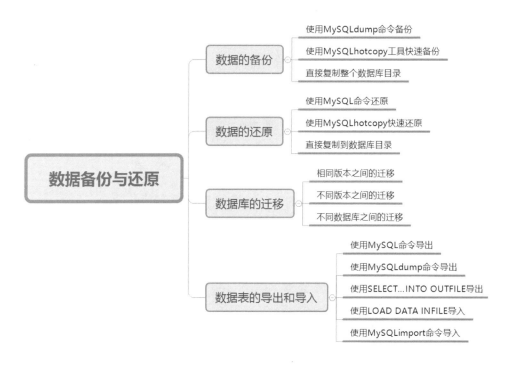

17.1 数据的备份

数据备份是数据库管理员非常重要的工作之一。系统意外崩溃或者硬件的损坏都可能导致数据库的丢失，因此 MySQL 管理员应该定期备份数据库，使得在意外情况发生时，尽可能减少损失。

17.1.1 使用 MySQLdump 命令备份

MySQLdump 是 MySQL 提供的一个非常有用的数据库备份工具。MySQLdump 命令执行时，可以将数据库备份成一个文本文件，该文件中实际上包含了多个 CREATE 和 INSERT 语句，使用这些语句可以重新创建表和插入数据。基本语法格式如下：

```
mysqldump  -u user -h host -p password dbname[tbname, [tbname...]]> filename.sql
```

主要参数介绍如下。
- user：表示用户名称。
- host：表示登录用户的主机名称。
- password：登录密码。
- dbname：需要备份的数据库名称。
- tbname：dbname 数据库中需要备份的数据表，可以指定多个需要备份的表。
- 右箭头符号">"：告诉 MySQLdump 将备份数据表的定义和数据写入备份文件。
- filename.sql：为备份文件的名称。

1. 使用 MySQLdump 备份单个数据库中的所有表

为了更好理解 MySQLdump 工具如何工作，本节给出一个完整的数据库例子。首先登录 MySQL，创建 booksDB 数据库和各个表，并插入数据记录。数据库和表定义如下：

```
CREATE DATABASE booksDB;
use booksDB;

CREATE TABLE books
(
bk_id         INT NOT NULL PRIMARY KEY,
bk_title      VARCHAR(50) NOT NULL,
copyright     YEAR NOT NULL
);
INSERT INTO books
VALUES (11078, 'Learning MySQL', 2010),
       (11033, 'Study Html', 2011),
       (11035, 'How to use php', 2003),
       (11072, 'Teach yourself javascript', 2005),
       (11028, 'Learning C++', 2005),
       (11069, 'MySQL professional', 2009),
       (11026, 'Guide to MySQL 8.0', 2008),
       (11041, 'Inside VC++', 2011);
CREATE TABLE authors
(
```

```
auth_id         INT NOT NULL PRIMARY KEY,
auth_name       VARCHAR(20),
auth_gender     CHAR(1)
);
INSERT INTO authors
VALUES (1001, 'WriterX' , 'f' ),
       (1002, 'WriterA' , 'f' ),
       (1003, 'WriterB' , 'm' ),
       (1004, 'WriterC' , 'f' ),
       (1011, 'WriterD' , 'f' ),
       (1012, 'WriterE' , 'm' ),
       (1013, 'WriterF' , 'm' ),
       (1014, 'WriterG' , 'f' ),
       (1015, 'WriterH' , 'f' );

CREATE TABLE authorbook
(
auth_id      INT NOT NULL,
bk_id        INT NOT NULL,
PRIMARY KEY (auth_id, bk_id),
FOREIGN KEY (auth_id) REFERENCES authors (auth_id),
FOREIGN KEY (bk_id) REFERENCES books (bk_id)
);

INSERT INTO authorbook
VALUES (1001, 11033), (1002, 11035), (1003, 11072), (1004, 11028),
(1011, 11078), (1012, 11026), (1012, 11041), (1014, 11069);
```

实例 1：使用 MySQLdump 命令备份单个数据库中的所有表

完成数据插入后，打开操作系统命令提示符窗口，输入如下备份语句：

```
C:\ >mysqldump -u root -p booksdb > C:/backup/booksdb_20200612.sql
Enter password: **
```

执行结果如图 17-1 所示。

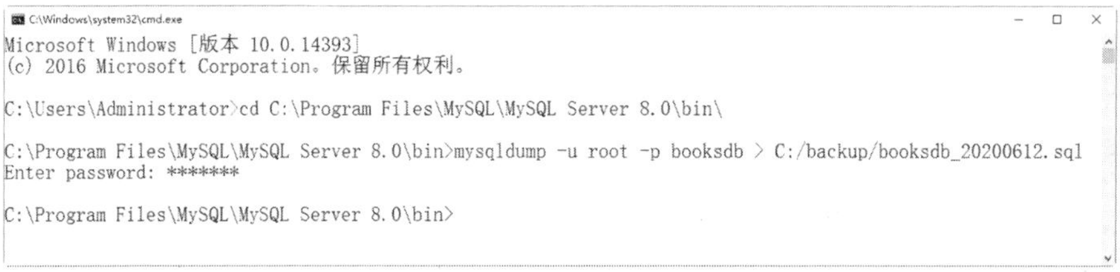

图 17-1　备份数据库中的所有表

> 提示：这里要保证 C 盘下 backup 文件夹存在，否则将提示错误信息"系统找不到指定的路径"。

输入密码之后，MySQL 便对数据库进行了备份，在 C:\backup 文件夹下面可以查看刚才备份过的文件，如图 17-2 所示。

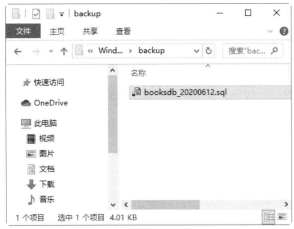

图 17-2　查看备份文件

使用记事本打开文件，可以看到其部分文件内容，具体如下：

```
-- MySQL dump 10.13  Distrib 8.0.17, for Win64 (x86_64)
--
-- Host: localhost    Database: booksdb
-- ------------------------------------------------------
-- Server version 8.0.17

/*!40101 SET @OLD_CHARACTER_SET_CLIENT=@@CHARACTER_SET_CLIENT */;
/*!40101 SET @OLD_CHARACTER_SET_RESULTS=@@CHARACTER_SET_RESULTS */;
/*!40101 SET @OLD_COLLATION_CONNECTION=@@COLLATION_CONNECTION */;
/*!50503 SET NAMES utf8mb4 */;
/*!40103 SET @OLD_TIME_ZONE=@@TIME_ZONE */;
/*!40103 SET TIME_ZONE= '+00:00' */;
/*!40014 SET @OLD_UNIQUE_CHECKS=@@UNIQUE_CHECKS, UNIQUE_CHECKS=0 */;
/*!40014 SET @OLD_FOREIGN_KEY_CHECKS=@@FOREIGN_KEY_CHECKS, FOREIGN_KEY_CHECKS=0 */;
/*!40101 SET @OLD_SQL_MODE=@@SQL_MODE, SQL_MODE= 'NO_AUTO_VALUE_ON_ZERO' */;
/*!40111 SET @OLD_SQL_NOTES=@@SQL_NOTES, SQL_NOTES=0 */;

--
-- Table structure for table 'authorbook'
--

DROP TABLE IF EXISTS 'authorbook';
/*!40101 SET @saved_cs_client     = @@character_set_client */;
/*!50503 SET character_set_client = utf8mb4 */;
CREATE TABLE 'authorbook' (
  'auth_id' int(11) NOT NULL,
  'bk_id' int(11) NOT NULL,
  PRIMARY KEY ('auth_id','bk_id'),
  KEY 'bk_id' ('bk_id'),
  CONSTRAINT 'authorbook_ibfk_1' FOREIGN KEY ('auth_id') REFERENCES 'authors' ('auth_id'),
  CONSTRAINT 'authorbook_ibfk_2' FOREIGN KEY ('bk_id') REFERENCES 'books' ('bk_id')
) ENGINE=InnoDB DEFAULT CHARSET=utf8mb4 COLLATE=utf8mb4_0900_ai_ci;
/*!40101 SET character_set_client = @saved_cs_client */;

--
```

```sql
-- Dumping data for table 'authorbook'
--

LOCK TABLES 'authorbook' WRITE;
/*!40000 ALTER TABLE 'authorbook' DISABLE KEYS */;
INSERT INTO 'authorbook' VALUES (1012,11026),(1004,11028),(1001,11033),(1002,11035),(1012,11041),(1014,11069),(1003,11072),(1011,11078);
/*!40000 ALTER TABLE 'authorbook' ENABLE KEYS */;
UNLOCK TABLES;

--
-- Table structure for table 'authors'
--

DROP TABLE IF EXISTS 'authors';
/*!40101 SET @saved_cs_client     = @@character_set_client */;
/*!50503 SET character_set_client = utf8mb4 */;
CREATE TABLE 'authors' (
  'auth_id' int(11) NOT NULL,
  'auth_name' varchar(20) DEFAULT NULL,
  'auth_gender' char(1) DEFAULT NULL,
  PRIMARY KEY ('auth_id')
) ENGINE=InnoDB DEFAULT CHARSET=utf8mb4 COLLATE=utf8mb4_0900_ai_ci;
/*!40101 SET character_set_client = @saved_cs_client */;

--
-- Dumping data for table 'authors'
--

LOCK TABLES 'authors' WRITE;
/*!40000 ALTER TABLE 'authors' DISABLE KEYS */;
INSERT INTO 'authors' VALUES (1001,'WriterX','f'),(1002,'WriterA','f'),(1003,'WriterB','m'),(1004,'WriterC','f'),(1011,'WriterD','f'),(1012,'WriterE','m'),(1013,'WriterF','m'),(1014,'WriterG','f'),(1015,'WriterH','f');
/*!40000 ALTER TABLE 'authors' ENABLE KEYS */;
UNLOCK TABLES;

--
-- Table structure for table 'books'
--

DROP TABLE IF EXISTS 'books';
/*!40101 SET @saved_cs_client     = @@character_set_client */;
/*!50503 SET character_set_client = utf8mb4 */;
CREATE TABLE 'books' (
  'bk_id' int(11) NOT NULL,
  'bk_title' varchar(50) NOT NULL,
  'copyright' year(4) NOT NULL,
  PRIMARY KEY ('bk_id')
) ENGINE=InnoDB DEFAULT CHARSET=utf8mb4 COLLATE=utf8mb4_0900_ai_ci;
/*!40101 SET character_set_client = @saved_cs_client */;

--
-- Dumping data for table 'books'
--

LOCK TABLES 'books' WRITE;
/*!40000 ALTER TABLE 'books' DISABLE KEYS */;
INSERT INTO 'books' VALUES (11026,'Guide to MySQL 8.0',2008),(11028,'Learning
```

```
C++',2005),(11033,'Study Html',2011),(11035,'How to use php',2003),(11041,'Inside
VC++',2011),(11069,'MySQL professional',2009),(11072,'Teach yourself javascript',
2005),(11078,'Learning MySQL',2010);
/*!40000 ALTER TABLE 'books' ENABLE KEYS */;
UNLOCK TABLES;
/*!40103 SET TIME_ZONE=@OLD_TIME_ZONE */;

/*!40101 SET SQL_MODE=@OLD_SQL_MODE */;
/*!40014 SET FOREIGN_KEY_CHECKS=@OLD_FOREIGN_KEY_CHECKS */;
/*!40014 SET UNIQUE_CHECKS=@OLD_UNIQUE_CHECKS */;
/*!40101 SET CHARACTER_SET_CLIENT=@OLD_CHARACTER_SET_CLIENT */;
/*!40101 SET CHARACTER_SET_RESULTS=@OLD_CHARACTER_SET_RESULTS */;
/*!40101 SET COLLATION_CONNECTION=@OLD_COLLATION_CONNECTION */;
/*!40111 SET SQL_NOTES=@OLD_SQL_NOTES */;

-- Dump completed on 2020-06-12 18:49:41
```

可以看到，备份文件包含了一些信息，文件开头首先表明了备份文件使用的 MySQLdump 工具的版本号；然后是备份账户的名称和主机信息，以及备份的数据库的名称，最后是 MySQL 服务器的版本号，在这里为 8.0.17。

备份文件接下来的部分是一些 SET 语句，这些语句将系统变量值赋给用户定义变量，以确保被恢复的数据库的系统变量和原来备份时的变量相同，例如：

```
/*!40101 SET @OLD_CHARACTER_SET_CLIENT=@@CHARACTER_SET_CLIENT */;
```

该 SET 语句将当前系统变量 CHARACTER_SET_CLIENT 的值赋给用户定义变量 @OLD_CHARACTER_SET_CLIENT。其他变量与此类似。

备份文件的最后几行是 MySQL 使用 SET 语句恢复服务器系统变量原来的值，例如：

```
/*!40101 SET CHARACTER_SET_CLIENT=@OLD_CHARACTER_SET_CLIENT */;
```

该语句将用户定义的变量 @OLD_CHARACTER_SET_CLIENT 中保存的值赋给实际的系统变量 CHARACTER_SET_CLIENT。

备份文件中，"--"字符开头的行为注释语句；以"/*!"开头、"*/"结尾的语句为可执行的 MySQL 注释，这些语句可以被 MySQL 执行，但在其他数据库管理系统将被作为注释忽略，这可以提高数据库的可移植性。

另外注意到，备份文件开始的一些语句以数字开头，这些数字代表了 MySQL 版本号，该数字告诉我们，这些语句只有在指定的 MySQL 版本或者比该版本高的情况下才能执行。例如 40101，表明这些语句只有在 MySQL 版本号为 4.01.01 或者更高的条件下才可以被执行。

2. 使用 MySQLdump 备份数据库中的某个表

在前面介绍过，MySQLdump 还可以备份数据中的某个表，其语法格式为：

```
mysqldump -u user -h host -p dbname [tbname, [tbname...]] > filename.sql
```

其中，tbname 表示数据库中的表名，多个表名之间用空格隔开。

> **提示**：备份表和备份数据库中所有表的语句中不同的地方在于，要在数据库名称 dbname 之后指定需要备份的表名称。

实例 2：使用 MySQLdump 命令备份单个数据库中的单个表

备份 booksDB 数据库中的 books 表，执行语句如下：

```
mysqldump -u root -p booksDB books > C:/backup/books_20200612.sql
```

该语句创建名称为 books_20200612.sql 的备份文件，文件中包含了前面介绍的 SET 语句等内容，不同的是，该文件只包含 books 表的 CREATE 和 INSERT 语句。在 C:\backup 文件夹下面可以查看备份的文件 books_20200612.sql，如图 17-3 所示。

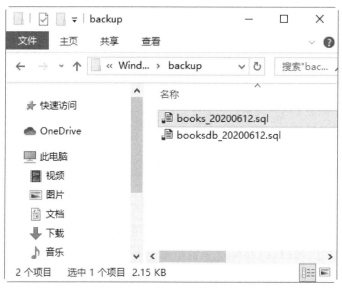

图 17-3　备份单个数据表

3. 使用 MySQLdump 备份多个数据库

如果要使用 MySQLdump 备份多个数据库，需要使用 "--databases" 参数。备份多个数据库的语句格式如下：

```
mysqldump -u user -h host -p --databases [dbname, [dbname...]] > filename.sql
```

其中，使用 "--databases" 参数之后，必须指定至少一个数据库的名称，多个数据库名称之间用空格隔开。

实例 3：使用 MySQLdump 命令备份多个数据库

使用 MySQLdump 备份 booksDB 和 mydb 数据库，执行语句如下：

```
mysqldump -u root -p --databases  booksDB mydb> C:\backup\books_testDB_20200612.sql
```

该语句创建名称为 books_testDB_20200612.sql 的备份文件，文件中包含了创建两个数据库 booksDB 和 mydb 所必须的所有语句。在 C:\backup 文件夹下面可以查看备份的文件 books_testDB_20200612.sql，如图 17-4 所示。

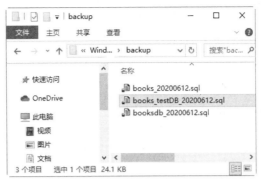

图 17-4　备份多个数据库

4. 使用 MySQLdump 备份所有数据库

使用"--all-databases"参数可以备份系统中所有的数据库，执行语句如下：

```
mysqldump  -u user -h host -p --all-databases > filename.sql
```

当使用参数"--all-databases"时，不需要指定数据库名称。

> **实例 4：使用 MySQLdump 命令备份所有数据库**

使用 MySQLdump 备份服务器中的所有数据库，执行语句如下：

```
mysqldump  -u root -p --all-databases > C:/backup/alldbinMySQL.sql
```

该语句创建名称为 alldbinMySQL.sql 的备份文件，文件中包含了对系统中所有数据库的备份信息。在 C:\backup 文件夹下面可以查看备份的文件 alldbinMySQL.sql，如图 17-5 所示。

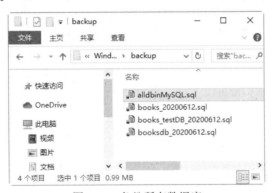

图 17-5　备份所有数据库

17.1.2　使用 MySQLhotcopy 工具快速备份

如果在服务器上进行备份，并且表均为 MyISAM 表，应考虑使用 MySQLhotcopy，因为它可以更快地进行备份和恢复。

MySQLhotcopy 是一个 Perl 脚本，它使用 LOCK TABLES、FLUSH TABLES 和 cp 或 scp 来快速备份数据库。它是备份数据库或单个表的最快途径，但它只能运行在数据库目录所在的机器上，并且只能备份 MyISAM 类型的表。MySQLhotcopy 在 Unix 系统中运行，其语法格式如下：

```
mysqlhotcopy db_name_1, ... db_name_n  /path/to/new_directory
```

主要参数介绍如下。

- db_name_1,…,db_name_n：分别为需要备份的数据库的名称。
- /path/to/new_directory：指定备份文件目录。

▌实例 5：使用 MySQLhotcopy 命令备份数据库

使用 MySQLhotcopy 备份 mydb 数据库到 /user/backup 目录下，执行语句如下：

```
mysqlhotcopy -u root -p mydb /user/backup
```

要想执行 MySQLhotcopy，必须可以访问备份的表文件，具有那些表的 SELECT 权限、RELOAD 权限（以便能够执行 FLUSH TABLES）和 LOCK TABLES 权限。

> **注意**：MySQLhotcopy 只是将表所在的目录复制到另一个位置，且只能用于备份 MyISAM 和 ARCHIVE 表。它备份 InnoDB 类型的数据表时，会出现错误信息。由于它需要复制本地格式的文件，故也不能移植到其他硬件或操作系统下。

17.1.3 直接复制整个数据库目录

因为 MySQL 表保存为文件方式，所以可以直接复制 MySQL 数据库的存储目录及文件进行备份。MySQL 的数据库目录位置不一定相同，在 Windows 平台下，MySQL 8.0 存放数据库的目录通常为 C:\Documents and Settings\All Users\Application Data\MySQL\MySQL Server 8.0\data 或者其他用户自定义目录；在 Linux 平台下，数据库目录位置通常为 /var/lib/MySQL/，不同 Linux 版本下目录会有不同，读者应在自己使用的平台下查找该目录。

这是一种简单、快速、有效的备份方式。要想保持备份的一致性，备份前需要对相关表执行 LOCK TABLES 操作，然后对表执行 FLUSH TABLES。这样当复制数据库目录中的文件时，允许其他客户继续查询表。FLUSH TABLES 语句用来确保开始备份前将所有激活的索引页写入硬盘。当然，也可以停止 MySQL 服务再进行备份操作。

> **注意**：直接复制整个数据库目录，这种方法虽然简单，但并不是最好的方法。因为这种方法对 InnoDB 存储引擎的表不适用。使用这种方法备份的数据最好恢复到相同版本的服务器中，因为不同的版本可能不兼容。

17.2 数据的还原

管理人员操作的失误、计算机故障以及其他意外情况，都会导致数据的丢失和破坏。当数据丢失或意外破坏时，可以通过恢复已经备份的数据尽量减少数据丢失和破坏造成的损失。

17.2.1 使用 MySQL 命令还原

对于已经备份的包含 CREATE、INSERT 语句的文本文件，可以使用 MySQL 命令导入到数据库中。其语法格式如下：

```
mysql -u user -p [dbname] < filename.sql
```

主要参数介绍如下。
- user：执行 backup.sql 中语句的用户名。
- -p：输入用户密码。
- dbname：数据库名。如果 filename.sql 文件为 MySQLdump 工具创建的包含创建数据库语句的文件，执行的时候不需要指定数据库名。

实例 6：使用 MySQL 命令还原数据库

使用 MySQL 命令将 C:\backup\booksdb_20200612.sql 文件中的备份导入到数据库中，执行语句如下：

```
mysql -u root -p booksDB < C:/backup/booksdb_20200612.sql
```

执行该语句前，必须先在 MySQL 服务器中创建 booksDB 数据库，如果不存在，恢复过程将会出错。命令执行成功之后，booksdb_20200612.sql 文件中的语句就会在指定的数据库中恢复以前的表。语句执行结果如图 17-6 所示。

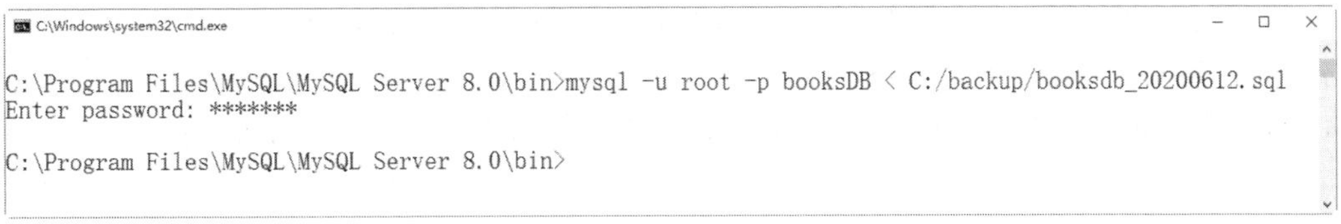

```
C:\Program Files\MySQL\MySQL Server 8.0\bin>mysql -u root -p booksDB < C:/backup/booksdb_20200612.sql
Enter password: *******

C:\Program Files\MySQL\MySQL Server 8.0\bin>
```

图 17-6 使用 MySQL 命令还原数据库

如果已经登录 MySQL 服务器，还可以使用 source 命令导入 sql 文件，语法格式如下：

```
source filename
```

实例 7：使用 source 命令还原数据库

使用 root 用户登录到服务器，然后使用 source 命令导入本地的备份文件 booksdb_20200612.sql，执行语句如下：

```
--选择要恢复到的数据库
mysql> use booksDB;
Database changed

--使用source命令导入备份文件
mysql> source C:\backup\booksdb_20200612.sql
```

执行上述语句后，会列出备份文件 booksDB_20200612.sql 中每一条语句的执行结果，如图 17-7 所示。source 命令执行成功后，booksdb_20200612.sql 中的语句会全部导入到现有数据库中。

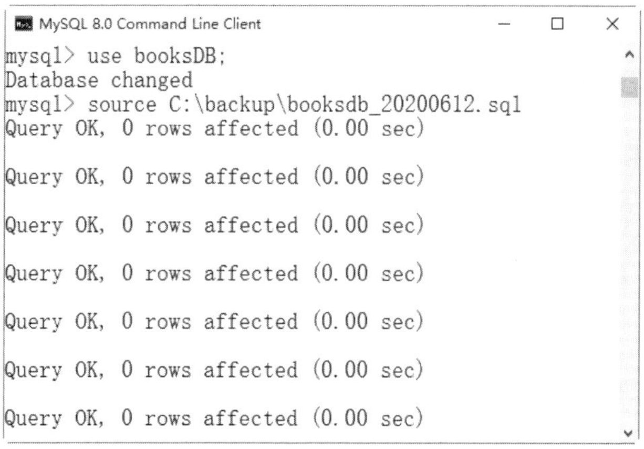

图 17-7　使用 source 命令还原数据库

> **注意**：执行 source 命令前，必须使用 use 语句选择数据库。不然，恢复过程中会出现 ERROR 1046 (3D000): No database selected 的错误。

17.2.2　使用 MySQLhotcopy 快速还原

使用 MySQLhotcopy 备份的文件也可以用来还原数据库，在 MySQL 服务器停止运行时，将备份的数据库文件复制到 MySQL 存放数据的位置（MySQL 的 data 文件夹），重新启动 MySQL 服务即可。如果以 root 用户执行该操作，必须指定数据库文件的所有者，执行语句如下：

```
chown -R mysql.mysql /var/lib/mysql/dbname
```

实例 8：使用 MySQLhotcopy 快速还原数据库

从 MySQLhotcopy 复制备份的还原数据库，执行语句如下：

```
cp -R  /usr/backup/test usr/local/mysql/data
```

执行完该语句，重启服务器，MySQL 将恢复到备份状态。

> **注意**：如果需要恢复的数据库已经存在，则在使用 DROP 语句删除已经存在的数据库之后，恢复才能成功。另外，MySQL 不同版本之间必须兼容，这样恢复之后的数据才可以使用。

17.2.3　直接复制到数据库目录

如果数据库通过复制数据库文件备份，可以直接复制备份的文件到 MySQL 数据目录下实现恢复。通过这种方式恢复时，必须保证备份数据的数据库和待恢复的数据库服务器的主版本号相同。而且这种方式只对 MyISAM 引擎的表有效，对于 InnoDB 引擎的表不可用。

执行恢复以前，关闭 MySQL 服务，将备份的文件或目录覆盖 MySQL 的 data 目录，启动 MySQL 服务。对于 Linux/Unix 操作系统来说，复制完文件，需要将文件的用户和组更改为 MySQL 运行的用户和组，通常用户是 MySQL，组也是 MySQL。

17.3 数据库的迁移

当需要安装新的数据库服务器、MySQL 版本更新、数据库管理系统变更时,就需要数据库的迁移了。数据库迁移就是把数据从一个系统移动到另一个系统上。

17.3.1 相同版本之间的迁移

相同版本的 MySQL 数据库之间的迁移就是在主版本号相同的 MySQL 数据库之间进行数据库移动。迁移过程其实就是在源数据库备份和目标数据库恢复过程的组合。最常用和最安全的方式是使用 MySQLdump 命令导出数据,然后在目标数据库服务器使用 MySQL 命令导入来完成迁移操作。

实例 9:相同 MySQL 版本之间还原数据库

将 www.webdb.com 主机上的 MySQL 数据库全部迁移到 www.web.com 主机上。在 www.webdb.com 主机上执行的语句如下:

```
mysqldump -h www.webdb.com -uroot -ppassword dbname |
mysql -h www.web.com -uroot -ppassword
```

MySQLdump 导入的数据直接通过管道符"|"传给 MySQL 命令,导入到主机 www.web.com 数据库中。dbname 为需要迁移的数据库名称,如果要迁移全部的数据库,可使用参数"--all-databases"。

17.3.2 不同版本之间的迁移

由于数据库升级等原因,有时需要将较旧版本 MySQL 数据库中的数据迁移到较新版本的数据库中。最简单快捷的方法就是 MySQL 服务器先停止服务,然后卸载旧版本,再安装新版的 MySQL。如果想保留旧版本中的用户访问控制信息,则需要备份 MySQL 中的 MySQL 数据库,在新版本 MySQL 安装完成之后,重新读入 MySQL 备份文件中的信息。

旧版本与新版本的 MySQL 可能使用不同的默认字符集,例如 MySQL 8.0 版本之前,默认字符集为 latin1,而 MySQL 8.0 版本默认字符集为 utf8mb4。如果数据库中有中文数据的,迁移过程中需要对默认字符集进行修改,不然可能无法正常显示结果。

新版本会对旧版本有一定兼容性。从旧版本的 MySQL 向新版本的 MySQL 迁移时,对于 MyISAM 引擎的表,可以直接复制数据库文件,也可以使用 MySQLhotcopy 工具、MySQLdump 工具。对于 InnoDB 引擎的表,一般只能使用 MySQLdump 将数据导出,然后使用 MySQL 命令导入到目标服务器上。从新版本向旧版本 MySQL 迁移数据时要特别小心,最好使用 MySQLdump 命令导出,然后导入目标数据库中。

17.3.3 不同数据库之间的迁移

不同类型的数据库之间的迁移,是指把 MySQL 的数据库转移到其他类型的数据库,例如从 MySQL 迁移到 Oracle,从 Oracle 迁移到 MySQL,从 MySQL 迁移到 SQL Server 等。

迁移之前,需要了解不同数据库的架构,比较它们之间的差异。不同数据库中定义相同类型的数据的关键字可能会不同。例如,MySQL 中日期字段分为 DATE 和 TIME 两种,而

Oracle 日期字段只有 DATE。另外，由于数据库厂商并没有完全按照 SQL 标准来设计数据库系统，导致不同的数据库系统的 SQL 语句有差别。例如，MySQL 几乎完全支持标准 SQL 语言，而 Microsoft SQL Server 使用的是 T-SQL 语言，T-SQL 中有一些非标准的 SQL 语句，因此在迁移时必须对这些语句进行语句映射处理。

数据库迁移可以使用一些工具，例如在 Windows 系统下，可以使用 MyODBC 实现 MySQL 和 SQL Server 之间的迁移。MySQL 官方提供的工具 MySQL Migration Toolkit 也可以在不同数据库间进行数据迁移。

17.4 数据表的导出和导入

有时会需要将 MySQL 数据库中的数据导出到外部存储文件中，MySQL 数据库中的数据可以导出成 sql 文本文件、xml 文件或者 html 文件。同样，这些导出文件也可以导入到 MySQL 数据库中。

17.4.1 使用 MySQL 命令导出

MySQL 是一个功能丰富的工具命令，使用 MySQL 可以在命令行模式下执行 SQL 指令，将查询结果导入到文本文件中。相比 MySQLdump，MySQL 工具导出的结果可读性更强。

使用 MySQL 导出数据文本文件语句的基本格式如下：

```
mysql -u root -p --execute= "SELECT语句" dbname > filename.txt
```

主要参数介绍如下。

- --execute 选项：表示执行该选项后面的语句并退出，后面的语句必须用双引号括起来。
- Dbname：要导出的数据库名称；导出的文件中不同列之间使用制表符分隔，第 1 行包含了各个字段的名称。

实例 10：导出数据表中的记录到文本文件

使用 MySQL 语句导出 booksDB 数据库 books 表中的记录到文本文件，执行语句如下：

```
mysql -u root -p --execute="SELECT * FROM books;" booksDB > D:\book01.txt
```

执行结果如图 17-8 所示。

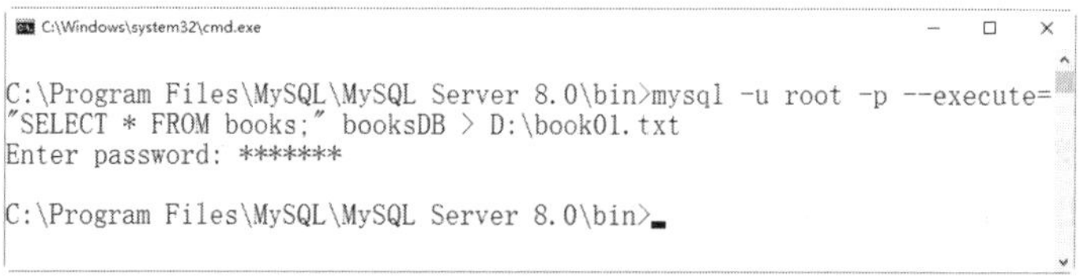

图 17-8　导出 booksDB 数据库中 books 表的记录

语句执行完毕之后，系统 D 盘目录下将会出现名称为 book01.txt 的文本文件，其内容如下：

```
bk_id	bk_title	copyright
11026	Guide to MySQL 8.0	2008
11028	Learning C++	2005
11033	Study Html	2011
```

```
11035 How to use php         2003
11041 Inside VC++  2011
11069 MySQL professional    2009
11072 Teach yourself javascript   2005
11078 Learning MySQL         2010
```

可以看到，book01.txt 文件中包含了每个字段的名称和各条记录，该显示格式与 MySQL 命令行下 SELECT 查询结果显示相同。

另外，使用 MySQL 命令还可以指定查询结果的显示格式，如果某行记录字段很多，可能一行不能完全显示，这时可以使用 "--vartical" 参数将每条记录分为多行显示。

实例 11：以指定格式导出数据表中的记录到文本文件

使用 MySQL 命令导出 booksDB 数据库 books 表中的记录到文本文件，使用 "--vertical" 参数显示结果，执行语句如下：

```
mysql -u root -p --vertical --execute="SELECT * FROM books;" booksDB > D:\book02.txt
```

执行结果如图 17-9 所示。

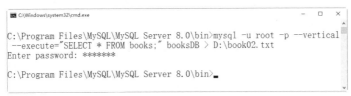

图 17-9　以指定格式导出数据记录

语句执行之后，D:\book02.txt 文件中的内容如下：

```
*************************** 1. row ***************************
     bk_id: 11026
  bk_title: Guide to MySQL 8.0
 copyright: 2008
*************************** 2. row ***************************
     bk_id: 11028
  bk_title: Learning C++
 copyright: 2005
*************************** 3. row ***************************
     bk_id: 11033
  bk_title: Study Html
 copyright: 2011
*************************** 4. row ***************************
     bk_id: 11035
  bk_title: How to use php
 copyright: 2003
*************************** 5. row ***************************
     bk_id: 11041
  bk_title: Inside VC++
 copyright: 2011
*************************** 6. row ***************************
     bk_id: 11069
  bk_title: MySQL professional
 copyright: 2009
*************************** 7. row ***************************
```

```
      bk_id: 11072
   bk_title: Teach yourself javascript
  copyright: 2005
*************************** 8. row ***************************
      bk_id: 11078
   bk_title: Learning MySQL
  copyright: 2010
```

可以看到，SELECT 的查询结果导出到文本文件之后，显示格式发生了变化，如果 books 表中记录内容很长，这样显示将会更加容易阅读。

除将数据文件导出为文本文件外，还可以将查询结果导出到 html 文件中，这时需要使用 "--html" 选项。

实例 12：导出数据表中的记录到 html 文件

使用 MySQL 命令导出 booksDB 数据库 books 表中的记录到 html 文件，执行语句如下：

```
mysql -u root -p --html --execute=" SELECT * FROM  books;" booksDB > D:\book03.html
```

执行结果如图 17-10 所示。

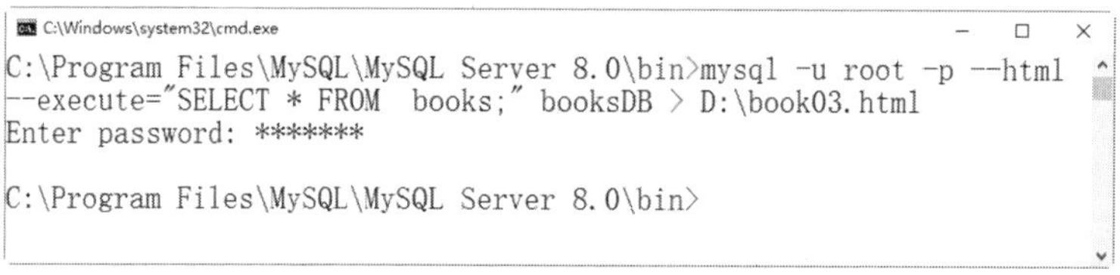

图 17-10　以 html 格式导出数据记录

语句执行成功，将在 D 盘创建文件 book03.html，该文件在浏览器中显示效果如图 17-11 所示。

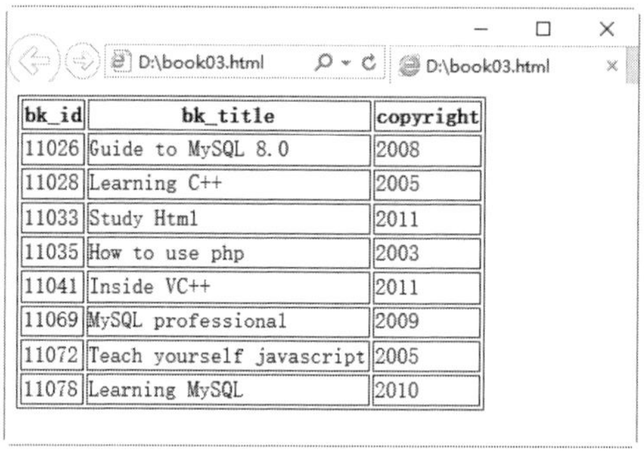

图 17-11　使用 MySQL 导出数据到 html 文件

如果要将表数据导出到 xml 文件中，则可以使用 "--xml" 选项。

实例 13：导出数据表中的记录到 xml 文件

使用 MySQL 命令导出 booksDB 数据库 books 表中的记录到 xml 文件，执行语句如下：

```
mysql -u root -p --xml --execute=" SELECT * FROM books;"  booksDB >D:\book04.xml
```

执行结果如图 17-12 所示。

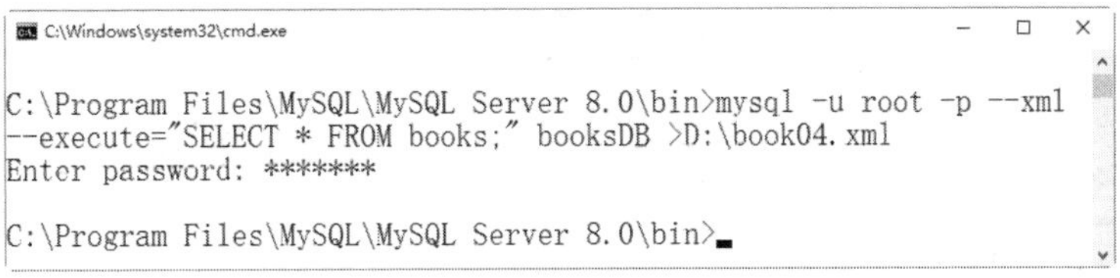

图 17-12　以 xml 格式导出数据记录

语句执行成功，将在 D 盘创建文件 book04.xml，该文件在浏览器中显示效果如图 17-13 所示。

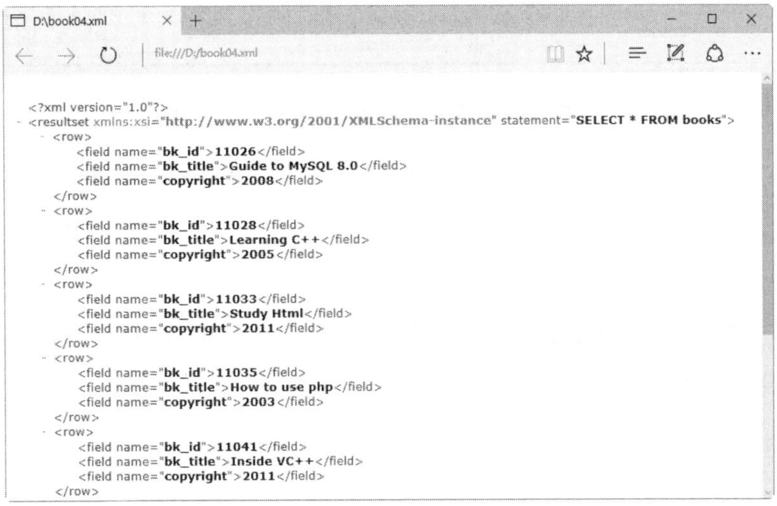

图 17-13　使用 MySQL 导出数据到 xml 文件

17.4.2　使用 MySQLdump 命令导出

使用 MySQLdump 不仅可以备份数据库，还可以将数据导出为包含 CREATE、INSERT 的 SQL 文件以及纯文本文件。MySQLdump 导出文本文件的基本语法格式如下：

```
mysqldump -T path-u root -p dbname [tables] [OPTIONS]

--OPTIONS 选项
--fields-terminated-by=value
--fields-enclosed-by=value
--fields-optionally-enclosed-by=value
--fields-escaped-by=value
--lines-terminated-by=value
```

主要参数介绍如下。
- -T 参数表示导出纯文本文件。
- path 表示导出数据的目录。
- tables 指定要导出的表名称，如果不指定，将导出数据库 dbname 中所有的表。
- [OPTIONS] 为可选参数选项，这些选项需要结合 -T 选项使用。OPTIONS 常见的取值如表 17-1 所示。

表 17-1　OPTIONS 常见的取值

参数名	功能介绍
--fields-terminated-by=value	设置字段之间的分隔字符，可以为单个或多个字符，默认情况下为制表符 "\t"
--fields-enclosed-by=value	设置字段的包围字符
--fields-optionally-enclosed-by=value	设置字段的包围字符，只能为单个字符，只能包围 CHAR 和 VERCHAR 等字符数据字段
--fields-escaped-by=value	控制如何写入或读取特殊字符，只能为单个字符，即设置转义字符，默认值为反斜线 "\"
--lines-terminated-by=value	设置每行数据结尾的字符，可以为单个或多个字符，默认值为 "\n"

实例 14：使用 MySQLdump 命令导出数据表中的记录到文本文件

使用 MySQLdump 将 booksDB 数据库的 books 表中的记录导出到文本文件，执行语句如下：

```
mysqldump -T D:\ booksDB books -u root -p
```

语句执行成功，系统 D 盘目录下面将会出现两个文件，分别为 books.sql 和 books.txt。books.sql 包含创建 books 表的 CREATE 语句，其内容如下：

```
-- MySQL dump 10.13  Distrib 8.0.17, for Win64 (x86_64)
--
-- Host: localhost    Database: booksDB
-- ------------------------------------------------------
-- Server version 8.0.17

/*!40101 SET @OLD_CHARACTER_SET_CLIENT=@@CHARACTER_SET_CLIENT */;
/*!40101 SET @OLD_CHARACTER_SET_RESULTS=@@CHARACTER_SET_RESULTS */;
/*!40101 SET @OLD_COLLATION_CONNECTION=@@COLLATION_CONNECTION */;
/*!50503 SET NAMES utf8mb4 */;
/*!40103 SET @OLD_TIME_ZONE=@@TIME_ZONE */;
/*!40103 SET TIME_ZONE='+00:00' */;
/*!40014 SET @OLD_UNIQUE_CHECKS=@@UNIQUE_CHECKS, UNIQUE_CHECKS=0 */;
/*!40014 SET @OLD_FOREIGN_KEY_CHECKS=@@FOREIGN_KEY_CHECKS, FOREIGN_KEY_CHECKS=0 */;
/*!40101 SET @OLD_SQL_MODE=@@SQL_MODE, SQL_MODE='NO_AUTO_VALUE_ON_ZERO' */;
/*!40111 SET @OLD_SQL_NOTES=@@SQL_NOTES, SQL_NOTES=0 */;

--
-- Table structure for table 'books'
--

DROP TABLE IF EXISTS 'books';
/*!40101 SET @saved_cs_client     = @@character_set_client */;
/*!50503 SET character_set_client = utf8mb4 */;
CREATE TABLE 'books' (
  'bk_id' int(11) NOT NULL,
  'bk_title' varchar(50) NOT NULL,
  'copyright' year(4) NOT NULL,
  PRIMARY KEY ('bk_id')
) ENGINE=InnoDB DEFAULT CHARSET=utf8mb4 COLLATE=utf8mb4_0900_ai_ci;
/*!40101 SET character_set_client = @saved_cs_client */;
```

```
--
-- Dumping data for table 'books'
--

LOCK TABLES 'books' WRITE;
/*!40000 ALTER TABLE 'books' DISABLE KEYS */;
INSERT INTO 'books' VALUES (11026,'Guide to MySQL 8.0',2008),(11028,'Learning C++',2005),(11033,'Study Html',2011),(11035,'How to use php',2003),(11041,'Inside VC++',2011),(11069,'MySQL professional',2009),(11072,'Teach yourself javascript',2005),(11078,'Learning MySQL',2010);
/*!40000 ALTER TABLE 'books' ENABLE KEYS */;
UNLOCK TABLES;
/*!40103 SET TIME_ZONE=@OLD_TIME_ZONE */;

/*!40101 SET SQL_MODE=@OLD_SQL_MODE */;
/*!40014 SET FOREIGN_KEY_CHECKS=@OLD_FOREIGN_KEY_CHECKS */;
/*!40014 SET UNIQUE_CHECKS=@OLD_UNIQUE_CHECKS */;
/*!40101 SET CHARACTER_SET_CLIENT=@OLD_CHARACTER_SET_CLIENT */;
/*!40101 SET CHARACTER_SET_RESULTS=@OLD_CHARACTER_SET_RESULTS */;
/*!40101 SET COLLATION_CONNECTION=@OLD_COLLATION_CONNECTION */;
/*!40111 SET SQL_NOTES=@OLD_SQL_NOTES */;

-- Dump completed on 2020-06-12 19:02:02
```

books.txt 包含数据包中的数据,其内容如下:

```
bk_id  bk_title  copyright
11026  Guide to MySQL 8.0        2008
11028  Learning C++   2005
11033  Study Html     2011
11035  How to use php           2003
11041  Inside VC++    2011
11069  MySQL professional       2009
11072  Teach yourself javascript    2005
11078  Learning MySQL           2010
```

实例 15:使用 MySQLdump 命令以指定格式导出数据表中的记录到文本文件

使用 MySQLdump 命令将 booksDB 数据库的 books 表中的记录导出到文本文件,使用 FIELDS 选项,要求字段之间使用逗号","间隔,所有字符类型字段值用双引号括起来,定义转义字符为问号"?",每行记录以换行符"\r\n"结尾,执行的命令如下:

```
C:\>mysqldump -T D:\ booksDB books -u root -p --fields-terminated-by=, --fields-optionally-enclosed-by=\"  --fields-escaped-by=? --lines-terminated-by=\r\n
   Enter password: ******
```

上面语句要在一行中输入,语句执行成功,系统 D 盘目录下面将会出现两个文件,分别为 books.sql 和 books.txt。books.sql 包含创建 books 表的 CREATE 语句,其内容与前面例子相同。books.txt 文件的内容与上一个例子不同,显示如下:

```
bk_id  bk_title  copyright
11026  "Guide to MySQL 8.0"      2008
11028  "Learning C++"            2005
11033  "Study Html"              2011
```

```
11035 "How to use php"        2003
11041 "Inside VC++"           2011
11069 "MySQL professional"    2009
11072 "Teach yourself javascript"   2005
11078 "Learning MySQL"        2010
```

可以看到，只有字符类型的值被双引号括了起来，而数值类型的值没有。

17.4.3 使用 SELECT…INTO OUTFILE 导出

MySQL 数据库导出数据时，允许使用包含导出定义的 SELECT 语句进行数据的导出操作。该文件被创建到服务器主机上，因此必须拥有文件写入权限（FILE 权限）才能使用此语法。"SELECT…INTO OUTFILE 'filename'"形式的 SELECT 语句可以把被选择的行写入一个文件中，filename 不能是一个已经存在的文件。SELECT…INTO OUTFILE 语句基本格式如下：

```
SELECT columnlist  FROM table WHERE condition  INTO OUTFILE 'filename' [OPTIONS]

--OPTIONS 选项
    FIELDS  TERMINATED BY 'value'
FIELDS  [OPTIONALLY] ENCLOSED BY 'value'
FIELDS  ESCAPED BY 'value'
LINES   STARTING BY 'value'
LINES   TERMINATED BY 'value'
```

主要参数介绍如下。

- SELECT columnlist FROM table WHERE condition：一个查询语句，查询返回满足指定条件的一条或多条记录。
- INTO OUTFILE 语句：其作用就是把前面 SELECT 语句查询出来的结果导出到名称为 filename 的外部文件中。
- [OPTIONS]：可选参数选项，OPTIONS 部分的语法包括 FIELDS 和 LINES 子句，其可能的取值如表 17-2 所示。

表 17-2　OPTIONS 可能的取值

参数名	功能介绍
FIELDS TERMINATED BY 'value'	设置字段之间的分隔字符，可以为单个或多个字符，默认情况下为制表符"\t"
FIELDS [OPTIONALLY] ENCLOSED BY 'value'	设置字段的包围字符，只能为单个字符，如果使用了 OPTIONALLY 则只有 CHAR 和 VERCHAR 等字符数据字段被包围
FIELDS ESCAPED BY 'value'	设置如何写入或读取特殊字符，只能为单个字符，即设置转义字符，默认值为"\"
LINES STARTING BY 'value'	设置每行数据开头的字符，可以为单个或多个字符，默认情况下不使用任何字符
LINES TERMINATED BY 'value'	设置每行数据结尾的字符，可以为单个或多个字符，默认值为"\n"

实例 16：使用 SELECT…INTO OUTFILE 导出数据表中的记录到文本文件

使用 SELECT…INTO OUTFILE 将 booksDB 数据库 books 表中的记录导出到文本文件，

执行语句如下：

```
mysql> SELECT *  FROM booksDB.books INTO OUTFILE 'D:/books1.txt';
```

执行后报错信息如下：

```
ERROR 1290 (HY000): The MySQL server is running with the --secure-file-priv
option so it cannot execute this statement
```

这是因为 MySQL 默认对导出的目录有权限限制，也就是说使用命令行进行导出的时候，需要指定目录进行操作。那么指定的目录是什么？

查询指定目录的命令如下：

```
show global variables like '%secure%';
```

执行结果如下所示：

```
+--------------------------+------------------------------------------------+
| Variable_name            | Value                                          |
+--------------------------+------------------------------------------------+
| require_secure_transport | OFF                                            |
| secure_file_priv         | C:\ProgramData\MySQL\MySQL Server 8.0\Uploads\ |
+--------------------------+------------------------------------------------+
```

因为 secure_file_priv 配置的关系，所以必须导出到 C:\ProgramData\MySQL\MySQL Server 8.0\Uploads\ 目录下。如果想自定义导出路径，需要修改 my.ini 配置文件。打开路径 C:\ProgramData\MySQL\MySQL Server 8.0，用记事本打开 my.ini，然后搜索到以下代码：

```
secure-file-priv= "C:/ProgramData/MySQL/MySQL Server 8.0/Uploads\"
```

在上述代码前添加 # 号，然后添加以下内容：

```
secure-file-priv= "D:/"
```

执行结果如图 17-14 所示。

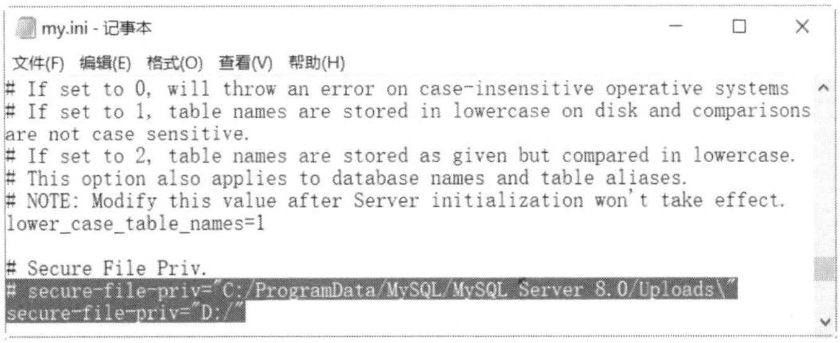
my.ini - 记事本
文件(F) 编辑(E) 格式(O) 查看(V) 帮助(H)

```
# If set to 0, will throw an error on case-insensitive operative systems
# If set to 1, table names are stored in lowercase on disk and comparisons
are not case sensitive.
# If set to 2, table names are stored as given but compared in lowercase.
# This option also applies to database names and table aliases.
# NOTE: Modify this value after Server initialization won't take effect.
lower_case_table_names=1

# Secure File Priv.
# secure-file-priv="C:/ProgramData/MySQL/MySQL Server 8.0/Uploads\"
secure-file-priv="D:/"
```

图 17-14　设置数据表的导出路径

再次使用 SELECT…INTO OUTFILE 将 booksDB 数据库 books 表中的记录导出到文本文件，输入语句如下：

```
mysql>SELECT *  FROM booksDB.books INTO OUTFILE 'D:/books1.txt';
Query OK, 1 row affected (0.01 sec)
```

由于指定了 INTO OUTFILE 子句，SELECT 将查询出来的 3 个字段的值保存到 C:\books1.txt 文件中，打开文件，内容如下：

```
bk_id bk_title copyright
11026 Guide to MySQL 8.0    2008
11028 Learning C++ 2005
11033 Study Html   2011
11035 How to use php     2003
11041 Inside VC++ 2011
11069 MySQL professional   2009
11072 Teach yourself javascript    2005
11078 Learning MySQL      2010
```

可以看到默认情况下，MySQL 使用制表符"\t"分隔不同的字段，字段没有被其他字符括起来。

实例 17：使用 SELECT…INTO OUTFILE 命令以指定格式导出数据表中的记录到文本文件

使用 SELECT…INTO OUTFILE 将 booksDB 数据库 books 表中的记录导出到文本文件，使用 FIELDS 选项和 LINES 选项，要求字段之间使用逗号","间隔，所有字段值用双引号括起来，定义转义字符为单引号"\'"，执行的语句如下：

```
SELECT * FROM  booksDB.books INTO OUTFILE "D:/books2.txt"
FIELDS
TERMINATED BY ','
ENCLOSED BY '\"'
ESCAPED BY '\''
LINES
TERMINATED BY '\r\n';
```

该语句将把 books 表中所有记录导入到 D 盘目录下的 books2.txt 文本文件中。"FIELDS TERMINATED BY ','"表示字段之间用逗号分隔；"ENCLOSED BY '\"'"表示每个字段用双引号括起来；"ESCAPED BY '\''"表示将系统默认的转义字符替换为单引号；"LINES TERMINATED BY '\r\n'"表示每行以回车换行符结尾，保证每一条记录占一行。

执行成功后，在目录 D 盘下生成一个 books2.txt 文件，打开文件，内容如下：

```
bk_id bk_title copyright
11026 "Guide to MySQL 8.0"     2008
11028 "Learning C++"     2005
11033 "Study Html"    2011
11035 "How to use php"    2003
11041 "Inside VC++"    2011
11069 "MySQL professional"     2009
11072 "Teach yourself javascript"      2005
11078 "Learning MySQL"     2010
```

可以看到，所有的字段值都被双引号包围。

实例 18：以字符串">"开始，以"<end>"字符串结尾的方式导出数据记录

使用 SELECT…INTO OUTFILE 将 booksDB 数据库 books 表中的记录导出到文本文件，

使用 LINES 选项，要求每行记录以字符串">"开始，以"<end>"字符串结尾，执行语句如下：

```
SELECT * FROM booksDB.books INTO OUTFILE "D:/books3.txt"
LINES
STARTING BY '>'
TERMINATED BY '<end>';
```

执行成功后，在 D 盘下生成一个 books3.txt 文件，打开文件，内容如下：

```
> 11026    Guide to MySQL 8.0    2008 <end>> 11028    Learning C++    2 0 0 5
<end>> 11033    Study Html    2011 <end>> 11035    How to use php 2003    <e n d>>
11041    Inside VC++ 2011 <end>> 11069    MySQL professional    2009 <end>> 11072
Teach yourself javascript    2005 <end>>11078    Learning MySQL 2010 <end>>
```

可以看到，虽然将所有的字段值导出到文本文件中，但是所有的记录没有分行区分，出现这种情况是因为 TERMINATED BY 选项替换了系统默认的"\n"换行符。如果希望换行显示，则需要修改导出语句，输入下面的语句：

```
SELECT * FROM booksDB.books INTO OUTFILE "D:/books4.txt"
LINES
STARTING BY '>'
TERMINATED BY '<end>\r\n';
```

执行完语句之后，换行显示每条记录，结果如下：

```
>11026    Guide to MySQL 8.0    2008 <end>
>11028    Learning C++    2005 <end>
>11033    Study Html    2011 <end>
>11035    How to use php 2003 <end>
>11041    Inside VC++    2011 <end>
>11069    MySQL professional    2009 <end>
>11072    Teach yourself javascript    2005 <end>
>11078    Learning MySQL 2010 <end>
```

17.4.4 使用 LOAD DATA INFILE 导入

MySQL 允许将数据导出到外部文件，也可以从外部文件导入数据。MySQL 提供了一些导入数据的工具，这些工具有 LOAD DATA 语句、source 命令和 MySQL 命令。其中，LOAD DATA INFILE 语句用于高速地从一个文本文件中读取行，并装入一个表中。其中文件名称必须为文字字符串。LOAD DATA 语句的基本格式如下：

```
LOAD DATA INFILE 'filename.txt' INTO TABLE tablename [OPTIONS] [IGNORE number
LINES]

-- OPTIONS选项
    FIELDS TERMINATED BY 'value'
FIELDS [OPTIONALLY] ENCLOSED BY 'value'
FIELDS ESCAPED BY 'value'
LINES STARTING BY 'value'
LINES TERMINATED BY 'value'
```

主要参数介绍如下。

- filename：关键字 INFILE 后面的 filename 文件为导入数据的来源。

- tablename：表示待导入的数据表名称。
- [OPTIONS]：可选参数选项，OPTIONS 部分的语法包括 FIELDS 和 LINES 子句，其可能的取值如表 17-3 所示。

表 17-3 OPTIONS 可能的取值

参数名	功能介绍
FIELDS TERMINATED BY 'value'	设置字段之间的分隔字符，可以为单个或多个字符，默认情况下为制表符 "\t"
FIELDS [OPTIONALLY] ENCLOSED BY 'value'	设置字段的包围字符，只能为单个字符。如果使用了 OPTIONALLY，则只有 CHAR 和 VERCHAR 等字符数据字段被包围
FIELDS ESCAPED BY 'value'	控制如何写入或读取特殊字符，只能为单个字符，即设置转义字符，默认值为 "\"
LINES STARTING BY 'value'	设置每行数据开头的字符，可以为单个或多个字符，默认情况下不使用任何字符
LINES TERMINATED BY 'value'	设置每行数据结尾的字符，可以为单个或多个字符，默认值为 "\n"

- IGNORE number LINES 选项：表示忽略文件开始处的行数，number 表示忽略的行数。执行 LOAD DATA 语句需要 FILE 权限。

实例 19：使用 LOAD DATA 命令导入数据记录

使用 LOAD DATA 命令将 D:\books1.txt 文件中的数据导入到 booksDB 数据库中的 books 表，执行语句如下：

```
LOAD DATA  INFILE 'D:\books1.txt' INTO TABLE booksDB.books;
```

恢复数据之前，将 books 表中的数据全部删除。登录 MySQL，执行 DELETE 语句如下：

```
mysql> USE booksDB;
Database changed;
mysql> DELETE FROM books;
Query OK, 8 rows affected (0.00 sec)
```

从 books1.txt 文件中恢复数据，执行语句如下：

```
mysql> LOAD DATA  INFILE 'D:\books1.txt' INTO TABLE booksDB.books;
Query OK, 8 rows affected (0.00 sec)
Records: 8  Deleted: 0  Skipped: 0  Warnings: 0

mysql> SELECT * FROM books;
+-------+--------------------------+-----------+
| bk_id | bk_title                 | copyright |
+-------+--------------------------+-----------+
| 11026 | Guide to MySQL 8.0       |      2008 |
| 11028 | Learning C++             |      2005 |
| 11033 | Study Html               |      2011 |
| 11035 | How to use php           |      2003 |
| 11041 | Inside VC++              |      2011 |
| 11069 | MySQL professional       |      2009 |
| 11072 | Teach yourself javascript|      2005 |
```

```
| 11078 | Learning MySQL          |      2010 |
+-------+-------------------------+-----------+
8 rows in set (0.00 sec)
```

可以看到，语句执行成功之后，原来的数据重新恢复到了 books 表中。

实例 20：以指定格式导入数据记录到数据表

使用 LOAD DATA 命令将 D:\books1.txt 文件中的数据导入到 booksDB 数据库中的 books 表，使用 FIELDS 选项和 LINES 选项，要求字段之间使用逗号","间隔，所有字段值用双引号括起来，定义转义字符为单引号"\'"，每行记录以回车换行符"\r\n"结尾，执行语句如下：

```
LOAD DATA INFILE 'D:\books1.txt' INTO TABLE booksDB.books
FIELDS
TERMINATED BY ','
ENCLOSED BY '\"'
ESCAPED BY '\''
LINES
TERMINATED BY '\r\n';
```

恢复之前，将 books 表中的数据全部删除，使用 DELETE 语句执行过程如下：

```
mysql> DELETE FROM books;
Query OK, 8 rows affected (0.00 sec)
```

从 books1.txt 文件中恢复数据，执行过程如下：

```
mysql> LOAD DATA  INFILE 'D:\books1.txt' INTO TABLE booksDB.books
    -> FIELDS
    -> TERMINATED BY ','
    -> ENCLOSED BY '\"'
    -> ESCAPED BY '\''
    -> LINES
    -> TERMINATED BY '\r\n';
Query OK, 8 rows affected (0.00 sec)
Records: 8  Deleted: 0  Skipped: 0  Warnings: 0
```

语句执行成功，使用 SELECT 语句查看 books 表中的记录，结果与前一个例子相同。

17.4.5 使用 MySQLimport 命令导入

使用 MySQLimport 命令可以导入文本文件，并且不需要登录 MySQL 客户端。MySQLimport 命令提供许多与 LOAD DATA INFILE 语句相同的功能，大多数选项直接对应 LOAD DATA INFILE 子句。使用 MySQLimport 语句需要指定所需的选项、导入的数据库名称以及导入的数据文件的路径和名称。MySQLimport 命令的基本语法格式如下：

```
mysqlimport -u root -p dbname filename.txt [OPTIONS]

--OPTIONS 选项
--fields-terminated-by=value
--fields-enclosed-by=value
```

```
--fields-optionally-enclosed-by=value
--fields-escaped-by=value
--lines-terminated-by=value
--ignore-lines=n
```

主要参数介绍如下。

- dbname：导入的表所在的数据库名称。注意，MySQLimport 命令不指定导入数据库的表名称，数据表的名称由导入文件名称确定，即文件名作为表名，导入数据之前该表必须存在。
- [OPTIONS]：为可选参数选项，其常见的取值如表 17-4 所示。

表 17-4 [OPTIONS] 选项的取值

参数名	功能介绍
--fields-terminated-by='value'	设置字段之间的分隔字符，可以为单个或多个字符，默认情况下为制表符"\t"
--fields-enclosed-by='value'	设置字段的包围字符
--fields-optionally-enclosed-by='value'	设置字段的包围字符，只能为单个字符，包括 CHAR 和 VERCHAR 等字符数据字段
--fields-escaped-by='value'	控制如何写入或读取特殊字符，只能为单个字符，即设置转义字符，默认值为反斜线"\"
--lines-terminated-by='value'	设置每行数据结尾的字符，可以为单个或多个字符，默认值为"\n"
--ignore-lines=n	忽视数据文件的前 n 行

实例 21：使用 MySQLimport 命令导入数据记录

使用 MySQLimport 命令将 D 盘下的 books2.txt 文件内容导入到 booksDB 数据库中，字段之间使用逗号"，"间隔，字符类型字段值用双引号括起来，将转义字符定义为问号"？"，每行记录以回车换行符"\r\n"结尾，执行的语句如下：

```
C:\>mysqlimport -u root -p booksDB D:\books2.txt --fields-terminated-by=,
--fields-optionally-enclosed-by=\" --fields-escaped-by=?--lines-terminated-by=\r\n
```

上面语句要在一行中输入，语句执行成功，将把 person.txt 中的数据导入到数据库。除了前面介绍的几个选项之外，MySQLimport 还支持许多选项，常见的选项如下。

（1）--columns=column_list, -c column_list：该选项采用逗号分隔的列名作为其值。列名的顺序指示如何匹配数据文件列和表列。

（2）--compress，-C：压缩在客户端和服务器之间发送的所有信息（如果二者均支持压缩）。

（3）-d，--delete：导入文本文件前清空表。

（4）--force，-f：忽视错误。例如，如果某个文本文件的表不存在，继续处理其他文件。若不使用 --force，则如果表不存在，MySQLimport 将退出。

（5）--host=host_name, -h host_name：将数据导入给定主机上的 MySQL 服务器。默认主机是 localhost。

（6）--ignore-lines=n：忽视数据文件的前 n 行。

（7）--local，-L：从本地客户端读入输入文件。

（8）--lock-tables，-l：处理文本文件前锁定所有表以便写入。这样可以确保所有表在服务器上保持同步。

（9）--password[=password]，-p[password]：当连接服务器时使用的密码。如果使用短选项形式（-p），选项和密码之间不能有空格。如果在命令行中，--password 或 -p 选项后面没有密码值，则提示输入一个密码。

（10）--port=port_num，-P port_num：用于连接的 TCP/IP 端口号。

（11）--protocol={TCP | SOCKET | PIPE | MEMORY}：使用的连接协议。

（12）--user=user_name，-u user_name：当连接服务器时 MySQL 使用的用户名。

（13）--version，-V：显示版本信息并退出。

17.5 疑难问题解析

疑问 1：MySQLdump 备份的文件只能在 MySQL 中使用吗？

答：MySQLdump 备份的文本文件实际是数据库的一个副本，使用该文件不仅可以在 MySQL 中恢复数据库，而且通过对该文件的简单修改，可以使用该文件在 SQL Server 或者 Sybase 等其他数据库中恢复数据库，这在某种程度上实现了数据库之间的迁移。

疑问 2：使用 MySQLdump 备份整个数据库成功，把表和数据库都删除了，但使用备份文件却不能恢复数据库，为什么？

答：出现这种情况，是因为备份的时候没有指定 --databases 参数。默认情况下，如果只指定数据库名称，MySQLdump 备份的是数据库中所有的表，而不包括数据库的创建语句，例如：

```
mysqldump -u root -p booksDB > c:\backup\booksDB_20210101.sql
```

该语句只备份了 booksDB 数据库下所有的表，读者打开该文件，可以看到文件中不包含创建 booksDB 数据库的 CREATE DATABASE 语句，因此如果把 booksDB 也删除了，使用该 SQL 文件不能还原以前的表，还原时会出现 ERROR 1046 (3D000): No database selected 的错误信息。必须在 MySQL 命令行下创建 booksDB 数据库，并使用 use 语句选择 booksDB 之后才可以还原。而下面的语句，在数据库删除之后，可以正常还原备份时的状态：

```
mysqldump -u root -p --databases booksDB > C:\backup\books_DB_20210101.sql
```

该语句不仅备份了所有数据库下的表结构，而且包含创建数据库的语句。

17.6 综合实战训练营

实战 1：备份数据表 suppliers

使用 MySQLdump 命令将 suppliers 表备份到文件 C:\bktestdir\suppliers_bk.sql。

（1）首先创建系统目录，在系统 C 盘下面新建文件夹 bktestdir，然后打开命令提示符窗口。

（2）打开目录 C:\bktestdir，可以看到已经创建好的备份文件 suppliers_bk.sql。

实战 2：还原数据表 suppliers

使用 MySQL 命令将备份文件 suppliers_bk.sql 中的数据还原到 suppliers 表。

（1）为了验证还原之后数据的正确性，删除 suppliers 表中的所有记录，登录 MySQL。

（2）suppliers 表中不再有任何数据记录。在 MySQL 命令行输入还原语句。

（3）执行成功之后，使用 SELECT 语句查询 suppliers 表内容。

实战 3：数据记录的导入与导出

（1）使用 SELECT… INTO OUTFILE 语句导出 suppliers 表中的记录，导出文件位于目录 C:\bktestdir 下，名称为 suppliers_out.txt。

（2）打开目录 C:\bktestdir，可以看到已经创建好的导出文件 suppliers_out.txt。

（3）使用 LOAD DATA INFILE 语句导入 suppliers_out.txt 数据到 suppliers 表。首先使用 DELETE 语句删除 suppliers 表中的所有记录，

（4）使用 MySQLdump 命令将 suppliers 表中的记录导出到文件 C:\bktestdir\suppliers_html.html。导出表数据到 html 文件，使用 MySQL 命令时需要指定 --html 选项，在 Windows 命令提示符窗口输入导出语句。

（5）打开目录 C:\bktestdir，可以看到已经创建好的导出文件 suppliers_html.html。读者可以使用浏览器打开将该文件，在浏览器中显示内容如表 17-5 所示。

表 17-5　浏览器中显示导出文件的内容

s_id	s_name	s_city	s_zip	s_call
101	FastFruit Inc.	Tianjin	463400	48075
102	LT Supplies	Chongqing	100023	44333
103	ACME	Shanghai	100024	90046
104	FNK Inc.	Zhongshan	212021	11111
105	Good Set	Taiyuan	230009	22222
106	Just Eat Ours	Beijing	010	45678
107	DK Inc.	Qingdao	230009	33332

第18章　MySQL的性能优化

本章导读

MySQL性能优化就是通过合理安排资源，调整系统参数，使MySQL运行更快、更节省资源。MySQL性能优化包括查询速度的优化、数据库结构的优化、MySQL服务器的优化等。本章就来介绍MySQL性能优化的相关内容。

知识导图

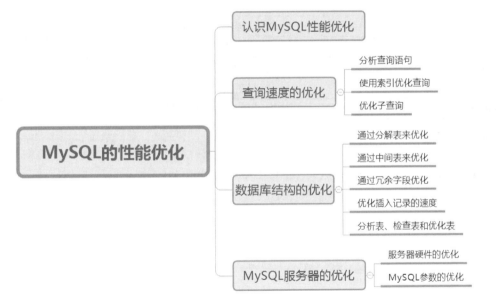

18.1 认识 MySQL 性能优化

掌握优化 MySQL 数据库的方法是数据库管理员和数据库开发人员的必备技能。通过不同的优化方法，可以达到提高 MySQL 数据库性能的目的。MySQL 数据库优化目标是多方面的，原则是减少系统的瓶颈，减少资源的占用，增加系统的反应速度。

在 MySQL 中，可以使用 SHOW STATUS 语句查询 MySQL 数据库的性能参数，其语法如下：

```
SHOW STATUS LIKE 'value';
```

其中，value 是要查询的参数值，一些常用的性能参数如表 18-1 所示。

表 18-1　value 常用的参数值

参数名	功能简介
Connections	连接 MySQL 服务器的次数
Uptime	MySQL 服务器的上线时间
Slow_queries	慢查询的次数
Com_select	查询操作的次数
Com_insert	插入操作的次数
Com_update	更新操作的次数
Com_delete	删除操作的次数

实例 1：查询 MySQL 服务器的连接次数

查询 MySQL 服务器的连接次数，执行语句如下：

```
SHOW STATUS LIKE 'Connections';
```

执行结果如图 18-1 所示。从结果可以看出，当前 MySQL 服务器的连接次数为 37。

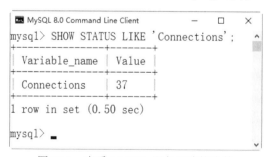

图 18-1　查看 MySQL 服务器连接次数

实例 2：查询 MySQL 服务器的慢查询次数

查询 MySQL 服务器的慢查询次数，执行语句如下：

```
SHOW STATUS LIKE 'Slow_queries';
```

执行结果如图 18-2 所示。从结果可以得出当前慢查询次数为 0。

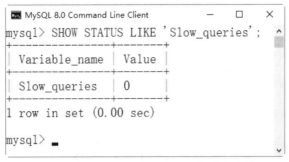

图 18-2　查看 MySQL 服务器的慢查询次数

> **提示**：其他参数的查询方法和这两个参数的查询方法相同。而且慢查询次数参数可以结合慢查询日志找出慢查询语句，然后针对慢查询语句进行表结构优化或者查询语句优化。

18.2　查询速度的优化

在 MySQL 数据库中，对数据的查询是数据库中最频繁的操作，提高数据的查询速度可以有效地提高 MySQL 数据库的性能。

18.2.1　分析查询语句

通过分析查询语句，可以了解查询语句的执行情况，找出查询语句的不足之处，从而优化查询语句。在 MySQL 中，可以使用 EXPLAIN 和 DESCRIBE 语句来分析查询语句。

1. 使用 EXPLAIN 语句分析查询语句

EXPLAIN 语句的基本语法如下：

```
EXPLAIN [EXTENDED] SELECT select_options
```

主要参数介绍如下。
- EXTENED 是关键字，表示 EXPLAIN 语句将产生附加信息。
- select_options 参数是 SELECT 语句的查询选项，包括 FROM WHERE 子句等。

执行该语句，可以分析 EXPLAIN 后面的 SELECT 语句的执行情况，并且能够分析出所查询的表的一些特征。

实例 3：使用 EXPLAIN 语句分析数据表

使用 EXPLAIN 语句分析查询学生信息表 students 的语句，执行语句如下：

```
EXPLAIN SELECT * FROM students;
```

执行结果如图 18-3 所示。

```
mysql> use school;
Database changed
mysql> EXPLAIN SELECT * FROM students;
+----+-------------+----------+------------+------+---------------+------+---------+------+------+----------+-------+
| id | select_type | table    | partitions | type | possible_keys | key  | key_len | ref  | rows | filtered | Extra |
+----+-------------+----------+------------+------+---------------+------+---------+------+------+----------+-------+
|  1 | SIMPLE      | students | NULL       | ALL  | NULL          | NULL | NULL    | NULL |    7 |   100.00 | NULL  |
+----+-------------+----------+------------+------+---------------+------+---------+------+------+----------+-------+
1 row in set, 1 warning (0.03 sec)

mysql>
```

图 18-3 使用 EXPLAIN 语句分析

下面对查询结果中主要参数功能进行介绍。

（1）id：SELECT 识别符，这是 SELECT 的查询序列号。

（2）select_type：表示 SELECT 语句的类型，其主要取值如表 18-2 所示。

表 18-2 select_type 的取值

取值	取值介绍
SIMPLE	表示简单查询，其中不包括连接查询和子查询
PRIMARY	表示主查询，或者是最外层的查询语句
UNION	表示连接查询的第 2 个或后面的查询语句
DEPENDENT UNION	连接查询中的第 2 个或后面的 SELECT 语句，取决于外面的查询
UNION RESULT	连接查询的结果
SUBQUERY	子查询中的第 1 个 SELECT 语句
DEPENDENT SUBQUERY	子查询中的第 1 个 SELECT，取决于外面的查询
DERIVED	导出表的 SELECT（FROM 子句的子查询）

（3）table：表示查询的表。

（4）type：表示表的连接类型，表 18-3 是按照从最佳类型到最差类型的顺序给出的各种连接类型。

表 18-3 表的连接类型

连接类型	功能介绍
system	该表是仅有一行的系统表。这是 const 连接类型的一个特例
const	数据表最多只有一个匹配行，它将在查询开始时被读取，并在余下的查询优化中作为常量对待。const 表查询速度很快，因为它们只读取一次。const 用于使用常数值比较 PRIMARY KEY 或 UNIQUE 索引的所有部分的场合
eq_ref	对于每个来自前面的表的行组合，从该表中读取一行。当一个索引的所有部分都在查询中使用并且索引是 UNIQUE 或 PRIMARY KEY 时，即可使用这种类型。eq_ref 可以用于使用 "=" 操作符比较带索引的列。比较值可以为常量或一个在该表前面所读取的表的列的表达式
ref	对于来自前面的表的任意行组合，将从该表中读取所有匹配的行。这种类型用于索引既不是 UNIQUE 也不是 PRIMARY KEY 的情况，或者查询中使用了索引列的左子集，即索引中左边的部分列组合。ref 可以用于使用 "=" 或 "<=>" 操作符的带索引的列
ref_or_null	该连接类型如同 ref，但是添加了 MySQL 可以专门搜索包含 NULL 值的行。在子查询中经常使用该连接类型的优化
index_merge	该连接类型表示使用了索引合并优化方法。在这种情况下，key 列包含了使用的索引的清单，key_len 包含了使用的索引的最长关键元素

续表

连接类型	功能介绍
unique_subquery	该类型替换了下面形式的 IN 子查询： value IN (SELECT primary_key FROM single_table WHERE some_expr) unique_subquery 是一个索引查找函数，可以完全替换子查询，效率更高
index_subquery	该连接类型类似于 unique_subquery，可以替换 IN 子查询，但只适合下列形式的子查询中的非唯一索引： value IN (SELECT key_column FROM single_table WHERE some_expr)
range	只检索给定范围的行，使用一个索引来选择行。当使用 =、<>、>、>=、<、<=、IS NULL、<=>、BETWEEN 或者 IN 操作符，用常量比较关键字列时，类型为 range
index	该连接类型与 ALL 基本相同，不过 index 连接只扫描索引树，这通常比 ALL 快一些，因为索引文件通常比数据文件小
ALL	对于前面的表的任意行组合，进行完整的表扫描

（5）possible_keys：指出 MySQL 能使用哪个索引在该表中找到行。如果该列是 NULL，则没有相关的索引。在这种情况下，可以通过检查 WHERE 子句看它是否引用某些列或适合索引的列来提高查询性能。如果是这样，可以创建适合的索引来提高查询的性能。

（6）key：表示查询实际使用到的索引，如果没有选择索引，该列的值是 NULL。要想强制 MySQL 使用或忽视 possible_keys 列中的索引，在查询中使用 FORCE INDEX、USE INDEX 或者 IGNORE INDEX。参见 SELECT 语法。

（7）key_len：表示 MySQL 选择的索引字段按字节计算的长度，如果键是 NULL，则长度为 NULL。通过 key_len 值，可以确定 MySQL 将实际使用一个多列索引中的几个字段。

（8）ref：表示使用哪个列或常数与索引一起来查询记录。

（9）rows：显示 MySQL 在表中进行查询时必须检查的行数。

（10）Extra：表示 MySQL 在处理查询时的详细信息。

2. 使用 DESCRIBE 语句分析查询语句

DESCRIBE 语句的使用方法与 EXPLAIN 语句是一样的，其语法形式如下：

```
DESCRIBE SELECT select_options
```

其中，DESCRIBE 可以缩写成 DESC。

实例 4：使用 DESCRIBE 语句分析数据表

使用 DESCRIBE 语句分析查询学生信息表 students 的语句，执行语句如下：

```
DESCRIBE SELECT * FROM students;
```

执行结果如图 18-4 所示。从中可以看出这两种方法的分析结果是一样的。

图 18-4　使用 DESCRIBE 语句分析

18.2.2　使用索引优化查询

索引可以快速地定位表中的某条记录，使用索引可以提高数据库的查询速度，从而提高数据库的性能。在数据量大的情况下，如果不使用索引，查询语句将扫描表中的所有记录，这样查询的速度会很慢。如果使用索引，查询语句可以根据索引快速定位到待查询记录，从而减少查询的记录数，达到提高查询速度的目的。

实例 5：使用索引优化查询的应用实例

下面是查询语句中不使用索引和使用索引的对比。首先，分析未使用索引时的查询情况，EXPLAIN 语句执行如下：

EXPLAIN SELECT * FROM students WHERE name='李夏'；

执行结果如图 18-5 所示，从返回查询结果可以看到，rows 列的值是 7，说明"SELECT * FROM students WHERE name=' 李夏 ';"这个查询语句扫描了表中的 7 条记录。

图 18-5　返回查询结果

下面在 students 表的 name 字段上加上索引，添加索引的语句如下：

CREATE INDEX index_name ON students(name);

执行后即可完成添加索引的操作，结果如图 18-6 所示。

图 18-6　添加索引

现在，再分析上面的查询语句。执行的 EXPLAIN 语句如下：

EXPLAIN SELECT * FROM students WHERE name='李夏'；

执行结果如图 18-7 所示。从结果可以看出 rows 列的值为 1，表示这个查询语句只扫描了表中的一条记录，其查询速度自然比扫描 7 条记录快。而且 possible_keys 和 key 的值都是 index_name，这说明查询时使用了 index_name 索引。

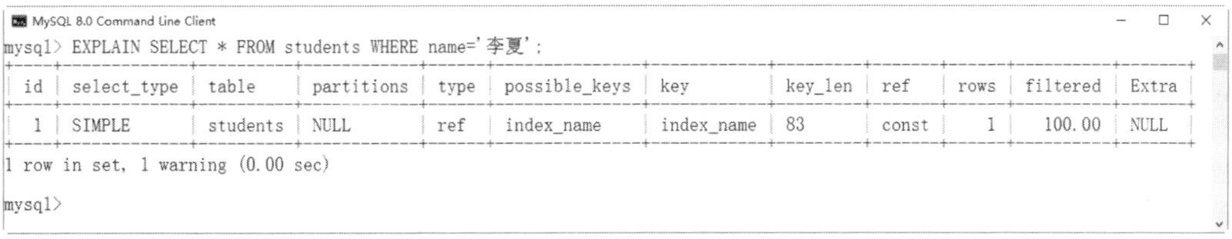

```
MySQL 8.0 Command Line Client
mysql> EXPLAIN SELECT * FROM students WHERE name='李夏';
+----+-------------+----------+------------+------+---------------+------------+---------+-------+------+----------+-------+
| id | select_type | table    | partitions | type | possible_keys | key        | key_len | ref   | rows | filtered | Extra |
+----+-------------+----------+------------+------+---------------+------------+---------+-------+------+----------+-------+
|  1 | SIMPLE      | students | NULL       | ref  | index_name    | index_name | 83      | const |    1 |   100.00 | NULL  |
+----+-------------+----------+------------+------+---------------+------------+---------+-------+------+----------+-------+
1 row in set, 1 warning (0.00 sec)
mysql>
```

图 18-7 返回查询结果

> **注意**：索引可以提高查询的速度，但并不是使用带有索引的字段查询时，索引都会起作用。例如以下几种特殊情况，有可能使用带有索引的字段查询时，索引并没有起作用。
>
> （1）使用 LIKE 关键字的查询语句。
> （2）使用多列索引的查询语句。
> （3）使用 OR 关键字的查询语句。

18.2.3　优化子查询

使用子查询可以进行 SELECT 语句的嵌套查询，即一个 SELECT 查询的结果作为另一个 SELECT 语句的条件。子查询可以一次性完成很多逻辑上需要多个步骤才能完成的 SQL 操作。子查询虽然可以使查询语句很灵活，但执行效率不高。执行子查询时，MySQL 需要为内层查询语句的查询结果建立一个临时表。然后外层查询语句从临时表中查询记录。查询完毕后，再撤销这些临时表。因此，子查询的速度会受到一定的影响。如果查询的数据量比较大，这种影响就会随之增大。

在 MySQL 中，可以使用连接（JOIN）查询来替代子查询。连接查询不需要建立临时表，其速度比子查询要快，如果查询中使用索引的话，性能会更好。连接之所以更有效率，是因为 MySQL 不需要在内存中创建临时表来完成查询工作。

18.3　数据库结构的优化

合理的数据库结构不仅可以使数据库占用更小的磁盘空间，而且能够使查询速度更快。数据库结构的设计，需要考虑数据冗余、查询和更新的速度、字段的数据类型是否合理等多方面的内容。

18.3.1　通过分解表来优化

对于字段较多的表，如果有些字段的使用频率很低，可以将这些字段分离出来形成新表。因为当一个表的数据量很大时，会由于使用频率低的字段的存在而变慢。

实例 6：通过分解表来优化数据库

假设会员表存储会员登录认证信息，该表中有很多字段，如 id、姓名、密码、地址、电话、个人描述字段。其中地址、电话、个人描述等字段并不常用，可以将这些不常用字段分解出另外一个表，将这个表取名叫 members_detail，表中有 member_id、address、telephone、description 等字段。其中，member_id 是会员编号，address 字段存储地址信息，telephone 字段存储电话信息，description 字段存储会员个人描述信息。这样就把会员表分成两个表，分别为 members 表和 members_detail 表。

创建 members 表的语句如下：

```
CREATE TABLE members (
  Id int(11) NOT NULL AUTO_INCREMENT,
  username varchar(255) DEFAULT NULL ,
  password varchar(255) DEFAULT NULL ,
  last_login_time datetime DEFAULT NULL ,
  last_login_ip varchar(255) DEFAULT NULL ,
  PRIMARY KEY (Id)
) ;
```

创建 members_detail 表的语句如下：

```
CREATE TABLE members_detail (
  member_id int(11) NOT NULL DEFAULT 0,
  address varchar(255) DEFAULT NULL ,
  telephone varchar(16) DEFAULT NULL ,
  description text
);
```

下面查询 members 表结构，执行语句如下：

```
mysql>desc members;
```

执行结果如图 18-8 所示，即可返回 members 表的结构。

图 18-8　members 表结构

下面查询 members_detail 表结构，执行语句：

```
mysql> DESC members_detail;
```

即可返回 members_detail 表的结构，执行结果如图 18-9 所示。

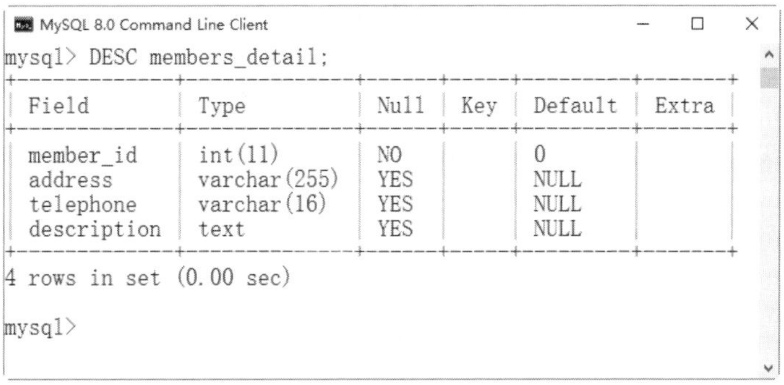

```
MySQL 8.0 Command Line Client
mysql> DESC members_detail;
+-------------+--------------+------+-----+---------+-------+
| Field       | Type         | Null | Key | Default | Extra |
+-------------+--------------+------+-----+---------+-------+
| member_id   | int(11)      | NO   |     | 0       |       |
| address     | varchar(255) | YES  |     | NULL    |       |
| telephone   | varchar(16)  | YES  |     | NULL    |       |
| description | text         | YES  |     | NULL    |       |
+-------------+--------------+------+-----+---------+-------+
4 rows in set (0.00 sec)

mysql>
```

图 18-9 members_detail 表结构

如果需要查询会员的详细信息，可以用会员的 id 来查询。如果需要将会员的基本信息和详细信息同时显示，可以将 members 表和 members_detail 表进行联合查询，语句如下：

```
SELECT * FROM members LEFT JOIN members_detail ON members.id=members_detail.
member_id;
```

通过这种分解，可以提高表的查询效率，对于字段很多且有些字段使用不频繁的表，可以通过这种分解的方式来优化数据库的性能。

18.3.2 通过中间表来优化

对于需要经常联合查询的表，可以建立中间表以提高查询效率。通过建立中间表，把需要经常联合查询的数据插入到中间表中，然后将原来的联合查询改为对中间表的查询，以此来提高查询效率。

实例 7：通过中间表来优化数据库

创建会员信息表和会员组信息表的语句如下：

```
CREATE TABLE vip(
  Id int(11) NOT NULL AUTO_INCREMENT,
  username varchar(255) DEFAULT NULL,
  password varchar(255) DEFAULT NULL,
  groupId INT(11) DEFAULT 0,
  PRIMARY KEY (Id)
) ;
CREATE TABLE vip_group (
  Id int(11) NOT NULL AUTO_INCREMENT,
  name varchar(255) DEFAULT NULL,
  remark varchar(255) DEFAULT NULL,
  PRIMARY KEY (Id)
) ;
```

查询会员信息表和会员组信息表：

```
mysql> DESC vip;
+----------+--------------+------+-----+---------+----------------+
| Field    | Type         | Null | Key | Default | Extra          |
+----------+--------------+------+-----+---------+----------------+
| Id       | int(11)      | NO   | PRI | NULL    | auto_increment |
```

```
| username | varchar(255) | YES  |     | NULL    |                |
| password | varchar(255) | YES  |     | NULL    |                |
| groupId  | int(11)      | YES  |     | 0       |                |
+----------+--------------+------+-----+---------+----------------+
4 rows in set (0.01 sec)

mysql> DESC vip_group;
+--------+--------------+------+-----+---------+----------------+
| Field  | Type         | Null | Key | Default | Extra          |
+--------+--------------+------+-----+---------+----------------+
| Id     | int(11)      | NO   | PRI | NULL    | auto_increment |
| name   | varchar(255) | YES  |     | NULL    |                |
| remark | varchar(255) | YES  |     | NULL    |                |
+--------+--------------+------+-----+---------+----------------+
3 rows in set (0.01 sec)
```

已知现在有一个模块需要经常查询带有会员组名称、会员组备注（remark）、会员用户名信息的会员信息。根据这种情况，可以创建一个 temp_vip 表。temp_vip 表中存储用户名（user_name），会员组名称（group_name）和会员组备注（group_remark）信息。创建表的语句如下：

```
CREATE TABLE temp_vip (
  Id int(11) NOT NULL AUTO_INCREMENT,
  user_name varchar(255) DEFAULT NULL,
  group_name varchar(255) DEFAULT NULL,
  group_remark varchar(255) DEFAULT NULL,
  PRIMARY KEY (Id)
);
```

接下来，从会员信息表和会员组信息表中查询相关信息并存储到临时表中：

```
mysql> INSERT INTO temp_vip(user_name, group_name, group_remark)
    SELECT v.username,g.name,g.remark
    FROM vip as v ,vip_group as g
    WHERE v.groupId =g.Id;
Query OK, 0 rows affected (0.95 sec)
Records: 0  Duplicates: 0  Warnings: 0
```

以后，可以直接从 temp_vip 表中查询会员名、会员组名称和会员组备注，而不用每次都进行联合查询。这样可以提高数据库的查询速度。

18.3.3 通过冗余字段优化

设计数据库表时应尽量遵循范式理论的规约，尽可能减少冗余字段，让数据库设计看起来精致、优雅。但是，合理地加入冗余字段可以提高查询速度。

表的规范化程度越高，表与表之间的关系就越多，需要连接查询的情况也就越多。例如，员工的信息存储在 staff 表中，部门信息存储在 department 表中，通过 staff 表中的 department_id 字段与 department 表建立关联关系。如果要查询一个员工所在部门的名称，必须从 staff 表中查找员工所在部门的编号（department_id），然后根据这个编号去 department 表查找部门的名称。

如果经常需要进行这个操作，连接查询会浪费很多时间。此时可以在 staff 表中增加一个冗余字段 department_name，该字段用来存储员工所在部门的名称，这样就不用每次都进行连接操作了。

不过，冗余字段会导致一些问题。比如，冗余字段的值在一个表中被修改了，就要想办法在其他表中更新该字段，否则就会使原本一致的数据变得不一致。

> **提示**：分解表、中间表和增加冗余字段都浪费了一定的磁盘空间。从数据库性能来看，为了提高查询速度而增加少量的冗余大部分时候是可以接受的，而是否通过增加冗余来提高数据库性能，这要根据实际需求综合分析。

18.3.4 优化插入记录的速度

插入记录时，影响插入速度的主要是索引、唯一性校验、一次插入记录条数等，根据这些情况，可以分别进行优化。

1. 对于 MyISAM 引擎的表的优化

对于 MyISAM 引擎的表，常见的优化方法如下。

（1）禁用索引

对于非空表，插入记录时，MySQL 会根据表的索引对插入的记录建立索引。如果插入大量数据，建立索引会降低插入记录的速度。为了解决这种情况，可以在插入记录之前禁用索引，数据插入完毕后再开启索引。禁用索引的语句如下：

```
ALTER TABLE table_name DISABLE KEYS;
```

其中 table_name 是禁用索引的表的表名。

重新开启索引的语句如下：

```
ALTER TABLE table_name ENABLE KEYS;
```

对于空表批量导入数据，则不需要进行此操作，因为 MyISAM 引擎的表是在导入数据之后才建立索引的。

（2）禁用唯一性检查

插入数据时，MySQL 会对插入的记录进行唯一性校验，这种唯一性校验也会降低插入记录的速度。为了降低这种情况对查询速度的影响，可以在插入记录之前禁用唯一性检查，等记录插入完毕后再开启。禁用唯一性检查的语句如下：

```
SET UNIQUE_CHECKS=0;
```

开启唯一性检查的语句如下：

```
SET UNIQUE_CHECKS=1;
```

（3）使用批量插入

插入多条记录时，可以使用一条 INSERT 语句插入一条记录，也可以使用一条 INSERT 语句插入多条记录。插入一条记录的 INSERT 语句情形如下：

```
INSERT INTO score VALUES('A1','101','MySQL','89');
INSERT INTO score VALUES('A2','102','SQL Server','57')
INSERT INTO score VALUES('A3','103','Access','90')
```

使用一条 INSERT 语句插入多条记录的情形如下：

```
INSERT INTO score VALUES
('A1','101','MySQL','89'),
('A2','102','SQL Server','57'),
('A3','103','Access','90');
```

第 2 种情形的插入速度要比第 1 种情形快。

（4）使用 LOAD DATA INFILE 批量导入

当需要批量导入数据时，如果能用 LOAD DATA INFILE 语句，就尽量使用，因为 LOAD DATA INFILE 语句导入数据的速度比 INSERT 语句快。

2. 对于 InnoDB 引擎的表的优化

对于 InnoDB 引擎的表，常见的优化方法如下。

（1）禁用唯一性检查

插入数据之前执行 set unique_checks=0 来禁止对唯一索引的检查，数据导入完成之后再运行 set unique_checks=1。这个和 MyISAM 引擎的使用方法一样。

（2）禁用外键检查

插入数据之前执行禁止对外键的检查，数据插入完成之后再恢复对外键的检查。禁用外键检查的语句如下：

```
SET foreign_key_checks=0;
```

恢复对外键的检查语句如下：

```
SET foreign_key_checks=1;
```

（3）禁止自动提交

插入数据之前禁止事务的自动提交，数据导入完成之后，执行恢复自动提交操作。禁止自动提交的语句如下：

```
set autocommit=0;
```

恢复自动提交的语句如下：

```
set autocommit=1;
```

18.3.5 分析表、检查表和优化表

MySQL 提供了分析表、检查表和优化表的语句。分析表主要是分析关键字的分布；检查表主要是检查表是否存在错误；优化表主要是消除删除或者更新造成的空间浪费。

1. 分析表

MySQL 中提供了 ANALYZE TABLE 语句用于分析表，ANALYZE TABLE 语句的基本语法如下：

```
ANALYZE [LOCAL | NO_WRITE_TO_BINLOG] TABLE tbl_name[,tbl_name]…
```

主要参数介绍如下。

- LOCAL 关键字：它是 NO_WRITE_TO_BINLOG 关键字的别名，二者都是执行过程

不写入二进制日志。
- tbl_name：分析的表的表名，可以有一个或多个。

使用 ANALYZE TABLE 分析表的过程中，数据库系统会自动对表加一个只读锁。在分析期间，只能读取表中的记录，不能更新和插入记录。ANALYZE TABLE 语句能够分析 InnoDB、BDB 和 MyISAM 类型的表。

实例8：使用 ANALYZE TABLE 分析数据表

使用 ANALYZE TABLE 来分析 students 表，执行语句如下：

```
ANALYZE TABLE students;
```

执行结果如图 18-10 所示。

上面结果显示的信息说明如下。

（1）Table：表示分析的表的名称。

（2）Op：表示执行的操作。analyze 表示进行分析操作。

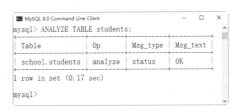

图 18-10 使用 ANALYZE TABLE 分析

（3）Msg_type：表示信息类型，其值通常是状态（status）、信息（info）、注意（note）、警告（warning）和错误（error）之一。

（4）Msg_text：显示信息。

2．检查表

MySQL 中可以使用 CHECK TABLE 语句来检查表。CHECK TABLE 语句能够检查 InnoDB 和 MyISAM 类型的表是否存在错误。对于 MyISAM 类型的表，CHECK TABLE 语句还会更新关键字统计数据。而且，CHECK TABLE 也可以检查视图是否有错误，比如在视图定义中被引用的表已不存在。该语句的基本语法如下：

```
CHECK TABLE tbl_name [, tbl_name] ... [option] ...
option = {QUICK | FAST | MEDIUM | EXTENDED | CHANGED}
```

主要参数介绍如下。

- tbl_name：表名。
- option：该参数有5个取值，分别是 QUICK、FAST、MEDIUM、EXTENDED 和 CHANGED。各个选项的意义不同，QUICK 不扫描行，不检查错误的连接；FAST 只检查没有被正确关闭的表；CHANGED 只检查上次检查后被更改的表和没有被正确关闭的表；MEDIUM 扫描行以验证被删除的连接是有效的，也可以计算各行的关键字校验和，并使用计算出的校验和验证这一点；EXTENDED 对每行的所有关键字进行一个全面的关键字查找，这可以确保表是一致的，但是花的时间较长。

> 注意：option 只对 MyISAM 类型的表有效，对 InnoDB 类型的表无效。CHECK TABLE 语句在执行过程中也会给表加上只读锁。

3．优化表

MySQL 中使用 OPTIMIZE TABLE 语句来优化表。该语句对 InnoDB 和 MyISAM 类型的表都有效。但是，OPTILMIZE TABLE 语句只能优化表中的 VARCHAR、BLOB 或 TEXT 类

型的字段。OPTILMIZE TABLE 语句的基本语法如下：

```
OPTIMIZE [LOCAL | NO_WRITE_TO_BINLOG] TABLE tbl_name [, tbl_name] ...
```

主要参数介绍如下。
- LOCAL | NO_WRITE_TO_BINLOG：该关键字的意义和分析表相同，都是指定不写入二进制日志。
- tbl_name：表名。

通过 OPTIMIZE TABLE 语句可以消除删除和更新造成的文件碎片。OPTIMIZE TABLE 语句在执行过程中也会给表加上只读锁。

18.4 MySQL 服务器的优化

MySQL 服务器主要从两个方面来优化：一方面是对硬件进行优化；另一方面是对 MySQL 服务器的参数进行优化，对于可以定制参数的操作系统，也可以针对 MySQL 进行操作系统优化。

18.4.1 服务器硬件的优化

服务器的硬件性能直接决定着 MySQL 数据库的性能。硬件的性能瓶颈，直接决定 MySQL 数据库的运行速度和效率。对服务器硬件的优化，可以从以下几个方面进行。

（1）配置较大的内存。足够大的内存，是提高 MySQL 数据库性能的方法之一。内存的速度比磁盘 I/O 快得多，可以通过增加系统的缓冲区容量，使数据在内存停留的时间更长，以减少磁盘 I/O。

（2）配置高速磁盘系统，以减少读盘的等待时间，提高响应速度。

（3）合理分布磁盘 I/O。把磁盘 I/O 分散在多个设备上，以减少资源竞争，提高并行操作能力。

（4）配置多处理器。MySQL 是多线程的数据库，多处理器可同时执行多个线程。

18.4.2 MySQL 参数的优化

通过优化 MySQL 的参数可以提高资源利用率，从而达到提高 MySQL 服务器性能的目的。MySQL 服务器的配置参数都在 my.cnf 或者 my.ini 文件的 [MySQLd] 组中。下面介绍几个对性能影响比较大的参数。

（1）key_buffer_size：表示索引缓冲区的大小。增加索引缓冲区可以得到更好处理的索引（对所有读和多重写）。当然，这个值也不是越大越好，它的大小取决于内存的大小。如果这个值太大，导致操作系统频繁换页，也会降低系统性能。

（2）table_cache：表示同时打开的表的个数。这个值越大，能够同时打开的表的个数越多。这个值不是越大越好，因为同时打开的表太多会影响操作系统的性能。

（3）query_cache_size：表示查询缓冲区的大小。该参数需要和 query_cache_type 配合使用。当 query_cache_type = 0 时，所有的查询都不使用查询缓冲区；当 query_cache_type=1 时，所有的查询都将使用查询缓冲区，除非在查询语句中指定 SQL_NO_CACHE，如 SELECT SQL_NO_CACHE * FROM tbl_name；当 query_cache_type=2 时，只有在查询语句中使用

SQL_CACHE 关键字，查询才会使用查询缓冲区。使用查询缓冲区可以提高查询的速度，这种方式只适用于修改操作少且经常执行相同的查询操作的情况。

（4）sort_buffer_size：表示排序缓存区的大小。这个值越大，进行排序的速度越快。

（5）read_buffer_size：表示每个线程连续扫描时为扫描的每个表分配的缓冲区的大小（字节）。当线程从表中连续读取记录时需要用到这个缓冲区。SET SESSION read_buffer_size=n 可以临时设置该参数的值。

（6）read_rnd_buffer_size：表示为每个线程保留的缓冲区的大小，与 read_buffer_size 相似，但它主要用于存储按特定顺序读取出来的记录。也可以用 SET SESSION read_rnd_buffer_size=n 来临时设置该参数的值。如果频繁进行多次连续扫描，可以增加该值。

（7）innodb_buffer_pool_size：表示 InnoDB 类型的表和索引的最大缓存。这个值越大，查询的速度就会越快。但是这个值太大会影响操作系统的性能。

（8）max_connections：表示数据库的最大连接数。这个连接数不是越大越好，因为这些连接会浪费内存的资源，过多的连接可能还会导致 MySQL 服务器僵死。

（9）interactive_timeout：表示服务器在关闭连接前等待行动的秒数。

（10）thread_cache_size：表示可以复用的线程的数量。如果有很多新的线程，为了提高性能，可以增大该参数的值。

（11）wait_timeout：表示服务器在关闭一个连接时等待行动的秒数。默认数值是 28 800。

总之，合理地配置这些参数可以提高 MySQL 服务器的性能。除上述参数以外，还有 innodb_log_buffer_size、innodb_log_file_size 等参数。配置完参数以后，需要重新启动 MySQL 服务才会生效。

18.5 疑难问题解析

疑问 1：在数据表中，建立的索引是不是越多越好？

答：合理的索引可以提高查询的速度，但不是索引越多越好。在执行插入语句的时候，MySQL 要为新插入的记录建立索引，所以过多的索引会导致插入操作变慢。原则上是只有查询用的字段才建立索引。

疑问 2：在分析表时，为什么不能执行添加或删除数据记录？

答：使用 ANALYZE TABLE 分析表的过程中，数据库系统会自动对表加一个只读锁。因此，在分析期间，只能读取表中的记录，不能执行添加、更新或删除数据记录。

18.6 综合实战训练营

实战 1：全面优化数据库服务器

（1）使用 EXPLAIN 分析查询语句 "SELECT * FROM fruits WHERE f_name='banana';"。

（2）使用 EXPLAIN 分析查询语句 "SELECT * FROM fruits WHERE f_name like '%na'"。

（3）使用 EXPLAIN 分析查询语句"SELECT * FROM fruits WHERE f_name like 'ba%';"。

实战 2：练习分析表、检查表、优化表

（1）使用 ANALYZE TABLE 语句分析表。

（2）使用 CHECK TABLE 语句检查表。

（3）使用 OPTIMIZE TABLE 语句优化表。

第19章　MySQL的高级特性

本章导读

MySQL 的高级特性包括 MySQL 查询缓存、合并表、分区表、事务控制以及分布式事务等。使用这些高级特性，可以提高数据查询的效率，例如，MySQL 查询缓存会存储一个 SELECT 查询的文本与被传送到客户端的相应结果，当再执行相同的查询语句时，可以直接使用缓存的数据，这样就能通过优化查询缓存来提高缓存命中率了。本章就来介绍 MySQL 的一些高级特性。

知识导图

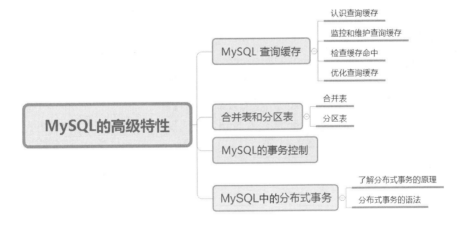

19.1 MySQL 查询缓存

MySQL 服务器有一个重要特征是查询缓存。查询缓存会存储最新数据，而不会返回过期数据，当数据被修改后，在查询缓存中的任何相关数据均被清除，对于一些不经常改变数据且有大量相同 SQL 查询的表，查询缓存会提高查询数据的效率。

19.1.1 认识查询缓存

MySQL 数据库设置了查询缓存后，当服务器接收到一个和之前同样的查询时，会从查询缓存中检索查询结果，而不是直接分析并检索查询。

在 MySQL 数据库中，使用查询缓存功能的具体操作步骤如下。

01 设置 query_cache_type 为 ON，执行语句如下：

```
mysql> set session query_cache_type=ON;
Query OK, 0 rows affected (0.01 sec)
```

02 查看查询缓存功能是否被开启，执行语句如下：

```
mysql> select @@query_cache_type;
+--------------------+
| @@query_cache_type |
+--------------------+
| ON                 |
+--------------------+
1 row in set (0.00 sec)
```

从结果可以看出，查询缓存功能已经被开启。

03 查看系统变量 have_query_cache 是否为 YES，该参数表示 MySQL 的查询缓存是否可用，查看执行语句如下：

```
mysql> show variables like 'have_query_cache';
+------------------+-------+
| Variable_name    | Value |
+------------------+-------+
| have_query_cache | YES   |
+------------------+-------+
1 row in set (0.00 sec)
```

04 查询系统变量 query_cache_size 的大小，该参数表示数据库分配给查询缓存的内存大小，如果该参数的值设置为 0，那么查询缓存功能将不起任何作用：

```
mysql> select @@global.query_cache_size;
+---------------------------+
| @@global.query_cache_size |
+---------------------------+
|                         0 |
+---------------------------+
1 row in set (0.00 sec)
```

从结果可知，系统默认的 query_cache_size 参数值是 0。

05 设置系统变量 query_cache_size 的大小，执行语句如下：

```
mysql> set @@global.query_cache_size=1000000;
Query OK, 0 rows affected (0.00 sec)
```

06 查询系统变量 query_cache_size 设置后的大小，执行语句如下：

```
mysql> select @@global.query_cache_size;
+---------------------------+
| @@global.query_cache_size |
+---------------------------+
|                   1000000 |
+---------------------------+
1 row in set (0.00 sec)
```

07 如果需要将该参数永久修改，需要修改 /etc/my.cnf 配置文件，添加该参数的选项，代码如下：

```
    [mysqld]
port = 3306
query_cache_size = 1000000
...
```

08 如果查询结果很大，也可能缓存不了，需要设置 query_cache_limit 参数的值。该参数用来设置查询缓存的最大值，该值默认是 1MB。

查询该参数的值的执行语句如下：

```
mysql> select @@global.query_cache_limit;
+----------------------------+
| @@global.query_cache_limit |
+----------------------------+
|                    1000000 |
+----------------------------+
1 row in set (0.00 sec)
```

09 设置 query_cache_limit 参数值的大小，执行语句如下：

```
mysql> set @@global.query_cache_limit=2000000;
Query OK, 0 rows affected (0.00 sec)
```

10 如果需要将该参数永久修改，需要修改 /etc/my.cnf 配置文件，添加该参数的选项，代码如下：

```
    [mysqld]
port = 3306
query_cache_size=1000000
query_cache_limit=2000000
...
```

通过以上步骤的设置，MySQL 数据库已经成功地开启查询缓存功能。在实际工作中，还需要关注查询缓存的使用效率和性能，此时可以使用 SHOW VARIABLES 命令查询缓存的相关参数，执行语句如下：

```
mysql> show variables like '%query_cache%';
+------------------------------+---------+
| Variable_name                | Value   |
+------------------------------+---------+
| have_query_cache             | YES     |
| query_cache_limit            | 1000000 |
| query_cache_min_res_unit     | 4096    |
| query_cache_size             | 0       |
| query_cache_type             | ON      |
| query_cache_wlock_invalidate | OFF     |
+------------------------------+---------+
6 rows in set (0.00 sec)
```

下面具体介绍查询缓存功能相关参数的含义。

（1）have_query_cache 用来设置是否支持查询缓存区，YES 表示支持查询缓存区。

（2）query_cache_limit 用来设置 MySQL 可以缓存的最大结果集，大于此值的结果集不会被缓存，该参数默认值是 1MB。

（3）query_cache_min_res_unit 用来设置分配内存块的最小体积。每次给查询缓存结果分配内存时，默认分配 4096 个字节。如果此值较小，那么会节省内存，但是这样会使系统频繁分配内存块。

（4）query_cache_size 用来设置查询缓存使用的总内存字节数，必须是 1024 字节的倍数。

（5）query_cache_type 用来设置是否启用查询缓存。如果设置为 OFF，表示不进行缓存；如果设置为 ON，表示除了 SQL_NO_CACHE 的查询以外，缓存所有的结果；如果设置为 DEMAND，表示仅缓存 SQL_CACHE 的查询。

（6）query_cache_wlock_invalidate 用来设置是否允许在其他连接处于 lock 状态时，使用缓存结果，默认是 OFF，不会影响大部分应用。在默认情况下，一个查询中使用的表即使被 LOCK TABLES 命令锁住了，查询也能被缓存下来。可以通过设置该参数来关闭这个功能。

下面通过一个简单的例子来了解查询缓存的过程。

01 设置缓存内存大小为 10240 字节，开启查询缓存功能，执行语句如下：

```
mysql> set global query_cache_size=10240;
Query OK, 0 rows affected (0.00 sec)
mysql> set session query_cache_type=ON;
Query OK, 0 rows affected (0.01 sec)
```

02 查询 t 表中总共记录的条数，执行语句如下：

```
mysql> use test;
Database changed
mysql> show tables;
+----------------+
| Tables_in_test |
+----------------+
| rep_t1         |
| rep_t2         |
| t              |
+----------------+
3 rows in set (0.00 sec)
mysql> use test;
Database changed
```

```
mysql> select count(*) from t;
+----------+
| count(*) |
+----------+
|       64 |
+----------+
1 row in set (0.05 sec)
```

03 查询在缓存中命中的累计次数，执行语句如下：

```
mysql> show status like 'Qcache_hits';
+---------------+-------+
| Variable_name | Value |
+---------------+-------+
| Qcache_hits   | 0     |
+---------------+-------+
1 row in set (0.00 sec)
```

从结果可知，第一次查询发现查询缓存累计命中数是 0。

04 再次查询 t 表的总的记录数据，然后查询缓存累计命中数，执行语句如下：

```
mysql> select count(*) from t;
+----------+
| count(*) |
+----------+
|       64 |
+----------+
1 row in set (0.00 sec)
mysql> show status like 'Qcache_hits';
+---------------+-------+
| Variable_name | Value |
+---------------+-------+
| Qcache_hits   | 1     |
+---------------+-------+
1 row in set (0.00 sec)
```

从结果可知，第二次查询后发现该缓存累计命中数已经发生了变化，此时查询出参数 Qcache_hists 的值是 1，表示查询直接从缓存中直接获取结果，不需要再去解析 SQL 语句。

05 连续两次查询 t 表的总的记录数据，然后再查询缓存累计命中数，此时会发现缓存累计命中数已经变成了 3。本次查询也是直接从缓存中取到结果，执行语句如下：

```
mysql> select count(*) from t;
+----------+
| count(*) |
+----------+
|       64 |
+----------+
1 row in set (0.00 sec)

mysql> select count(*) from t;
+----------+
| count(*) |
+----------+
|       64 |
+----------+
1 row in set (0.00 sec)
```

```
mysql> show status like 'Qcache_hits';
+---------------+-------+
| Variable_name | Value |
+---------------+-------+
| Qcache_hits   | 3     |
+---------------+-------+
1 row in set (0.00 sec)
```

06 增加一条记录到 t 表。插入数据后，跟该表所有相关的查询缓存就会被清空掉。重新查询 t 表的总的记录，发现缓存累计命中数没有发生变化，说明本次查询没有直接从缓存中取到数据。执行语句如下：

```
mysql> insert into t values(2);
Query OK, 1 row affected (0.00 sec)
mysql> select count(*) from t;
+----------+
| count(*) |
+----------+
|       65 |
+----------+
1 row in set (0.00 sec)

mysql> show status like 'Qcache_hits';
+---------------+-------+
| Variable_name | Value |
+---------------+-------+
| Qcache_hits   | 3     |
+---------------+-------+
1 row in set (0.00 sec)
```

07 重新查询 t 表的总的记录，此时发现缓存累计命中数发生了变化，说明缓存继续起作用了。执行语句如下：

```
mysql> select count(*) from t;
+----------+
| count(*) |
+----------+
|       65 |
+----------+
1 row in set (0.00 sec)

mysql> show status like 'Qcache_hits';
+---------------+-------+
| Variable_name | Value |
+---------------+-------+
| Qcache_hits   | 4     |
+---------------+-------+
1 row in set (0.00 sec)
```

通过上面的例子不难发现，查询缓存适合更新不频繁的表，当表更改后，查询缓存值的相关条目会被清空。

19.1.2 监控和维护查询缓存

在日常工作中，经常使用以下命令监控和维护查询缓存。

（1）flush query cache：该命令用于整理查询缓存，以便更好地利用查询缓存的内存，这个命令不会从缓存中移除任何查询结果。命令运行如下：

```
mysql> flush query cache;
Query OK, 0 rows affected (0.00 sec)
```

（2）reset query cache：该命令用于移除查询缓存中所有的查询结果。命令运行如下：

```
mysql> reset query cache;
Query OK, 0 rows affected (0.00 sec)
```

（3）show status like 'Qcache%'：该命令可以监视查询缓存的使用状况，可以计算出缓存命中率。命令运行如下：

```
mysql> show status like 'Qcache%';
+-------------------------+----------+
| Variable_name           | Value    |
+-------------------------+----------+
| Qcache_free_blocks      | 4984     |
| Qcache_free_memory      | 30097400 |
| Qcache_hits             | 24       |
| Qcache_inserts          | 4342     |
| Qcache_lowmem_prunes    | 41224    |
| Qcache_not_cached       | 2654     |
| Qcache_queries_in_cache | 20527    |
| Qcache_total_blocks     | 46362    |
+-------------------------+----------+
8 rows in set (0.00 sec)
```

结果中的性能监控参数含义如表 19-1 所示。

表 19-1　查询缓存的性能监控参数含义

变　　量	含　　义
Qcache_queries_in_cache	在缓存中已注册的查询数目
Qcache_inserts	被加入到缓存中的查询数目
Qcache_hits	缓存采样数的数目
Qcache_lowmem_prunes	因为缺少内存而被从缓存中删除的查询数目
Qcache_not_cached	没有被缓存的查询数目
Qcache_free_memory	查询缓存的空闲内存总数
Qcache_free_blocks	查询缓存中的空闲内存块的数目
Qcache_total_blocks	查询缓存中的块的总数目

如果空闲内存块是总内存块的一半左右，则表示存在严重的内存碎片。通常使用 flush query cache 命令整理碎片，然后使用 reset query cache 命令清理查询缓存。

如果碎片很少，但是缓存命中率很低，则说明设置的缓存内存空间过小，服务器要频繁删除旧的查询缓存，腾出空间，以保存新的查询缓存。此时，参数 Qcache_lowmeme_prunes 状态值将会增加。如果此值增加过快，可能是有以下原因造成的。

（1）如果存在大量空闲块，则是由碎片的存在引起的。

（2）空闲内存块较少，可以适当地增加缓存大小。

19.1.3　检查缓存命中

MySQL 检查缓存命中的方式十分简单快捷。缓存就是一个查找表 (Lookup Table)。查找的键就是查询文本、当前数据库、客户端协议的版本，以及其他少数会影响实际查询结果的因素的哈希值。

下面主要学习 MySQL 数据库中缓存的管理技巧，以及如何合理配置 MySQL 数据库缓存，提高缓存命中率。

首先，在配置数据库客户端或者是第三方工具与服务器连接时，应该保证数据库客户端的字符集跟服务器的字符集保持一致。在实际工作中，经常发现客户端配置的字符集和服务器字符集没有完全一致，即使此时客户端没有出现乱码情况，但查询数据可能会因为字符集不同而没有被数据库缓存起来。

其次，为了提高数据库缓存的命中率，应该在客户端和服务器端采用一样的 SQL 语句。从数据库缓存的角度考虑，数据库查询 SQL 语句是不区分大小写的，比如第一个查询语句采用大写语句，第二个查询语句采用小写语句，但对于缓存来讲，大小写不同的 SQL 语句会被当作不同的查询语句。

查询缓存不会存储不确定结果的查询，任何一个包含不确定函数（比如 NOW() 或 CURRENT_DATE()）的查询不会被缓存。同样地，CURRENT_USER() 或 CONNECTION_ID() 这些由不同用户执行，将会产生不同结果的查询也不会被缓存。实际上，查询缓存不会缓存引用了用户自定义函数、存储函数、用户自定义变量、临时表的查询。

查询缓存只是发生在服务器第一次接收到 SQL 查询语句，然后把查询结果缓存起来。对于查询中的子查询、视图查询和存储过程查询，都不能缓存结果，对于预存储语句同样也不能使用缓存。

使用查询缓存有利也有弊。一方面，查询缓存可以使查询变得更加高效，改善了 MySQL 服务器的性能；另一方面，查询缓存本身也需要消耗系统 IO 资源，所以说查询缓存也增加了服务器额外的开销，主要体现以下几个方面。

（1）MySQL 服务器在进行查询之前首先会检测查询缓存是否存在相同的查询条目。

（2）MySQL 服务器在进行查询操作时，如果缓存中没有相同的查询条目，会将查询的结果缓存到查询缓存，这个过程也需要消耗系统资源。

（3）如果数据库表发生增加操作，MySQL 服务器查询缓存中相对应的查询结果将会无效，这时同样需要消耗系统资源。

除了注意以上问题以提高查询缓存的命中率外，通过分区表也可以提高缓存的命中率。通常会遇到这样的问题：对于某张表，某个时间段内的数据更新比较频繁，其他时间段查询和更新比较多，一旦数据表数据执行更新操作，那么查询缓存中的信息将会清空，此时查询缓存的命中率不会很高。此时，可以考虑采用分区表，把某个时间段的数据存放在一个单独的分区表中，这样可以提高服务器的查询缓存的命中率。

19.1.4　优化查询缓存

MySQL 优化查询缓存通常需要注意如下几点。

（1）在数据库设计的时候，尽量不要使用一张比较大的表，可以使用很多小的表，这样可以提高数据查询缓存的效率。

（2）在对数据库进行写操作的时候，尽量一次性写入。因为如果进行逐个写入操作，每次写操作都会让数据库缓存功能失效或清理缓存数据，此时服务器可能会挂起相当长时间。

（3）尽量不要在数据库或者表的基础上控制查询缓存，可以采用 SQL_CACHE 和 SQL_NO_CACHE 来决定是否使用缓存查询。

（4）可以基于某个连接来运行或禁止缓存，可以通过用适当的值设定 query_cache_size 来开启或关闭对某个连接的缓存。

（5）对于包含很多写入任务的应用程序，关闭查询缓存功能可以改进服务器性能。

（6）禁用查询缓存的时候,可以将 query_cache_size 参数设置到 0,这样就不会消耗任何内存。

（7）如果想少数查询使用缓存，而多数查询都不使用查询缓存，可以将全局变量 query_cache_type 设置为 DEMAND，然后在想使用缓存功能的语句后面加上 SQL_CACHE, 不想使用缓存查询的语句后面加上 SQL_NO_CACHE，这样就可以通过语句来控制查询缓存，提高缓存的使用率。

19.2 合并表和分区表

合并表是将许多个 MyISAM 表合并成一个续表，类似于使用 UNION 语句将多个表合并；而分区表则通过一些特殊的语句，创建独立的空间，事实上创建分区表的每个分区都是有索引的独立表。MySQL 在对分区表和合并表的实现上有很多共通之处。

19.2.1 合并表

MySQL 的合并表可以把多个结果相同的表合并成为一个续表，合并表不是创造一个真正的表，它就像一个用于放置相似表的容器。下面是一个合并表的例子。

01 创建数据存储引擎是 MyISAM 类型的表 mtable1 和 mtable2，执行语句如下：

```
mysql> create table mtable1(
    ->     data int not null primary key
    -> )engine=myisam;
Query OK, 0 rows affected (0.03 sec)

mysql> create table mtable2(
    ->     data int not null primary key
    -> )engine=myisam;
Query OK, 0 rows affected (0.02 sec)
```

02 向表 mtable1 和 mtable2 中插入数据，执行语句如下：

```
mysql> insert into mtable1 values(1),(2),(3);
Query OK, 3 rows affected (0.00 sec)
Records: 3  Duplicates: 0  Warnings: 0

mysql> insert into mtable2 values(2),(3),(4);
Query OK, 3 rows affected (0.00 sec)
Records: 3  Duplicates: 0  Warnings: 0
```

03 使用 UNION 语句创建表 mtable1 和 mtable2 的合并表 mergtable，执行语句如下：

```
mysql> create table mergtable(
    ->   data int not null primary key
```

```
    -> )engine=merge union=(mtable1,mtable2) insert_method=last;
Query OK, 0 rows affected (0.03 sec)
```

insert_method=last 的含义是：如果表 mergtable 中插入一条记录，那么就将这条记录插入到合并表所合并的最后一个表里面。上例就是将记录插入到 mtable2 表中。

04 查询合并表 mergtable 的信息，执行语句如下：

```
mysql> select *from mergtable;
+------+
| data |
+------+
|    1 |
|    2 |
|    2 |
|    3 |
|    3 |
|    4 |
+------+
6 rows in set (0.00 sec)
```

值得注意的是，合并表所包含的表列的数量和类型跟所合并的表列的数量和类型是一样的。同时也可以看到每个表的列都有主键，这会导致合并表有重复的行，这也是合并表的一个局限。

05 直接插入数据到 mergtable 中，执行语句如下：

```
mysql> insert into mergtable values(5);
Query OK, 1 row affected (0.00 sec)
```

06 查询 mtable1 表中的数据是否发生变化，执行语句如下：

```
mysql> select * from mtable1;
+------+
| data |
+------+
|    1 |
|    2 |
|    3 |
+------+
3 rows in set (0.00 sec)
```

从结果可以看出，数据没有发生变化。

07 查询 mtable2 表的数据是否发生变化，执行语句如下：

```
mysql> select * from mtable2;
+------+
| data |
+------+
|    2 |
|    3 |
|    4 |
|    5 |
+------+
4 rows in set (0.00 sec)
```

从结果可以看出，插入到合并表 mergtable 的一条数据记录已经插入到 mtable2 表中了。

08▶删除表 mtable1 和 mtabl2，执行语句如下：

```
mysql> drop table mtable1,mtable2;
Query OK, 0 rows affected (0.00 sec)
```

使用 MySQL 合并表会对 MySQL 性能有一定的影响，使用的过程中需要注意以下事项。

（1）合并表看上去是一个表，事实上是逐个打开各个子表，这样的情况下，可能会因为缓存过多的表而导致超过 MySQL 缓存的最大设置。

（2）创建合并表的 CREATE 语句不会检查子表是否兼容，如果创建了一个有效的合并表后再对某个表进行修改，那么合并表会发生错误。

19.2.2　分区表

MySQL 数据库从 MySQL 5.1 版本开始支持数据表分区，通俗地讲，表分区是将一张大表根据条件分割成若干小表。例如，某用户表的记录超过了 600 万条记录，那么就可以根据日期或者所在地将表分区。

笔者的数据库版本是 8.0.17，因此可以创建数据库分区表。数据库分区是一种物理数据库设计技术，分区的主要目的是让某些特定的查询操作减少响应时间，同时对于应用来讲说分区是完全透明的。

MySQL 的分区主要有两种形式：水平分区（Horizontal Partitioning）和垂直分区（Vertical Partitioning）。

（1）水平分区是根据表的行进行分割，这种形式的分区一定是将表的某个属性作为分割的条件，例如，某张表里面将数据日期为 2011 年的数据和日期为 2012 年的数据分割开，就可以采用这种分区形式。

（2）垂直分区是通过对表的垂直划分来减少目标表的宽度，是将某些特定的列被划分到特定的分区。

通常可以通过相关命令查看是否支持分区，执行语句如下：

```
mysql> show variables like '%partition%';
+-------------------+-------+
| Variable_name     | Value |
+-------------------+-------+
| have_partitioning | YES   |
+-------------------+-------+
1 row in set (0.01 sec)
```

下面介绍 MySQL 各种分区表常用的操作案例。

1. RANGE 分区

RANGE 分区使用 values less than 操作符来进行定义，把连续且不相互重叠的字段分配给分区，执行语句如下。

```
mysql> create table emp(
    -> empno varchar(20) not null,
    -> empname varchar(20),
    -> deptno int,
    -> birthdate date,
```

```
        -> salary int
        -> )
        -> partition by range(salary)
        -> (
        -> partition p1 values less than(1000),
        -> partition p2 values less than(2000),
        -> partition p3 values less than(3000)
        -> );
Query OK, 0 rows affected (0.01 sec)

mysql> insert into emp values(1000,'kobe',12,'1888-08-08',1500);
Query OK, 1 row affected (0.01 sec)

mysql> insert into emp values(1000,'kobe',12,'1888-08-08',3500);
ERROR 1526 (HY000): Table has no partition for value 3500
```

此时，按照工资级别（字段 salary）进行表分区，partition by range 的语法类似于 switch…case 的语法，如果 salary 小于 1000，数据存储在 p1 分区；如果 salary 小于 2000，数据存储在 p2 分区；如果 salary 小于 3000，数据存储在 p3 分区。

上面插入的第二条数据工资级别（字段 salary）为 3500，此时没有分区用来存储该范围的数据，所以发生了错误。为了解决这种问题，加入"PARTITION p4 VALUES LESS THAN MAXVALUE"语句即可，执行语句如下：

```
mysql> drop table emp;
Query OK, 0 rows affected (0.00 sec)

mysql> create table emp(
    -> empno varchar(20) not null,
    -> empname varchar(20),
    -> deptno int,
    -> birthdate date,
    -> salary int
    -> )
    -> partition by range(salary)
    -> (
    -> partition p1 values less than(1000),
    -> partition p2 values less than(2000),
    -> partition p3 values less than(3000),
    -> partition p4 values less than maxvalue
    -> );
Query OK, 0 rows affected (0.01 sec)

mysql> insert into emp values(1000,'kobe',12,'1888-08-08',1000);
Query OK, 1 row affected (0.00 sec)

mysql> insert into emp values(1000,'durant',12,'1888-08-08',3500);
Query OK, 1 row affected (0.00 sec)
```

maxvalue 表示可能的最大整数值。值得注意的是，values less than 子句中可以使用一个表达式，不过表达式结果不能为 NULL。按照日期进行分区，执行语句如下：

```
mysql> create table emp(
    -> empno varchar(20) not null,
    -> empname varchar(20),
    -> deptno int,
    -> birthdate date,
```

```
    -> salary int
    -> )
    -> partition by range(year(birthdate))(
    ->    partition p0 values less than(1980),
    ->    partition p1 values less than(1990),
    ->    partition p2 values less than(2000),
    ->    partition p3 values less than maxvalue
    -> );
Query OK, 0 rows affected (0.01 sec)
```

该方案中，生日 1980 年以前的员工信息存储在 p0 分区中，生日 1990 年以前的员工信息存储在 p1 分区中，生日 2000 年以前的员工信息存储在 p2 分区中，2000 年以后出生的员工信息存储在 p3 分区中。

RANGE 分区很有用，常常使用在以下几种情况。

（1）如果要删除某个时间段的数据，只需要删除分区即可。例如，要删除 1980 年以前出生员工的所有信息，此时执行 "alter table emp drop partition p0" 的效率要比执行 "delete from emp where year(birthdate)<=1980" 高效得多。

（2）如果使用包含日期或者时间的列，可以考虑用 RANGE 分区。

（3）经常运行直接依赖于分割表的列的查询。比如，当执行某个查询，如 "select count(*) from emp where year(birthdate) = 1999 group by empno"，此时 MySQL 数据库可以很迅速地确定只有分区 p2 需要扫描，这是因为查询条件对于其他分区不符合。

2. LIST 分区

LIST 分区类似于 RANGE 分区，它们的区别主要在于：LIST 分区中每个分区的定义和选择是基于某列的值从属于一个集合，而 RANGE 分区是从属于一个连续区间值的集合。创建 LIST 分区执行语句如下：

```
mysql> create table employees(
    ->    empname varchar(20),
    ->    deptno int,
    ->    birthdate date not null,
    ->    salary int
    -> )
    -> partition by list(deptno)
    -> (
    ->    partition p1 values in (10,20),
    ->    partition p2 values in (30),
    ->    partition p3 values in (40)
    -> );
Query OK, 0 rows affected (0.01 sec)
```

以上示例以部门编号（deptno 字段）划分分区，10 号部门和 20 号部门的员工信息存储在 p1 分区，30 号部门的员工信息存储在 p2 分区，40 号部门的员工信息存储在 p3 分区。同 RANG 分区一样，如果插入数据的部门编号不在分区值列表中时，那么 insert 插入操作将失败并报错。

3. HASH 分区

HASH 分区是基于用户定义的表达式的返回值来选择分区，该表达式使用将要插入到表中的这些行的列值进行计算。这个函数可以包含 MySQL 中有效的、产生非负整数值的任何表达式。

HASH 分区主要用来确保数据在预先确定数目的分区中平均分布。在 RANGE 和 LIST

分区中,必须明确指定一个给定的列值或列值集合应该保存在哪个分区中;而在 HASH 分区中,MySQL 自动完成这些工作,用户所要做的只是基于将要被哈希的列值指定一个列值或表达式,以及指定被分区的表将要被分割成的分区数量。

先看下面的例子:

```
mysql> create table htable(
    ->     id int,
    ->     name varchar(20),
    ->     birthdate date not null,
    ->     salary int
    -> )
    -> partition by hash(year(birthdate))
    -> partitions 4;
Query OK, 0 rows affected (0.00 sec)
```

当使用了 PARTITION BY HASH 时,MySQL 将基于用户函数结果的模数来确定使用哪个编号的分区。将要保存记录的分区编号为 N = MOD(表达式 , num)。如果表 htable 中插入一条 birthdate 为 "2010-09-23" 的记录,可以通过如下方法计算该记录的分区:

```
mod(year('2010-09-23'),4)
  =mode(2010,4)
  =2
```

此时,该条记录的数据将会存储在分区编号为 2 的分区空间。

4. 线性 HASH 分区

线性 HASH 分区和 HASH 分区的区别在于:线性哈希功能使用的是一个线性的 2 的幂运算法则,而 HASH 分区使用的是哈希函数的模数。

先看下面的例子:

```
mysql> create table lhtable(
    ->     id int not null,
    ->     name varchar(20),
    ->     hired date not null default '1999-09-09',
    ->     deptno int
    -> )
    -> partition by linear hash(year(hired))
    -> partitions 4;
Query OK, 0 rows affected (0.03 sec)
```

如果表 lhtable 中插入一条 hired 为 "2010-09-23" 的记录,记录将要保存到的分区是 num 个分区中的分区 N,可以通过如下方法计算 N。

01 找到下一个大于 num 的 2 的幂,把这个值称作 V,公式为 V = POWR(2,CEILING (LOG(2,num)))。假设 num 的值是 13,那么 LOG(2,13) 就是 3.70043,CEILING(3.70043) 就是 4,则 V = POWER(2,4),即等于 16。

02 计算 N = F(column_list) & (V – 1),此时当 N ≥ num 时,V = CEIL(V/2),N = N & (V-1)。

下面通过一个示例来计算通过线性哈希分区算法计算分区 N 的值。线性哈希分区表 t1 通过下面的语句创建:

```
mysql> create table t1(
    ->     col1 int,
    ->     col2 char(5),
```

```
    -> col3 date
    -> )
    -> partition by linear hash( year(col3) )
    -> partitions 6;
Query OK, 0 rows affected (0.59 sec)
```

现在假设要插入两条记录到表 t1 中，其中一条记录 col3 列的值为 "2003-04-14"，另一条记录 col3 列值为 "1998-10-19"。第一条记录要保存到的分区计算过程如下：

记录将要保存到的 num 个分区中的分区 N，假设 num 是 7 个分区，假设表 t1 使用线性 HASH 分区且有 4 个分区，计算过程如下：

```
V = POWR(2,CEILING(LOG(2,num)))
V = POWR(2,CEILING(LOG(2,7))) = 8
N = YEAR('2003-04-14') & (8 - 1)
  = 2003 & 7
  = 3
```

N 的值是 3，很显然 3 ≥ 4 不成立，附件条件不执行，所以第一条记录的信息将存储在 3 号分区中。

第二条记录将要保存到的分区序号计算如下：

```
V = POWR(2,CEILING(LOG(2,num)))
V = POWR(2,CEILING(LOG(2,7))) = 8
 N = YEAR('1998-10-19') & (8 - 1)
   = 1998 & 7
   = 6
```

N 的值是 6，很显然 6 ≥ 4 成立，所以附件条件会执行：

```
V = CEIL(6/2) = 3
N = N & (V-1)
  = 6 & 2
  = 2
```

此时发现 2 ≥ 4 不成立，记录将被保存到 #2 分区中。线性哈希分区的优点在于增加、删除、合并和拆分分区将变得更加快捷，有利于处理含有极其大量（1000GB）数据的表。它的缺点在于，与使用常规 HASH 分区得到的数据分布相比，各个分区间数据的分布可能不太均衡。

5. KEY 分区

类似于 HASH 分区，区别在于 KEY 分区只支持计算一列或多列，且 MySQL 服务器提供其自身的哈希函数，这些函数是基于与 PASSWORD() 一样的运算法则。

先看下面的例子：

```
mysql> create table keytable(
    -> id int,
    -> name varchar(20) not null,
    -> deptno int,
    -> birthdate date not null,
    -> salary int
    -> )
    -> partition by key(birthdate)
    -> partitions 4;
Query OK, 0 rows affected (0.11 sec)
```

在 KEY 分区中使用的关键字 LINEAR 和在 HASH 分区中使用的关键字 LINEAR 具有同样的作用，分区的编号是通过 2 的幂算法得到，而不是通过模数算法。

6. 复合分区

复合分区是分区表中每个分区的再次分割，子分区既可以使用 HASH 分区，也可以使用 KEY 分区。这也被称为子分区。

下面通过案例讲述不同的复合分区的创建方法。

创建 RANGE - HASH 复合分区的执行语句如下：

```
mysql> create table rhtable
    -> (
    ->     empno varchar(20) not null,
    ->     empname varchar(20),
    ->     deptno int,
    ->     birthdate date not null,
    ->     salary int
    -> )
    -> partition by range(salary)
    -> subpartition by hash( year(birthdate) )
    -> subpartition 3
    -> (
    ->     partition p1 values less than (2000),
    ->     partition p2 values less than maxvalue
    -> );
Query OK, 0 rows affected (0.23 sec)
```

创建 RANGE - KEY 复合分区的执行语句如下：

```
mysql> create table rktable(
    -> no varchar(20) not null,
    -> name varchar(20),
    -> deptno int,
    -> birth date not null,
    -> salary int
    -> )
    -> partition by range(salary)
    -> subpartition by key(birth)
    -> subpartitions 3
    -> (
    ->   partition p1 values less than (2000),
    ->   partition p2 values less than maxvalue
    -> );
Query OK, 0 rows affected (0.07 sec)
```

创建 LIST - HASH 复合分区的执行语句如下：

```
mysql> create table lhtable(
    -> no varchar(20) not null,
    -> name varchar(20),
    -> deptno int,
    -> birth date not null,
    -> salary int
    -> )
    -> partition by list(deptno)
    -> subpartition by hash( year(birth) )
    -> subpartitions 3
```

```
    -> (
    ->   partition p1 values in (10),
    ->   partition p2 values in (20)
    -> );
Query OK, 0 rows affected (0.08 sec)
```

创建 LIST - KEY 复合分区的执行语句如下：

```
mysql> create table lktable(
    ->   no varchar(20) not null,
    ->   name varchar(20),
    ->   deptno int,
    ->   birthdate date not null,
    ->   salary int
    -> )
    -> partition by list(deptno)
    -> subpartition by key(birthdate)
    -> subpartitions 3
    -> (
    ->  partition p1 values in (10),
    ->  partition p2 values in (20)
    -> );
Query OK, 0 rows affected (0.09 sec)
```

19.3 MySQL 的事务控制

MySQL 通过 SET AUTOCOMMIT、START TRANSACTION、COMMIT 和 ROLLBACK 等语句控制本地事务，具体语法如下。

```
START TRANSACTION | BEGIN [WORK];
COMMIT [WORK] [AND [NO] CHAIN] [[NO] RELEASE]
ROLLBACK [WORK] [AND [NO] CHAIN] [[NO] RELEASE]
SET AUTOCOMMIT = {0|1}
```

主要参数介绍如下。

- START TRANSACTION 表示开启事务。
- COMMIT 表示提交事务。
- ROLLBACK 表示回滚事务。
- SET AUTOCOMMIT 用于设置是否自动提交事务。

默认情况下，MySQL 事务是自动提交的，如果需要通过明确的 COMMIT 和 ROLLBACK 命令提交和回滚事务，那么需要通过明确的事务控制命令来开始事务，这是和 Oracle 的事务管理有明显不同的地方。如果应用从 Oracle 数据库迁移到 MySQL 数据库，则需要确保应用中对事务进行了明确的管理。

MySQL 的 AUTOCOMMIT（自动提交）默认是开启，对 MySQL 的性能会有一定影响。举个例子来说，如果用户插入了 1000 条数据，MySQL 会提交事务 1000 次。这时可以把自动提交关闭，通过程序来控制，这样只要提交一次事务就可以了。

可以关掉自动提交功能，执行语句如下：

```
mysql> set @@autocommit=0;
Query OK, 0 rows affected (0.00 sec)
```

查看自动提交功能是否被关闭，执行语句如下：

```
mysql> show variables like "autocommit";
+---------------+-------+
| Variable_name | Value |
+---------------+-------+
| autocommit    | OFF   |
+---------------+-------+
1 row in set (0.02 sec)
```

下面通过两个 Session（Session1 和 Session2）来理解事务控制的过程，具体操作步骤如下。

01 在 Session1 中，打开自动提交事务功能，然后创建表 ctable 并插入两条记录。执行语句如下：

```
mysql> set @@autocommit=1;
Query OK, 0 rows affected (0.00 sec)

CREATE TABLE ctable (
data INT(4),
);

mysql> insert into ctable values(1);
Query OK, 1 row affected (0.02 sec)

mysql> insert into ctable values(2);
Query OK, 1 row affected (0.00 sec)
```

02 在 Session2 中，打开自动提交事务功能，然后查询表 ctable，执行语句如下：

```
mysql> set @@autocommit=1;
Query OK, 0 rows affected (0.00 sec)

mysql> select * from ctable;
+------+
| data |
+------+
|    1 |
|    2 |
+------+
2 rows in set (0.00 sec)
```

03 在 Session1 中，关闭自动提交事务功能，然后向表 ctable 中插入两条记录，执行语句如下：

```
mysql> set @@autocommit=0;
Query OK, 0 rows affected (0.00 sec)

mysql> insert into ctable values(3);
Query OK, 1 row affected (0.00 sec)

mysql> insert into ctable values(4);
Query OK, 1 row affected (0.00 sec)
```

04 在 Session2 中，查询表 ctable，执行语句如下：

```
mysql> select * from ctable;
+------+
| data |
```

```
+------+
|   1  |
|   2  |
+------+
2 rows in set (0.00 sec)
```

从结果可以看出,在 session1 中新插入的两条记录没有查询出来。

05 在 Session1 中,提交事务,执行语句如下:

```
mysql> commit;
Query OK, 0 rows affected (0.01 sec)
```

06 在 Session2 中,查询表 ctable,执行语句如下:

```
mysql> select * from ctable;
+------+
| data |
+------+
|   1  |
|   2  |
|   3  |
|   4  |
+------+
4 rows in set (0.00 sec)
```

如果在表的锁定期间,使用 START TRANSACTION 命令开启一个新的事务,会造成一个隐含的 unlock tables 被执行,该操作存在一定的隐患。下面通过一个案例来理解。创建 nbaplayer 数据库,语句如下:

```
CREATE TABLE nbaplayer
(
id       INT,
name     VARCHAR(20),
salary   INT
);
```

01 在 Session1 中,查询 nbaplayer 表,结果为空,执行语句如下:

```
mysql> select * from nbaplayer;
Empty set (0.00 sec)
```

02 在 Session2 中,查询 nbaplayer 表,结果为空,执行语句如下:

```
mysql> select * from nbaplayer;
Empty set (0.00 sec)
```

03 在 Session1 中,对表 nbaplayer 加写锁,执行语句如下:

```
mysql> lock table nbaplayer write;
Query OK, 0 rows affected (0.00 sec)
```

04 在 Session2 中,向表 nbaplayer 中增加一条记录,执行语句如下:

```
mysql> insert into nbaplayer values
(1,'kobe',10000);
```

05 在 Session1 中,插入一条记录,执行语句如下:

```
mysql> insert into nbaplayer values
(2,'durant',40000);
Query OK, 1 row affected (0.02 sec)
```

06 在 Session1 中,回滚刚才插入的记录,执行语句如下:

```
mysql> rollback;
Query OK, 0 rows affected (0.00 sec)
```

07 在 Session1 中,开启一个新的事务,执行语句如下:

```
mysql> start transaction;
Query OK, 0 rows affected (0.00 sec)
```

08 在 Session2 中,表锁被释放,此时成功增加该条记录,执行语句如下:

```
mysql> insert into nbaplayer values
(1,'kobe',10000);
Query OK, 1 row affected (2 min 32.99 sec)
```

09 在 Session2 中,查询 nbaplayer,执行语句如下:

```
mysql> select * from nbaplayer;
+------+--------+--------+
| id   | name   | salary |
+------+--------+--------+
|    2 | durant |  40000 |
|    1 | kobe   |  10000 |
+------+--------+--------+
2 rows in set (0.00 sec)
```

从结果可以看出,Session1 的回滚操作并没有执行成功。

MySQL 提供的 LOCK IN SHARE MODE 锁可以保证会停止任何对它要读的数据行的更新或者删除操作。下面通过一个例子来理解。

01 在 Session1 中,开启一个新的事务,然后查询数据表 nbaplayer 的 salary 列的最大值,执行语句如下:

```
mysql> begin;
Query OK, 0 rows affected (0.00 sec)
mysql> select max(salary) from nbaplayer lock in share mode;
+-------------+
| max(salary) |
+-------------+
|       40000 |
+-------------+
1 row in set (0.00 sec)
```

02 在 Session2 中,尝试做更新操作,执行语句如下:

```
mysql> update nbaplayer set salary = 90000 where id = 1;
```

03 在 Session1 中,提交事务,执行语句如下:

```
mysql> commit;
Query OK, 0 rows affected (0.00 sec)
```

04 在 Session2 中，等 Session1 的事务提交后，更新操作成功执行，结果如下：

```
mysql> update nbaplayer set salary = 90000 where id = 1;
Query OK, 1 row affected (16.25 sec)
Rows matched: 1  Changed: 1  Warnings: 0
```

19.4 MySQL 中的分布式事务

在 MySQL 中，使用分布式事务的应用程序涉及一个或多个资源管理器和一个事务管理器。分布式事务的事务参与者、资源管理器、事务管理器等位于不同的节点上，这些不同的节点相互协作，共同完成一个具有逻辑完整性的事务。分布式事务的主要作用在于确保事务的一致性和完整性。

19.4.1 了解分布式事务的原理

资源管理器 (Resource Manager，简称 RM) 用于向事务提供资源，同时还具有管理事务提交或回滚的能力。数据库就是一种资源管理器。

事务管理器 (Transaction Manager, 简称 TM) 用于和每个资源管理器通信、协调并完成事务的处理。一个分布式事务中，各个事务均是分布式事务的"分支事务"，分布式事务和各分支通过一种命名方法进行标识。

MySQL 执行分布式事务，首先要考虑网络中涉及多少个事务管理器。MySQL 分布式事务管理，简单地讲就是同时管理若干事务的一个过程，每个资源管理器的事务执行到被提交或者被回滚的时候，根据每个资源管理器报告的相关情况决定是否将这些事务作为一个原子性的操作执行全部提交或者全部回滚。因为 MySQL 分布式事务同时涉及多台 MySQL 服务器，所以在管理分布式事务的时候，必须要考虑网络可能存在的故障。

用于执行分布式事务的过程有两个阶段。

（1）第一阶段：所有的分支被预备。它们被事务管理器告知要准备提交，每个分支资源管理器记录分支的行动并指示任务的可行性。

（2）第二阶段：事务管理器告知资源管理器是否要提交或者回滚。如果预备分支时，所有的分支指示它们将能够提交，那么所有的分支被告知提交。如果有一个分支出错，那么就要全部都要回滚。特性情况下，只有一个分支的时候，第二阶段则被省略。

分布式事务的主要作用在于确保事务的一致性和完整性。它利用分布式的计算机环境，将多个事务性的活动合并成一个事务单元，这些事务组合在一起构成原子操作，这些事务的活动要么一起执行并提交事务，要么回滚所有的操作，从而保证了多个活动之间的一致性和完整性。

19.4.2 分布式事务的语法

在 MySQL 中，执行分布式事务的语法格式如下：

```
XA {START|BEGIN} xid [JOIN|RESUME]
```

XA START xid 表示启动一个事务标识为 xid 的事务。xid 分布式事务表示的值既可以由客户端提供，也可以由 MySQL 服务器生成。

结束分布式事务的语法格式如下：

XA END xid [SUSPEND [FOR MIGRATE]]

其中 xid 包括 gtrid [, bqual [, formatID]]，含义如下。

- gtrid 是一个分布式事务标识符。
- bqual 表示一个分支限定符，默认值是空字符串。对于一个分布式事务中的每个分支事务，bqual 值必须是唯一的。
- formatID 是一个数字，用于标识由 gtrid 和 bqual 值使用的格式，默认值是 1。

XA PREPARE xid

该命令使事务进入 PREPARE 状态，也就是两个阶段提交的第一个阶段。

XA COMMIT xid [ONE PHASE]

该命令用来提交具体的分支事务。

XA ROLLBACK xid

该命令用来回滚具体的分支事务。也就是两阶段提交的第二个阶段，分支事务被实际的提交或者回滚。

XA RECOVER

该命令用于返回数据库中处于 PREPARE 状态的分支事务的详细信息。

分布式的关键在于如何确保分布式事务的完整性，以及在某个分支出现问题时如何解决故障。

分布式事务的相关命令就是让应用在多个独立的数据库之间进行分布式事务的管理，包括启动一个分支事务、使事务进入准备阶段以及事务的实际提交回滚操作等。

MySQL 分布式事务分为两类：内部分布式事务和外部分布式事务。内部分布式事务用于同一实例下跨多个数据引擎的事务，由二进制日志作为协调者；而外部分布式事务用于跨多个 MySQL 实例的分布式事务，需要应用层介入作为协调者，全局提交还是回滚都是由应用层决定的，对应用层的要求比较高。

MySQL 分布式事务在某些特殊的情况下会存在一定的漏洞，当一个事务分支在 PREPARE 状态的时候失去了连接，服务器重启以后，可以继续对分支事务进行提交或者回滚操作，没有写入二进制日志，这将导致事务部分丢失或者主从数据库不一致。

19.5 疑难问题解析

疑问 1：如何快速禁用查询缓存功能？

答：如果要禁用查询缓存功能，直接执行语句如下：

```
mysql> set session query_cache_type=OFF;
```

疑问 2：创建复合分区需要注意哪些问题？

答：复合分区需要注意以下问题。
（1）如果一个分区中创建了复合分区，其他分区也要有复合分区。
（2）如果创建了复合分区，每个分区中的复合分区数必须相同。
（3）同一分区内的复合分区名字不相同，不同分区内的复合分区名字可以相同。

19.6 综合实战训练营

实战 1：查看 MySQL 数据库的查询缓存

MySQL 数据库设置了查询缓存后，当服务器接收到一个和之前同样的查询时，会从查询缓存中检索查询结果，而不是直接分析并检索查询，从而提高了数据查询的效率。

查看系统变量 have_query_cache 是否为 YES，该参数表示 MySQL 的查询缓存是否可用，如果该变量的值为 YES，则表明查询缓存功能可用。查看执行语句如下。

```
mysql> show variables like 'have_query_cache';
+------------------+-------+
| Variable_name    | Value |
+------------------+-------+
| have_query_cache | YES   |
+------------------+-------+
1 row in set (0.00 sec)
```

实战 2：演练 MySQL 数据库的事务控制

MySQL 通过 SET AUTOCOMMIT、START TRANSACTION、COMMIT 和 ROLLBACK 等语句控制本地事务。MySQL 的 AUTOCOMMIT（自动提交）默认是开启，不过可以通过如下方式关掉自动提交功能：

```
mysql> set @@autocommit=0;
Query OK, 0 rows affected (0.00 sec)
```

查看自动提交功能是否被关闭，执行语句如下：

```
mysql> show variables like "autocommit";
+---------------+-------+
| Variable_name | Value |
+---------------+-------+
| autocommit    | OFF   |
+---------------+-------+
1 row in set (0.02 sec)
```

第20章 PHP操作MySQL数据库

📋 **本章导读**

PHP是一种简单、面向对象、解释型、健壮、安全、性能非常高、独立于架构、可移植的动态脚本语言，而MySQL是快速和开源的网络数据库系统。PHP和MySQL的结合是目前Web开发的黄金组合。那么PHP是如何操作MySQL数据库的呢？本章将学习使用PHP操作MySQL数据库的各种函数和技巧。

📖 **知识导图**

20.1 PHP 访问 MySQL 数据库的一般步骤

通过 Web 访问数据库的工作过程一般分为以下几个步骤。

（1）用户使用浏览器对某个页面发出 HTTP 请求。

（2）服务器端接收到请求，并发送给 PHP 程序进行处理。

（3）PHP 解析代码。在代码中有连接 MySQL 数据库命令和请求特定数据库的某些特定数据的 SQL 命令。根据这些代码，PHP 打开一个和 MySQL 的连接，并且发送 SQL 命令到 MySQL 数据库。

（4）MySQL 接收到 SQL 语句之后加以执行。执行完毕后，返回执行结果到 PHP 程序。

（5）PHP 执行代码并根据 MySQL 返回的请求结果数据生成特定格式的 HTML 文件，且传递给浏览器。HTML 经过浏览器渲染成为用户请求的展示结果。

20.2 连接数据库前的准备工作

默认情况下，从 PHP 5 开始不再自动开启对 MySQL 的支持，而是放到扩展函数库中，所以用户需要在扩展函数库中开启 MySQL 函数库。

首先打开 php.ini，找到“；extension=php_mysqli.dll”，去掉该语句前的分号“；”，如图 20-1 所示。保存 php.ini 文件，重新启动 IIS 或 Apache 服务器即可。

```
extension=php_ldap.dll
extension=php_mbstring.dll
extension=php_exif.dll      ; Must be after mbstring as it depends on it
extension=php_mysqli.dll
;extension=php_odbc.dll
extension=php_openssl.dll
;extension=php_pdo_firebird.dll
extension=php_pdo_mysql.dll
;extension=php_pdo_oci.dll
;extension=php_oci8_12c.dll  ; Use with Oracle Database 12c Instant Client
;extension=php_pdo_odbc.dll
;extension=php_pdo_pgsql.dll
extension=php_pdo_sqlite.dll
;extension=php_pgsql.dll
;extension=php_phpdbg_webhelper.dll
;extension=php_shmop.dll

; The MIBS data available in the PHP distribution must be installed.
; See http://www.php.net/manual/en/snmp.installation.php
;extension=php_snmp.dll
```

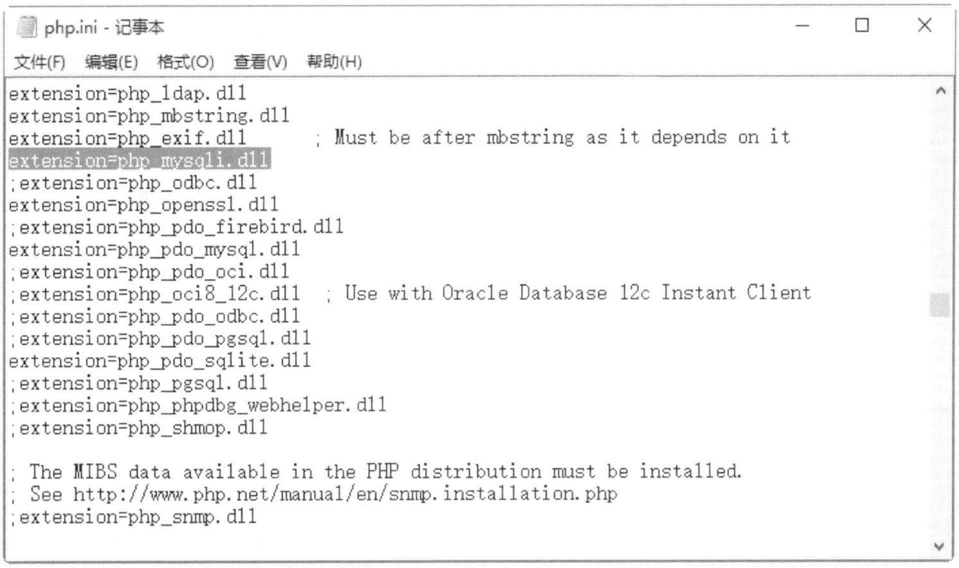

图 20-1　修改 PHP.ini 文件

配置文件设置完成后，可以通过 phpinfo() 函数来检查是否配置成功，如果显示出的 PHP 环境配置信息中有 mysql 的项目，表示已经开启了对 MySQL 数据库的支持，如图 20-2 所示。

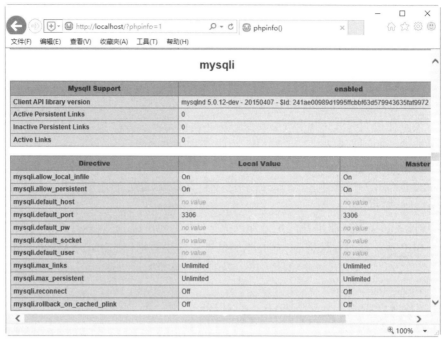

图 20-2　PHP 的环境配置页面

20.3　访问数据库

PHP 和 MySQL 数据库是开发动态网站的黄金搭档，本节将讲述 PHP 如何访问 MySQL 数据库。

20.3.1　连接 MySQL 服务器

PHP 使用 mysqli_connect() 函数连接 MySQL 数据库。mysqli_connect() 函数的格式如下：

```
mysqli_connect('MYSQL服务器地址','用户名','用户密码','要连接的数据库名')
```

实例1：使用函数连接服务器

```
<?php
$db=mysqli_connect('localhost','root','753951','adatabase'); //连接数据库
?>
```

语句通过此函数连接到 MySQL 数据库并且把此连接生成的对象传递给名为 $db 的变量，也就是对象 $db。其中，"MySQL 服务器地址"为 localhost，"用户名"为 root，"用户密码"为本环境 root 设定的密码 753951，"要连接的数据库名"为 adatabase。

> 提示：语句中的 localhost 换成本地地址或者 127.0.0.1 都能实现同样的效果。

默认情况下，MySQL 服务的端口号为 3306。如果采用默认的端口号，可以不用指定；如果采用了其他的端口号，比如采用 3308 端口，则需要特别指定，例如 127.0.0.1:3308，表

示 MySQL 服务于本地机器的 3308 端口。

如果数据库连接失败，PHP 会发出警告信息，如图 20-3 所示。

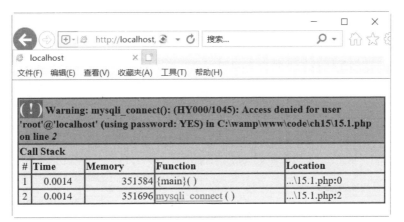

图 20-3　警告信息

警告信息中，提示用 root 账号无法连接到数据库服务器，并且该警告并不会停止脚本的继续执行。可见，这样的提示信息会暴露数据库连接的敏感问题，不利于数据库的安全性。如果想提高安全性，避免错误信息的输出，可以加上"@"符号屏蔽错误信息，然后加上 die() 函数执行屏蔽的错误处理机制。执行语句如下：

```
<?php
$db=@mysqli_connect('localhost','root','666666','adatabase')
or die("无法连接到服务器"); //连接数据库
print("成功连接到服务器");
mysqli_close($db);
?>
```

如果数据库连接失败，PHP 会发出警告信息，如图 20-4 所示。这是安全连接 MySQL 数据库服务器的方法。

图 20-4　警告信息

20.3.2　更改默认的数据库

连接到数据库以后，如果需要更改默认的数据库，可使用函数 mysqli_select_db()。它的格式为：

```
mysqli_select_db(数据库服务器连接对象,更改后数据库名)
```

实例2：使用函数更改默认的数据库

在实例 1 中的 $db = mysqli_connect('localhost','root','753951','adatabase') 语句已经通过传递参数值 adatabase 确定了需要操作的默认数据库。如果不传递此参数，mysqli_connect() 函数只提供"MYSQL 服务器地址""用户名"和"用户密码"，一样可以连接到 MySQL 数据库服务器并且以相应的用户登录。如果上例的语句变为 $db = mysqli_connect('localhost','root','753951') 一样是可以成立的，但是在这样的情况下，必须继续选择具体的数据库来进行操作。

如果把语句：

```
$db = mysqli_connect('localhost','root','753951','adatabase');
```

修改为以下两个语句：

```
$db = mysqli_connect('localhost','root','753951');
mysqli_select_db($db,'adatabase');
```

程序运行效果将完全一样。

在新的语句中，mysqli_select_db($db,'adatabase') 语句确定了"数据库服务器连接对象"为 $db，"目标数据库名"为 adatabase。

20.3.3 关闭 MySQL 连接

在连接数据库时，可以使用 mysqli_connect() 函数。与之相对应，在完成了一次对服务器使用的情况下，需要关闭此连接，以免对 MySQL 服务器中的数据进行误操作并对资源进行释放。一个服务器的连接也是一个对象型的数据类型。

mysqli_close() 函数的格式为：

```
mysqli_close(需要关闭的数据库连接对象)
```

实例3：使用函数关闭 MySQL 连接

在实例 2 程序中，mysqli_close($db) 语句关闭的"需要关闭的数据库连接对象"为 $db 对象。

20.3.4 执行 SQL 语句

使用 mysqli_query() 函数执行 SQL 语句，需要向此函数中传递两个参数，一个是 MySQL 数据库服务器连接对象；另一个是以字符串表示的 SQL 语句。mysqli_query() 函数的格式如下：

```
mysqli_query(数据库服务器连接对象,SQL语句)
```

在运行本实例前，用户可以参照前面章节的知识在 MySQL 服务器上创建 adatabase 数据库，添加数据表 user，数据表 user 主要包括 Id（工号）、Name（姓名）、Age（年龄）、

Gender（性别）和 Info（个人信息）字段，然后添加一些演示数据即可。

实例 4：使用函数执行 SQL 语句

```
<?php
$db=@mysqli_connect('localhost' , 'root', '753951', 'adatabase')
or die("无法连接到服务器");  //连接数据库
//执行插入数据操作
$sq = "insert into user(Id,Name,Age,Gender,Info)
  values(4, 'fangfang',18,'female', 'She is a 18 years lady')";
$result = mysqli_query($db,$sq); //$result为boolean类型
if ($result)  {
   echo "插入数据成功! <br/>";
} else {
   echo "插入数据失败! <br/>";
}
// 执行更新数据操作
$sq = "update user set Name='张芳' where Name='fangfang'";
$result = mysqli_query($db,$sq);
if($result) {
   echo "更新数据成功!<br/>";
} else {
   echo "更新数据失败!<br/>";
}
// 执行查询数据操作
$sq = "select * from user";
$result = mysqli_query($db,$sq);//如果查询成功,$result为资源类型,保存查询结果集

mysqli_close($db);
?>
```

程序执行后的结果如图 20-5 所示。

可见，mysqli_query() 函数执行 SQL 语句之后会把结果返回。上例就是返回结果并且赋值给 $result 变量。

图 20-5　程序运行结果

20.3.5　获取查询结果集中的记录数

使用 mysqli_num_rows() 函数可以获取查询结果包含的数据记录的条数，只需要给出返回的数据对象即可。语法格式如下：

```
mysqli_num_rows(result);
```

其中 result 指查询结果对象，此函数只对 select 语句有效。

如果想获取查询、插入、更新和删除操作所影响的行数，需要使用 mysqli_affected_rows() 函数。mysqli_affected_rows() 函数返回前一次 MySQL 操作所影响的行数。语法格式如下：

```
mysqli_affected_rows(connection)
```

其中，connection 为必需参数，表示当前的 MySQL 连接。如果返回结果为 0，就表示没有受影响的记录；返回结果为 -1，则表示查询返回错误。

实例 5：使用函数获取查询结果集中的记录数

```php
<?php
$db=@mysqli_connect('localhost','root','753951','adatabase')
or die("无法连接到服务器");    //连接数据库
//执行查询数据操作
$sq = "select * from user";
$result = mysqli_query($db,$sq);//如果查询成功，$result为资源类型，保存查询结果集
echo "查询结果有".mysqli_num_rows($result)."条记录"  <br/>;//输出查询记录集的行数
// 执行更新数据操作
$sq = "update user set Name='mingming' where Name='张芳'";
$result = mysqli_query($db,$sq);
echo "更新了".mysqli_affected_rows($db)."条记录";    //输出更新记录集的行数
mysqli_close($db);
?>
```

程序执行后的结果如图 20-6 所示。

图 20-6　程序运行结果

20.3.6　获取结果集中的一条记录作为枚举数组

执行 select 查询操作后，使用 mysqli_fetch_rows() 函数可以从查询结果中取出数据。如果想逐行取出每条数据，可以结合循环语句循环输出。

mysqli_fetch_rows() 函数的语法格式如下：

```
mysqli_fetch_rows(result);
```

其中，result 指查询结果对象。

实例 6：使用函数获取结果集中的一条记录作为枚举数组

```php
<?php
$db=@mysqli_connect('localhost','root','753951','adatabase')
or die("无法连接到服务器");    //连接数据库
mysqli_query("set names utf8");    //设置MySQL的字符集，以屏蔽乱码
//执行查询数据操作
$sq = "select * from user";
$result = mysqli_query($db,$sq);//如果查询成功，$result为资源类型，保存查询结果集
?>
<table width="370" border="1" cellspacing="0" cellpadding="0">
  <tr><th>编号</th><th>姓名</th><th>年龄</th><th>性别</th><th>个人信息</th></tr>
<?php
  while($row = mysqli_fetch_row($result)){//逐行获取结果集中的记录，并显示在表格中
?>
  <tr>
    <td><?php echo $row[0] ?></td>          <!-- 显示第一列 -->
    <td><?php echo $row[1] ?></td>          <!-- 显示第二列 -->
    <td><?php echo $row[2] ?></td>          <!-- 显示第三列 -->
    <td><?php echo $row[3] ?></td>          <!-- 显示第四列 -->
    <td><?php echo $row[4] ?></td>          <!-- 显示第五列 -->
  </tr>
<?php
```

```
mysqli_close($db);
?>
```

程序执行后的结果如图 20-7 所示。

图 20-7　程序运行结果

20.3.7　获取结果集中的记录作为关联数组

使用 mysqli_fetch_assoc() 函数可以从数组结果集中获取信息，只要确定 SQL 请求返回的对象就可以了。语法格式如下：

```
mysqli_fetch_assoc(result);
```

此函数与 mysqli_fetch_rows() 函数的不同之处就是返回的每一条记录都是关联数组。注意，该函数返回的字段名是区分大小写的。

实例 7：使用函数从数组结果集中获取信息

```
<?php
  while($row = mysqli_fetch_assoc($result)) {          // 逐行获取结果集中的记录
?>
  <tr>
    <td><?php echo $row["Id"] ?></td>             <!-- 获取当前行 "Id" 字段值 -->
    <td><?php echo $row["Name"] ?></td>           <!-- 获取当前行 "Name" 字段值 -->
    <td><?php echo $row["Age"] ?></td>            <!-- 获取当前行 "Age" 字段值 -->
    <td><?php echo $row["Gender"] ?></td>         <!-- 获取当前行 "Gender" 字段值 -->
    <td><?php echo $row["Info"] ?></td>           <!-- 获取当前行 "Info" 字段值 -->
  </tr>
<?php
  }
?>
```

$row = mysqli_fetch_assoc($result) 语句直接从 $result 结果中取得一行，并且以关联数组的形式返回给 $row。由于获得的是关联数组，因此在读取数组元素的时候要通过字段名称确定数组元素。

20.3.8　获取结果集中的记录作为对象

使用 mysqli_fetch_object() 函数可以从结果中获取一行记录作为对象。语法格式如下：

```
mysqli_fetch_object(result);
```

实例 8：使用函数获取结果集中的记录作为对象

```php
<?php
  while($row = mysqli_fetch_object($result)) {    // 逐行获取结果集中的记录
?>
  <tr>
    <td><?php echo $row->Id ?></td>               <!-- 获取当前行 "Id" 字段值 -->
    <td><?php echo $row->Name ?></td>             <!-- 获取当前行 "Name" 字段值 -->
    <td><?php echo $row->Age ?></td>              <!-- 获取当前行 "Age" 字段值 -->
    <td><?php echo $row->Gender ?></td>           <!-- 获取当前行 "Gender" 字段值 -->
    <td><?php echo $row->Info ?></td>             <!-- 获取当前行 "Info" 字段值 -->
  </tr>
<?php
  }
?>
```

该程序的整体运行结果和案例 7 相同。不同的是，这里的程序采用了对象和对象属性的表示方法，但是最后输出的数据结果是相同的。

20.3.9　使用 mysqli_fetch_array () 函数获取结果集记录

mysqli_fetch_array () 函数的语法格式如下：

```
mysqli_fetch_ array (result[,result_type])
```

其中 result_type 是可选参数，表示一个常量，可以选择 MYSQL_ASSOC（关联数组）、MYSQL_NUM（数字数组）和 MYSQL_BOTH（二者兼有），本参数的默认值为 MYSQL_BOTH。

实例 9：使用函数获取结果集记录

```php
<?php
  while($row = mysqli_fetch_array($result)) {     // 逐行获取结果集中的记录
?>
  <tr>
    <td><?php echo $row["Id"] ?></td>             // 使用字段名做索引显示字段值
    <td><?php echo $row["1"] ?></td>              // 使用数字做索引显示字段值
    <td><?php echo $row["Age"] ?></td>
    <td><?php echo $row["3"] ?></td>
    <td><?php echo $row["Info"] ?></td>
  </tr>
<?php
  }
?>
```

20.3.10　使用 mysqli_free_result () 函数释放资源

释放资源的函数为 mysqli_free_result()，函数的格式为：

```
mysqli_free_result(SQL请求所返回的数据库对象)
```

在一切操作都基本完成以后，程序通过 mysqli_free_result($result) 语句释放 SQL 请求所返回的对象 $result 所占用的资源。

20.4　通过 mysqli 类库访问 MySQL 数据库

PHP 操作 MySQL 数据库是通过 PHP 的 mysqli 类库完成的，这个类是 PHP 专门针对 MySQL 数据库的扩展接口。下面以通过 Web 向 user 数据库请求数据为例，介绍使用 PHP 函数处理 MySQL 数据库数据的具体步骤。

01 在网址主目录下创建 phpmysql 文件夹。

02 在 phpmysql 文件夹下建立文件 htmlform.html，输入代码如下：

```
<html>
<head>
   <title>Finding User</title>
</head>
<body>
   <h2>Finding users from mysql database.</h2>
   <form action="formhandler.php" method="post" >
     Fill user name:
     <input name="username" type="text" size="20" /> <br />
    <input name="submit" type="submit" value="Find" />
   </form>
</body>
</html>
```

03 在 phpmysql 文件夹下建立文件 formhandler.php，输入代码如下：

```
<html>
<head>
   <title>User found</title>
</head>
<body>
   <h2>User found from mysql database.</h2>
<?php
    $username = $_POST['username'];
   if(!$username){
      echo "Error: There is no data passed.";
      exit;
   }

   if(!get_magic_quotes_gpc()){
      $username = addslashes($username);
   }
     @ $db = mysqli_connect('localhost','root','753951','adatabase');

     if(mysqli_connect_errno()){
      echo "Error: Could not connect to mysql database.";
      exit;
     }

     $q = "SELECT * FROM user WHERE name = '".$username."'";

     $result = mysqli_query($db,$q);
```

```
            $rownum = mysqli_num_rows($result);

            for($i=0; $i<$rownum; $i++){
                $row = mysqli_fetch_assoc($result);
                echo  "Id:" .$row[ 'id' ]." <br />" ;
                echo  "Name:" .$row[ 'name' ]." <br />" ;
                echo  "Age:" .$row[ 'age' ]." <br />" ;
                echo  "Gender:" .$row[ 'gender' ]." <br />" ;
                echo  "Info:" .$row[ 'info' ]." <br />" ;
            }
            mysqli_free_result($result);

            mysqli_close($db);

        ?>
    </body>
</html>
```

04 运行 htmlform.html,结果如图 20-8 所示。

05 在输入框中输入用户名 lilili,单击 Find 按钮,页面跳转至 formhandler.php,并且返回请求结果如图 20-9 所示。

图 20-8　htmlform.html 页面　　　　　　图 20-9　formhandler.php 页面

20.5　使用 insert 语句动态添加用户信息

在上一节的实例中,程序通过 form 查询了特定用户名的用户信息。下面将使用其他 SQL 语句实现 PHP 的数据请求。

下面通用使用 adatabase 的 user 数据库表格,添加新的用户信息。具体操作步骤如下。

01 在 phpmysql 文件夹下建立文件 insertform.html,并且输入代码如下:

```
<html>
<head>
    <title>Adding User</title>
</head>
<body>
    <h2>Adding users to mysql database.</h2>
    <form action= "formhandler.php"  method= "post" >
      Select gender:
      <select name= "gender" >
        <option value= "male" >man</option>
        <option value= "female" >woman</option>
      </select><br />
      Fill user name:
        <input name= "username"  type= "text"  size= "20" /> <br />
```

```
    Fill user age:
        <input name="age" type="text" size="3" /> <br />
    Fill user info:
        <input name="info" type="text" size="60" /> <br />
     <input name="submit" type="submit" value="Add" />
    </form>
</body>
</html>
```

02 在 phpmysql 文件夹下建立文件 insertformhandler.php，并且输入代码如下：

```
<html>
<head>
    <title>User adding</title>
</head>
<body>
    <h2>adding new user.</h2>
<?php
    $username = $_POST['username'];
    $gender = $_POST['gender'];
    $age = $_POST['age'];
    $info = $_POST['info'];
    if(!$username and !$gender and !$age and !$info){
        echo "Error: There is no data passed.";
        exit;
    }
    if(!$username or !$gender or !$age or !$info){
        echo "Error: Some data did not be passed.";
        exit;
    }
    if(!get_magic_quotes_gpc()){
        $username = addslashes($username);
        $gender = addslashes($gender);
        $age = addslashes($age);
        $info = addslashes($info);
    }
    @ $db = mysqli_connect('localhost', 'root', '753951');
    mysqli_select_db($db,'adatabase');
    if(mysqli_connect_errno()){
        echo "Error: Could not connect to mysql database.";
        exit;
    }
    $q = "INSERT INTO user( name, age, gender, info) VALUES ('$username',$age, $gender, '$info')";
    if( !mysqli_query($db,$q)){
        echo "no new user has been added to database.";
    }else{
        echo "New user has been added to database.";
    };
    mysqli_close($db);
?>
</body>
</html>
```

03 运行 insertform.html，运行结果如图 20-10 所示。

04 单击 Add 按钮，页面跳转至 insertformhandler.php，并且返回信息结构，如图 20-11 所示。

图 20-10 insertform.html

图 20-11 insertformhandler.php 页面

这时数据库 user 表格中，就被添加了一个新的元素。

（1）insertform.html 文件中，建立了 user 表格中除 id 外每个字段的信息输入框。

（2）insertformhandler.php 文件中，建立 mysql 连接，生成连接对象等操作都与上例中的程序相同。只是改变了 sql 请求语句的内容为 $q = "INSERT INTO user(name, age, gender, info) VALUES ('$username',$age,'$gender','$info')"语句。

（3）其中 name、gender、info 字段为字符串型，所以 $username $gender、$info 三个变量要以字符串形式加入。

20.6　使用 select 语句查询数据信息

本案例讲述如何使用 select 语句查询数据信息，具体操作步骤如下。

01 在 phpmysql 文件夹下建立文件 selectform.html，并且输入代码如下：

```
<html>
<head>
    <title>Finding User</title>
</head>
<body>
  <h2>Finding users from mysql database.</h2>
  <form action="selectformhandler.php" method="post">
    Select gender:
   <select name="gender">
      <option value="male">man</option>
      <option value="female">woman</option>
   </select><br />
   <input name="submit" type="submit" value="Find" />
  </form>
</body>
</html>
```

02 在 phpmysql 文件夹下建立文件 selectformhandler.php，并且输入代码如下：

```
<html>
<head>
    <title>User found</title>
</head>
<body>
    <h2>User found from mysql database.</h2>
<?php
  $gender = $_POST['gender'];
  if(!$gender){
      echo "Error: There is no data passed.";
```

```
        exit;
    }
    if(!get_magic_quotes_gpc()){
        $gender = addslashes($gender);
    }
        @ $db = mysqli_connect('localhost','root','753951');
        mysqli_select_db($db,'adatabase');
        if(mysqli_connect_errno()){
         echo "Error: Could not connect to mysql database.";
         exit;
        }
        $q = "SELECT * FROM user WHERE gender = '".$gender."'";
        $result = mysqli_query($db,$q);
        $rownum = mysqli_num_rows($result);
        for($i=0; $i<$rownum; $i++){
            $row = mysqli_fetch_assoc($result);
            echo "Id:".$row['id']."<br />";
            echo "Name:".$row['name']."<br />";
            echo "Age:".$row['age']."<br />";
            echo "Gender:".$row['gender']."<br />";
            echo "Info:".$row['info']."<br />";
        }
        mysqli_free_result($result);
        mysqli_close($db);
?>
</body>
</html>
```

03 运行 selectform.html，结果如图 20-12 所示。

04 单击 Find 按钮，页面跳转至 selectformhandler.php，并且返回信息，如图 20-13 所示。

图 20-12　selectform.html

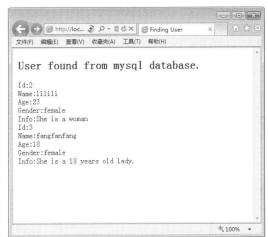

图 20-13　selectformhandler.php

20.7　疑难问题解析

疑问 1：修改 php.ini 文件后仍然不能调用 MySQL 数据库怎么办？

答：有时候修改 php.ini 文件不能保证一定可以加载 MySQL 函数库。此时如果使用 phpinfo() 函数不能显示 mysql 的信息，说明配置失败了。重新检查配置是否正确，如果正确，则把 PHP 安装目录下的 libmysql.dll 库文件直接复制并拷贝到系统的 system32 目录下，然后重新启动 IIS 或 APACHE。最好再次使用 phpinfo() 进行验证，若看到 mysql 信息，表示此时已经配置成功。

疑问 2：为什么尽量省略 MySQL 语句中的分号？

答：在 MySQL 语句中，每一行的命令都是用分号（；）作为结束，但是，当一行 MySQL 被插入在 PHP 代码中时，最好把后面的分号省略掉。这主要是因为 PHP 也是以分号作为一行的结束的，额外的分号有时会让 PHP 的语法分析器搞不明白。虽然省略了分号，但是 PHP 在执行 MySQL 命令时会自动加上。

另外还有一个不要加分号的情况。当用户想把字段竖排显示，而不是像通常的横排时，可以用 G 来结束一行 SQ 语句，这时就用不上分号了。例如：

```
SELECT * FROM paper WHERE USER_ID =1G
```

第21章 Python操作MySQL数据库

📖 **本章导读**

Python 是一门简单易学且功能强大的编程语言。Python 优雅的语法和动态类型，再结合它的解释性，使其在大多数平台的许多领域中成为编写脚本或开发应用程序的理想语言。Python 语言可以通过 MySQL 数据库的接口访问 MySQL 数据库。本章节主要学习 Python 语言如何操作 MySQL 数据库。

📖 **知识导图**

21.1 安装 PyMySQL

Python 语言为操作 MySQL 数据库提供了标准库 PyMySQL。下面讲述 PyMySQL 的下载和安装方法。

在浏览器地址栏中输入 PyMySQL 的下载地址 https://pypi.python.org/pypi/PyMySQL/，如图 21-1 所示，选择 PyMySQL-0.9.3-py2.py3-none-any.whl 文件。

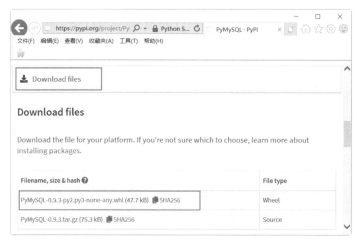

图 21-1　PyMySQL 的下载页面

将下载的文件放置在 D:\python 中，下面开始安装 pymysql-0.9.3。

以管理员身份启动"命令提示符"窗口，然后进入 PyMySQL-0.9.3-py2.py3-none-any.whl 文件所在的路径。命令如下：

```
C:\windows\system32>d:
D:\>cd D:\python\
```

开始安装 PyMySQL-0.9.3，命令如下：

```
D:\python>pip install PyMySQL-0.9.3-py2.py3-none-any.whl
```

运行结果如图 21-2 所示。

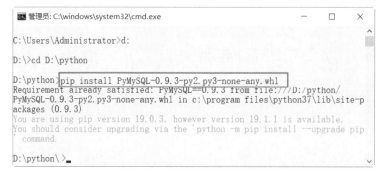

图 21-2　安装 PyMySQL

21.2 操作 MySQL 数据库

本节将重点学习 Python 操作 MySQL 数据库的方法和技巧。

21.2.1 连接 MySQL 数据库

在连接 MySQL 数据库之前,需要登录到 MySQL 服务器上,创建需要连接的数据库 mydb。具体操作步骤如下。

01 右击【开始】按钮,在弹出的快捷菜单中选择【运行】菜单命令,打开【运行】对话框,输入"cmd",单击【确定】按钮,如图 21-3 所示。

02 打开 DOS 窗口,然后输入以下命令并按 Enter 键确认,如图 21-4 所示。

```
cd C:\Program Files\MySQL\MySQL Server 8.0\bin\
```

图 21-3 运行对话框

图 21-4 DOS 窗口

03 在 DOS 窗口中可以通过登录命令连接到 MySQL 数据库,按 Enter 键,系统会提示输入密码(Enter password)。验证正确后,即可登录到 MySQL 数据库,然后通过 create 语句创建数据库,如图 12-5 所示。

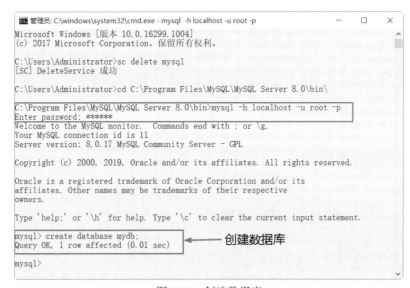

图 21-5 创建数据库

其中 MySQL 为登录命令,-h 后面的参数是服务器的主机地址,在这里客户端和服务器在同一台机器上,所以输入 localhost 或者 IP 地址 127.0.0.1;-u 后面跟登录数据库的用户名称,在这里为 root;-p 后面是用户登录密码。

实例 1：使用 PyMySQL 连接数据库 mydb

```
import pymysql
# 打开数据库连接
db = pymysql.connect("localhost","root","123456","mydb")
# 使用 cursor()方法创建一个游标对象 cursor
cursor = db.cursor()
# 使用 execute()方法执行 SQL 查询
cursor.execute("SELECT VERSION()")
# 使用 fetchone()方法获取单条数据.
data = cursor.fetchone()
print ("MySQL数据库的版本是：%s " % data)
# 关闭数据库连接
db.close()
```

保存并运行程序，结果如图 21-6 所示。

```
======================= RESTART:
MySQL数据库的版本是：8.0.17
```

图 21-6　成功连接数据库 mydb

21.2.2　创建数据表

数据库连接完成后，即可使用 execute() 方法为数据库创建数据表。

实例 2：使用 execute() 方法创建数据表

```
import pymysql
# 打开数据库连接
db = pymysql.connect("localhost","root","123456","mydb")
# 使用 cursor()方法创建一个游标对象 cursor
cursor = db.cursor()
# 定义SQL语句
sql = """CREATE TABLE goods(
  id   int  PRIMARY KEY,
  name  varchar(25),
  price  FLOAT)
"""
# 使用 execute()方法执行 SQL
cursor.execute(sql)
# 关闭数据库连接
db.close()
```

保存并运行程序，即可创建数据表 goods。

21.2.3　插入数据

数据表 goods 创建完成后，使用 INSERT 语句可以向数据表中插入数据。

实例 3：使用 INSERT 语句插入数据

```
import pymysql
# 打开数据库连接
db = pymysql.connect("localhost","root","123456","mydb",charset="utf8")
# 使用cursor()方法获取操作游标
cursor = db.cursor()
#数据列表
data = [('1','洗衣机','5999'),('2','冰箱','3999'),('3','空调','8999'),]
try:
    #执行插入数据语句
    cursor.executemany("INSERT INTO goods(id,name,price)values(%s,%s,%s)",data)
    # 提交到数据库执行
    db.commit()
except:
    #如果发生错误，就回滚
    db.rollback()
#关闭数据库连接
db.close()
```

保存并运行程序，即可向数据表 goods 中插入数据。

21.2.4 查询数据

Python 查询 MySQL 数据库时，主要用到以下几个方法。

（1）fetchone()：该方法获取下一个查询结果集，结果集是一个对象。

（2）fetchall()：接收全部的返回结果行。

（3）rowcount：这是一个只读属性，返回执行 execute() 方法后影响的行数。

实例 4：查询价格大于 5000 的商品

```
import pymysql

# 打开数据库连接
db = pymysql.connect("localhost","root","123456","mydb")

# 使用cursor()方法获取操作游标
cursor = db.cursor()
sql = "SELECT * FROM goods WHERE price>5000"
#执行SQL查询语句
try:
    # 执行SQL语句
    cursor.execute(sql)
    # 获取所有记录列表
    results = cursor.fetchall()
    for row in results:
        id = row[0]
        name = row[1]
        price = row[2]
        # 打印结果
        print ("id=%s,name=%s, price=%s " % (id,name,price))
except:
```

```
        print("错误:无法查询数据")

# 关闭数据库连接
db.close()
```

```
====================== RESTART:
id=1,name=洗衣机, price=5999.0
id=3,name=空调, price=8999.0
```

图 21-7 查询数据

保存并运行程序，结果如图 21-7 所示。

21.2.5 更新数据

使用 UPDATE 语句可以更新数据库记录，下面将 goods 表中 price 字段全部减去 1500。

实例 5：使用 UPDATE 语句更新数据

```
import pymysql

# 打开数据库连接
db = pymysql.connect("localhost","root","123456","mydb")

# 使用cursor()方法获取操作游标
cursor = db.cursor()
# SQL 更新语句
sql = "update goods set price=price-1500"
try:
    # 执行SQL语句
    cursor.execute(sql)
    # 提交到数据库执行
    db.commit()
except:
    # 发生错误时回滚
    db.rollback()

# 关闭数据库连接
db.close()
```

保存并运行程序，即可实现数据表中 price 字段的数值减值操作。

21.2.6 删除数据

使用 DELETE 语句可以删除数据表中的数据。

实例 6：删除表中 id=2 的数据记录

```
import pymysql
# 打开数据库连接
db = pymysql.connect("localhost","root","123456","mydb")
# 使用cursor()方法获取操作游标
cursor = db.cursor()
# SQL 删除语句
sql = "delete from goods where id=2"
try:
    # 执行SQL语句
    cursor.execute(sql)
    # 提交到数据库执行
```

```
        db.commit()
except:
        # 发生错误时回滚
        db.rollback()
# 关闭数据库连接
db.close()
```

保存并运行程序，即可删除数据表中字段 id 为 2 的记录。

21.3 疑难问题解析

疑问 1：如何处理数据库操作中的异常？

答：基于对数据库系统的需要，许多人共同开发了 Python DB API 作为数据库的接口。DB API 中定义了一些数据库操作的错误及异常。

（1）Warning：当有严重警告时触发，如插入数据时被截断等。必须是 StandardError 的子类。

（2）Error：警告以外所有其他错误类。必须是 StandardError 的子类。

（3）InterfaceError：当有数据库接口模块本身的错误（不是数据库的错误）发生时触发。必须是 Error 的子类。

（4）DatabaseError：与数据库有关的错误发生时触发。必须是 Error 的子类。

（5）DataError：当有数据处理并发生错误时触发，如除零错误、数据超范围等。必须是 DatabaseError 的子类。

（6）OperationalError：指非用户控制的，而是操作数据库时发生的错误，如连接意外断开、数据库名未找到、事务处理失败、内存分配错误等。必须是 DatabaseError 的子类。

（7）IntegrityError：完整性相关的错误，如外键检查失败等。必须是 DatabaseError 子类。

（8）InternalError：数据库的内部错误，如游标（cursor）失效、事务同步失败等。必须是 DatabaseError 子类。

（9）ProgrammingError：程序错误，如数据表（table）没找到或已存在、SQL 语句语法错误、参数数量错误等。必须是 DatabaseError 的子类。

疑问 2：使用 Python 查询 MySQL 数据库的方法有哪些？

答：Python 查询 MySQL 数据库时，主要用到以下几个方法。

（1）fetchone()：该方法获取下一个查询结果集，结果集是一个对象。

（2）fetchall()：接收全部的返回结果行。

（3）rowcount：这是一个只读属性，返回执行 execute() 方法后影响的行数。

第22章 新闻发布系统数据库设计

本章导读

MySQL 数据库的使用非常广泛，很多的网站和管理系统使用 MySQL 数据库存储数据。本章主要讲述新闻发布系统的数据库设计过程。通过本章的学习，读者可以在新闻发布系统的设计过程中学会如何使用 MySQL 数据库。

知识导图

新闻发布系统数据库设计
- 系统概述
- 系统功能
- 数据库设计和实现
  - 设计表
  - 设计索引
  - 设计视图
  - 设计触发器

22.1 系统概述

本章介绍的是一个小型新闻发布系统,管理员可以通过该系统发布新闻信息,管理新闻信息。一个典型的新闻发布系统网站至少应包含新闻信息管理、新闻信息显示和新闻信息查询3种功能。

新闻发布系统所要实现的功能具体包括:新闻信息添加、新闻信息修改、新闻信息删除、显示全部新闻信息、按类别显示新闻信息、按关键字查询新闻信息、按关键字进行站内查询。

本系统主要包括发布新闻信息、管理用户、管理权限、管理评论等功能。这些信息的录入、查询、修改和删除等操作都是该系统重点解决的问题。

本系统主要功能包括以下几点。

(1)用户注册及个人信息管理。
(2)管理员可以发布新闻、删除新闻。
(3)用户注册后,可以对新闻进行评论、发表留言。
(4)管理员可以管理留言和对用户进行管理。

22.2 系统功能

新闻发布系统分为5个管理部分,即用户管理、管理员管理、权限管理、新闻管理和评论管理。本系统的功能模块如图22-1所示。

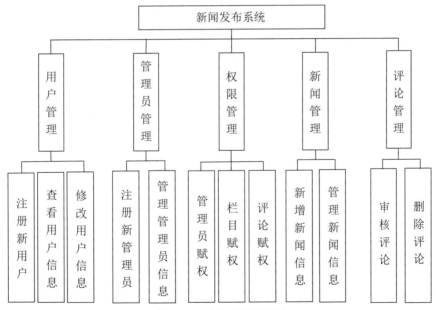

图 22-1 系统功能模块图

图 22-1 中模块的详细介绍如下。

(1)用户管理模块:实现新增用户,查看和修改用户信息功能。
(2)管理员管理模块:实现新增管理员,查看、修改和删除管理员信息功能。

（3）权限管理模块：实现对管理员、对管理的模块和管理的评论赋权功能。
（4）新闻管理模块：实现有相关权限的管理员对新闻的增加、查看、修改和删除功能。
（5）评论管理模块：实现有相关权限的管理员对评论的审核和删除功能。

通过本节的介绍，读者对这个新闻发布系统的主要功能有一定的了解，下一节会向读者介绍本系统所需要的数据库和表。

22.3 数据库设计和实现

数据库设计是开发管理系统最重要的一个步骤。如果数据库设计的不够合理，将会为后续的开发工作带来很大的麻烦。数据库设计时要确定设计哪些表、表中包含哪些字段、字段的数据类型和长度等。

22.3.1 设计表

本系统所有的表都放在webnews数据库下。创建和选择webnews数据库的SQL代码如下：

```
CREATE DATABASE webnews;
USE webnews;
```

在这个数据库下总共存放9张表，分别是user、admin、roles、news、category、comment、admin_Roles、news_Comment 和 users_Comment。

1. user 表

user 表中存储用户 ID、用户名、密码和用户 Email 地址，所以 user 表设计了 4 个字段。user 表每个字段的信息如表 22-1 所示。

表 22-1 user 表的内容

列名	数据类型	允许 NULL 值	说明
userID	INT	否	用户编号
userName	VARCHAR(20)	否	用户名称
userPassword	VARCHAR(20)	否	用户密码
userEmail	VARCHAR(20)	否	用户 Email

根据表 22-1 的内容创建 user 表。创建 user 表的语句如下：

```
CREATE TABLE user(
    userID INT PRIMARY KEY UNIQUE NOT NULL,
    userName VARCHAR(20) NOT NULL,
    userPassword VARCHAR(20) NOT NULL,
    userEmail VARCHAR(20) NOT NULL
    );
```

创建完成后，可以使用 DESC 语句查看 user 表的基本结构，也可以通过 SHOW CREATE TABLE 语句查看 user 表的详细信息。

2. admin 表

管理员信息表（admin）主要用来存放用户账号信息，如表 22-2 所示。

表 22-2　admin 表的内容

列名	数据类型	允许 NULL 值	说明
adminID	INT	否	管理员编号
adminName	VARCHAR(20)	否	管理员名称
adminPassword	VARCHAR(20)	否	管理员密码

根据表 22-2 的内容创建 admin 表。创建 admin 表的语句如下：

```
CREATE TABLE admin(
     adminID INT PRIMARY KEY UNIQUE NOT NULL,
     adminName VARCHAR(20) NOT NULL,
     adminPassword VARCHAR(20) NOT NULL
     );
```

创建完成后，可以使用 DESC 语句查看 admin 表的基本结构，也可以通过 SHOW CREATE TABLE 语句查看 admin 表的详细信息。

3. roles 表

权限信息表（roles）主要用来存放权限信息，如表 22-3 所示。

表 22-3　roles 权限信息表的内容

列名	数据类型	允许 NULL 值	说明
roleID	INT	否	权限编号
roleName	VARCHAR(20)	否	权限名称

根据表 22-3 的内容创建 roles 表。创建 roles 表的语句如下：

```
CREATE TABLE roles(
     roleID INT PRIMARY KEY UNIQUE NOT NULL,
     roleName VARCHAR(20) NOT NULL
     );
```

创建完成后，可以使用 DESC 语句查看 roles 表的基本结构，也可以通过 SHOW CREATE TABLE 语句查看 roles 表的详细信息。

4. news 表

新闻信息表（news）主要用来存放新闻信息，如表 22-4 所示。

表 22-4　news 新闻信息表的内容

列名	数据类型	允许 NULL 值	说明
newsID	INT	否	新闻编号
newsTitle	VARCHAR(50)	否	新闻标题
newsContent	TEXT	否	新闻内容
newsDate	TIMESTAMP	是	发布时间
newsDesc	VARCHAR(50)	否	新闻描述
newsImagePath	VARCHAR(50)	是	新闻图片路径
newsRate	INT	否	新闻级别
newsIsCheck	BIT	否	新闻是否检验
newsIsTop	BIT	否	新闻是否置顶

根据表 22-4 的内容创建 news 表。创建 news 表的语句如下：

```
CREATE TABLE news(
    newsID INT PRIMARY KEY UNIQUE NOT NULL,
    newsTitle VARCHAR(50) NOT NULL,
    newsContent TEXT NOT NULL,
    newsDate TIMESTAMP,
    newsDesc VARCHAR(50) NOT NULL,
    newsImagePath VARCHAR(50),
    newsRate INT,
    newsIsCheck BIT,
    newsIsTop BIT
    );
```

创建完成后，可以使用 DESC 语句查看 news 表的基本结构，也可以通过 SHOW CREATE TABLE 语句查看 news 表的详细信息。

5. category 表

栏目信息表（categroy）主要用来存放新闻栏目信息，如表 22-5 所示。

表 22-5　category 栏目信息表的内容

列名	数据类型	允许 NULL 值	说明
categroyID	INT	否	栏目编号
categroyName	VARCHAR(50)	否	栏目名称
categroyDesc	VARCHAR(50)	否	栏目描述

根据表 22-5 的内容创建 categroy 表。创建 categroy 表的语句如下：

```
CREATE TABLE categroy (
    categoryID INT PRIMARY KEY UNIQUE NOT NULL,
    categoryName VARCHAR(50) NOT NULL,
    categoryDesc VARCHAR(50) NOT NULL
    );
```

创建完成后，可以使用 DESC 语句查看 categroy 表的基本结构，也可以通过 SHOW CREATE TABLE 语句查看 categroy 表的详细信息。

6. comment 表

评论信息表（comment）主要用来存放新闻评论信息，如表 22-6 所示。

表 22-6　comment 评论信息表的内容

列名	数据类型	允许 NULL 值	说明
comment ID	INT	否	评论编号
comment Title	VARCHAR(50)	否	评论标题
comment Content	TEXT	否	评论内容
comment Date	DATETIME	是	评论时间

根据表 22-6 的内容创建 comment 表。创建 comment 表的语句如下：

```
CREATE TABLE comment (
    commentID INT PRIMARY KEY UNIQUE NOT NULL,
```

```
    commentTitle VARCHAR(50) NOT NULL,
    commentContent TEXT NOT NULL,
    commentDate DATETIME
    );
```

创建完成后，可以使用 DESC 语句查看 comment 表的基本结构，也可以通过 SHOW CREATE TABLE 语句查看 comment 表的详细信息。

7. admin_Roles 表

管理员_权限表（admin_Roles）主要用来存放管理员和权限的关系，如表 22-7 所示。

表 22-7　admin_Roles 管理员_权限表的内容

列名	数据类型	允许 NULL 值	说明
aRID	INT	否	管理员_权限编号
adminID	INT	否	管理员编号
roleID	INT	否	权限编号

根据表 22-7 的内容创建 admin_Roles 表。创建 admin_Roles 表的语句如下：

```
CREATE TABLE admin_Roles (
    aRID INT PRIMARY KEY UNIQUE NOT NULL,
    adminID INT NOT NULL,
    roleID INT NOT NULL
    );
```

创建完成后，可以使用 DESC 语句查看 admin_Roles 表的基本结构，也可以通过 SHOW CREATE TABLE 语句查看 admin_Roles 表的详细信息。

8. news_Comment 表

新闻_评论表（news_Comment）主要用来存放新闻和评论的关系，如表 22-8 所示。

表 22-8　news_Comment 新闻_评论表的内容

列名	数据类型	允许 NULL 值	说明
nCommentID	INT	否	新闻_评论编号
newsID	INT	否	新闻编号
commentID	INT	否	评论编号

根据表 22-8 的内容创建 news_Comment 表。创建 news_Comment 表的语句如下：

```
CREATE TABLE news_Comment (
    nCommentID INT PRIMARY KEY UNIQUE NOT NULL,
    newsID INT NOT NULL,
    commentID INT NOT NULL
    );
```

创建完成后，可以使用 DESC 语句查看 news_Comment 表的基本结构，也可以通过 SHOW CREATE TABLE 语句查看 news_Comment 表的详细信息。

9. users_Comment 表

用户_评论表（users_Comment）主要用来存放用户和评论的关系，如表 22-9 所示。

表 22-9 users_Comment 用户_评论表的内容

列名	数据类型	允许 NULL 值	说明
uCID	INT	否	用户_评论编号
userID	INT	否	用户编号
commentID	INT	否	评论编号

根据表 22-8 的内容创建 users_Comment 表。创建 users_Comment 表的语句如下：

```
CREATE TABLE news_Comment (
    uCID  INT PRIMARY KEY UNIQUE NOT NULL,
    userID  INT NOT NULL,
    commentID  INT NOT NULL
    );
```

创建完成后，可以使用 DESC 语句查看 users_Comment 表的基本结构，也可以通过 SHOW CREATE TABLE 语句查看 users_Comment 表的详细信息。

22.3.2　设计索引

索引是创建在表上的，对数据库中一列或者多列的值进行排序的一种结构。索引可以提高查询的速度。新闻发布系统需要查询新闻的信息，这就需要在某些特定字段上建立索引，以便提高查询速度。

1. 在 news 表上建立索引

新闻发布系统中需要按照 newsTitle 字段、newsDate 字段和 newsRate 字段查询新闻信息。在本书前面的章节中介绍了几种创建索引的方法。本小结将使用 CREATE INDEX 语句和 ALTER TABLE 语句创建索引。

下面使用 CREATE INDEX 语句在 newsTitle 字段上创建名为 index_new_title 的索引。SQL 语句如下：

```
CREATE INDEX index_new_title ON news(newsTitle);
```

然后，再使用 CREATE INDEX 语句在 newsDate 字段上创建名为 index_new_date 的索引。SQL 语句如下：

```
CREATE INDEX index_new_date  ON news(newsDate);
```

最后，再使用 ALTER TABLE 语句在 newsRate 字段上创建名为 index_new_rate 的索引。SQL 语句如下：

```
ALTER TABLE news  ADD INDEX index_new_rate(newsRate);
```

2. 在 categroy 表上建立索引

新闻发布系统中需要通过栏目名称查询该栏目下的新闻，因此需要在这个字段上创建索引。创建索引的语句如下：

```
CREATE INDEX index_categroy_name ON categroy (categroyName);
```

代码执行完成后，读者可以使用 SHOW CREATE TABLE 语句查看 categroy 表的详细信息。

3. 在 comment 表上建立索引

新闻发布系统需要通过 commentTitle 字段和 commentDate 字段查询评论内容，因此可以在这两个字段上创建索引。创建索引的语句如下：

```
CREATE INDEX index_comment_title  ON comment(commentTitle);
CREATE INDEX index_comment_date   ON comment(commentDate);
```

代码执行完成后，读者可以通过 SHOW CREATE TABLE 语句查看 comment 表的结构。

22.3.3　设计视图

视图是由数据库中一个表或者多个表导出的虚拟表，其作用是方便用户对数据的操作。在这个新闻发布系统中，也设计了一个视图来改善查询操作。

在新闻发布系统中，如果直接查询 news_Comment 表，会显示新闻编号和评论编号，这种显示不直观。为了以后查询方面，可以建立一个视图 news_view。这个视图显示评论编号、新闻编号、新闻级别、新闻标题、新闻内容和新闻发布时间。创建视图 news_view 的 SQL 代码如下：

```
CREATE VIEW news_view(cid,nid,nRate,title,content,date)
AS SELECT c.nCommentID,n.newsID,n.newsRate,n.newsTitle,n.newsContent,n.newsDate
FROM news_Comment c,news n
WHERE c.newsID=n.newsID;
```

SQL 语句中给每个表都取了别名，news_Comment 表的别名为 c，news 表的别名为 n，这个视图从这两个表中取出相应的字段。视图创建完成后，可以使用 SHOW CREATE VIEW 语句查看 news_view 视图的详细信息。

22.3.4　设计触发器

触发器是由 INSERT、UPDATE 和 DELETE 等事件来触发某种特定的操作。满足触发器的触发条件时，数据库系统就会执行触发器中定义的程序语句。这样做可以保证某些操作之间的一致性。为了使新闻发布系统的数据更新更加快速和合理，可以在数据库中设计几个触发器。

1. 设计 UPDATE 触发器

在设计表时，news 表和 news_Comment 表的 newsID 字段的值是一样的。如果 news 表中的 newsID 字段的值更新了，那么 news_Comment 表中的 newsID 字段的值也必须同时更新，这可以通过一个 UPDATE 触发器来实现。创建 UPDATE 触发器 update_newsID 的 SQL 代码如下：

```
DELIMITER &&
CREATE TRIGGER update_newsID AFTER UPDATE
          ON news FOR EACH ROW
          BEGIN
              UPDATE news_Comment SET newsID=NEW.newsID
          END
          &&
DELIMITER ;
```

其中 NEW.newsID 表示 news 表中更新的记录的 newsID 值。

2. 设计 DELETE 触发器

如果从 user 表中删除一个用户的信息，那么这个用户在 users_Comment 表中的信息也必须同时删除，这也可以通过触发器来实现。在 user 表上创建 delete_user 触发器，只要执行 DELETE 操作，那么就删除 users_Comment 表中相应的记录。创建 delete_user 触发器的 SQL 语句如下：

```
DELIMITER &&
CREATE TRIGGER delete_user AFTER DELETE
         ON user FOR EACH ROW
         BEGIN
             DELETE FROM users_Comment WHERE userID=OLD.userID
         END
         &&
DELIMITER ;
```

其中，OLD.userID 表示新删除的记录的 userID 值。

22.4 本章小结

本章节介绍了设计新闻发布系统数据库的方法，重点是数据库的设计部分。因为本书主要介绍 MySQL 数据库的使用，所以数据库设计部分是本章的主要内容。在数据库设计方面，不仅涉及了表和字段的设计，还设计了索引、视图和触发器等内容。其中，为了提高表的查询速度，有意识地在表中增加了冗余字段，这是数据库的性能优化方面的内容。希望通过本章的学习，读者可以对 MySQL 数据库有一个全新的认识。

第23章　开发企业会员管理系统

本章导读

在动态网站中，用户管理系统是非常必要的，因为网站会员的收集与数据使用，不仅可以让网站累积会员人脉，利用这些会员的数据，也可能为网站带来无穷的商机。本章就以一个会员管理系统为例，来介绍 MySQL 在开发中的应用技能。

知识导图

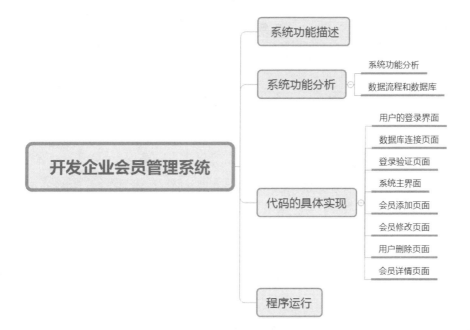

23.1 系统功能描述

该案例介绍一个基于 PHP+MySQL 的企业会员管理系统。该系统功能主要包括管理员登录及验证、会员管理、增加会员、删除会员、修改会员信息、查看会员详情等功能。

整个项目以登录界面为起始，在管理员输入用户名和密码后，系统通过查询数据库验证该管理员是否存在，如图 23-1 所示。

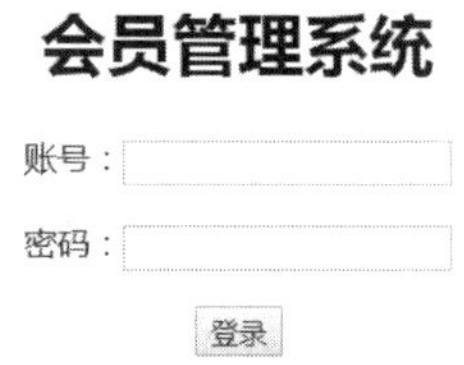

图 23-1 登录界面

验证成功则进入会员管理界面，可以查看会员列表、增加会员、删除会员、修改会员信息、查看会员详情，进行相应的功能操作，如图 23-2 所示。

会员管理系统

用户名	密码	性别	年龄	爱好	注册时间	最后登录时间	操作
sun	111	1	16	上网	1970-01-01	1970-01-01	增加 删除 修改 查询
小齐	123	1	17	锻炼	1970-01-01	1970-01-01	增加 删除 修改 查询

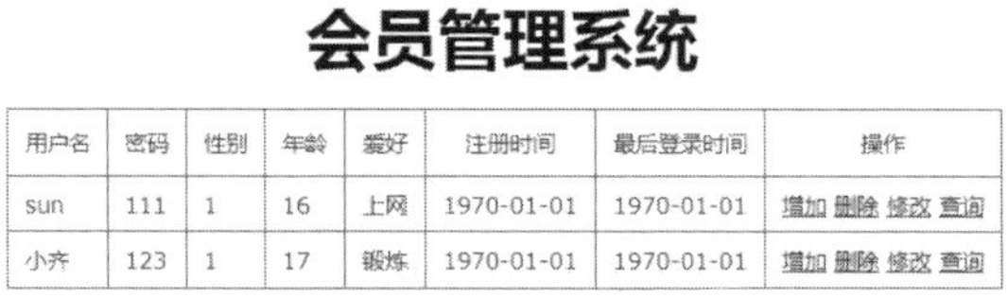

图 23-2 会员管理界面

23.2 系统功能分析

一个典型的企业会员管理系统，包括管理员登录及验证、增加会员、删除会员、修改会员信息、查看会员详情等功能。本节就来学习企业会员管理系统的功能以及实现方法。

23.2.1 系统功能结构

整个系统的功能结构如图 23-3 所示。

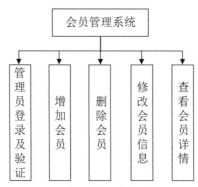

图 23-3 会员管理系统功能列表

整个项目包含 5 个功能。

（1）管理员登录及验证：在管理员登录界面输入用户名和密码后，系统通过查询数据库验证是否存在该管理员。如果验证成功，显示会员管理界面，否则提示"无效的用户名和密码"，并返回登录界面。

（2）增加会员：管理员登录系统后，可以查看会员列表，然后在对应会员"操作"栏，单击【增加】按钮，系统进入增加会员页面，在输入相应信息后，单击【增加用户】按钮，系统会向数据库插入一条记录，并提示成功，返回会员管理页面。

（3）删除会员：在对应会员"操作"栏，单击【删除】按钮后，系统会向数据库删除此条记录，并提示成功，返回会员管理页面。

（4）修改会员信息：在对应会员"操作"栏，单击【修改】按钮后，系统进入修改会员页面。在修改相应信息后，单击【确定修改】按钮，系统会向数据库更新一条记录，并提示成功，返回会员管理界面。

（5）查看会员详情：在对应会员"操作"栏，单击【查询】按钮，系统向数据库查询并显示该会员的详细信息。

23.2.2 数据流程和数据库

整个系统的数据流程如图 23-4 所示。

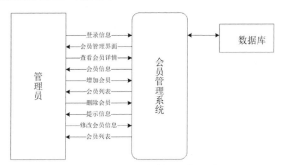

图 23-4　会员管理系统的数据流程

根据系统功能和数据库设计原则，设计数据库 usermanagement。SQL 语法如下：

```
CREATE DATABASE IF NOT EXISTS ' usermanagement ';
```

设计数据表 admin 并插入数据，SQL 语法如下：

```
CREATE TABLE IF NOT EXISTS 'admin' (
  'userid' char(15) DEFAULT NULL,
  'pssw' char(10) NOT NULL
);
```

根据系统功能和数据库设计原则，共设计 2 张表，分别是管理员表 admin、会员表 user，如表 23-1 和表 23-2 所示。

表 23-1　管理员表 admin

字段名	数据类型	字段说明
userid	char(15)	管理员编码
pssw	char(10)	密码

表 23-2 会员表 user

字段名	数据类型	字段说明
id	int(11)	用户编码，自增
name	varchar(32)	用户名
pswd	char(10)	密码
sex	char(4)	性别
age	char(50)	年龄
hobby	char(50)	爱好
addtime	datetime	注册时间
logintime	datetime	最近登录时间
detail	varchar(100)	个人简介

创建管理员表 admin，语句如下：

```
CREATE TABLE IF NOT EXISTS 'admin' (
  'userid' char(15) DEFAULT NULL,
  'pssw' char(10) NOT NULL
);
```

插入演示数据，语句如下：

```
INSERT INTO 'admin' ('userid', 'pssw') VALUES
    ('test', '123');
```

创建会员表 user，语句如下：

```
CREATE TABLE IF NOT EXISTS 'user' (
  'id' int(11) NOT NULL AUTO_INCREMENT,
  'name' varchar(32) COLLATE utf8_unicode_ci NOT NULL,
  'pswd' char(10) COLLATE utf8_unicode_ci NOT NULL,
  'sex' char(4) COLLATE utf8_unicode_ci DEFAULT NULL,
  'age' char(50) COLLATE utf8_unicode_ci DEFAULT NULL,
  'hobby' char(50) COLLATE utf8_unicode_ci DEFAULT NULL,
  'addtime' datetime DEFAULT NULL,
  'logintime' datetime DEFAULT NULL,
  'detail' varchar(100) COLLATE utf8_unicode_ci DEFAULT NULL,
  PRIMARY KEY ('id')
);
```

插入演示数据，语句如下：

```
INSERT INTO 'user' ('id', 'name', 'pswd', 'sex', 'age', 'hobby', 'addtime', 'logintime', 'detail') VALUES
    (1, 'sun', '111', '1', '16', '上网', '2017-10-24 20:51:15', '2017-10-24 20:51:17', ' 111 '),
    (2, '小齐', '123', '1', '17', '锻炼', '2017-10-24 20:56:17', '2017-10-24 20:56:18', '运动快乐 '),
    (6, '小花', '123456', '2', '15', '购物shopping', '0000-00-00 00:00:00', '0000-00-00 00:00:00', '买买买 ');
```

23.3 代码的具体实现

该案例的代码清单包含 10 个 php 文件，实现了企业会员管理系统的管理员登录及验证、查看会员列表、增加会员、删除会员、修改会员信息、查看会员详情等主要功能。

23.3.1 用户的登录界面

index.php 文件是该案例的 Web 访问入口,是用户的登录界面。具体代码如下:

```
<html>
<head>
<title>登录
</title>
</head>

<body>
<h1 align="center">会员管理系统</h1>
<table width="100%" style="text-align:center">
<tr>
<form action="login.php" method="post">
<td width="60%" class="sub1">
<p class="sub">账号:<input type="text" name="userid" align="center" class="txttop"></p>
<p class="sub">密码:<input type="password" name="pssw" align="center" maxlength="4" class="txtbot"></p>
<button name="button" class="button" type="submit">登录</button>
</form>
</td>
</tr>
</table>
</body>
</html>
```

23.3.2 数据库连接页面

conn.php 文件为数据库连接页面,代码如下:

```
<?php
// 创建数据库连接
$con = mysqli_connect("localhost","root","")or die("无法连接到数据库");
mysqli_select_db($con,"usermanagement") or die(mysqli_error($con));
mysqli_query($con,'set NAMES utf8');
?>
```

23.3.3 登录验证页面

log.php 文件是对用户登录进行验证。代码如下:

```
<html>
<head>
<title>
</title>
<link rel="stylesheet" type="text/css" href="css/main.css">
</head>
<body><h1 align="center">会员管理系统</h1></body>
<p align="center">
<?php
//连接数据库
```

```php
require_once("conn.php");
//账号
$userid=$_POST['userid'];
//密码
$pssw=$_POST['pssw'];
//查询数据库
$qry=mysqli_query($con, "SELECT * FROM admin WHERE userid='$userid'");
$row=mysqli_fetch_array($qry,MYSQLI_ASSOC);
//验证用户
if($userid==$row['userid']  &&  $pssw==$row['pssw']&&$userid!=null&&$pssw!=null)
    {
       session_start();
       $_SESSION["login"]=$userid;
          header("Location: userlist.php");
    }
else{
       echo "无效的账号或密码!";
       header('refresh:1; url= index.php');
    }
//}
?>
</p>
</body>
</html>
```

23.3.4 系统主界面

list.php 文件为系统的主界面。具体代码如下：

```html
<html>
<head>
<meta http-equiv="Content-Type" content="text/html; charset=utf-8">
<style type="text/css">
table.gridtable {
   font-family: verdana,arial,sans-serif;
   font-size:11px;
   color:#333333;
   border-width: 1px;
   border-color: #666666;
   border-collapse: collapse;
}
table.gridtable th {
   border-width: 1px;
   padding: 8px;
   border-style: solid;
   border-color: #666666;
   background-color: #dedede;
}
table.gridtable td {
   border-width: 1px;
   padding: 8px;
   border-style: solid;
   border-color: #666666;
   background-color: #ffffff;
}
</style>
<title>会员信息列表</title>
```

```
    </head>
    <body>
    <h1 align="center">会员管理系统</h1>
        <table class="gridtable" border="1" cellspacing="0" cellpadding="0" id="userList" align="center" >
        <tr align="center" >
        <td>用户名</td>
        <td>密码</td>
        <td>性别</td>
        <td>年龄</td>
        <td>爱好</td>
        <td>注册时间</td>
        <td>最后登录时间</td>
        <td>操作</td>
        </tr>
<?php
    //连接数据库
    require_once 'conn.php';
    //设置中国时区
    date_default_timezone_set("PRC");
    //查询数据库
    $sql = "select * from user";
    $result = mysqli_query($con,$sql);
    $userList = '';
    while($rs = mysqli_fetch_array($result,MYSQLI_ASSOC)){
        $userList[] = $rs;
    }
        // 循环用户列表
        foreach ($userList as $user){
          echo "
            <tr>
             <td> ".$user['name']." </td>
             <td> ".$user['pswd']." </td>
             <td> ".$user['sex']." </td>
             <td> ".$user['age']." </td>
             <td> ".$user['hobby']." </td>
             <td> ".date("Y-m-d",$user['addtime'])." </td>
             <td> ".date("Y-m-d",$user['logintime'])." </td>
             <td> <a href='addUser.php'>增加</a>
              <a href='deleteUser.php?id=".$user['id']."');\" > 删除</a>
              <a href='editUser.php?id=".$user['id']."');\" > 修改</a>
              <a href='detailUser.php?id=".$user['id']."');\" > 查询</a>
             </td>
            </tr>
          ";
        }
?>
    </table>
    </body>
</html>
```

23.3.5 会员添加页面

addUser.php 和 add.php 为添加会员页面。addUser.php 的代码如下:

```
<!DOCTYPE html>
<html>
<head>
```

```html
<meta http-equiv="Content-Type" content="text/html; charset=utf-8" />
<title>新增用户</title>
</head>
<body>
<h1 align="center">会员管理系统</h1>
<form action="add.php" method="post" >
     <input type="hidden" name="user_id" value="" />
     <table width="444" align="center" >
      <tr>
       <td>用户名：</td>
       <td> <input type="text" name="name" size="10" /></td>
      </tr>
      <tr>
       <td>密码：</td>
       <td> <input type="pswd" name="pswd" size="10" /></td>
      </tr>
      <tr>
       <td>性别：</td>
        <td> <input type="radio" name="sex" value="男" checked="checked" />男<input type="radio" name="sex" value="女" /> 女 </td>
      </tr>
      <tr>
       <td>年龄：</td>
       <td> <input type="text" name="age" size="3" /></td>
      </tr>
      <tr>
       <td>爱好：</td>
       <td> <input type="text" name="hobby" size="44" /></td>
      </tr>
      <tr>
       <td style=" height:148px;display:block;vetical-align:top;float:left;" >个人简介：</td>
        <td> <textarea name="detail" rows="10" cols="30" ></textarea></td>
      </tr>
      <tr>
         <td colspan="2" align="center" ><input type="submit" value="增加会员" /></td>
      </tr>
     </table>
       <p> </p>
       <p> </p>
       <p> </p>
</form>
</body>
</html>
```

add.php 的代码如下：

```php
<?php
require_once 'conn.php';
//获取用户信息
$id = $_POST['id'];
$name = $_POST['name'];
echo $name;
$pswd= $_POST['pswd'];
if($_POST['sex']=='男')
{
   $sex=1;
}
```

```php
    else if($_POST['sex']=='女')
    {
        $sex=2;
    }
    else $sex=3;
    ;
    //设置中国时区
    date_default_timezone_set("PRC");
    $age = $_POST['age'];
    $hobby = $_POST['hobby'];
    $detail = $_POST['detail'];
    $addtime=mktime(date("h"),date("m"),date("s"),date("m"),date("d"),date("Y"));
    $logintime=$addTime;
        $sql = "insert into user (name,pswd,sex,age,hobby,detail,addtime,logintime)"."values('$name','$pswd','$sex','$age','$hobby','$detail','$addtime','$logintime')";
        echo $sql;
        // 执行sql语句
        mysqli_query($con,$sql);
        // 获取影响的行数
        $rows = mysqli_affected_rows($con);
        // 返回影响行数
        // 如果影响行数>=1,则判断添加成功,否则失败
        if($rows >= 1){
          alert("添加成功");
          href("userList.php");
        }else{
          alert("添加失败");
        }
    function alert($title){
      echo "<script type='text/javascript'>alert('$title');</script>";
    }
    function href($url){
        echo "<script type='text/javascript'>window.location.href='$url'</script>";
    }
    ?>
```

23.3.6 会员修改页面

editUser.php 和 edit.php 为修改会员页面。editUser.php 的代码如下:

```html
<!DOCTYPE html>
<html>
<head>
<meta http-equiv="Content-Type" content="text/html; charset=utf-8" />
<style type="text/css">
table.gridtable {
  font-family: verdana,arial,sans-serif;
  font-size:11px;
  color:#333333;
  border-width: 1px;
  border-color: #666666;
  border-collapse: collapse;
}
table.gridtable th {
```

```
            border-width: 1px;
            padding: 8px;
            border-style: solid;
            border-color: #666666;
            background-color: #dedede;
        }
        table.gridtable td {
            border-width: 1px;
            padding: 8px;
            border-style: solid;
            border-color: #666666;
            background-color: #ffffff;
        }
        </style>
        <title>查看会员详情</title>
        </head>
        <body>
        <h1 align="center">会员管理系统</h1>
        <?php
        //连接数据库
        require_once 'conn.php';
        $id=$_GET['id'];
        //设置中国时区
        date_default_timezone_set("PRC");
        //查询数据库
          $sql = "select * from user where id=".$id;
          $result = mysqli_query($con,$sql);
          $user = mysqli_fetch_array($result,MYSQLI_ASSOC);
        ?>
            <table class="gridtable" width="444" align="center">
              <tr>
                <td>用户ID</td>
                <td> <?php echo $id ?> </td>
              </tr>
              <tr>
                <td>用户名</td>
                <td> <?php echo $user['name'] ?> </td>
              </tr>
              <tr>
                <td>密码</td>
                <td> <?php echo $user['pswd'] ?> </td>
              </tr>
              <tr>
                <td>性别</td>
                  <td> <?php if($user[sex]=='1') echo "男"; else if($user[sex]=='2') echo "女"; else "保密"; ?>
                  </td>
              </tr>
              <tr>
                <td>年龄</td>
                <td> <?php echo $user['age'] ?> </td>
              </tr>
              <tr>
                <td>爱好</td>
                <td> <?php echo $user['hobby'] ?> </td>
              </tr>
              <tr>
                <td>个人简介</td>
                <td> <?php echo $user['detail'] ?> </td>
```

```
            </tr>
            <tr>
                <td colspan="2" align="center"><a href="userList.php">返回用户列表</a></td>
            </tr>
      </table>
        <p> </p>
        <p> </p>
        <p> </p>
</body>
</html>
```

edit.php 的代码如下：

```php
<?php
require_once 'conn.php';
//设置中国时区
date_default_timezone_set("PRC");
//获取用户信息
$id = $_POST['id'];
$name = $_POST['name'];
$pswd= $_POST['pswd'];
if($_POST['sex']=='男')
{
   $sex=1;
}
else if($_POST['sex']=='女')
{
    $sex=2;
}
else $sex=3;
;
$age = $_POST['age'];
$hobby = $_POST['hobby'];
$detail = $_POST['datail'];
$addtime=mktime(date("h"),date("m"),date("s"),date("m"),date("d"),date("Y"));
$loginTime=$addTime;
   $sql = "update user set name='$name',pswd='$pswd',sex='$sex',age='$age',hobby='$hobby',detail='$detail' where id='$id' ";
    echo $sql;
    // 执行sql语句
    mysqli_query($con,$sql);
    // 获取影响的行数
    $rows = mysqli_affected_rows($con);
    // 返回影响行数
    // 如果影响行数>=1,则判断添加成功,否则失败
    if($rows >= 1)
    {
      alert("编辑成功");
      href("userList.php");
    }else{
      alert("编辑失败");
      }
function alert($title){
   echo "<script type='text/javascript'>alert('$title');</script>";
}
function href($url){
```

```
        echo "<script type='text/javascript'>window.location.href='$url'</script>";
    }
?>
```

23.3.7 用户删除页面

deleteUser.php 文件为用户删除页面。代码如下:

```
<?php
// 包含数据库文件
require_once 'conn.php';
// 获取删除的id
$id = $_GET['id'];
$row = delete($id,$con);
if($row >=1){
  alert("删除成功");
}else{
  alert("删除失败");
}
// 跳转到用户列表页面
href("userList.php");
function delete($id,$con){
  $sql = "delete from user where id='$id'";
  // 执行删除
  mysqli_query($con,$sql);
  // 获取影响的行数
  $rows = mysqli_affected_rows($con);
  // 返回影响行数
  return $rows;
}
function alert($title){
  echo "<script type='text/javascript'>alert('$title');</script>";
}
function href($url){
    echo "<script type='text/javascript'>window.location.href='$url'</script>";
}
?>
```

23.3.8 会员详情页面

detailUser.php 文件为查看会员详情页面。代码如下:

```
<!DOCTYPE html>
<html>
<head>
<meta http-equiv="Content-Type" content="text/html; charset=utf-8" />
<style type="text/css">
table.gridtable {
  font-family: verdana,arial,sans-serif;
  font-size:11px;
  color:#333333;
  border-width: 1px;
  border-color: #666666;
  border-collapse: collapse;
}
```

```
    table.gridtable th {
      border-width: 1px;
      padding: 8px;
      border-style: solid;
      border-color: #666666;
      background-color: #dedede;
    }
    table.gridtable td {
      border-width: 1px;
      padding: 8px;
      border-style: solid;
      border-color: #666666;
      background-color: #ffffff;
    }
  </style>
  <title>查看会员详情</title>
  </head>
  <body>
  <h1 align="center">会员管理系统</h1>
  <?php
  //连接数据库
  require_once 'conn.php';
  $id=$_GET['id'];
  //设置中国时区
  date_default_timezone_set("PRC");
  //查询数据库
    $sql = "select * from user where id=".$id;
    $result = mysqli_query($con,$sql);
    $user = mysqli_fetch_array($result,MYSQLI_ASSOC);
  ?>
      <table class="gridtable" width="444" align="center">
        <tr>
         <td>用户ID </td>
         <td> <?php echo $id ?> </td>
        </tr>
        <tr>
         <td>用户名 </td>
         <td> <?php echo $user['name'] ?> </td>
        </tr>
        <tr>
         <td>密码</td>
         <td> <?php echo $user['pswd'] ?> </td>
        </tr>
        <tr>
         <td>性别</td>
            <td> <?php if($user[sex]=='1') echo "男"; else if($user[sex]=='2')
echo "女"; else "保密"; ?>
            </td>
        </tr>
        <tr>
         <td>年龄</td>
         <td> <?php echo $user['age'] ?> </td>
        </tr>
        <tr>
         <td>爱好</td>
         <td> <?php echo $user['hobby'] ?> </td>
        </tr>
        <tr>
         <td>个人简介</td>
```

```
            <td> <?php echo $user['detail'] ?> </td>
        </tr>
        <tr>
            <td colspan="2" align="center"><a href="userList.php" >返回用户列表</a></td>
        </tr>
    </table>
        <p> </p>
        <p> </p>
        <p> </p>
</body>
</html>
```

23.4 程序运行

管理员登录及验证：在数据库中，默认初始化了一个账号 test，密码 123 的账户，如图 23-5 所示。

图 23-5 管理员登录界面

会员管理页面：管理员登录成功后，进入会员管理界面，显示会员列表，如图 23-6 所示。

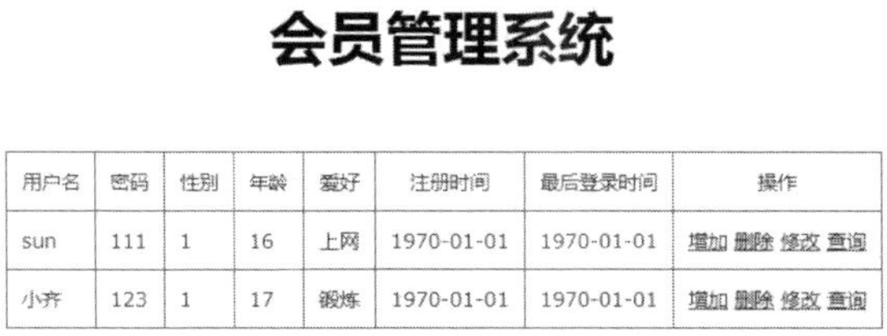

图 23-6 会员管理页面

增加会员功能：管理员登录系统后，可以查看会员列表，然后在对应会员"操作"栏，单击【增加】按钮，系统进入增加会员页面，如图 23-7 所示。

图 23-7 增加会员页面

删除会员功能：在对应会员"操作"栏，单击【删除】按钮，系统进入删除会员页面。系统会从数据库删除此条记录，并提示成功，返回会员管理页面，如图 23-8 所示。

会员管理系统

用户名	密码	性别	年龄	爱好	注册时间	最后登录时间	操作
sun	111	1	16	上网	1970-01-01	1970-01-01	增加 删除 修改 查询
小齐	123	1	17	锻炼	1970-01-01	1970-01-01	增加 删除 修改 查询
小花	123456	2	15	购物	1970-01-01	1970-01-01	增加 删除 修改 查询

图 23-8　删除会员页面

修改会员信息功能：在对应会员"操作"栏，单击【修改】按钮，系统进入修改会员页面，如图 23-9 所示。在修改相应信息后，单击【确定修改】按钮，系统会向数据库更新一条记录，并返回会员管理界面。

会员管理系统

用户名：	sun
密码：	•••
性别：	◉男 ○女
年龄：	16
爱好：	上网
个人简介：	111

确定修改

图 23-9　修改会员页面

查看会员详情功能：在对应会员"操作"栏，单击【查询】按钮，系统向数据库查询并显示该会员的详细信息，如图 23-10 所示。

会员管理系统

用户ID	1
用户名	sun
密码	111
性别	男
年龄	16
爱好	上网
个人简介	111
返回用户列表	

图 23-10　会员信息查询页面

23.5 本章小结

本章介绍了设计会员管理系统的方法。在数据库设计方面，涉及了表和字段的设计，同时给出了创建表和插入表数据的具体语句。然后又给出了会员管理系统的具体实现代码，在具体实现的过程中，使用到了 PHP 语言。希望通过本章的学习，读者可以对会员管理系统的数据库设计及实现过程有一个清晰的思路。